인간은 왜
병에
걸리는가

Why We Get Sick

Why We Get Sick

The New Science of Darwinian Medicine
by Randolph M. Nesse, M.D. & George C. Williams, Ph.D.

인간은 왜 병에 걸리는가

■다윈 의학의 새로운 세계

랜덜프 네스 · 조지 윌리엄즈/최재천 옮김

Why We Get Sick

사이언스 북스
SCIENCE BOOKS

옮긴이 서문

진화생물학과 의학의 만남

다윈의 『종의 기원 *The Origin of Species*』이 처음 출간된 것이 1859년이었으니 올해로 꼭 140년 전의 일이다. 자연선택설을 바탕으로 한 다윈의 진화론은 그간 많은 논쟁을 거쳐 오늘날에는 자연 현상을 설명하는 가장 막강한 이론으로 확고하게 자리잡았다. 진화론의 이같은 위치는 현재 생물학뿐만 아니라 사회학, 경제학, 인류학, 심리학, 법학 등의 인문사회과학 분야는 물론 음악, 미술 등의 예술 분야에까지 폭넓게 영향을 미치고 있다. 또 알게 모르게 현대인의 사고 체계에 기본 틀을 제공하고 있다. 이제 더 이상 우리 주변에 세상 모든 것이 영원불변하다고 믿는 이들은 없다. 사물은 끊임없이 변하고 있고 그들간의 관계는 절대적이 아니라 상대적임을 누구나 알고 있다.

그런데 무슨 영문인지는 확실치 않으나 유독 의학만큼은 진화생물학적 이론이 거의 반영되지 않은 채 독자적인 길을 걸어왔다. 사실 의학만큼 생물학과 직접적으로 연관된 학문은 또 없을 것이다. 그럼에도 불구하고 왜 의사들과 의학자들이 진화론을 수용하는 데 이처럼 소극적이고 배타적인 자세를 취해왔는지는 과학사학자들에게 흥미로운 분석 대상이 아닐 수 없다. 물론 종교적인 또는 사회적인 이유 때문에 진화론이 받아들여지는 데 전반적으로 오랜 시간이 걸린 것은 사실이지만, 객관적으로 볼 때 어쩌면 가장 빨리 진화 이론을 적용했어도 좋왔을 분야가 바로 의학이기에 이 문제는 더욱 흥미롭다.

흔히 기독교적인 믿음 때문에 인간과 다른 동물들을 분리하여 생각하는 이른바 이원론적 dualistic 견해를 가진 이들이 종종 있다. 창세기 1장 27절에는 〈하나님이 자기 형상 곧 하나님의 형상대로 사람을 창조하시되……〉라고 적혀 있다. 하지만 이 얼마나 철저하게 인간 중심적인 환상인가? 이 방대한 우주 전체를 만드신 분이 어찌하여 이 넓은 우주에 떠 있는 그 수많은 행성들 가운데 그리 대수롭지도 않은 지구라는 지극히 작은 행성 위에 살고 있는 많은 생물들 중 유독 우리만 당신의 모습대로 만드셨다는 것인가? 지구상의 생명체들은 모두 자연의 선택을 받는 동안 왜 우리 인간만은 특별히 신의 선택을 받았다는 것인가? 다윈 의학의 개념과 방법론을 수용하기 위해서는 우선 인간도 엄연한 진화의 산물이라는 사실을 겸허하게 받아들여야만 한다.

미국 시카고 대학의 연구원과 일본 야마구치 의과대학의 교수를 역임한 바 있고 현재 일본 야마구치 현에서 병원을 개업중인 시바타 지로 박사는 그의 저서에서 의학은 과학이 아니라 체험적 기술이라고 주장했다. 그래서인지는 몰라도 우리는 예로부터 의학이라는 말보다 의술이라는 말에 더 친숙해 있는 것 같다. 손재주가 뛰어난 〈용한〉 의사를 찾으러다니는 것도 결국 비슷한 의미일 것이다.

시바타 지로 박사의 주장은 좀 지나친 듯하다. 그러나 의학이 엄연한 과학이라면 다분히 초보적인 과학임을 부인할 수 없을 것이다. 이는 현대 의학의 발전이 미비하다는 뜻이 결코 아니다. 현대 의학의 발전으로 예전에는 백일을 넘기기 어려웠던 많은 아이들이 이제는 건강하게 어른으로 성장하여 값진 삶을 누릴 수 있게 되었다. 현대 의학의 눈부신 발전으로 찾아낸 그 많은 질병들의 치료법이 아니었더라면 지금 이 책을 읽고 있는 이들 중 상당수는 이미 이곳을 떠나고 없었을 것이다. 다만 생명 현상은 너무도 심오하고 다양하여 질병에 대한 우리의 지식이 아직도 지극히 단편적일 수밖에 없음을 의미한다. 생명의 기원과 본질에 대한 근본적인 이해가 없이는 진정한 발전을 기대하기 어려운 것이 바로 의학이란 뜻이다.

마태복음 9장 12절과 마가복음 2장 17절, 그리고 누가복음 5장 31절에 모두 나오는 다음과 같은 귀절이 있다. 〈건강한 자에게는 의원이 쓸데없고 병든 자에게라야 쓸데 있나니〉 그러나 아무리 잔병 치레 없이 일생을 비교적 건강하게 사는 사람도 사실 노화라는 병으로 서서히 죽어가고 있다는 점에서 보면 우린 모두 환자이며 의학의 도움은 건강할 때에도 아플 때 못지 않게 필요한 것이다. 옛날 중국의 명의 편작에게는 역시 의사인 두 형님이 있었다고 한다. 어느 날 황제가 편작에게 삼형제 중 누가 가장 훌륭한 의사냐고 묻자 편작은 서슴치 않고 〈본인이 비록 어려운 병들을 몇 가지 고쳤다고는 하나 병이 나기도 전에 미리 알아내어 그 병에 걸리지 않게 해주는 제 맏형님이 가장 훌륭한 의사라고 생각합니다〉라고 답했다 한다. 예방은 치료보다 훨씬 더 훌륭한 의술이다.

그렇다면 우리 모두 기왕에 해야 하는 환자 생활 좀더 잘 할 수 있도록 노력해야 할 것이 아닌가. 누구나 훌륭한 환자가 되는 법을 배워야 한다. 무엇보다도 우리 스스로 생명의 본질과 질병의 기원에 관한 지식을 갖춰야 한다. 그러고 나서 예방은 물론 치료를 위한 노력에도 적극적으로 참여해야 한다. 어느 지독한 구두쇠에게 의사가 어디가 아프냐고 묻자 그걸 가르쳐주면 진료비를 깎아주겠느냐고 했다지만 의사의 권위에 눌려 아무 말도 하지 않는 것은 참으로 어리석은 일이다. 자신의 생명이 달려 있는 문제가 아닌가? 남도 아닌 바로 내 생명 또 둘도 아닌 하나밖에 없는 내 생명을 다루는 이가 전지전능한 신도 아니며 생명의 모든 면을 다 알고 있는 완벽한 전문가도 아니므로 생명의 문제는 의사와 환자가 함께 풀어야 한다. 무엇보다 중요한 것은 질문을 많이 하는 것이다. 또 의사 선생님들은 그런 환자들의 질문에 귀를 기울일 줄 알아야 할 것이다.

이 책이 처음 출간되었을 때 영국의 어느 서평자는 〈두 권을 구입하여 한 권은 당신이 읽고 다른 한 권은 당신의 주치의에게 선물하시오〉라고 권유했다. 이 책은 사실 의학 및 생물학 관련 전문 용어와 개념들 때문에 일반인들이 손쉽게 읽어내려갈 수 있는 책은 아닐지도 모른다. 그러나 최소한 전국의 의과대학 교수들과 의사들, 한의과대학 교수들과 한의사들은 물론 간호사 및 의료업에 종사하는 모든 분들에게 꼭 한 번 읽어볼 것을 권한다. 누구보다도 이 책을 읽어야 할 사람들은 장차 의료계에 몸담을 학생들과 그밖의 생물학 관련 분야의 학생들이라고 생각한다. 이 책을 읽으면 생명을 바라보는 새로운 눈을 얻을 것이다.

다윈 의학은 현대 의학에 새로운 시각을 제공한다. 그렇다고 다윈 의학이 기존의 현대 의학을 무너뜨리고 그 자리에 들어설 수 있다는 것은 결코 아니다. 열이 오른다는 것이 어쩌면 우리 몸의 정상적인 방어 메커니즘일 수도 있다는 사실 때문에 해열제의 복용을 막무가내로 거부하라고 부추기는 것은 더더욱 아니다. 입덧이나 불안 등을 정상적인 현상이라 하여 마냥 방치해서도 안 된다. 다만 이러한 문제들을 진화적 시각으로 접근하다 보면 현재 사용하고 있는 처방들의 상당수가 불필요하거나 위험할 수도 있다는 사실을 알아내며 보다 효과적인 예방법과 치유법을 찾아낼 수 있을 것이다.

저자의 한 사람인 랜덜프 네스는 미시건 의대의 정신과 교수로 여러 해 동안 생물학과를 기웃거리며 진화생물학을 독학으로 깨우친 사람이다. 진화학적 관점에서 의학을 새롭게 분석하는 일이 필요하다고 느낀 그가 이 시대가 낳은 가장 훌륭한 진화생물학자 중의 한 사람인 조지 윌리엄즈와 손을 잡고 새롭게 시작한 학문이 바로 다윈 의학 또는 진화의학이다. 윌리엄즈는 진화생물학에 공헌한 그의 업적을 인정받아 에른스트 마이어 Ernst Mayr, 존 메이너드 스미스 John Maynard Smith와 함께 스웨덴의 한림원에서 노벨상이 주어지지 않는 분야를 위해 몇 년 전에 새로 마련한 크러퍼드상 Crafoord Award의 금년도 수상자로 결정되었다. 윌리엄즈가 그의 생애 마지막 연구 과제로 택한 이 분야는 지난 몇 년간 많은 발전을 거듭해 왔다. 그 한 예로 작년과

금년에 하버드 대학 출판부와 옥스퍼드 대학 출판부에서 전문서적이 세 권이나 출간되었다.

랜덜프 네스와 함께 미시건 대학에서 교편을 잡고 있던 시절 그에게 이 책을 번역해 주겠노라고 약속한 지 어언 4년이란 세월이 흘렀다. 그동안 훌륭한 번역을 하기 위해 시간이 걸린다는 거듭된 내 핑계에 그저 묵묵히 기다려준 두 저자의 인내에 머리를 숙인다. 이 책의 초벌 번역을 도와준 임항교 군, 전중환 군, 홍기호 군, 정말 고맙소. 또 1999학년도 1학기 서울대학교 생물학과 대학원 개체군생태학 시간에 이 책의 원문을 함께 읽으며 많은 토론을 나눈 학생들에게도 고마움을 전한다.

이 책이 외래어 표기법을 철저하게 무시한 것에 대해 한마디 덧붙이고자 한다. 내가 처음 미국 유학길에 올랐을 때 일이다. 누군가가 〈자에 쭌 초에〉라는 사람을 찾고 있었으나 나는 한참 동안 그가 내 이름(Jae Chun Choe)을 부르고 있었다는 걸 알아채지 못했다. 외래어를 표기하는 법에 어느 정도 통일성을 가져야 한다는 것에는 나도 동의하지만 이 책에 언급된 많은 동료학자들의 이름이 내 이름처럼 불리는 것을 용납할 수는 없다. 그래서 이 책에서 나는 그들이 실제로 불려지는 대로 표기하도록 노력했다. 이로 인해 생길 수 있는 불편함에 대해서는 사과의 말씀을 드린다.

이 책에 언급된 모든 의학 용어들의 우리말 번역은 서울대학교 의과대학 홈페이지에 올라 있는 의학용어사전과 아카데미서적에서 출간된 『의학사전』에 의거했지만 문맥에 맞춰 그들의 정확한 뜻을 점검해 주신 한림대학교 의과대학 이비인후과 주임교수 임현준 박사님, 고맙습니다. 그럼에도 불구하고 발생한 실수가 있다면 그것은 모두 본인의 잘못임을 밝혀두고자 한다. 다윈 의학이 우리에게는 너무나 생소한 분야이기에 학문의 성격과 개념들을 알리기 위해 내가 몇 년 전 ≪한겨레≫에 연재를 시작한 이래 의문 사항이나 격려를 편지, 전화, 팩스, 이메일은 물론 직접 연구실로 찾아와 전해 주신 많은 의사 선생님들

께도 진심으로 감사를 드린다. 마지막으로 의예과 시절 생물학 시간에 나로부터 다윈 의학에 관한 강의를 들은 후 본과에 진학한 지금도 여전히 큰 관심을 갖고 있는 서울대학교 의과대학의 많은 학생들에게 이 책을 바친다.

1999년 초여름
관악산 기슭에서
최재천

한국어판 서문

질병에 대한 진화적 사고가 최근 빠르게 전파되고 있다. 왜 좀더 일찍 이런 움직임이 일어나지 않았는가가 오히려 놀라울 뿐이다. 세계 여러 나라의 과학자들은 이제 생명체가 어떻게 현재의 모습을 갖추게 되었는지에 관한 깊은 이해가 왜 인간이 온갖 질병에 취약하게 만들어졌는지를 이해하는 관건임을 잘 알고 있다. 우리는 그동안 자연선택이 무엇을 만들어내는지 잘못 이해하고 있었다. 자연선택은 오랫동안 건강하게 사는 생명체를 만드는 것이 아니라 진화적 적응도를 극대화하는 생명체를 만들 뿐이다. 우리는 고통을 준다는 사실만으로 엄연한 방어 메커니즘을 결함으로 잘못 생각해 왔다. 이같은 관점의 전환은 당장에라도 많은 환자들에게 도움이 되는 방향으로 의학을 변화시킬 수 있다. 우리는 또 우리 몸을 설계의 산물이라고 생각해 왔다. 그러나 설계된 듯 보이는 많은 것들은 사실 생명의 기원에서부터 면면히 이어져 내려온 역사의 산물이다. 우리가 우리 몸을 자연선택의 산물로 이해하기 시작하면 질병의 기원은 물론 그것을 예방하고 치유하는 방법도 보다 쉽게 찾을 수 있을 것이다.

이같은 관점들을 한국 독자들과 함께 나눌 수 있게 된 것을 매우 기쁘게 생각한다. 그리고 이 세상 모든 의사들이 왜 우리 몸이 더 잘 설계되지 않았는가를 이해하고 환자들 역시 이런 문제들에 대한 이해가 깊어져 의사들의 충고를 더 잘 따를 수 있는 때가 곧 올 것으로 믿는다. 세계 여러 나라에서 다윈 의학에 관한 지식이 축적되어 인류 건강에 큰 도움이 되기를 기대해 본다.

미시건 앤아버에서
랜덜프 네스

뉴욕 써터킷에서
조지 윌리엄즈

감사의 글

우리는 이 책을 쓰면서 의학과 진화학의 여러 분야에 대해 여러 동료들과 친구들로부터 많은 도움을 받았다. 하지만 그들의 조언을 전부 받아들인 것은 아니므로 우리의 실수는 그들의 책임이 아니다. 우리 원고를 보고 조언을 해준 사람들은 제임스 에이벌슨 James Abelson 박사, 로라 벳직 Laura Betzig 박사, 헬레나 크러닌 Helena Cronin 박사, 류비카 다비치 Lyubica Dabich 박사, 웨인 데이비스 Wayne Davis 박사, 윌리엄 엔즈밍거 William Ensminger 박사, 폴 이월드 Paul Ewald 박사, 조셉 팬튼 Joseph Fantone 박사, 로절린드 팬튼 Rosalind Fantone 간호사, 로버트 페키티 Robert Fekety 박사, 린다 가필드 Linda Garfield 박사, 로버트 그린 Robert Green 박사, 대니얼 허디 Daniel Hrdy 박사, 새라 허디 Sarah Hrdy 박사, 매트 클루거 Matt Kluger 박사, 아이작 막스 Isaac Marks 박사, 스티븐 마이어즈 Steven Myers 박사, 제임스 니일 James Neel 박사, 마지 프라핏 Margie Profet 박사, 로버트 스머츠 Robert Smuts 박사, 윌리엄 솔로먼 William Soloman 박사, 폴 터크 Paul Turke 박사, 앨런 웨더 Alan Weder 박사, 브란트 베네그라트 Brant Wenegrat 박사, 엘리자베스 영 박사 Elizabeth Young 등이다. 참고자료들을 찾아준 데 대해 도리스 윌리엄즈 Doris Williams, 재닛 언더힐 Jeanette Underhill 박사, 조앤 토빈 Joann Tobin에게 깊은 감사를 드린다. 미시건 대학에서 제공해 준 안식년 기간 동안 존 그리든 John Greden 박사와 조지 커티스George Curtis 박사가 도와주었다. 브란트 베네그라트 박사와 앤 오라일리 Anne O'Reilly가 랜덜프 네스가 스탠퍼드 대학에서 원고를 쓸 때 이루 말할 수 없이 친절하게 도와주었다. 성실하고 유능한 바바라 폴신 Babara Polcyn에게도 감사한다. 우리가 일반 독자를 대상으로 심각한 주제를 다룬 과학의 새로운 분야에 대해 책을 쓰도록 격려해 주고 출판의 세부 사항에 대해 많은 도움을 준 존 브락먼 John Brockman에게 감사하며 그를 믿고 일을 맡기라고 우리를 설득한 바바라 윌리엄즈 Babara Williams에게도 감사한다. 책의 형식이나 구성에 대해 조언해 준 마거릿 네스 Magaret Nesse와 타임즈 북스의 우리 편집인인 엘리자베스 래퍼포트 Elizabeth Rapoport에게 감사한다.

무엇보다도 우리에게 이 책을 쓰게끔 한 사람들에게 가장 감사한다. 그들은 다름 아닌 현재 번창하고 있는 다윈 의학 분야의 핵심 개념과 연구의 개척자들과 선각자들이다. 그 중 폴 이월드나 마지 프라핏은 이 책 속에 여러 번 언급될 만큼 탁월한 업적을 남겼다. 그 외의 사람들은 간략하게 언급하거나 주석에 수록했다. 하지만 몇 년 안에 그들 모두가 세상에 널리 알려지고 유명하게 될 것을 믿어 의심치 않는다.

머리말

우리는 1985년 〈인간 행동과 진화학회 Human Behavior and Evolution Society〉 발족 모임에서 처음 만나 서로 같은 관심사를 갖고 있다는 것을 알게 되었다. 미시건 대학 의대 정신과 교실의 의사인 네스는 정신의학의 이론적 토대가 매우 빈약하다는 사실에 실망하고 있던 차에 진화론적 사고방식이 동물행동학 분야에 가져다준 비약적 진보에 매료되어 미시건 대학의 〈진화와 인간 행동 프로그램 Evolution and Human Behavior Program〉에 참여했다. 그 학제 연구 모임의 동료들은 노화의 진화적 기원에 대해서 오랫동안 관심을 가져온 네스에게 생물학자 조지 윌리엄즈가 1957년에 발표한 논문을 추천해 주었다. 그 논문은 네스에게 큰 충격을 던져주었다. 노화가 진화적으로 설명된다, 그렇다면 불안장애나 정신분열증을 왜 진화적으로 설명할 수 없겠는가? 네스는 그후 몇 년 동안 진화생물학자들(특히 윌리엄즈)을 비롯하여 의과대학의 수련의 및 교수진과 많은 의견을 나누며 환자의 장애를 진화적 시각으로 탐구하는 노력이 유용하다는 것을 알게 되었다.

이 책의 공저자인 윌리엄즈는 해양생태학 연구와 진화에 관한 이론생물학 연구에 평생을 바쳐왔다. 그는 ≪이론생물학 저널 *Journal of Theoretical Biology*≫에 실린 폴 이월드 Paul Ewald의 「진화생물학, 그리고 감염성 질환의 증세와 증상에 대한 치료」(1980)를 읽고 진화적 사고방식의 의학적 응용에 대해 관심을 갖게 되었다. 그 논문에서 이월드는 진화적 사고방식이 감염에 의한 문제뿐 아니라 많은 의학적 문제들에 깊은 의미를 부여할 것이라고 주장했다. 윌리엄즈는 유전병과 명백하게 관련된 많은 원리들이 진화유전학의 기본 지식에 포함되어 있음을 알고 있었으며, 노화 과정의 진화에 대한 초기 연구들을 통해 진화가 노인학과 근본적으로 연관되어 있다고 주장했다.

우리 두 사람은 만난 지 얼마 안 되어, 진화생물학이 의학 발전에 크게 공헌하리라는 것과 이러한 발상을 다른 이들에게 알리려는 노력이 상당히 가치 있는 일이라는 것을 확신하게 되었다. 그러고는 다른 연구자들도 많은 가능성을 탐구하도록 하기 위해 우리의 추론과 몇 가지 명백한 사례들을 모아 출판하기로 했다. 우리가 함께 쓴 「다윈 의학의 여명 The Dawn of Darwinian Medicine」이 ≪계간 생물학 평론지 *Quarterly Review of Biology*≫(1991, 봄호)에 발표된 후, 의학과 진화생물학 두 분야 모두의 동료들뿐만 아니라 언론으로부터도 호의적인 평가를 받았기 때문에 일반 대중들에게도 쉽게 흥미를 갖게 할 수 있을 것이라고 판단했다.

이 책의 내용은 대부분 생명체의 기능적 설계에 대한 설명이라 할 수 있는 찰스 다윈 Charles Darwin의 자연선택 이론 theory of natural selection을 기반으로 했다. 우리의 논의는 자연선택에 의한 적응 adaptation이라는 개념에서 출발했다. 예를 들면 병원균에 맞서 싸우게 하는 적응, 그런 적응에 대항하는 병원균의 대응적응, 적응이 감수해야 하는 비적응적이지만 어쩔 수 없는 신체의 손실, 신체의 설계와 우리가 살고 있는 현대 환경 간에 존재하는 비적응적인 어긋남 등이다.

앞서 말한 대로, 우리는 다윈주의 Darwinism가 의학의 진보에 기여할 수 있는 새로운 길을 발견했다. 점차 우리는 다윈 의학이 단편적인 발상이 아니라 참신한 발전을 더해 가는 흥미롭고 새로운 과학 분야임을 깨달았다. 그러나 우리는 다윈 의학이 아직 초보 단계에 있음을 강조하고자 한다. 의학 문제에 응용된 다윈적 사고방식의 실례들을 권위 있는 결론이나 의학적 조언으로 받아들여서는 안 될 것이다. 그것은 의학 내에서 진화적 사고를 어떻게 이용할 것인가를 보여주기 위한 것이지 일반인들에게 건강을 지키거나 질병을 치료하는 법을 지시하기 위한 것이 아니다. 그렇다고 해서 이것이 우리가 다윈 의학을 그저 이론적 시도로 본다고 말하는 것은 아니다. 절대로 그런 것은 아니다. 우리는 진화적 질문을 탐구하는 일이 인류의 건강을 향상시킬 것이라고 확신한다. 노력, 자금 그리고 시간을 확보해야 한다. 그동안에 우리는 사람들이 이 책을 통해 자신의 질병을 다른 방식으로 생각하게끔 자극하고자 한다. 자기를 치료하는 의사들에게 질문을 하고, 심지어 그들과 언쟁까지 벌이도록 하고 싶다. 하지만 그렇다고 해서 의사의 지시를 무시해버리는 일은 없기 바란다.

이렇게 말하고 난 후에도 또 몇 가지 확실히 해둘 것이 있다. 이 책은 서구 산업국가의 현행 의학 연구 및 의료 행위 방식을 비난하려고 의도된 것이 아니다. 이 책은 적응과 역사적 원인이 직접적인 물리적, 화학적 원인과 함께 고려된다면 의학 연구와 의료 행위가 더욱 나아지리라는 확신에 근거하고 있다. 우리는 현대 의료 행위에 대한 대안을 주장하기보다는 지금까지 의사들이 대부분 간과해 왔지만 확고하게 정립된 과학적 지식의 한 분야를 통해 얻을 수 있는 부가적 관점을 제안하고 있다. 우리는 다윈 의학이 몇몇 인정된 정설에 반대하는 대안으로 비추어지는 것에 대해서는 명백히 반대한다. 이 책에서 전개하고 있는 추론들 중 몇 가지는 공중보건이나 환경 정책을 기획하는 사람들에게도 중요하다는 것이 밝혀지리라고 믿지만, 앞서와 마찬가지로 우리의 의도는 정책적 제안을 하려는 것이 아니다.

우리는 이 책이 많은 독자들에게 흥미롭고 유익한 것이 되도록 노력했고, 자신의 고유한 전문 영역에서 진화적 질문을 제기하는 의사들과 연구자들에게 예비적이지만 과학적으로 타당한 길잡이가 되도록 애썼다. 우리는 많은 의학 전문가들이 이미 그러한 질문들을 해왔다는 것을 잘 알고 있다. 그러나 유감스럽게도 그들은 종종 자신의 발상을 진지한 가설이 아니라 탐구해 볼 가치도 없는 단순한 사색으로 취급해 온 것이다. 우리는 이 같은 태도에 가능한 한 강력하게 이의를 제기하며, 실례들을 통해 많은 과학자들이 자신의 진화적 가설이 합당한 것이며 과학적으로 검증받을 만하다고 자각하기 바란다. 아마 그들이 의심했던 것보다 더 쉽고, 더 명쾌한 방식으로 검증되리라 본다. 이 책은 진화적 가설들을 검증하는 방법에 있어서 정식 체계를 제공하고 있지는 않지만, 그러한 검증의 많은 예들을 보여준다.

우리는 독자들이 이 책에서 보여주고 있는 것이 단지 선택된 의학적 사례들과 연관지을 수 있는 오늘날의 몇 가지 진화적 사고방식들에 대한 극히 짤막한 묘사일 뿐이라는 것을 이해하기 바란다. 이제 의학은 너무나 광대한 분야이기 때문에 그 누구도 한 부분 이상을 통달할 수 없다. 내과학 같은 전공조차도 즉시 심장학 같은 소전공들로 나뉘고, 또 그보다 작은 세부 전공들로 나뉜다. 우리들 중 누구도 현대 의학이 내포하고 있는 지식의 한 부분 이상에 정통하다고 단언하지 못한다. 우리는 이 책에서 드러나는 것처럼 광범위한 논제들에 대한 토의는 어쩔 수 없이 피상적이고 지나치게 단순화되기 쉽다는 것을 잘 알고 있다. 하지만 이것 때문에 누군가가 오해하지 않기를 바라고, 또한 각 분야의 전문가들이 찾아낼 작은 잘못들에 대해 양해를 구한다. 다윈 의학을 대략적이나마 개관하는 일이 중요하다고 믿으며, 아울러 독자들이 자기 신체의 기능과 간헐적인 기능 악화에 대한 진화적 이해로부터 참된 즐거움을 얻게 되리라고 믿기 때문에 그런 위험도 나름대로 가치 있는 것이라고 생각한다.

차례

1 질병의 미스터리

그렇게도 정교하게 설계된 인간의 몸에 질병에 걸리게 하는 수천 가지의 결함과 약점이 남아 있는 이유는 무엇일까? 만일 자연선택에 의한 진화를 통해 인간의 눈이나 심장, 그리고 뇌와 같이 정교한 장치의 메커니즘들이 만들어질 수 있었다면, 왜 근시, 심장마비, 알츠하이머병 같은 것을 막는 방법은 만들어지지 않았을까? 인간의 면역 체계가 수백만 종류의 외부 단백질을 식별하고 공격할 수 있다면, 왜 인간은 아직도 폐렴에 걸려야 하는 것일까? 한 가닥의 DNA만으로도 각기 특정한 기능을 가진 수십조 개의 세포를 적절하게 배치하여 완전한 성인의 신체를 구성하는 지령을 실수없이 암호화할 수 있는데도 왜 손가락은 한 번 잘리면 다시 재생되지 않을까? 인간이 백 년을 살 수 있다면 왜 2백 년은 살 수 없을까?

우리는 개개인이 왜 특정한 질병에 걸리는가에 대해서는 많이 알고 있지만 질병이 도대체 왜 존재하는지에 대해서는 거의 아는 바가 없다. 우리는 기름기가 많은 음식이 심장병을 일으키고 햇볕에 노출된 피부에 암이 생기는 것을 잘 알고 있다. 그런데 왜 그런 위험에도 불구하고 기름진 음식이나 햇볕을 그렇게 갈구하는 것일까? 왜 우리의 몸은 일단 동맥이 막혀버리거나 햇볕에 피부가 손상되면 고치지 못할까? 왜 햇볕에 살갗을 태우는 것이 해로울까? 고통은 왜 생길까? 그리고 왜 우리는 수백만 년이 지난 지금도 연쇄상구균에 쉽게 감염될까?

의학의 가장 큰 미스터리는 정교하게 설계된 인간의 몸이라는 기계에 질병의 대부분을 유발하는 결함이나 약점 혹은 임시 변통처럼 보이는 부분들이 존재하고 있다는 사실이다. 진화적 연구는 이런 미스터리들을 대답할 수 있는 질문들로 바꿔 놓는다. 진화적인 자연선택 과정들은 왜 우리로 하여금 질병에 걸리도록 하는 유전자들을 제거해내지 않았을까? 그런 과정들을 통해 질병에 대한 저항을 좀더 완벽하게 하는 유전자나 노화를 방지하는 자가치료 능력을 향상시키는 유전자가 선택되지 않았을까? 단지 자연선택이 그 정도로 완벽하지는 않았다는 식의 판에 박힌 대답은 대부분 옳지 않다. 대신 앞으로 보게 될 것처럼, 인간의 몸이란 잘 절충된 결과들의 집합체이다.

인간의 몸은 아무리 단순한 구조라도 인간이 만든 어떤 산물과도 비교할 수 없을 정도로 정교하게 설계되어 있다. 뼈를 예로 들어보자. 뼈가 가지고 있는 관모양의 형태적 특성은 무게를 최소화하면서 동시에 강도와 유연성을 극대화하고 있다. 같은 무게를 비교할 때 철근 기둥보다 뼈가 더 튼튼하다. 특정한 뼈들은 그들의 특별한 기능에 어울리도록 정교한 모양으로 만들어졌다. 손상되기 쉬운 뼈의 말단 부위는 상대적으로 굵고, 근육의 지레 작용이 증가하는 부위의 표면에는 돌기들이 나 있으며 정교한 신경과 동맥들이 지나가는 경로에는 안전통행을 보장하기 위해 홈이 파여 있다. 강도가 요구되는 곳의 뼈들은 굵고 구부러져야 하는 곳에는 많은 수의 뼈들이 있다. 뼛속 공간도 유용한 기능을 하는데, 그곳에서는 새로운 혈액 세포들이 안전하게 자란다.

생리학적 특성은 더욱 인상적이다. 인공신장 기계를 예로 들어보자. 크기는 냉장고만큼 크지만 실제 자연신장이 갖고 있는 기능의 극히 일부만을 흉내낼 뿐이다. 또 인간이 만든 최상의 심장 밸브를 생각해 보자. 기껏 몇 년간 유지되는 것이 고작이고 게다가 닫힐 때마다 적혈구 세포들이 으깨지곤 한다. 자연심장은 인간의 전생애에 걸쳐 25억 번 이상 아주 부드럽게 열렸다 닫혔다 한다. 뇌는 어떤가? 삶의 아주 미세한 부분까지 저장해 두었다가 수십 년이 지난 후에 몇 초 단위의 일까지도 기억해 낼 수 있다. 컴퓨터는 아직 그 수준 근처에도 가지 못한다.

인간의 몸이 지니고 있는 조절 기능도 참으로 놀랍다. 식욕에서부터 출산에 이르는 인간 생애의 모든 면에 관여하는 호르몬의 작용을 생각해 보자. 되먹임고리 feedback loops로 조절되는 호르몬은 인간이 만든 어떤 화학 공정보다도 훨씬 복잡하다. 아니면 감각운동 체계의 복잡한 신경회로망을 생각해 보자. 일단 어떤 영상이 망막 위에 맺히면 각각의 시세포들은 영상 신호를 시신경을 통해 두뇌의 중추로 보낸다. 그러면 어떤 특정한 두뇌중추가 그것의 형태, 색, 움직임들을 분석하는 동안 다른 두뇌중추들은 기억은행에 저장되어 있던 정보들을 꺼내 그 영상의 실체가 뱀이라는 것을 판단한다. 이어서 공포중추와 의사결정중추가 운동신경을 자극하여 적절한 근육이 정확하게 수축하도록 함으로써 손을 재빨리 치울 수 있게 한다. 이 모든 과정이 일어나는 데 걸리는 시간은 수분의 1초도 되지 않는다.

골격, 생리적 작용, 신경계 등 인간의 몸은 우리의 감탄과 경이로움을 자아내기에 충분한 수천 가지의 완벽한 설계로 되어 있다. 하지만 대조적으로 몸의 많은 부분은 또한 조잡하기 이를 데 없다. 예를 들면, 위장으로 음식물을 나르는 관은 허파로 공기를 운반하는 관과 교차되어 있어서 우리가 음식물을 삼킬 때마다 질식하는 것을 막기 위해 반드시 기도를 닫아야 하게끔 설계되어 있다. 다른 예로 근시를 살펴보자. 당신이 근시를 유발하는 유전자를 가진 25% 안에 포함된 불행한 사람이라면 거의 확실히 근시일 것이며 따라서 호랑이의 밥이 되기 직전까지는 눈 앞에 호랑이가 서 있는지조차 알 수 없을 것이다. 왜 이런 유전자들이 일찌감치 제거되지 않았는가? 아테롬성동맥경화증 atherosclerosis을 예로 들어보자. 복잡한 동맥의 망상구조는 몸의 각 부분에 정확한 양의 혈액을 공급해 준다. 그럼에도 불구하고 많은 사람들은 동맥벽에 콜레스테롤이 쌓여 결국 혈류가 막혀 심장마비와 중풍을 일으킨다. 그것은 마치 메르세데스 벤츠를 설계하는 사람이 연료배관을 전부 소다수용 비닐 빨대를 이용해서 만든 것과 같은 꼴이다!

수십 가지의 신체 설계가 이렇게 말도 되지 않을 정도로 엉터리다. 그 모든 것들이 의학의 미스터리로 간주되고 있다. 왜 그렇게도 많은 사람이 알러지 반응을 보이는 걸까? 우리 몸의 면역 체계는 물론 꼭 필요한 것이지만 왜 꽃가루는 제대로 골라내지 못하는 걸일까? 마찬가지로 면역 체계는 왜 종종 자기 자신의 신체 조직을 공격하여 복합경화증 multiple sclerosis을 비롯한 류마티스열 rheumatic fever과 관절염 arthritis, 당뇨병 diabetes, 홍반성루푸스 lupus erythematosus 등을 일으키는 것일까? 임산부의 입덧도 그렇다. 갓 임신해서 태아에게 많은 영양을 공급해 주어야 할 바로 그때에 임산부들이 구역질과 구토로 괴로워하는 것은 얼마나 이해하기 힘든 일인가! 기능적으로는 이해하기 어려워도 인간의 몸이 나타내는 가장 보편적이고 생명의 궁극적인 현상인 노화를 과연 어떻게 이해해야 할까?

심지어 우리의 행동과 감정조차도 마치 어느 장난꾸러기가 만들어놓은 것처럼 보인다. 왜 곡류와 야채보다 별로 몸에 좋지도 않은 음식물들을 더 먹고 싶어할까? 지나치게 기름기가 많은 음식임을 알면서도 왜 자꾸 먹고 싶을까? 그런 유혹을 억제하는 의지는 왜 이렇게 약할까? 왜 남성과 여성의 성반응은 서로에게 최고의 만족을 주도록 조화롭게 만들어지지 않았을까? 마크 트웨인이 〈결코 일어나지 않을 비극을 겪는 것〉이라고 말한 것처럼, 사람들은 왜 항상 불안에 싸여 사는 것일까? 또 우리는 왜 오래도록 추구한 목표를 달성한 대가로 만족을 얻기보다는 여전히 새로운 욕망을 추구하며 늘 우리에게서 달아나는 행복을 쫓는 것일까? 인간 신체의 설계는 아주 정교하지만 동시에 믿기 어려울 정도로 어설프다. 마치 이 세상 최고의 기술자가 인간을 만들면서 7일에 한 번씩 일손을 놓고 덜렁거리는 초심자에게 나머지 일을 맡긴 것처럼.

두 종류의 원인

이런 모순을 해결하려면 각각의 질병에 대한 진화적 원인을 찾아내야만 한다. 지금까지 알려진 바에 의하면 질병의 진화적 원인은 대부분의 사람들이 생각하고 있는 것과 분명히 다르다. 심장마비를 생각해보자. 기름기가 많은 음식을 먹고 싶어하거나 아테롬성동맥경화증에 쉽게 걸리게 하는 유전자를 가지고 있는 것이 주원인이다. 생물학자들은 이러한 것들을 가리켜 〈근접 원인〉들이라고 한다. 그러나 우리는 인간이 왜 지금의 모습으로 설계되었는가에 대한 이유를 먼 과거에서 찾으려는 〈진화적 원인〉에 더 큰 관심이 있다. 심장마비를 연구하는 진화학자들은 기름기가 많은 음식을 선호하도록 하는 유전자와 콜레스테롤을 축적시키는 유전자들이 왜 자연선택에 의해 제거되지 않았는지 알고자 한다. 근접 설명 방식은 인간의 몸이 어떻게 기능하며 왜 어떤 사람들은 병에 걸리는데 어떤 사람들은 걸리지 않는가에 대해 설명한다. 일반적으로 진화적 설명은 왜 인간이 어떤 병에는 걸리기 쉽고 어떤 병에 대해서는 그렇지 않은가 하는 문제를 다룬다. 우리는 왜 인간의 신체 중에서 어떤 부분은 손상되기 쉬우며 어떤 병에는 걸리고 어떤 병에는 잘 걸리지 않는 것인지 알고자 한다.

근접 설명과 진화적 설명을 잘 구별하면 생물학의 많은 의문들이 이해된다. 근접 설명은 해부학적, 생리학적, 생화학적 특성들과 수정란 내의 DNA 정보에 의해 유전적으로 유도되어 성체로 발달하는 과정의 특성들을 설명한다. 진화적 설명이란 우선 왜 그 DNA가 그런 특성을 발현하는가, 또 왜 우리는 그 구조로만 발현하는 DNA를 가지게 되었는가에 관한 것이다. 근접 설명과 진화적 설명은 상호배타적이지 않으며 생명체의 특성들을 이해하는 데 함께 필요하다. 외이 external ear에 대한 근접 설명은 어떻게 소리에 초점을 맞추는가, 조직은 어떻게 구성되었나, 동맥과 신경의 모양과 분포는 어떠한가, 어떻게 태아에서 성인의 형태로 발달하는가에 대한 정보이다. 그러나 이것들에 대해 모두 알고 있다 해도 그 구조가 귀를 가진 생물체에게 어떤 이익을 주는지, 왜 귀가 없는 생물은 불이익을 받는지, 자연선택에 의해 현재의 모양이 되었지만 옛날에는 귀의 구조가 어떠했는지 등에 대한 진화적 설명이 여전히 필요하다. 다른 예로 미뢰 taste bud에 대한 근접 설명을 들어보면 그 구조에 대한 서술이나 그것이 짠맛, 단맛, 신맛, 쓴맛을 구별하는 화학적 특성에 대한 기술과 어떻게 그런 정보가 신경세포에 의해 뇌로 가는 전기적 신호로 바뀌는가에 관한 이야기다. 진화적 설명은 왜 미뢰가 다른 화학적 특성이 아니라 짜고 달고 시고 쓴 맛만을 구별하는지, 그리고 이러한 능력은 그것을 가진 생명체가 살아가는 데 어떻게 도움이 되는지에 관한 것이다.

근접 설명이 구조와 메커니즘에 대한 〈무엇이?〉와 〈어떻게?〉라는 질문의 답이라면, 진화적 설명은 기원과 기능에 대한 〈왜?〉라는 질문의 답이다. 대부분의 의학 연구는 신체의 어떤 부분이 어떻게 움직이며 어떻게 질병이 그 기능을 마비시키는가에 대한 근접 설명을 추구한다. 생물학의 나머지 반에 해당되는 부분으로, 어떤 것이 유용한가 그리고 어떻게 그렇게 될 수 있었는가는 그동안 의학에서 간과되어 왔다. 물론 완전히 무시되어 온 것은 아니다. 생리학의 일차적 임무는 각 기관이 정상적일 때 어떤 일을 하느냐를 밝히는 것이고, 생화학은 대사 작용이 어떻게 이루어지는지 또 그것의 목적이 무엇인지를 알아내는 것이다. 하지만 임상의학은 질병의 진화적 설명을 찾는 일에 냉담했다. 질병이란 언제나 비정상적인 것이었으므로 그것을 진화적으로 연구하는 일은 불합리한 것이라고 여겼다. 그러나 질병에 대한 진화적 접근은 질병의 진화에 대한 연구가 아니라 그 질병에 걸리게 되는 인간의 설계상 특성을 연구하는 것이다. 자연의 다른 모든 것들과 마찬가지로 인간 신체의 설계에 명백히 존재하는 결함은 근접 설명뿐 아니라 진화적 설명에 의해서만 완전히 이해될 수 있다.

진화적 설명이란 단지 지적 호기심을 채우기 위한 탁상공론에 불과한가? 그렇지 않다. 예를 들어 임산부들이 겪는 입덧을 생각해 보자. 만일 시애틀에 거주하는 과학자 마지 프라핏Margie Profet이 주장한 것처럼 임신 초기에 자주 동반되는 구역질과 구토, 음식혐오증 등의 증상들이 발육 중인 태아를 독소로부터 보호하도록 진화한 것이라면, 그것들은 태아의 조직 분화가 시작됨과 동시에 나타날 것이고 태아가 독소에 덜 민감하게 되면 줄어들 것이며 산모가 태아의 발육에 심각한 지장을 줄 수 있는 물질을 함유한 음식을 피하도록 만들 것이다. 앞으로 보게 될 실제 증거들이 이러한 가정들을 뒷받침해 준다.

진화적 가설들은 근접 메커니즘으로부터 무엇을 예측할 수 있는가를 보여준다. 예를 들어, 체내의 철분 함량이 낮은 사실이 어떤 특정한 종류의 감염과 연관되어 있다고 할 경우, 그 사실은 감염의 직접 원인이라기보다 감염에 대한 신체의 방어 기능 중 일부라고 가정할 수 있다. 그런 환자에게 철분을 더 투여하게 되면 도리어 감염을 악화시킬 수 있다는 것을 예상할 수 있다. 실제로 그렇다는 연구 결과도 있다. 질병의 진화적 기원을 설명하려는 시도는 흥미 있는 지적 관심사 이상의 것이다. 그것은 질병을 이해하고 억제하고 치료하고자 하는 인간의 욕망에 절대적으로 필요하지만 아직까지는 그렇게 많이 쓰이지 않는 방법론일 뿐이다.

질병의 원인

여러 가지 질병의 전문가들은 종종 스스로에게 도대체 특정한 질병이 왜 존재하는가라는 질문을 하며 가끔은 그럴듯한 해답을 제시하기도 한다. 하지만 많은 경우 그들은 진화적 설명과 근접 설명 사이에서 혼동을 일으키기도 하고 그런 생각들을 어떻게 검증해야 할지를 모르거나 기존의 사고에서 벗어나는 듯한 설명을 꺼려한다. 이러한 문제는 다윈 의학이 공식적인 학문 분야로 자리잡게 되면 사라질 것이다. 그것을 위해 우리는 여기서 질병에 대한 진화적 설명의 여섯 가지 범주를 제시하고자 한다. 이들은 각 장에서 자세히 다루어질 것이며, 여기서는 이 책의 논리적 구성과 앞으로 다룰 내용의 범위들을 밝히고자 한다.

1 방어

방어는 사실 질병에 대한 직접적인 설명은 아니지만 많은 경우에 질병의 다른 징후들과 혼동되기 때문에 여기에서 다루고자 한다. 심각한 폐렴을 앓고 있어 특별히 피부가 흰 사람은 안색이 어둡고 깊숙한 기침을 한다. 폐렴의 이 두 가지 징후는 완전히 서로 다른 범주에 속한 현상으로서, 하나는 질병에 의해 신체가 손상된 것이며 다른 하나는 신체의 방어 작용이다. 헤모글로빈에 산소가 결핍되면 그 색깔이 어두워지기 때문에 피부가 푸르퉁퉁해진다. 폐렴 환자가 보이는 이런 증상은 자동차 변속기에서 나는 덜거덕거리는 소리와 같다고 할 수 있다. 그러한 반응들은 어떤 문제점에 대비해 사전에 예정되어 준비된 반응이 아니라 별다른 쓰임새가 없는 우발적인 사건들이다. 반면, 기침의 경우는 방어 작용이다. 기침은 호흡 경로에 침입한 외부 물질을 몸밖으로 쫓아내기 위해 특별히 고안된 복잡한 작용의 결과이다. 기침은 횡경막과 가슴근육 및 후두가 상호협동하여 점액과 외부 물질을 기관지를 통해 인후로 밀어냄으로써 바깥으로 배출되도록 하거나 산성의 소화액으로 균들을 죽이기 위해 위로 삼켜버리려는 행위이다. 기침은 신체적 손상에 따른 우연한 결과가 아니라 자연선택에 의해 다듬어진 협동적 방어 작용이며, 특정한 위협 요소들이 존재할 때 그런 위험을 나타내는 신호들을 감지할 수 있는 특정한 감각 장치에 의해 일어나는 작용이다. 그것은 마치 자동차의 연료 탱크가 거의 비었을 때 켜지는 지시등처럼 문제점 그 자체가 아니라 문제점에 대한 방어 반응이다.

방어와 손상에 대한 이러한 차이점은 단순한 학문적 관심거리가 아니다. 병에 걸린 사람에게는 중요한 문제다. 잘못된 곳을 고치는 것은 아주 좋은 일이다. 변속기의 덜거덕거리는 소리를 멈추게 하거나 폐렴에 걸린 사람의 피부색을 다시 발그스레하게 되돌릴 수 있다면 그것은 거의 틀림없이 이로운 일일 것이다. 하지만 방어 작용을 차단하는 것은 큰 실수가 될지도 모른다. 연료 고갈을 지시하는 램프에 연결된 전선을 끊어버린다면 연료가 바닥나는 일이 자주 일어날 것이다. 지나치게 기침을 억제하면 폐렴에 의해 죽을지도 모른다.

2 감염

만일 박테리아나 바이러스들이 인간을 주로 먹이로만 간주한다면, 우리는 그들을 적으로 생각할 수 있다. 그러나 불행하게도 그들은 우리를 괴롭히는 단순한 유해물들이 아니라 대단히 교묘한 적이다. 인간은 그들의 위협에 맞설 수 있는 방어 작용들을 진화시켜 왔다. 그들 역시 인간의 방어 작용을 능가하는 방법을 진화시켰으며, 인간이 진화시킨 방어 작용을 역이용하여 도리어 자신에게 이익이 될 수 있게 하는 방법까지 발달시켰다. 이처럼 끝없는 군비 경쟁의 역사를 통해 왜 인간이 모든 감염을 뿌리뽑지 못하며 자가면역적 질병 autoimmune disease들을 갖게 되었는가를 이해할 수 있다. 우리는 이 주제들을 다음 두 장에서 다룰 것이다.

3 새로운 환경

인간의 몸은 수백만 년 동안 아프리카 초원에서 소규모 집단을 이루어 수렵 채취 활동을 하던 생활에 적합하게 설계되었다. 자연선택은 인간의 몸을 기름기가 많은 음식물, 자동차나 마약, 또는 인공조명, 중앙난방 등과 같은 것들에 적응하도록 설계할 수 있을 만큼 충분한 시간을 갖지 못했다. 이러한 설계와 환경 간의 부조화의 결과로 거의 대부분 예방할 수 있는 많은 종류의 현대병들이 나타난 것으로 보인다. 현대 사회에서 빈번히 발생하는 심장질환과 유방암이 바로 그 비극적인 예들이다.

4 유전자

인간의 유전자들 중 일부는 어떤 질병의 원인이 됨에도 불구하고 없어지지 않고 남아 있다. 그들 중 몇몇은 우리가 좀더 자연적인 환경에서 살던 시절에는 전혀 위험한 것이 아니었던 단순한 〈급변 quirks〉에 불과했다. 예를 들어 심장병에 걸리게 하는 대부분의 유전자들은 우리가 기름진 음식을 많이 먹게 되기 전에는 전혀 해롭지 않았다. 근시를 유발하는 유전자들은 어린이들이 아주 어릴 때부터 가까이에서 사물을 들여다보아야 하는 문명 사회에서만 문제가 될 뿐이다. 노화를 유발하는 유전자들 중 어떤 것들은 평균 수명이 짧은 경우에는 거의 발현되지 못하거나 다음 세대로 전달되지 못한다.

질병을 유발하는 많은 다른 유전자들은 실제로 그것들을 가지고 있는 사람이나 혹은 다른 유전자들과 조합을 이루어 그것을 가지고 있는 사람에게 이익을 주기 때문에 선택되었다. 예를 들어 겸상적혈구빈혈증 sickle-cell disease을 유발하는 유전자들은 말라리아를 예방하는 효과를 보인다. 널리 알려진 이런 경우말고도 어머니에게는 해가 되지만 아버지에게는 이익이 되는, 또는 그 반대인 성별 적대적 유전자 sexually antagonistic gene들을 포함하여 기타 많은 사례들을 이후의 장에서 다룰 것이다.

우리의 유전암호들은 돌연변이에 의해 항상 변하고 있다. 드물게나마 이러한 DNA상의 변화들이 유리한 결과로 작용할 수도 있지만 대개의 경우에는 질병을 유발한다. 손상받은 유전자들은 자연선택에 의해 완전히 제거되거나 극소수만 살아남는다. 이런 이유 때문에 손상된 유전자 중 어떤 형태로든 이익을 주지 못하는 유전자는 대체로 질병의 요인이 되지 못한다.

마지막으로 생각할 것은 〈무법자 유전자 outlaw genes〉인데, 그들은 자신이 몸담고 있는 개체를 희생시킴으로써 자신을 전파한다. 이는 자연선택이 개체나 종이 아닌 유전자에게 이익이 되도록 작용한다는 것을 보여준다. 그러나 진화적으로 볼 때 개체간의 선택이 강력한 힘을 발휘하는 관계로, 무법자 유전자 역시 질병의 원인으로는 드물게 나타난다.

5 설계상의 절충

전반적으로 이로운 유전자들에게도 손실이 따르는 것처럼 자연선택에 의해 보존된 중요한 구조적 변화들에도 그에 따른 대가가 있다. 직립보행은 인간이 음식물과 어린아이를 들고 다닐 수 있게 해주었지만 한편으로는 척추질환을 안겨주었다. 신체 설계상의 뚜렷한 결함들은 실수가 아니라 절충의 결과이다. 질병에 대해 좀더 잘 알기 위해서는 설계에서 나타나는 뚜렷한 결함의 숨겨진 이점에 대해서도 알아볼 필요가 있다.

6 진화적 유산

진화란 점진적 과정이다. 진화는 큰 도약을 만드는 것이 아니라 그때그때 이득이 되는 작은 변화들을 만들 뿐이다. 사실 비약적인 변화는 인간 기술자라도 만들어내기 어려운 것이다. 집배용 소형 트럭은 연료 탱크가 차체 골격 바깥쪽에 달려 있기 때문에 옆에서 부딪히는 경우 쉽게 화재가 발생한다. 하지만 연료 탱크를 차체 골격 안쪽으로 넣으려면 전체적인 자동차의 설계가 바뀌어야 하고, 그것은 또 새로운 문제를 유발시켜 또 다른 절충을 필요로 한다. 인간 기술자조차도 역사적 유산의 제약을 받을 수 있다. 이와 비슷하게 기관지 앞으로 나 있는 식도를 통해 넘어가는 음식물은 반드시 기관지를 가로질러야만 위장으로 들어갈 수 있기 때문에, 우리는 항상 질식의 위험을 안고 산다. 아마 목구멍 어디엔가 새롭게 콧구멍을 만드는 것이 합리적이겠지만 9장에서 보게 되듯이 그런 일은 절대로 일어날 수 없다.

우리가 말하지 않는 것

위에서 말한 질병의 기원에 대한 더 자세한 이야기를 계속하기 전에 미리 오해의 소지가 될 수 있는 것들에 대해 언급해 두고자 한다. 우선 우리가 이 책에서 기획하는 의도는 우생학 eugenics이나 다윈 사회주의 Social Darwinism와는 아무런 상관이 없다. 우리는 이 책을 통해 인간의 유전자 풀 gene pool이 더 좋아질지 나빠질지에 대해서는 전혀 관심이 없으며 종을 개량하는 노력에 대해서도 특별히 강조한 바가 없다. 또한 사람들간에 있을 수 있는 유전적 차이에 대해서도 대부분의 경우 특별한 관심이 없으며, 인간 모두가 공통적으로 가지고 있는 유전물질에 대해서만 논의했다.

질병에 대해 진화적 식견을 가진다고 해서 그것이 새러낵 호수 옆에 서 있는 의사 트루도 E. L. Trudeau의 동상에 새겨진 다음과 같은 의학 본연의 목표를 변화시키는 것은 아니다. 〈가끔 치료하고, 자주 도와주고, 언제나 위로한다.〉 의학의 목표는 언제나 그랬듯이 (그리고 우리가 믿는 것처럼 앞으로도 그래야 하듯이) 환자를 돕는 것이지 인간 종 자체를 구하는 것이 아니다. 이 점을 오해하게 되면 많은 해악이 정당화된다. 금세기 초 다윈 사회주의자들의 이상은 가난한 사람들에 대한 의료 지원을 억제하고 개인에게 미치는 영향을 무시한 채 자본가들의 거대한 자본 축적을 정당화시켰다. 이러한 믿음은 즉각적으로 인간 종(혹은 종족)의 질적 개선을 위해 어떤 민족이나 인간 집단을 번식하지 못하게 해야 한다고 선전하는 우생학과 결합했다. 그러한 신념은 당연히 이미 오래전에 비난받았다. 다윈 사회주의는 다윈주의의 용어들을 비유적으로 사용했을 뿐 생물학자들이 이해하는 식으로 사용한 것은 아니었다. 우리는 결코 의학이 인위적으로 자연선택을 도와야 한다고 주장하지 않으며 생물학이 도덕적 판단의 기준이 되어야 한다고도 말하지 않았다. 우리는 어떤 질병에 대해 말하면서 그 질병이 가지고 있는 잘 알려지지 않은 어떤 유리함에 대해 많은 예를 제시하는 경우라도, 그것 때문에 그 질병이 좋은 것이라고는 절대 말하지 않는다. 다윈주의는 우리가 어떻게 살아야 하느냐 혹은 의사들이 어떻게 의료 업무를 수행해야 하느냐에 대한 어떠한 도덕적 가치 기준도 제시하지 않는다. 하지만 의학에 진화론적 시각을 적용한다면 질병의 진화적 기원에 대해 이해할 수 있을 것이며, 아울러 이러한 지식들이 의학 본연의 목표를 달성하는 데에도 근본적으로 유용하다는 것을 보여줄 것이다.

2 자연선택에 의한 진화

다른 모든 기계들과 마찬가지로 신체의 각 부분들도 어떠한 목적 즉, 어떠한 기능을 수행하기 위해 존재하는 이상, 신체 전체도 어떤 복잡한 기능을 수행하기 위해 존재한다는 것은 분명한 사실이다.

— 아리스토텔레스

앞장에서 논의된 미스터리에 대한 해답은 자연선택의 작용에서 찾을 수 있다. 자연선택이 이루어지는 과정은 근본적으로 매우 단순하다. 즉, 자연선택은 개체들간의 유전적 변이가 그들의 생존과 번식에 영향을 끼칠 때면 언제나 일어난다. 만약 다음 세대에 살아남을 자손의 수를 감소시키는 형질을 발현하는 유전자가 있다면, 그 유전자는 점차 제거될 것이다. 예컨대, 질병에 대한 감염 가능성을 증가시키거나, 위험천만한 일에 미련스럽게 달려들게 하거나, 성 sex에 흥미를 잃게 만드는 유전적 돌연변이는 결코 흔해지지 않는다. 반면, 감염에 대한 저항성을 갖도록 하거나, 위험한 일에 마구 덤벼들지 않게 하거나, 아기를 많이 낳을 배우자를 고르는 데 성공하도록 만드는 유전자는 비록 그것이 적지 않은 손실을 감수해야 하는 경우라도 유전자 풀 내에 널리 퍼져나갈 것이다.

그 결정적인 예로 대기 오염물질이 날아가는 쪽에 사는 영국나방의 개체군에 날개 색깔을 어둡게 하는 유전자가 많아진 경우를 들 수 있다. 옅은 색깔의 날개를 가진 나방들은 매연으로 거무스름하게 된 나무 위에 있을 때 쉽게 새들 눈에 띄어 잡아먹혔지만, 비교적 나무껍질과 비슷한 색을 지녔던 소수의 돌연변이 나방들은 적의 부리로부터 벗어날 수 있었다. 나무등걸이 매연에 의해 점점 더 시커멓게 됨에 따라, 그 돌연변이 유전자는 빠르게 퍼져나갔고 날개 색깔을 밝게 만들던 유전자를 거의 대체하게 되었다. 자연선택은 이렇게 간단한 메커니즘이다. 자연선택은 어떠한 계획이나 목표 또는 방향도 갖지 않는다. 다만 어떤 유전자를 지닌 개체들이 다른 형질을 발현하는 유전자를 가진 개체들에 비해 얼마나 번식에 성공하게 되는지에 따라 그 유전자의 빈도가 증가하느냐 감소하느냐가 결정될 뿐이다.

하지만 많은 오해로 인해 자연선택의 단순한 아름다움이 가려져 왔다. 예를 들어, 허버트 스펜서 Herbert Spencer가 19세기에 만들어낸 유행어 〈최적자 생존 survival of the fittest〉은 자연선택의 과정을 함축하는 것으로 널리 이해되어 왔으나, 사실상 몇 가지 오해를 불러일으켰다. 우선 생존은 그 자체만으로 전혀 중요하지 않다는 사실이다. 자연선택이 연어나 1년생 식물들과 같이 단 한번 번식하고 죽어버리는 일부 생물들을 만들어낸 까닭도 바로 이것이다. 생존은 오직 번식을 증진시키는 한에서만 개체의 적응도를 높인다. 번식을 증진시키는 유전자는 설사 그것이 개체의 수명을 단축한다 할지라도 선택될 것이다. 그와는 반대로, 번식을 감소시키는 유전자는 아무리 개체의 생존을 높인다 할지라도 자연선택을 통해 틀림없이 제거될 것이다.

〈최적자〉라는 단어가 가지고 있는 모호한 의미에서 더 큰 혼란이 일어났다. 생물학적으로 볼 때, 가장 잘 적응한 개체가 반드시 가장 건강하거나, 가장 힘이 세거나, 가장 빠른 개체일 필요는 없다. 오늘날은 물론 과거에도 대부분 그랬듯이 뛰어난 신체적 능력을 지닌 사람들이 반드시 개인의 진화적 적응도와 가장 가까운 척도라고 할 수 있는 손자, 손녀의 수에서도 가장 앞서 있는 것은 아니다. 자연선택을 잘 이해하고 있는 사람에게는 부모들이 자식들의 번식에 대해 각별한 관심을 가지는 것이 별로 놀라운 일이 아니다.

유전자 또는 개체 단독으로는 〈적응적〉이라고 할 수 없다. 특정한 환경에서 살고 있는 특정한 종의 맥락에서만 그렇게 말할 수 있다. 심지어 동일한 환경 내에서도 유전자들은 모두 타협을 하고 있다. 토끼를 좀더 겁이 많게 만들어 여우의 이빨로부터 벗어나도록 도와주는 유전자를 생각해 보라. 자연 상태의 토끼들 가운데 절반이 그 유전자를 갖고 있다고 가정하자. 그런 토끼들은 더 잘 숨고 덜 먹기 때문에 아마 평균적으로 좀더 대담한 성격을 가진 동료들보다 영양 상태가 좋지 않을 것이다. 만일 3월에 꽃샘추위가 닥쳐서 겁쟁이 유전자를 갖고 있지 않은 대담한 토끼들 중 3분의 1이 굶어 죽은 반면, 봄을 기다리며 눈 속에 웅크리고만 있는 겁쟁이 토끼들의 3분의 2가 굶어 죽었다면, 봄이 되었을 때 토끼들 중 겨우 3분의 1만이 겁쟁이 유전자를 갖고 있을 것이다. 자연선택에 의해 제거된 것이다. 혹독한 겨울이 몇 번 지나고 나면, 그 유전자는 아마 거의 사라지게 될 것이다. 그러나 겨울이 온화했거나 여우의 수가 늘었다면 정반대의 결과를 초래했을 것이다. 이는 모두 현재 처해 있는 환경에 달려 있다.

자연선택은 집단이 아니라 유전자를 선택한다

굶주린 레밍 lemming들이 앞다투어 물속으로 뛰어들어 죽는 모습을 담은 자연 다큐멘터리 영화를 본 사람들이 많을 것이다. 해설자는 먹이를 구하기 힘들어지는 시기가 되면 어떤 레밍들은 자기가 먹을 먹이를 다른 동료들이 대신 먹고 살아남아 집단을 계속 유지하도록 자기를 희생한다고 설명한다. 몇 십 년 전에는 이 같은 〈집단선택 group selection〉적 설명들이 전문 생물학자들에게도 진지하게 받아들여졌으나, 이제는 더 이상 그렇지 않다. 그 이유를 알아보기 위해 가상의 레밍 두 마리를 비교해 보자. 한 녀석은 자기 무리가 한정된 먹이를 다 먹어치울 지경이라는 점을 알아채고, 즉시 가까운 물에 뛰어들어 목숨을 끊는 고결한 친구다. 다른 녀석은 고결한 친구들이 스스로를 희생하기를 기다렸다가 남는 먹이를 마음껏 먹고, 가능한 한 짝짓기도 많이 하고, 많은 자식을 낳는 이기적인 놈이다. 집단의 이득을 위해서 스스로를 희생하는 행동을 유발하는 유전자는 어떻게 될까? 그런 유전자는 아무리 그 종 전체에 도움이 된다 하더라도 결국 제거될 것이다.

그렇다면 우리는 레밍의 자살을 어떻게 설명할 수 있을까? 겨울이 막바지에 이르러 먹이가 부족해지면, 레밍들은 큰 무리를 지어 이리저리 달린다. 그렇게 무리지어 뛰어다니다 보면 겨우내 내린 눈이 녹아 만들어진 큰 물을 만났을 때 항상 멈출 수 있는 게 아니다. 물에 자발적으로 뛰어드는 일은 그리 흔치 않다. 그 영화의 제작자들은 의심할 여지없이 자기들이 원하는 장면을 얻기 위해 빗자루로 레밍들을 물 속에 쓸어 넣었을 것이다. 이론과 실제가 상충될 때 이론보다는 실제를 바꿔버리는 인간의 속성을 드러내는 극단적인 예다! 집단 수준에서 작용하는 자연선택이 개체 수준에서 작용하는 자연선택의 보다 강력한 힘을 능가할 수 있는 특별한 상황들이 없는 것은 아니지만 그리 흔하지 않다.

『이기적인 유전자 *The Selfish Gene*』의 저자인 영국의 생물학자 리처드 도킨스 Richard Dawkins는 개체란 단지 유전자 복제를 위해 만들어지고, 유전자가 더 이상 관계를 가질 필요가 없을 때는 버려지는 매체에 불과하다고 강조했다. 이런 견해는 진화가 건전하고, 조화롭고, 안정된 세상으로 나아가고자 한다는 일반적인 관점을 뿌리째 뒤흔든다. 자연선택은 그런 세상을 창조하지 않는다. 우리는 삶이 당연히 행복하고 건강하리라고 생각하고 싶어하지만, 자연선택은 우리의 행복에 대해서는 조금도 신경쓰지 않는다. 그리고 자연선택은 건강조차도 유전자에게 이득이 될 때만 북돋워준다. 불안, 심장마비, 근시, 통풍, 또는 암이 번식성공도 reproductive success를 증대시키는 데 어떤 식으로든 연관된다면 그것을 유발하는 유전자들은 선택될 것이고, 인간은 순전히 진화적 의미에서는 〈성공〉했지만 고통에 시달릴 수밖에 없는 것이다.

혈연선택

우리는 앞에서 번식이야말로 자연선택에 의해 극대화되는 진화적 적응도의 핵심 내용임을 강조했고, 레밍에 대해 논의하면서 진화가 자기 자신을 희생하고 다른 이들을 돕는 이타적 개체를 선호하지 않음을 지적했다. 그러나 이러한 일반화는 이야기의 일부분만을 말해 줄 뿐이다. 궁극적으로 중요한 것은 어떤 개체가 직접 자기 자식을 낳든지 아니면 자신과 많은 유전자들을 공유하는 가까운 친척들이 더 많은 자식을 기를 수 있도록 도움으로써 다음 세대에 얼마나 많은 유전자를 남기느냐 하는 것이다.

자식의 유전자 가운데 절반은 어머니의 것과 동일하고, 절반은 아버지의 것과 동일하다. 형제자매들은 평균적으로 서로 유전자의 절반을 공유한다. 조부모가 가진 유전자의 4분의 1은 손자, 손녀들의 것과 같다. 사촌들은 유전자의 8분의 1을 공유한다. 이는 한 개인의 유전자의 관점에서 볼 때, 누이의 생존과 번식은 자신의 생존과 번식의 절반만큼 중요하고 사촌의 생존과 번식은 8분의 1만큼 중요하다는 것을 뜻한다. 이러한 이유 때문에, 만일 다른 모든 조건들(예를 들어 나이, 건강 등)이 같은 상황에서 친척을 도우려 할 때 감수해야 할 자신의 손실이 자신이 준 도움으로 친척이 얻게 될 이득에 그 친척과 자신과의 혈연계수를 곱한 값보다 적으면, 자연선택은 친척에게 도움을 주는 행동을 선호하게 된다. 잘 알려진 이야기에 따르면 영국의 생물학자 홀데인 J. B. S. Haldane이 어느 날 형제를 위해 기꺼이 목숨을 바칠 수 있는가라는 질문을 받았다고 한다. 그는 〈그럴 수 없다〉라고 대답했다. 〈형제 한 명이라면 싫소이다. 하지만 형제 두 명을 위해서라면 죽을 수도 있겠지요. 아니면 사촌 여덟 명을 위해서라거나.〉 이 원리가 이타주의를 설명하는 데 얼마나 중요한 것인가를 밝힌 것은 영국의 생물학자 윌리엄 해밀튼 William Hamilton이 1964년에 발표한 기념비적인 논문이었다. 그는 이 일로 1993년 노벨상이 주어지지 않는 분야에서 뛰어난 업적을 쌓은 과학자들을 격려하기 위해 만들어진 크러퍼드상 Crafoord Award을 수상했다. 또 다른 위대한 영국의 생물학자인 존 메이너드 스미스 John Maynard Smith는 이 현상을 가리켜 〈혈연선택 kin selection〉이라 명했다.

진화학에서 말하는 〈착한 사람은 꼴찌하기 마련이라는 원리 nice-guys-finish-last principle〉에 위배되는 또 다른 명백한 예외는 반드시 친척이 아닌 개체들이 서로 도움을 주고받음으로써 일어나는 결과다. 만약 엘자가 유능한 제화공이고 프리츠가 훌륭한 가죽을 얻을 수 있는 노련한 사냥꾼이라면, 이들 사이에 자원을 교환하는 일은 서로에게 모두 유리하다. 로버트 트리버즈 Robert Trivers가 1971년 상호호혜 이론 reciprocity theory에 관한 그 유명한 논문을 발표한 이래, 생물학자들은 자연 상태에 살고 있는 개체들이 보이는 협동 관계들이 상호호혜 또는 혈연선택의 결과라고 해석한다. 사회생활에 대한 생물학적 연구는 『사회생물학 *Sociobiology*』의 저자인 윌슨 E. O. Wilson 및 『다윈주의와 인간사 *Darwinism and Human Affairs*』의 저자인 리처드 앨렉샌더 Richard Alexander 같은 선구자들의 노력에 힘입어 빠르게 성장했다. 이 새로운 과학 분야에서 날로 증가하는 연구 성과들은 초창기에 있었던 많은 논쟁과 오해들을 대부분 쓸어버렸다.

자연선택은 어떻게 작용하는가?

자연선택이 어떤 계획이나 방향에 따라 진행된다는 잘못된 개념이 널리 퍼져 있다. 우연의 역할이 자연선택의 미래 행로에 대한 예측을 불가능하게 한다. 각 개체마다 가지고 있는 무작위적인 변이들이 그들의 진화적 적응도에 미세한 차이를 만든다. 어떤 개체들은 다른 개체들에 비해 더 많은 자손을 남긴다. 그리고 그 개체의 적응도를 높인 형질은 다음 세대에 더 널리 퍼지게 된다. 예전에 말라리아에 저항성을 갖도록 해주는 헤모글로빈 분자의 돌연변이가 열대 아프리카의 어느 인류 개체군에서 발생했다. 말라리아에 저항성을 갖도록 한다는 이유로 그 새로운 돌연변이 유전자는 널리 퍼지게 되었다. 그러나 이 책의 다른 장에서 또 논의하겠지만, 그 결과는 불운하게도 겸상적혈구빈혈증을 유발시켰다.

우연은 다음과 같은 각각의 단계에서 진화에 영향을 미칠 수 있다. (1) 유전적 돌연변이의 발생 과정, (2) 돌연변이가 된 개체가 그 효과를 볼 만큼 오래 살 것인가, (3) 그 개체의 번식성공도에 실제로 영향을 미치는 우연한 사건들, (4) 어떠한 유전자가 아주 우연한 결과로 한 세대에서는 선호되었다 해도 다음 세대에서는 제거될 가능성, (5) 개체군의 역사 속에서 틀림없이 일어날 수많은 예측 불가능한 환경 변화가 그것들이다. 하버드 대학의 생물학자 스티븐 제이 굴드Stephen Jay Gould가 아주 생생하게 표현했듯이, 우리가 생물 역사의 비디오테이프를 되감아놓고 그 과정을 다시 재생해 본다면, 그 결과는 틀림없이 지금 우리가 알고 있는 생명의 역사와는 전혀 다를 것이다. 거기에는 인간이 등장하지 않을 수도 있고, 심지어는 포유류와 비슷한 동물조차 없을지도 모른다.

우리는 종종 자연선택에 의해 만들어진 형질의 세련됨을 강조하지만, 자연이 완전함을 창조해 낸다는 일반론은 주의깊게 분석할 필요가 있다. 진화가 얼마만큼이나 완전할 수 있는가는 우리가 무엇을 의미하고 있는가에 달린 문제다. 만일 〈자연선택은 항상 종의 장기적인 복지를 위한 최선의 경로를 밟는 것인가?〉라고 묻는다면 대답은 〈아니오〉다. 그렇게 하려면 집단선택에 의한 적응이 필요한데, 이는 앞에서도 살펴보았듯이 거의 일어나지 않는다. 만일 우리가 〈자연선택은 가치가 있을 법한 적응은 모두 다 만들어내는가?〉라고 묻는다면, 그 대답 역시 〈아니오〉다. 예를 들어, 남아메리카에 사는 어떤 원숭이들은 꼬리로 나뭇가지를 휘감아 잡을 수 있다. 몇몇 종의 남아메리카 원숭이 조상들은 어떤 상황들로 인해 꼬리를 사용하여 행동하게 되었고, 결국 나뭇가지를 잡을 수 있는 능력이 생겼다. 반면 아프리카에서는 그런 발달이 아예 일어나지 않았다. 그저 어떤 형질이 유용하다는 사실이 반드시 그것이 진화되리라는 걸 뜻하지는 않는다.

그러나 때로는 자연선택의 결과물이 철저할 정도로 완전에 가까워진 느낌을 받는 경우도 있는데, 그것은 자연선택이 어떤 정량적 특성을 최적화시킬 때 나타난다. 어떤 특정한 기능을 나타내는 형질이 있을 때, 많은 세대를 거치면서 일어나는 미세한 변형들에 작용하는 자연선택은 그 정량적 특성을 이상적 기능에 가까이 접근하도록 만들어간다. 예컨대, 새의 날개는 제대로 날아오를 만큼 길어야 하지만 동시에 새가 균형을 유지할 수 있을 만큼 짧아야 한다. 강한 폭풍우 때문에 죽은 채 발견되는 새들의 날개 길이를 측정해 보면 그 길이가 정상 상태보다 길거나 짧을 수 있는 한계 기대치를 벗어난다. 살아남은 새들은 대부분 중간 정도의(최적에 보다 가까운) 날개 길이를 갖고 있다.

인간의 생리적 측면에는 형질이 거의 최적치로 수렴된 비슷한 예들이 수백 가지나 있다. 뼈의 크기와 모양, 혈압, 혈당 농도, 심장 박동률, 사춘기가 시작되는 나이, 위의 산성도 등 셀 수 없을 정도로 많다. 결코 정확하지 않을 수도 있지만, 관찰값들은 대개 최적치에 근접한다. 자연선택이 어떤 잘못을 저지른 것은 아닐까 생각되는 경우는 대개 우리가 어떤 중요한 고려 사항을 빠뜨렸을 때이다. 예를 들어, 위산은 궤양을 악화시키지만 그 때문에 제산제를 복용하는 사람들조차도 여전히 음식을 소화시킬 수 있다. 그렇다면 산이 원래부터 필요 이상으로 너무 많은 것은 아닐까? 소화는 물론 결핵을 유발하는 종을 포함한 각종 세균들을 제거해 주는 위산의 중요성을 감안하면 아마 그렇지는 않을 것이다. 몸의 여러 가지 특성 중 어떤 것이 불완전한 것인가를 판별해 내려면, 우선 많은 불완전성에도 불구하고 제대로 몸이 기능하도록 해주고 있는 완전성과 절충을 이해해야 한다.

여느 기술자와 마찬가지로 진화는 쉴새 없이 타협한다. 자동차를 설계하는 사람은 화재의 위험을 줄이기 위해 연료 탱크를 더 두껍게 만들 수 있다. 그러나 그렇게 하면 제작비가 많이 들고 자동차의 주행거리와 가속력이 감소하기 때문에 어떤 선에서 절충이 필요하게 된다. 그러므로 연료 탱크는 심하게 충돌하면 폭발하게 되어 있고, 이러한 설계상의 타협 때문에 매년 몇 명의 사람들이 목숨을 잃는다. 자연선택이 모든 특징에 대해 동시에 완전성을 구현할 수 없는 반면, 그 절충들은 마구잡이가 아니라 최대의 순이득을 얻게끔 정교하게 형성된다.

전해 내려오는 이야기에 따르면 헨리 포드가 모델 T로 가득 찬 폐차장을 둘러보고는 이렇게 물었다고 한다. 〈이 차들의 부품 가운데 절대로 고장이 나지 않은 것이 있소?〉 조향축만은 절대로 고장나지 않는다고 보고받은 그는 기술 책임자에게 다음과 같이 말했다고 한다. 〈그렇다면, 그건 다시 설계하시오. 그게 절대로 고장나지 않는다는 얘기는 우리가 거기에 너무 많은 돈을 쓰고 있다는 것이요.〉 자연선택은 이처럼 지나친 설계를 피한다. 만일 어떤 것이 아주 잘 작동하여 그것의 결손이 선택 요인으로 작용하지 않으면, 자연선택은 그것을 향상시킬 방도를 찾을 수 없다. 그러므로 신체의 모든 부분들은 이따금씩 맞부딪치게 되는 극단적인 상황에 대처할 수 있는 예비 능력도 어느 정도 가지고 있지만, 그 예비 능력의 수준을 넘어서면 모든 부분이 손상받기 쉽다. 인간의 몸 안에 결코 고장나지 않는 부분이란 없다.

자원이 알맞게 증가되는 것은 종종 대단히 중요한 일이지만, 양이 더 많아지면 많아질수록 그에 따라 얻게 되는 이득은 적어질지도 모른다. 찌개를 끓일 때 양파 두 개를 넣는 것이 하나를 넣는 것보다 더 나을 수 있다. 그러나 양파 열 개를 넣으려 한다면 훨씬 더 비싸기만 하고 추가로 얻게 될 이득은 아마 거의 없을 것이다. 경제학에서는 이러한 비용편익 분석 cost-benefit analysis이 일상적인 절차지만, 생물학과 의학에서도 유용하게 쓰일 수 있다. 폐렴을 치료하기 위해 항생제를 사용하는 경우를 생각해 보자. 아주 적은 양을 복용하면 아마도 눈에 띄는 효과가 거의 없겠지만, 적당한 양을 복용하면 비용은 더 들어도 효과는 클 것이다. 그러나 그와 대조적으로 많은 양을 복용하면 추가적인 이득은 하나도 없이 약값만 엄청나게 비싸지고 건강에도 대단히 위험할 것이다.

공학적 또는 의학적 결정에 언제나 이익뿐 아니라 비용이 개입되는 것처럼 진화적 과정을 통해 보존되는 모든 이로운 유전적 변화에도 어느 정도 손실이 있게 마련이다. 자연선택은 우유부단하거나 변덕스럽지 않다. 자연선택은 전체적 적응도에 이점을 주는 유전자라면 비록 그 유전자가 어떤 질병에 대한 신체의 취약성을 증가시킨다 하더라도 주저없이 선택한다. 예를 들어, 불안감이 어떤 바람직한 기능을 하는 형질이라고 생각할 수 있을까? 앞서 논의했던 겁많은 토끼들이 만약 여우들이 특히 번성한 해에 전혀 불안해할 줄 모른다면 어떤 일이 일어나게 될 것인가 생각해 보라. 노화를 일으키는 일부 유전자들조차도 반드시 비적응적인 것은 아니다. 그들은 자연선택이 가장 강력하게 작용하는 생애의 초기에 어떤 이득을 줄지도 모른다. 노화와 피할 수 없는 죽음이라는 뒤늦은 손해보다는 젊은 시절에 받는 이득이 적응에는 더 중요하다. 질병을 좀더 깊이 있게 이해하기 위해서 우리는 신체 설계상의 엄연한 실수들이 갖고 있는 숨은 이득을 이해할 필요가 있다.

진화적 가설의 검증

이 장을 아리스토텔레스의 인용구로부터 시작한 것에는 깊은 뜻이 담겨 있다. 우리는 아리스토텔레스를 여러 분야의 생물학적 연구에서 특별히 알찬 결실을 거뒀고 의학에서도 유사한 결실을 기대할 수 있는 기능적 분석 과정을 창시한 사람으로 생각할 수 있다. 물론, 아리스토텔레스와 현대 생물학자들의 견해 사이에는 큰 차이가 있다. 그는 어떤 생명체가 작동하는 데 근본이 되는 물리적, 화학적 원리들에 대해서는 거의 아무것도 알지 못했다. 또한 연구에 실험이 필요하다고 생각하지도 않았다. 그는 자연선택의 원리에 대해 전혀 아는 바가 없었고 생명체들이 전적으로 번식성공도를 극대화하기 위한 방향으로 설계되었다는 것을 깨닫지도 못했다. 인간의 손이나 뇌 혹은 면역계를 보더라도, 아리스토텔레스가 던진 〈그것은 무엇을 위해서 존재하는가〉라는 유용한 질문은 오늘날에도 매우 특별한 과학적 의미를 지닌다. 그것은 다른 말로 하면, 〈이 형질이 어떻게 번식성공도에 기여하는가〉라는 말과 같다. 인간의 몸은 하나의 전체로서 어떤 복잡한 활동을 수행하기 위해 존재한다는 그의 확신은 옳았다. 고작 몇 십 년 전에 이르러서야 비로소 그 복잡한 활동이 바로 번식이라는 사실이 밝혀졌을 뿐이다.

많은 사람들은 어떤 형질이 어떤 기능을 하는가라는 질문이 비과학적이라고 생각한다. 따라서 그런 질문들은 〈목적론적 teleological〉이거나 〈사변적 speculative〉이므로 과학 탐구의 대상으로는 적절하지 않다고 생각한다. 앞으로 이 책에서 많은 예를 통해 입증하겠지만 그러한 생각은 옳지 않다. 생물학적 형질의 적응 기능에 관한 질문들은 해부학과 생리학에 대한 질문들과 마찬가지로 과학적 탐구가 가능하다. 눈, 귀, 그리고 기침반사 같은 생물학적 형질의 적응적 중요성을 묻는 것은 합리적인 일이다. 왜냐하면 오늘날의 그러한 형질은 특정한 기능을 수행할 수 있도록 점진적으로 변형된 역사적 과정의 산물이기 때문이다.

그렇지만 우리는 〈왜〉라는 질문을 할 때, 그럴듯한 이야기에 쉽게 현혹되지 않도록 주의해야 한다. 왜 인간의 코는 우뚝 솟아 있을까? 틀림없이 안경을 걸치기 위해서이다. 왜 아기들은 뚜렷한 이유도 없이 울어대는가? 틀림없이 허파를 단련시키기 위해서이다. 왜 우리는 100살쯤 되면 거의 다 죽게 되는가? 틀림없이 새로운 사람들에게 자리를 마련해 주기 위해서이다. 거의 무엇이든지 이런 식으로 추측의 대상이 될 수 있다. 그러나 이쯤되면 그것은 과학이 아니다. 문제는 그런 질문에 있는 것이 아니라 제시된 해답을 적절히 탐구하고 비판적으로 사고하지 않는다는 데 있다.

위에 열거한 우스꽝스러운 예들은 이러한 설명들이 어떻게 검증될 수 있는지 보여준다. 코가 안경을 걸치기 위해 진화될 수는 없었다. 왜냐하면 우리는 이미 안경을 쓰기 전부터 코를 갖고 있었기 때문이다. 울음은 허파를 발육시키기 위한 것이 아니다. 왜냐하면 어른이 되면 허파를 건강하게 하기 위해 유아기처럼 울 필요가 없기 때문이다. 노화는 새로운 사람들에게 자리를 마련해 주기 위해 진화된 것이 아니다. 왜냐하면 자연선택이 그런 식의 집단 이익을 선택할 수도 없거니와, 노화의 과정을 세부적으로 살펴보면 노화가 그러한 기능을 하리라는 가설에 근거한 예측이 들어맞지 않다는 것을 쉽게 알 수 있기 때문이다.

다른 기능적 가설들은 아주 쉽게 뒷받침되므로 거의 아무런 관심도 끌지 못한다. 누구든지 심장의 구조와 작용을 훤히 알게 되면 그것이 피를 펌프질한다는 것을 알 수 있다. 또한 기침을 하면 외부 물질이 호흡관에서 밖으로 배출되고, 몸을 부르르 떨면 체온이 높아진다는 것도 알 수 있다. 이빨이 음식물을 씹는 기능을 한다는 것을 이해하기 위해 진화생물학자가 될 필요는 없다. 흥미를 끄는 가설이란 그럴듯하면서도 중요하고, 그렇지만 아직까지 그리 명확하게 옳거나 틀리다고 판명되지 않은 것들이다. 그러한 기능적 가설들은 새로운 발견을 낳을 수 있으며, 그 중 상당수는 의학적으로 중요할 것이다.

적응주의 프로그램

인간의 속성의 기능적 원인을 연구하는 작업은 최근 〈적응주의 프로그램 adaptationist program〉이라 이름붙여진 탐구 방법에 의해 이루어지고 있다. 인간에 관한 생물학적 연구를 통해 이미 밝혀진 몇 가지 특성들의 기능적 의미를 생각해 봄으로써, 아직까지 알려지지 않은 다른 측면들까지 논리적으로 추론할 수 있을 것이다. 그러고 나서 적절한 탐구를 거쳐 그러한 특징들이 정말로 존재하는지를 확인할 수 있다. 만일 그것들이 존재한다면 그들은 의학적으로도 중요할 것이다. 만일 그런 것이 존재하지 않는다면 우리는 가설을 기각하고 처음부터 다시 시작해야 할 것이다.

이제 우리는 여러 다양한 특성들이 어떻게 진화적 적응에 기여할 수 있는지에 대한 질문을 통해 얻은 여러 흥미로운 발견들 가운데 세 가지를 예로 들어보겠다. 그 예들은 우리가 앞으로 계속 거론할 의학적 질문에 대한 것들이 아니라 비버와 새에 대한 질문들이다. 이 사례들은 진화 적응에 관한 직관적 발상이 전문 생물학자의 것이라 하더라도, 항상 정확히 들어맞지 않다는 것을 보여준다. 살아 있는 생명체를 연구하여 논리적 해답을 얻으려면 본격적이고 다분히 수학적인 이론화 작업이 필요하다.

비버들은 먹이와 보금자리를 얻기 위해 그들이 사는 연못의 안쪽과 근처에 있는 나무들을 거둬들인다. 비버는 이빨을 사용하여 근처 평평한 곳에 있는 나무등걸을 갉아 잘라내고, 나무들이 못 안에 있던 것이 아니면 그 나무들을 보금자리가 있는 물 쪽으로 끌어 옮긴다. 비버들은 과연 어떤 나무를 잘라 넘어뜨릴지 어떻게 결정할까? 그들은 〈적응적으로〉 결정한다. 이것이 미시건 대학의 생물학자 개리 벨로프스키 Gary Belovsky가 세운 가설이다. 이 가설에 의하면 비버들은 어느 특정한 나무가 가진 잠재적 가치, 그것을 쓰러뜨려서 운반하는 일의 난이도, 집에서 그 나무까지의 거리 등에 근거하여 경제적으로 가장 합리적인 결정을 한다는 것이다. 작은 나무들은 애써 시간과 노력을 들여 집까지 운반할 만한 가치가 없으므로 제외되고, 큰 나무들은 넘어뜨려서 운반할 만한 적절한 수단이 없으므로 제외된다. 못 안에서는 물에 띄워 쉽게 운반할 수 있지만 못에 이르기까지는 숲으로부터 통나무들을 힘들게 질질 끌고 와야 하기 때문이다. 벨로프스키는 비버가 거둬들인 나무의 크기가 못으로부터 나무까지의 거리가 멀어짐에 따라 점진적으로 작아지리라고 예측했다. 그러다 어느 지점에 이르면 이상적인 크기의 나무들만 잘릴 것이다. 그 점을 넘어서면, 더 이상 나무는 잘리지 않을 것이다. 못 근처에서 비버가 쓰러뜨린 나무의 그루터기를 관찰한 결과 이 예상은 적중했다. 이제 비버가 사는 못에 가게 되면 비버의 전설적인 건축물뿐 아니라 작업의 우선 순위를 매기는 영리함에도 감탄하게 될 것이다.

다음에는 짝과 함께 새끼를 키우기 위해 알을 낳으려고 하는 숲속의 노래하는 새를 상상해 보자. 이번 번식기에 암컷의 번식성공도는 순전히 그 알에 달린 셈이다. 얼마나 많이 낳을까? 암컷이 종의 보존을 위해 노력하고 있는 것이 아니라 자신의 평생 번식성공도 lifetime reproductive success를 극대화하기 위해 노력하고 있음을 상기하라. 알을 너무 적게 낳는 것은 물론 어리석은 일이다. 그러나 먹이가 충분하지 않아 새끼들 중 일부가 죽거나 자신의 에너지 저장량을 새끼들을 돌보는 데 다 써버려서 다음 번식기까지 생존할 가능성이 위태로워지는 경우를 가정한다면, 너무 많이 낳는 것도 그 암컷의 평생 번식성공도를 감소시킬 수 있다. 이러한 추측은 숲속에 있는 모든 암컷들에게 똑같이 적용된다. 그러나 각각의 암컷들은 얼마나 많은 알을 낳아야 할 것인가에 대해 제각기 서로 다른 결정을 내린다. 만약 어떤 종의 평균값이 한 쌍당 4개의 알을 낳는 것이라고 한다면, 어떤 쌍들은 5개, 어떤 쌍들은 3개의 알을 낳을 수도 있다. 새들은 모두 자발적으로 4개를 낳으려고 애쓰는데 다만 몇몇이 수를 제대로 세지 못하는 것뿐이라고 결론내릴 것인가? 아니면 알의 수는 자연선택에 의한 최적화 과정에 달려 있다고 결론을 내릴 것인가?

적응주의자들은 그 새들로부터 좀더 신뢰할 만한 증거가 충분히 수집되기 전까지는 그런 설명들은 되도록 삼간다. 일반적인 원칙으로, 알을 3개만 낳는 새들에게는 3개가 가장 좋고, 4개만 낳는 새들에게는

4개가 가장 좋다는 식의 설명이 가능한가? 간단한 실험으로 그 해답을 찾을 수 있다. 알을 4개 가진 둥지가 30개 있다고 가정하고 무작위로 10개의 둥지를 선택하여 그대로 유지한다. 다른 10개의 둥지에서는 알을 하나씩 꺼내서(이제 그곳에는 알이 3개만 남는다) 나머지 10개의 둥지에다 하나씩 넣어준다(알이 4개였던 새들은 이제 5개를 갖게 되었다). 자, 이 세 집단, 즉 자기 고유의 알 수를 유지하도록 내버려둔 새들과 자기가 원래 낳는 수보다 하나씩 많거나 적은 수의 알을 갖게 된 새들의 평균 번식성공도를 측정해 보자.

여기에 관련된 모든 요인들을 주의깊게 고려해 보면, 그 연구 결과는 옥스퍼드 대학의 조류학자 데이비드 랙David Lack이 이미 50년 전에 도달했던 결론을 다시금 입증할 것이다. 즉 새들은 각자의 번식성공도를 극대화하기 위해 자기가 낳는 알의 수를 자발적으로 조절한다. 그렇게 하려면 새들 각자의 건강과 능력, 경험을 정확히 평가하는 작업이 필요하다. 네 마리의 새끼들에게 먹이를 제공해야 한다는 것은 세 마리에게 제공하는 일보다 더욱 어렵고 위험한 일이다. 더 붐비는 둥지 안에 있는 새끼들은 막 날 수 있게 되었을 때 몸무게가 덜 나갈지도 모르고 겨울이 오면 살아남기가 더 어려울지도 모른다. 환경 조건은 해마다 예측할 수 없이 변하고, 평소보다 더 혹독한 해에는 좀더 붐비는 둥지에서 태어난 한 배의 새끼들에게 특히 위험하다. 새끼를 기르고 있는 야생새들을 관찰하는 자연애호가가 이런 지식을 갖고 있다면 그 즐거움이 한층 더 할 것이다. 그 새들이 그렇게 하는 것은 지극히 옳은 일이다. 일반적으로 혹은 평균적으로 옳다는 것이 아니라, 서로 다른 개체들에게 각기 옳다는 것이다.

한 배의 알 수에 관한 이 논의에서 우리는 최적의 자식수를 고려했다. 우리는 자식들이 수컷과 암컷의 두 종류가 있다는 사실을 무시했다. 우리가 논의한 새들이 어떤 이상적 비율에 맞춰 암컷 또는 수컷 또는 둘 다를 낳아야 할까? 성비의 자연선택에서 수가 부족한 성의 자식을 낳는 것은 진화 적응도를 극대화하는 데 절대적으로 중요한 전략이다. 독신자 술집에 자주 가는 이들은 모두 소수의 성이 짝짓기에 유리하다는 것을 잘 알고 있다. 자연에서도 암컷들이 드물 때는 대부분의 수컷들이 자손을 낳을 기회를 전혀 얻지 못하기 때문에 수컷 자손을 낳는 개체들은 도태되고 말 것이다. 수컷들이 드물다면, 암컷을 낳는 개체들은 수컷을 낳는 개체들보다 적은 손자 손녀들을 얻을 것이다. 이러한 선택 과정은 자연에 왜 균등한 수의 암컷들과 수컷들이 존재하는지를 설명해 준다. 이 간단하고 명료한 진화적 설명은 위대한 진화유전학자 피셔 R. A. Fisher에 의해 1930년 처음으로 제시되었다. 만약 균등한 성비를 이루는 이유가 아버지로부터 X 또는 Y 염색체를 받을 확률이 똑같기 때문이라고 생각한다면, 그것은 맞는 말이기는 해도 근접 설명일 뿐이다. 근접 설명의 불충분성은 개미와 무화과 또는 말벌같이 여러 특별한 경우에서 잘 입증되었다. 여기서 상술하기에는 너무 복잡하지만 그런 경우에 나타나는 매우 불균등한 성비가 더 복잡한 예측들에도 부합한다는 사실이 밝혀졌다.

실제로 자연선택이 정확히 똑같은 수의 수컷들과 암컷들이 있는 집단을 만들어내는가? 그렇지는 않다. 이는 두 성이 성숙기에 도달하는 연령이 서로 다른 것, 사망률이 다른 것, 암수 부모가 감수해야 하는 비용이 각기 다른 것, 기타 등등의 요인들을 자세히 분석해 보면 예상할 수 있다. 주의깊게 계산해 보면 다음과 같은 결론을 내릴 수 있다. 인간과 같은 성결정 메커니즘과 번식 과정을 갖고 있는 생명체에서 부모들이 아들이나 딸을 기르는 데 동등하게 자원을 쓴다면 성비는 당연히 안정될 것이다. 인간과 그 외 많은 개체군에 대한 통계자료들은 이러한 예상에 잘 부합된다.

다음 장들에서 우리는 현대 자연선택 이론이 비버의 섭식 양식, 새들의 한 배 내의 알 수가 변형되었을 때의 영향, 젖먹이 동물의 성비를 예측하는 일에 유용한 만큼이나 의학적으로 중요한 발견들을 찾는 데에도 도움이 될 것임을 보여주고자 한다. 우리의 추론은 항상 건강 또는 질병에 대한 얼마간의 사전 지식과 진화된 적응에 대한 질문으로부터 출발한다. 이러한 인간 신체의 특징은 과연 적응 장치의 일부인가? 또 그렇다면 이 장치의 다른 측면들은 어떠한가? 이 장치가 가진 미지의 측면들에 대한 우리의 예측을 어떻게 검증할 수 있는가? 만약 인간의 어떤 생물학적 특징이 적응적이지 않은 것처럼 보인다면, 자연선택은 어떻게 그것이 생겨나는 걸 허용했을까? 바람직하지 않은 형질은 다른 바람직한 특징의 대가인가? 그것이 석기 시대에는 적응적이었지만 지금은 질병을 일으키는 형질일 수도 있을까? 병원균과 기생충에 대한 인간의 적응력을 향상시킨 자연선택의 의학적 결과는 무엇인가? 이들은 진화생물학자들이 오늘날 일상적으로 제기하는 질문들 가운데 단지 몇 종류에 불과하다. 그리고 그것들에 대답하려는 노력은 놀랄 만한 성과를 거뒀다.

여기서 지나치게 들뜬 마음을 진정시키기 위해 한 가지 주의를 주려한다. 기능에 대한 질문에는 여러 정답이 있을 수 있다. 예를 들어, 혀는 씹기와 말하기의 두 가지 모두에 중요하다. 눈썹은 땀이 눈에 들어가는 것을 방지하지만 의사소통에도 중요하다. 두번째로, 한 종 또는 어떤 질병의 진화적 역사는 다른 어떤 역사와도 흡사하다. 우리 조상들이 요리나 그 밖의 목적을 위해 얼마나 오래전에 불을 사용하기 시작했는지, 그리고 그 변화가 가져왔을지도 모르는 진화적 효과가 무엇이었는지를 판정할 실험은 불가능하다고 본다. 역사는 오직 그것이 남긴 기록들을 조사해야만 탐구될 수 있다. 고대의 모닥불 터에서 얻은 까맣게 탄 뼈 또는 탄소 침전물은 그것들을 판독하는 방법을 알고 있는 사람들에게 유익한 자료가 된다. 이와 같이 단백질과 DNA의 화학적 구조를 판독하여 지금은 판이하게 달라진 생명체들간의 관계를 규명해 낼 수 있다. 타임머신이 발명되지 않는 한 우리가 과거로 돌아가서 주요한 형질들의 진화를 관찰할 수는 없을 것이다. 그럼에도 불구하고 우리는 단백질과 DNA뿐만 아니라 그들이 화석, 탄소 자취, 구조, 행동에 남긴 기록을 통해 선사 시대의 사건들을 재건할 수 있다. 우리가 어떤 형질의 역사를 재건할 수 없을 때조차도 그것이 자연선택을 통해 형성되었다는 결론을 내릴 수 있다. 다른 종에 나타나는 그 형질의 기능에 관한 증거와 특질, 그리고 기능 간의 조화가 이를 뒷받침한다.

그러므로 어떤 형질의 진화적 기원과 기능에 대한 가설은 형질의 근접 측면에 대한 가설과 마찬가지로 검증이 필요하며 또 많은 경우에 검증이 가능하다. 여러 난제들이 진화적 가설의 검증에 놓여 있다. 그러나 그렇다고 해서 그것을 포기할 이유는 없다. 난제들은 다만 우리의 작업을 더욱 도전해 볼 만하며 흥미 있는 것으로 만들 뿐이다. 그렇다면 우리는 이 책 속에 제시한 진화적 가설들을 검증해야 한다고 주장하는 것인가? 실은 그렇지 않다. 우리는 추측을 사실과 분리시키려고 애쓸 것이고 대부분의 사례에서 얻을 수 있는 증거를 열거하겠지만, 그것들 가운데 어떤 것도 우리가 제시하는 증거에 의하여 입증되었다고 하기 어렵다. 몇몇 사례들은 문제의 여러 측면에 관한 서로 다른 자료를 제공하는 많은 연구에 근거하고 있지만, 그것조차도 종종 불충분하다.

우리의 목표는 어떤 특정한 가설을 입증하는 것이 아니라 진화적 질문들이 흥미롭고, 중요하고, 검증 가능함을 보이고자 하는 것이다. 우리는 사람들이 새로운 질문들을 하기 바란다. 그래서 양해를 구하지 않고도 질병의 다양한 측면들이 가지고 있을 법한 진화적 함의에 대해 질문을 던지고 종종 추측에 가까운 해답을 제시하고자 한다. 어떤 사람들은 우리의 경고에도 불구하고 이 추측들을 사실로 주장하거나 받아들일 것이다. 아마도 다윈 의학은 몇 년 내에 책 한 권을 채울 만큼 명확한 증거들을 찾아낼 것이다. 지금 우리의 목표는 가설 몇 개를 악착같이 검증하는 것이 아니라 환자들, 의사들, 연구자들이 왜 질병이 존재하는가에 대해 새로운 질문을 던지도록 고무하는 것이다. 거트루드 슈타인Gertrude Stein이 임종할 때 말했듯이, 〈해답, 해답, 해답, 해답을 원한다면 질문이 무엇인지 물어야 한다.〉

3 감염성 질환의 징후와 증상

당신이 고양이와 생쥐의 싸움에서 생쥐들 편이라고 가정해 보자. 생쥐들이 고양이 냄새가 싫어서 못 견디겠다고 당신에게 불평한다. 그 냄새는 그들을 신경과민이 되게 만들고 먹이, 구애 행동, 자식 양육 같은 중요한 문제에 집중할 수 없게 한다. 당신이 만일 생쥐들의 후각을 무디게 하여 그들이 더 이상 고양이 냄새로 괴로워하지 않도록 만들어줄 약을 하나 알고 있다면 그 약을 처방해 줄 것인가? 십중팔구 그렇게 하지 않을 것이다. 고양이 냄새를 탐지하는 능력은 그 냄새가 상당히 불쾌하다 할지라도 생쥐에게는 중요한 것이다. 고양이 냄새가 나면 곧 고양이의 발톱과 이빨이 나타나리라는 걸 알 수 있다. 그리고 그것을 피하는 것은 불쾌한 냄새로 인한 스트레스보다 훨씬 더 중요하다.

보다 현실적으로, 당신이 감기에 걸린 아이들을 치료하는 소아과 의사라고 가정해 보자. 감기는 줄줄 흐르는 콧물, 두통, 열 및 전신권태(또는 나른함)같이 아이들이 싫어하는 많은 증상들을 유발한다. 아세트아미노펜 acetaminophen(즉, 타이레놀)이 이러한 증상들의 일부를 완화시키거나 없앨 수 있다. 당신은 감기에 걸린 아이들의 부모를 보고 아이들한테 아세트아미노펜을 먹이라고 권유하겠는가? 당신이 전통적 내과의사거나 비슷한 증상들을 경감시키기 위해 아세트아미노펜을 복용하는 습관이 있다면, 아마 그렇게 할 것이다. 그러나 그렇게 하는 것이 과연 현명한 일인가? 아세트아미노펜을 우리가 생쥐에게 처방했던 그 약과 비유해 보자. 고양이의 냄새처럼 열은 불쾌하지만 유용하다. 그것은 감염에 맞서 싸우려고 자연선택에 의해 특이적으로 형성된 하나의 적응이다.

감염에 대한 방어로서의 열

러블리스 연구소 Lovelace Institute의 생리학자 매트 클루거 Matt Kluger는 〈열은 감염에 대해 몇 억 년이라는 오랜 세월 동안 동물계를 통해 지속되어 온 숙주의 적응 반응임을 뒷받침하는 증거가 엄청나게 많다〉고 믿는다. 그는 열을 내리기 위해 약을 쓰는 것이 때때로 사람들을 더 아프게 만들며 심지어는 죽이기까지 한다고 믿는다. 가장 좋은 증거 가운데 몇 가지가 그의 실험실에서 나왔다. 한 실험에서 그는 추위에 민감한 변온동물인 도마뱀조차도 열로 인해 이득을 얻는다는 사실을 밝혔다. 감염된 도마뱀들은 체온을 2℃ 가량 올려줄 만큼 따뜻한 장소를 찾는다. 만일 따뜻한 곳으로 이동할 수 없다면 그들은 죽기 십상이다. 새끼 토끼들도 스스로 열을 발생시킬 수 없어 병에 걸리면 체온을 올려줄 만한 따뜻한 곳을 찾는다. 어른 토끼들은 감염이 되면 열이 난다. 그러나 만일 열이 해열제로 차단되면 죽을 확률은 높아진다.

열은 온도 조절상의 어떤 잘못으로 생기는 게 아니라 정교하게 진화된 메커니즘이 활성화되어 생기는 것이다. 아주 더운 방 안에 체온이 2도 올라간 쥐를 집어 넣으면, 그 쥐는 냉각 메커니즘을 활성화시켜 자기의 체온이 정상보다 2도 높게 유지되도록 만든다. 그 쥐를 아주 추운 방에 집어 넣는다면, 열보존 메커니즘을 활성화시켜서 계속 자기의 체온을 유지한다. 체온은 열이 있을 때조차도 조심스럽게 조절된다. 단지 온도조절기가 약간 높게 맞춰질 뿐이다.

인간을 대상으로 하여 열의 가치를 가장 극적으로 보여준 증거는 금세기 초에 행해진 율리우스 바그너-야우레그 Julius Wagner-Jauregg의 연구에서 나왔다. 그는 어떤 매독 환자들이 말라리아에 걸리면 회복이 빠르며, 또 매독이 말라리아가 흔한 지역에서는 드물다는 사실에 주목하여 의도적으로 수천 명의 매독 환자들을 말라리아에 감염시켰다. 매독 환자 천 명당 한 명도 제대로 치유되지 못하던 시대에 이 치료법은 30%의 회복률을 달성했다. 바그너-야우레그에게 1927년 노벨 생리·의학상을 안겨준 업적이었다. 열의 가치는 그 당시 지금보다 훨씬 더 널리 인식된 셈이다.

아직도 의사들은 농담으로 〈아스피린 두 알 드시고 내일 아침에 찾아오시죠〉라고 말한다. 인간에 대해 행해진 연구들 가운데 열을 감염에 맞서 싸우는 하나의 적응으로 평가하려고 애썼던 연구가 별로 없었다는 것을 감안하면, 이런 태도는 그리 놀랍지 않다. 수두에 걸린 아이들을 실험했던 한 연구에서 아세트아미노펜을 복용했던 아이들은 위약(僞藥, placebo)을 복용했던 아이들보다 평균 하루 정도 더 늦게 회복되었다. 또 다른 연구에서 56명의 자원자들이 감염성 코흡입제를 들이마셔서 일부러 감기에 걸린 후, 일부는 아스피린이나 아세트아미노펜을 복용했고, 나머지는 위약을 복용했다. 위약을 복용한 집단이 훨씬 높은 항체 반응과 미약한 코막힘 증세를 나타냈다. 전염성 바이러스 전파 기간도 역시 약간 더 짧았다. 전염성 질환의 증상들을 완화시키기 위해 그렇게도 많은 약을 쓰고 있음을 고려해 볼 때, 이러한 류의 연구들이 더 상세히 이루어지지 않는 것은 사람들이 불쾌한 증상들의 적응적 측면에 대해 연구하기를 꺼려한다는 걸 보여준다.

이러한 추세는 이제 막 변화하려는 즈음에 있다. 워싱턴 대학의 의대 교수인 데니스 스티븐스 Dennis Stevens 박사는 〈어떤 경우에는 열을 치료하는 것이 환자에게 패혈증 쇼크septic shock를 더 쉽게 일으킨다는 증거가 있다〉고 말한다. 열을 차단하는 약물 치료는 감염에 대한 신체의 반응을 조절하는 메커니즘을 방해하며 그 결과는 치명적일 수 있다.

다른 방어들에 대한 토의로 넘어가기 전에, 우리는 어떤 방어의 발현이 반드시 적응적이지는 않으며, 그것이 적응적일 때조차도 필수적이지 않음을 강조하려 한다. 우리는 절대로 사람들에게 해열제를 복용하지 말라고 권유하는 것이 아니다. 비록 많은 연구들에 의해 일반적으로 열이 감염에 대항하여 싸우는 데 중요하다는 사실이 결정적으로 확립된다 할지라도, 그것이 열을 오히려 올리거나 열이 그대로 오르도록 내버려두는 식의 융통성 없는 처방을 정당화시키진 못한다. 진정한 진화적 시각은 열과 같은 적응 현상이 주는 이득과 함께 그 손실에도 주의를 기울인다. 만일 인체가 40℃(103°F)에서 작동하는 데에 따르는 불이익이 없다면, 감염이 아예 발도 붙일 수 없게끔 항상 그 온도를 유지하는 편이 타당할 것이다. 그러나 아무리 미열이라도 손실을 동반한다. 열이 조금이라도 오르면 저장된 영양분을 20%나 빨리 쓰게 되고 일시적으로 남성을 생식 불능으로 만든다. 높은 열은 섬망증delirium을 일으킬 수도 있고 발작과 영구적 조직 손상을 불러올지도 모른다. 어떠한 조절 메커니즘도 모든 상황에 완벽하게 대처할 수 없다는 사실을 다시 한번 떠올릴 필요가 있다. 당신은 체온이 평균적으로 감염에 맞서 싸우기에 가장 좋은 최적치의 온도까지만 올라가기를 원하겠지만, 그 정밀도에는 한계가 있기 때문에 열은 때때로 너무 많이 올라가기도 하고 또는 너무 적게 올라가기도 한다.

만일 열을 내리는 일이 감염을 연장시켜줄 것이라는 사실을 잘 알고 있다 하더라도, 어떤 때는 그렇게 할 수밖에 없다. 건강을 유지하고 향상시키는 일만이 의학의 유일한 목표는 아니기 때문이다. 만일 소프라노 바바라 바니Barbara Bonney가 런던 오페라의 폴스태프Falstaff 공연에서 나네타Nanetta를 부를 예정인데 열이 있다면, 약을 복용하여 완치가 늦어지기 쉽다는 걸 알더라도 후두염 laryngitis 기미를 완화시키기 위해 약물 치료를 받기로 결정하는 쪽이 더 낫다. 우리들 역시 회복이 늦어지더라도 감기에 걸렸을 때 당장 편해지기 위해서 약을 먹는 쪽을 택할지도 모른다.

열의 적응적 함의성과 관련하여 중요한 점은 열을 차단하기 전에 우리가 무얼하고 있는지를 알 필요가 있다는 것이다. 하지만 지금으로서는 알지 못한다. 만일 불쾌감만이 유일한 관건이라면, 우리는 항상 열을 감소시키거나 제거해야 할 것이다. 그러나 열을 낮추는 일이 종종 회복을 늦추거나 2차 감염의 가능성을 증가시킨다면, 얻을 수 있는 이득이 그런 위험을 무릅쓸 가치가 있을 때에만 덤벼들어야 한다. 우리는 의학 연구가 곧 의사들과 환자들이 언제 열이 이롭고 언제 해로운지를 판단하는 데 도움이 될 증거를 찾아내기 바란다.

철분 압류

우리의 몸은 상호 연관된 방어 메커니즘을 가지고 있지만, 대부분의 사람들이 그걸 모르고 있고 내과의사들도 종종 별 생각 없이 그것을 억누르려 한다. 그것이 어떻게 작동하는지에 대한 몇 가지 단서를 살펴보자. 만성 결핵을 앓고 있는 환자의 혈액 속에는 철분 농도가 낮다. 내과의사는 이 빈혈증을 치료하면 환자의 저항력이 증가되리라 판단하고 철분 보충제를 처방한다. 그런데 환자의 감염은 오히려 더 악화된다. 또 다른 단서로 아프리카 줄루 족 Zulu의 남자들은 쇠로 만든 술통에서 발효시킨 맥주를 자주 마시는데, 이들은 아메바에 의해 유발되는 심한 간염에 자주 걸린다. 그와 대조적으로 마사이 족 Masai의 남자들이 아메바성 간염에 걸리는 비율은 10%도 안 된다. 그들은 소를 기르며 생활하므로 우유를 많이 마신다. 마사이 족에게 철분 보충제를 복용시켰더니 88%가 곧 아메바에 감염되었다. 또 다른 연구에서 조사자들은 소말리아 유목민들의 철분 농도가 낮다는 것을 알고 철분 보충제를 주었다. 한 달 후에 조사해 보았더니 철분 보충제를 복용하지 않은 사람들은 8%만 감염된 데 반해 철분 보충제를 복용한 이들은 38%가 감염되었다.

달걀은 풍부한 영양분을 함유하고 있지만 세균이 달걀의 다공성 껍질을 쉽게 침투할 수 있다는 사실이 또 다른 단서를 제공한다. 그렇다면 어떻게 달걀이 오랫동안 신선함을 유지할 수 있을까? 달걀에는 많은 양의 철분이 함유되어 있지만, 철분은 모두 노른자에만 있고 그 주위의 흰자에는 없다. 달걀 흰자 단백질의 12%는 콘알부민 conalbumin이다. 이 콘알부민 분자들은 철분에 단단히 결합하여 어떤 세균도 진입하지 못하게 한다. 항생물질의 시대가 도래하기 전에는 달걀 흰자가 감염을 치료하는 데 쓰였다.

인간의 젖에 들어 있는 단백질의 20%는 락토페린 lactoferrin이며, 이 역시 철분에 결합하도록 설계된 분자다. 우유는 락토페린을 겨우 2%만 가지고 있으므로, 모유를 먹는 아기들이 분유를 먹고 자라는 아기들보다 감염되는 비율이 적은 것이다. 또 락토페린은 눈물과 침에 많이 함유되어 있으며, 특히 상처난 부위에는 산도가 증가되어 락토페린이 철분과 더 잘 결합하도록 촉진시킨다. 콘알부민을 발견한 연구자들은 신체 내에도 철과 결합하는 그와 비슷한 분자가 있으리라고 예측했다. 이 예측에 의해 철에 단단히 결합하는 단백질인 트랜스페린 transferrin이 발견되었다. 트랜스페린은 특정한 인식 표지를 갖고 있는 세포에만 철을 방출한다. 그런 암호가 없는 세균은 철분을 얻지 못한다. 단백질 결핍으로 고통받는 사람들은 정상인의 10%도 안 되는 트랜스페린을 가지고 있는 경우가 많다. 만일 신체가 필요한 양만큼의 트랜스페린이 회복되기도 전에 철분 보충제를 복용한다면, 혈액 내에 유리된 철분들은 치명적인 감염을 일으키기 쉽다. 기근으로 인한 희생자들을 구제하기 위한 몇몇 시도들이 비극적인 결과를 초래했던 것처럼 말이다.

이제는 이 같은 방어 메커니즘의 본질을 분명히 이해하리라 믿는다. 세균에게 철분은 필수적이고 희소한 자원이다. 숙주들은 세균이 철분에 접근하지 못하도록 하는 다양한 종류의 메커니즘들을 진화시켰다. 감염이 되면, 신체는 〈백혈구 내생 매개자 leukocyte endogenous mediator (LEM)〉라는 화학물질을 방출한다. 이 물질은 체온을 높이고 혈액 내에서 이용할 수 있는 철분의 양을 급격히 감소시킨다. 음식에 대한 기호까지 변화시킨다. 인플루엔자의 발작이 한창 심한 중기에는 햄, 달걀같이 철분이 풍부한 음식들이 갑자기 메스껍게 느껴지고 차와 토스트가 맛있어진다. 이는 철분을 병원체로부터 차단시키려는 우리 몸의 전략이다. 우리는 사혈(瀉血, bloodletting)을 초창기 의학에서 행해진 무지의 소치로 간주하는 경향이 있으나, 클루거가 제안했듯이 그것은 몇몇 환자들의 철농도를 낮춤으로써 도움이 되었을지도 모른다.

1970년대에 이르러서는 질병과 관련하여 저농도의 철분이 해롭기는커녕 오히려 도움이 된다는 것이 분명해졌다. 그러나 클루거와 그의 동료들이 보고하기로는 지금까지도 겨우 내과의사의 11%와 약제사의 6%만이 철분 보충이 감염된 환자들에게 오히려 해를 끼칠 수도 있다는 사실을 알고 있는 정도라고 한다. 비록 표본의 크기가 작지만, 그 연구는 임상의사들에게 몇몇 과학적 발견이 확립되더라도 그것들을 알려주는 일이 어렵다는 것을 보여준다. 일류 연구자들조차 이 적응 메커니즘을 언급하지 않고 넘어갈 때도 있다. ≪뉴잉글랜드 의학지 *The New England Journal of Medicine*≫에 실린 최근 연구에 의하면 뇌말라리아에 걸린 아이들을 철분에 결합하는 화학물질로 치료하면 쉽게 회복된다고 한다. 그러나 그 논문은 감염시 철분과 결합하는 신체의 자연 체계를 설명하지 않았다. 철분 결합을 조절하는 진화 메커니즘은 다음과 같은 일반 원리에 대한 하나의 특이한 예증에 지나지 않는다. 우리는 감염의 다른 조짐들과 방어를 구분하는 데 신중해야 하며 신체 반응을 비적응적이라고 쉽게 결론내리지 말아야 하고, 최우선적인 방어적 반응에 주의를 기울여야 한다. 다시 말해 우리는 진화된 신체의 슬기를 무시해서는 안 된다.

전략과 대응 전략

의학 연구자들만이 생명체간의 갈등을 다루는 유일한 사람들은 아니다. 생태학자들과 동물행동학자들은 포식자와 피식자의 관계, 짝짓기 기회를 차지하려는 수컷들간의 투쟁, 그리고 많은 다른 류의 갈등들을 일상적으로 다룬다. 그들은 관찰한 현상들의 진화적 함의를 인식하고 〈전략 strategy〉과 〈전술 tactic〉, 〈승자 winner〉와 〈패자 loser〉 같은 적응주의 프로그램의 용어들을 사용한다. 이 접근은 다윈주의를 신봉하는 생태학자들과 관련 연구자들에게 알찬 성과를 안겨주었다. 열과 같은 현상에 대해서도 그와 유사한 접근이 우리 모두의 중대한 관심 분야에도 도움을 주리라 믿는다.

기생체와 숙주 간의 다툼은 전쟁이다. 그리고 감염의 모든 징후와 증상들은 교전중인 두 진영간의 기본 전략들과 관련지어 이해할 수 있다. 열 또는 철분 압류 현상같이, 어떤 것들은 숙주에게 이득을 주고(방어), 다른 것들은 병원체에게 이득을 준다. 또 어떤 것들은 양자간의 전쟁으로 인해 부수적으로 일어나는 효과들이다. 전략이라고 해서 의식적 사고의 산물이란 뜻은 아니다. 해롭지 않은 척하며 신체 내로 슬며시 침투하는 세균들은 목마 안에 숨은 그리스 병사들에 비유될 수 있다. 감염의 조짐들이 서로의 이해와 상반될 경우에는 그들의 기능적 중요성에 근거한 범주들과 산뜻하게 맞아떨어진다. 표 3.1에 이러한 범주들을 정리해 놓았다.

숙주가 어떻게 감염을 예방하는가? 첫째, 병원체에 노출되는 것을 피한다. 둘째, 병원체가 신체에 접근하지 못하도록 장벽을 설치하고 어떤 틈이라도 생기면 즉시 막고 복구한다. 만일 병원체가 외부 장벽을 뚫어 공격하면, 신분이 확인되지 않은 세포들은 출입시키지 않는

표 3.1 감염성 질환과 관련된 현상들의 분류

관찰	예	수익자
숙주의 위생 조치	모기를 죽임 환자를 피함 배설물을 피함	숙주
숙주의 방어	열 철분 압류 재채기 구토 면역 반응	숙주
숙주가 행하는 손상 복구	조직 재생	숙주
손상에 대한 숙주의 보정	치통을 피하기 위해 다른쪽으로 음식물을 씹음	숙주
병원체에 의한 숙주 조직의 손상	치아 부식 간염에 의한 간의 손상	없음
병원체에 의한 숙주 장애	잘 안 씹힘 해독 작용 저하	없음
숙주의 방어에 대한 병원체의 은닉	분자적 의태 항원	병원체
숙주의 방어에 대한 병원체의 공격	백혈구 파괴	병원체
병원체의 영양분 섭취 및 이용	트리파노소마의 성장과 증식	병원체
병원체의 전파	모기에 의해 혈액 기생체가 새로운 숙주로 이동	병원체
숙주에 대한 병원체의 조작	격렬한 재채기나 설사 행동 변화	병원체

다. 만일 병원체들이 이 방어선을 통과했다면 숙주는 그것들을 찔러 구멍을 내거나, 독살시키거나, 굶기는 등 필요한 모든 일을 동원해 그들을 죽인다. 그러고도 이 모두가 무위로 끝나면 그들이 번식해서 전파될 수 없도록 둘러싸 막는다. 일단 피해를 입더라도 복원시킬 수 있다. 만일 그 상처를 즉시 복구하기 힘들면, 다른 방법을 써서 보충한다. 상처와 그로 인한 손상 중 어떤 것들은 숙주나 병원체 어느 쪽에도 이득을 주지 않는다. 프랑스 해안에 난 오래된 폭탄 자국들처럼 그들은 해묵은 전쟁이 남기고 간 부수적인 자취일 뿐이다.

물론 병원체도 쉽게 물러서지 않는다. 우리의 몸은 그들의 집과 양식이기 때문이다. 이해가 안 가는 것은 아니지만, 우리는 세균과 바이러스를 그저 사악한 것으로만 간주하는 경향이 있다. 그러나 이는 얼마나 인간 중심적인 사고인가! 우리의 방어 체계는 불쌍한 연쇄상구균이 우리 몸의 조직에 단 1마이크로그램도 들어오지 못하도륵 하려하지만, 그들은 우리의 방어 체계를 뚫지 못하면 죽을 수밖에 없다. 그래서 우리의 온갖 방어 수단에 대해 병원체는 대응 전략들을 진화시켰다. 그들은 일단 들어오면 몸안의 감시병들의 눈을 피해 숨고, 방어 체계에 공격을 가하고, 영양분을 탈취하여 자기들의 복사체를 만든다. 그리고 종종 오히려 인체의 방어 체계를 역이용함으로써 그 복사체들이 신체를 빠져나가 새로운 희생자에게 도달할 수 있는 길을 모색한다. 우리의 방어를 뿌리치기 위해 병원체들이 사용하는 교묘한 계략들을 이야기하기 전에 먼저 우리의 방어 체계를 좀더 상세히 논의해 보자.

위생

최선의 방어는 위험을 피하는 것이다. 올바른 위생 관리는 병원체가 아예 발판을 마련하지 못하도록 막아준다. 모기를 때려잡으려는 본능적인 행동이 모기에게 물려 조금 성가신 걸 피하려는 시도만은 아니다. 그것은 말라리아를 비롯한 곤충에 의해 전파되는 수많은 심각한 질병들로부터 우리를 보호해 줄 수 있다. 모기에 물린 상처의 가려움이 단지 곤충의 간악함을 나타내는 것인가? 그것은 사실 모기가 우리의 피를 잘 흐르도록 하기 위해 사용하는 화학물질의 부수적 영향에 지나지 않는다. 그러나 그것은 더 심하게 물리는 것을 피하기 위한 우리의 적응일 수도 있다. 물어뜯는 일이 발각되지 않는다면 모기가 얼마나 성공적일지 상상해 보라!

감염성 환자들과 접촉하기를 꺼려하는 우리의 경향도 아마 같은 효과를 갖고 있을 것이다. 마찬가지로 본능적인 혐오감이 우리로 하여금 배설물, 구토물, 기타 다른 접촉 전염의 근원들을 피하도록 만든다. 다른 이들로부터 떨어져서 청결을 유지하려는 우리의 성향이 가까운 동료들로부터의 감염을 막아줄 수도 있다. 그리고 그런 습관을 갖도록 만드는 사회적 압박도 우리를 타인에 의한 감염으로부터 보호해 줄 것이다. 감염에 대한 최선의 방어는 병원체를 피하는 것이다. 그리고 자연선택은 우리들이 서로 일정한 거리를 유지하게 도와주는 많은 메커니즘들을 만들어냈다.

피부

우리의 피부는 고대 도시를 둘러싸고 있는 성곽, 즉 대단히 훌륭한 보호장벽과도 같다. 그것은 기생체들의 침입을 막을 뿐만 아니라, 기계적, 열적, 화학적 힘에 의한 손상에 맞서 신체를 보호해 준다. 발열처럼 위험이 닥쳤을 때만 일어나는 유도성 방어와는 달리, 피부는 언제나 존재하며 항상 경계 태세를 취하고 있다. 피부는 보호하고 있는 내부 조직들보다 훨씬 질기고 튼튼해서 쉽게 뚫리거나 마모되지 않는다. 피부가 계속 바깥으로부터 벗겨지고 밑에서 새로 돋아나기 때문에, 간헐적으로 나타나는 사소한 감염들은 해를 끼치지 못한다. 손가락 위에 묻은 잉크 얼룩은 며칠이 지나면 사라진다. 잉크가 흡수되거나 화학적으로 변성되었기 때문이 아니라 얼룩진 세포들이 밑에서 돋아나는 다른 세포들로 대체되었기 때문이다. 곰팡이의 성장 또는 표면 세포 안에 있는 기타 잠재적인 병원체들은 표피의 이같이 빠른 교체로 인해 계속 떨어져나간다. 플라타너스나 호두나무도 같은 전략을 쓰고 있다.

피부는 일반적으로는 물론 특정한 면으로 보아도 대단히 훌륭한 방호 기관이다. 발바닥처럼 특별히 방호막이 필요한 신체 부분들은 태어나면서부터 두껍고 질긴 피부로 덮여 있다. 구두 끝에 닿는 발가락 부위나 첼리스트의 손가락 끝처럼, 끊임없이 마찰에 노출되는 피부에는 어떤 특정한 부위에서든지 가골(假骨, callus)이라 부르는 두꺼운 피부가 자라난다. 유도성 방어인 이러한 적응 성장은 신체 부위가 입게 되는 물리적 손상을 최소화할 뿐만 아니라 병원체의 침입을 초래할 수 있는 피부의 파손을 막아준다.

우리가 가지고 있는 가장 유용한 위생 행동들 가운데 일부는 이러한 피부의 장벽을 유지시켜 주는 것이다. 가장 명백한 행동은 지저분한 것들이 피부에 닿지 않도록 하는 일이다. 인류의 역사를 통해 거의 모든 시기에 대부분의 사람들에게 그랬고 지금도 불행한 몇몇 인류 집단에서 불쾌감과 질병 전염의 원천이 되고 있는 체외 기생충들은 피부를 긁거나 다듬는 행동에 의해 제거된다. 캘리포니아 대학 데이비스Davis 분교의 수의사인 벤자민 하트Benjamin Hart는 동물들의 피부 손질 행동grooming이 질병을 예방하는 데 얼마나 결정적인지를 밝혔다. 피부를 손질할 수 없는 동물의 몸에는 이내 벼룩, 응애, 이, 참진드기 등이 들끓게 되고 체중이 줄어들며 병에 걸리게 된다. 원숭이들이 서로 털을 손질해 주는 것은 단순히 의례적인 것만이 아니라 예방 의료 행위이다.

통증과 전신권태

우리는 가려우면 방어하기 위해 긁는다. 이와 마찬가지로 우리는 통증 때문에 위험을 멀리 하거나 피할 수 있다. 이것은 일종의 적응이다. 안성맞춤으로 피부는 통증에 대단히 민감하다. 만일 그렇지 않다면 무언가 크게 잘못된 것이다. 원상태로의 복구가 시작될 때까지는 다른 모든 활동들이 중단되어야만 한다. 다른 종류의 통증들도 도움이 될 수 있다. 농양이 생긴 이빨 하나 때문에 음식물이 잘 씹히지 않는다는 막연한 느낌이 다른 멀쩡한 이빨들을 사용하여 씹게 만드는 반면, 견딜 수 없는 치통은 그 이빨을 눌러 회복을 지연시키거나 세균의 확산을 돕는 일을 하지 못하게 한다. 감염이나 부상으로 인한 지속적인 통증은 적응적이다. 왜냐하면 손상된 조직의 지속적인 사용은 조직의 복구나 세균에 대한 항체의 공격 같은 다른 적응 메커니즘들의 효율성을 떨어뜨릴지도 모르기 때문이다. 우리는 통증 때문에 우리 몸이 손상되고 있을 때 재빨리 피할 수 있으며, 그 통증의 기억은 훗날 그와 같은 상황을 미리 모면하도록 가르친다.

예를 들어 갑상선 같은 기관의 기능을 확인하는 가장 간단한 방법은 그것을 제거한 후 생명체가 어떤 기능 불량을 일으키는지를 보는 것이다. 통증을 일으키는 능력을 제거할 수는 없지만, 아주 이따금씩 그런 능력을 지니지 않고 태어나는 사람들이 있다. 고통 없는 삶이 행운으로 비춰질지 모르지만 결코 그렇지 않다. 통증을 느낄 수 없는 사람들은 같은 자세를 오랫동안 유지하고 있어도 불편함을 경험하지 못한다. 그 결과 몸을 전혀 움직이지 않는 관계로 혈액의 공급이 원활하지 못해 청년기에 이르기도 전에 관절이 망가진다. 통증을 느끼지 못하는 사람들은 대체로 30세를 못 넘기고 죽고 만다.

온몸에서 느껴지는 아픔과 통증, 혹은 단순히 기운이 없고 언짢은 상태(의학 용어로는 전신권태 malaise라고 함)도 역시 적응적이다. 이들은 손상된 부위만 사용하지 않도록 만드는 게 아니라 몸 전체의 활동을 중지시킨다. 이것이 적응적이라는 말은 병에 걸리면 침대에 누워 있는 것이 현명하다는 믿음에서 폭넓게 인식되어 있다. 활동 정지는 또한 면역 방어의 효율성, 손상된 조직의 복구, 숙주의 다른 적응들의 증대를 돕는다. 아픈 사람이 아픔을 덜 느끼도록 만들 뿐인 약물 투여는 이러한 이득들을 오히려 해치기 십상이다. 약물 투여는 환자들이 그 위험성에 대하여 잘 알고 있고, 자신이 느끼는 것보다 실제로는 더 아프기 때문에 특별히 더 느긋하게 마음을 먹도록 노력해야 한다는 것을 깨닫고 있을 때 효과가 있다. 그렇지 않고 약물 덕에 좀 편안해졌다고 활발히 움직이다 보면 방어 적응이나 복구를 방해하게 된다.

방출에 의한 방어

신체는 호흡, 영양분의 섭취와 노폐물의 방출, 번식을 위한 통로들을 갖고 있어야만 한다. 그런데 이 통로들 각각이 병원체들의 침입 경로가 되기 때문에, 각각 특별한 방어 메커니즘을 지니고 있다. 입안이 침으로 끊임없이 씻기는 것은 병원체들을 죽이거나 위로 씻어내려 그곳에서 나오는 산과 효소들에 의해 파괴되도록 하는 메커니즘이다. 눈은 방어용 화학물질을 풍부하게 함유하고 있는 눈물로 씻겨지고, 호흡계는 항체와 효소가 다량으로 함유된 분비물들로 계속 목으로 씻어 올린다. 이들이 목에서 삼켜지면 침입자들은 분해되고 점액질 안의 단백질은 재활용된다. 귀는 항세균성 귀지를 분비한다. 비갑개 turbinates 라고 하는 콧속의 돌출 부분이 흡입되는 공기를 데우고 습도를 유지하며 병원체를 걸러내는 넓은 표면적을 형성한다. 입으로 숨쉬는 사람은 이런 방어의 이득을 온전히 다 얻을 수 없어 더 감염되기 쉽다. 또 코와 귀에는 곤충들이 못 들어오도록 털들이 전략적으로 배열되어 있다.

신체 내부로 들어오는 통로의 방어는 위험이 닥쳤을 때 급속도로 강화된다. 바이러스성 감염에 의해서 코가 자극을 받으면 아주 많은 점액질이 배출되어 휴지 한 통을 하루에 다 써버리게 만든다. 수백만 명의 사람들이 이 유용한 반응을 차단하기 위해 코흡입제를 쓴다. 그러나 그런 흡입제의 사용이 감기로부터의 회복을 지연시킬 가능성에 대한 연구는 거의 없다시피 하다. 그나마 있는 자료들의 경우에서 보듯이 만일 코흡입제가 눈에 띌 정도로 회복을 더디게 하는 것이 아니라면, 콧물을 줄줄 흘리는 것이 방어가 아닐지라도 병원체 자신이 더 잘 전파되도록 숙주의 생리를 조작하는 실례라는 증거가 될 것이다. 재채기는 두말할 나위 없이 방어 적응이지만 재채기를 하는 사람에게 반드시 적응적인 것은 아니다. 때로는 재채기란 바이러스가 자신을 퍼뜨리기 위해 사용하는 적응일 수도 있다.

호흡관 깊숙한 곳이 자극되면 기침이 난다. 기침은 외부 물질을 감지하여 그 정보가 뇌에서 처리되어 뇌 기저에 있는 기침 중추를 자극하면, 가슴, 횡격막, 호흡관들을 이루는 근육들이 함께 수축하는 정교한 메커니즘에 의해 만들어진다. 이러한 관들의 내막에는 섬모라고 하는 가느다란 털들이 일정한 리듬으로 움직이면서, 병원체를 붙들고 있는 점액을 위로 쓸어올린다. 요도에는 주기적으로 물이 들이닥치며 병원체를 요도 내면의 세포들과 함께 쓸어낸다. 사실 이 세포들은 피부 위의 세포들처럼 계획적으로 떨어져 나간다. 그래서 방광이나 요도가 감염되면 눈에 띄게 오줌을 자주 누게 된다.

소화계도 나름대로 독특한 방어 메커니즘을 지니고 있다. 세균의 부패나 곰팡이의 생장은 역겨운 냄새를 풍기고, 역겨움은 바로 냄새가 좋지 않은 것들을 입 속에 집어 넣지 않게 해주는 적응이다. 설령 입 속에 넣는다 하더라도 맛이 이상하게 느껴지면 우리는 그걸 뱉어낸다. 미각 수용체는 유독할지도 모르는 쓴 물질들을 감지한다. 만일 그런 것들을 삼킨다 하더라도 위에는 독소, 그 중에서도 특히 장 내에서 증식하는 세균들이 내뿜는 독소들을 감지하는 수용체들이 있다. 흡수된 독소가 순환계로 들어가면, 뇌 안의 특별한 세포들을 거친다. 이 세포들은 뇌세포 중 혈액에 노출되는 유일한 세포들이다. 이들이 독소를 감지하면, 뇌의 화학수용체 촉발 영역을 자극하여 처음엔 구역질, 그 다음엔 구토 반응을 보인다. 왜 그렇게도 많은 약들이 우리를 메스껍게 하는가에 대한 이유가 바로 이 때문이다. 특히 암 화학요법에 쓰이는 독한 약들은 더욱 그렇다.

피에 섞여 순환되는 독소들은 거의 언제나 위에서 비롯되기 때문에, 구토가 유용하리라는 것은 쉽게 알 수 있다. 독소가 더 흡수되기 전에 밖으로 쫓아내는 것이다. 구역질은 어떤가? 구역질이 주는 스트레스 때문에 우리는 유해한 물질들을 더 이상 먹지 못하고, 또 그에 대한 기억으로 구역질을 불러일으킬 만한 음식이면 무엇이든지 맛보기조차 꺼리게 만든다. 처음 접하는 음식을 먹은 다음 구역질과 구토를 단 한 번밖에 경험하지 않았더라도 그 기억은 쥐의 경우 몇 달 동안 그 음식을 건드리지 않게 만든다. 사람이라면 몇 년 동안 안 먹기도 한다. 심리학자 마틴 셀리그먼 Martin Seligman은 이같이 놀라울 정도로 강력한 일회성 학습을 〈베어네이즈 소스 증후군 sauce béarnaise syndrome〉이라고 부른다. 어느날 값비싼 저녁 식사를 시켜놓고 난데없이 입맛을 잃은 이유를 곰곰이 생각한 끝에 그는 이러한 학습의 중요성을 깨달았다. 왜 신체는 병을 유발하는 음식을 단 한 번만 경험해도 그토록 강한 연상을 하게 되는가? 유독한 음식을 되풀이해서 먹는 사람에게 무슨 일이 일어날지 잠깐만 상상해 보면 알 수 있을 것이다.

소화관의 반대편 끝에도 나름대로 고유한 방어가 있는데 그것이 바로 설사다. 사람들은 당연히 설사가 멈추기를 원한다. 그러나 단순히 편안함을 얻기 위해 방어를 차단한다면, 거기에는 어떤 응분의 대가가 있기 마련이다. 텍사스 대학에 재직하는 전염병 권위자인 듀퐁 H. L. Dupont과 리처드 호닉 Richard Hornick이 실제로 그런 사실을 발견했다. 그들은 25명의 자원자들에게 심한 설사를 일으키는 세균인 이질균 *Shigella*을 감염시켰다. 그런데 설사를 멈추게 하는 약을 복용한 이들은 그렇게 하지 않은 사람들보다 두 배나 더 오랫동안 고열과 독성에 시달렸다. 지사제인 로모틸 Lomotil을 투약한 사람들 6명 중 5명꼴로 대변에 이질균이 계속 검출된 반면, 그렇지 않은 사람들에서는 6명당 2명꼴로만 검출되었다. 그래서 연구자들은 이렇게 결론을 내렸다. 〈이질에는 로모틸이 금기일지도 모른다. 설사는 아마도 방어 메커니즘일 것이다.〉 소비자들은 그 흔한 설사를 멎게 하는 약물 투여를 언제는 해야 하고, 언제는 하지 말아야 되는지를 알고 싶을 것이다. 그러나 이를 위한 연구는 아직 행해지지 않았다. 설사를 차단시켜 주는 약물 투여의 부작용, 안전성, 또는 효율성에 대한 연구는 수십 가지나 행해지고 있다. 그러나 정상적 방어를 차단시키는 일의 주작용에 따른 결과를 분석하는 연구는 거의 없다.

우리의 생식 기관 역시 통로를 필요로 한다. 남성의 생식기 통로는 배뇨관의 통로와 동일하기 때문에 원래의 방어 메커니즘이 두 가지 임무를 수행한다. 여성들은 두 통로를 따로 가지고 있으므로 감염에 대한 방어 문제를 따로 다루어야 한다. 여성의 생식로가 자궁 경부점액과 그것의 항세균성 특성들을 이용하여 방어를 한다는 사실은 잘 알려진 반면, 세균과 바이러스들의 접근을 원천적으로 봉쇄하기 위해 분비물을 외부로 배출하는 정상적인 방어 메커니즘은 거의 연구되지 않았다. 이 분비물은 복강으로부터 나팔관, 자궁, 경부, 질을 거쳐서 밖으로 끊임없이 배출된다. 그런데 이 계속적인 하부로의 이동에 대해 주목할 만한 예외가 하나 있다. 정자세포들은 질로부터 자궁을 거쳐서 나팔관과 골반강을 향해 위로 헤엄쳐간다. 인간의 보통 세포에 비하면 대단히 작지만, 정자는 그래도 세균에 견주어보면 훨씬 큰 편이다. 병원체들이 정자세포에 붙어 외부로부터 여성의 생식 기관 깊은 곳까지 운반될 수 있다.

정자에 실려오는 병원체들의 위협은 아주 최근에야 파악되었다. 생물학자 마지 프라핏은 월경이 상당한 손실을 감수해야 함에 주목하고, 따라서 그것에는 손실을 보상해 주는 어떤 이득이 틀림없이 있을 것이라고 생각했다. 증거를 면밀히 검토한 후, 그는 월경의 많은 측면들이 자궁의 감염을 효과적으로 막기 위해 설계된 방어 메커니즘으로 보인다는 결론을 내렸다. 자궁의 내막을 주기적으로 헐어냄으로써 피부세포들을 벗겨내어 얻는 이득인 감염 방지와 동일한 이득을 얻는다는 것이다. 월경혈이 순환혈에 비해 영양분의 상실은 훨씬 낮으면서 병원체를 파괴시키는 데는 더욱 효과적이라는 점이 훌륭한 증거를 제공한다. 다른 포유동물들도 각기 정자에 실려오는 병원체들에 대한 자신의 세균 감수성에 따라 적절한 수준으로 월경하는 것으로 보인다. 짧은 번식기에만 국한하여 성행위를 하는 종에서는 그 위험이 한결 적다. 그러나 인간의 경우, 여성은 끊임없이 성적 매력을 나타내며 배란 주기에 관계없이 언제나 남성을 받아들일 수 있다. 13장에서 더 자세히 논의하겠지만, 이렇게 엄청난 인간의 성적 활동은 그 나름대로 충분한 이득이 있으나 그에 따른 감염의 위험 역시 무시할 수 없다. 바로 이 위험이 다른 포유동물들과 비교하여 월등하게 많은 인간의 월경 배출물을 초래했을지도 모른다.

우리는 진화적 가설들이 검증될 필요가 있고 또 검증될 수 있다고 여러 차례 언급했다. 베벌리 스트라스만Beverly Strassmann은 월경이 감염에 대한 방어라는 가설에 도전장을 던졌다. 그는 생식 경로 안에 있는 병원체의 양은 월경 전이나 후나 동일하며 감염되었다고 해서 월경하는 양이 늘어나는 것은 아니라고 주장한다. 또 어떤 종에서건 암컷이 접하는 정자의 양과 월경하는 양 사이의 관계는 일정하지 않다고 말한다. 그 대안적 설명으로 스트라스만은 자궁 내막의 탈락과 재흡수의 정도는 그것을 유지하거나 떨어뜨리는 대사에 관련된 비용metabolic costs에 달려 있다고 제안한다. 그는 이 가설이 종간의 비교로, 그리고 산모와 신생아의 체중과 월경 간의 관계를 통해 검증될 수 있다고 하였다. 보시다시피 이 문제는 아직 결론이 나지 않았다.

침입자를 공격하는 메커니즘들

일반적으로 척추동물, 그 중에서도 특히 포유동물은 놀랄 만큼 효율적인 면역 방어 체계를 가지고 있다. 본질적으로 이것은 치밀하게 조준된 하나의 화학전(化學戰) 체계이다. 대식세포 macrophages라고 하는 세포들이 끊임없이 신체를 돌아다니면서 세균에서 왔건, 피부에서 떨어져 나왔건, 암세포에서 왔건 간에 외부 단백질이면 무엇이든 적발해 낸다. 일단 침입자를 찾아내면 대식세포들은 그것을 보조 T 세포 helper T cell로 보내어 그 세포가 특정한 외부 단백질(항원 antigen)에 특이적으로 결합하는 단백질(항체 antibody)을 만들 수 있는 백혈구를 찾아 자극하도록 만든다. 항체는 세균의 표면에 있는 항원과 결합하여 세균을 결박한 후, 그들에게 표지를 부착시켜 더 큰 세포들이 공격할 수 있도록 한다. 세균의 감염이 계속되어 항원이 계속 유지되면, 그들은 그 특이적인 항체를 만드는 세포들을 더욱 더 많이 생산하도록 자극하여 점점 더 많은 세균들이 파괴되도록 만든다. 정상적으로 기능하는 신체 부분이라고 인식되는 것은 모두 그대로 존속하도록 허용한다. 그 외 모든 것들, 예를 들어 병원성 생물, 암조직, 다른 개체에서 이식된 기관들은 공격을 당한다.

우리 몸은 어떻게 자신의 세포들을 인식하는가? 각 세포의 표면에는 마치 신분증처럼 대적합성복합체 major histocompatibility complex (MHC)라는 분자 구조가 있다. 합법적인 MHC를 가지고 있는 세포들은 상관하지 않지만, 외부 MHC를 가지거나 MHC를 분실한 세포들은 공격을 당한다. 흥미롭게도 세포가 감염되면, 그들은 침입자의 단백질을 자신의 MHC로 옮겨 붙인다. 위조 신분증을 가진 사람처럼, 그런 세포들은 면역계의 살해자 세포 killer cell들의 우선적 표적이 된다. 흔히 인후염 sore throat을 유발하는 아데노바이러스 adenovirus는 이 방어를 피하는 방법을 찾아냈다. 세포들이 외부 단백질을 MHC로 옮기는 능력을 차단시키는 단백질을 만드는 것이다. 그리하여 원천적으로 감염된 세포가 침략을 받았다는 신호를 발신하지 못하게 만든다.

MHC 체계의 작동은 이타주의를 생물학적으로 보여주는 좋은 예다. 감염된 세포는 나머지 신체의 안녕을 위해 기꺼이 파괴될 것을 〈자청한다〉. 이는 흑사병에 걸린 병사가 동료들에게 그들까지 감염되기 전에 자기를 죽여달라고 요구하는 격이다. 그러나 이 비유는 한 가지 중요한 점에서 오류를 범하고 있다. 세포의 동료들은 유전적으로 동일하다. 그리고 그것이 자신의 유전자를 후세에 전달할 수 있는 유일한 가능성은 생명체 전체의 성공에 달려 있다. 그러나 참호 안의 병사들이 모두 일란성 쌍둥이들일 경우는 거의 없으므로, 스스로 제거되기를 자청하는 일은 응당 흔히 일어나지 않는다.

면역계의 무기들은 정말 가공할 만하다. 그 무기들은 각종 염증과 항체들, 그리고 이른바 보체계 complement system라는 일련의 화학물질들을 포함한다. 그들 중 다섯 개의 화학물질들은 표적세포들을 공격하여 그 막에 구멍을 뚫어 소화시켜 버린다. 그러나 이러한 무기에도 불구하고, 일부 침입자들은 끝끝내 살아남아 버틴다. 만일 한 세균 덩어리가 방출되지도 파괴되지도 않는다면, 그것이 상처를 입기 쉬운 조직에 접근하지 못하게 막으로 둘러싼다. 결핵의 이름이 유래된 이른바 결절(結節, tubercle)이 가장 잘 알려진 예다. 그러나 그와 유사하게 회충을 비롯한 다른 다세포성 기생충들을 감금시키는 현상도 인간의 진화사에서 늘 중요한 일이었다.

손상과 복구

숙주와의 경쟁에서 병원체들은 자신의 양식을 확보하기 위해 숙주에게 강도질을 해야만 한다. 아메바성 이질 amoebic dysentery을 유발하는 각종 세균들과 원충류 protozoa들은 자기 주변의 숙주 조직을 소화하는 효소들을 분비해서 그 소화산물을 흡수한다. 다른 것들은 그야말로 숙주 조직을 파먹는다. 예컨대, 안구 전반부에 기생하는 사상충(絲狀蟲, filaria worms)이나 뇌를 파고드는 종인 광동주혈선충(廣東住血線蟲, *Angiostrongylus cantonensis*)의 유생을 들 수 있다. 둘 다 염증을 저해하는 분비물을 내어 자기 자신을 보호한다. 아프리카 수면병 African sleeping sickness 같은 질병을 유발하는 원충류인 트리파노소마 trypanosoma 등 그 밖에도 많은 것들이 혈류 속에 살며 혈장으로부터 영양분을 직접 섭취한다. 방법이 어떻든 간에 기생체들은 숙주로부터 자원을 확보하여 그것들을 자신의 유지, 성장, 번식에 사용한다.

병원체의 이러한 활동들이 뜻하지 않게 숙주에게 해를 끼친다. 그러나 이 손상은 병원균의 적응이 아니다. 숙주를 영양실조로 만들어봤자 촌충에게 이로울 것은 하나도 없다. 숙주의 혈구세포들을 파괴해봤자 말라리아 기생충에게 이로울 것은 하나도 없다(세포를 파괴시켜서 기생충이 이용할 철분이 해리된다면 몰라도). 대부분의 경우 그 반대다. 기생체의 생존과 복지는 숙주가 계속 생존하여 그에게 영양분과 은신처를 제공할 수 있는가에 달려 있다. 따라서 뜻하지 않은 그런 손상은 보나마나 숙주와 병원체 모두에게 손해일 것이다.

여기서 손해란 숙주에서 얻는 자원의 전체적인 감소 또는 국부적인 파괴를 의미한다. 치근을 싸고 있는 뼈를 공격하는 세균은 구조적 손상을 일으켜 이가 빠지게 할 수도 있다. 임질 gonorrhea을 일으키는 세균은 관절의 결합 조직과 연골을 부식시켜 기능적 장애를 일으킨다. 간염 바이러스 hepatitis virus는 간의 상당 부분을 파괴시켜 혈액 내의 독소를 제거하는 기능을 비롯한 간의 모든 기능을 무력하게 만든다. 이러한 기능적 장애들은 병원체의 적응에 따라 발생하는 부수적인 결과일 뿐이다. 숙주의 씹는 능력을 미약하게 하거나 빨리 달리지 못하게 만들어서 세균에게 득이 될 것은 전혀 없다.

중요한 것은 손상을 그로 인해 발생하는 기능적 장애와 개념적으로 구별하는 일이다. 손상은 장애를 일으키고 또 장애는 우리가 보완 조정 compensatory adjustment이라 부르는 숙주의 또 다른 적응의 원인이 되기도 한다. 이것에는 많은 예들이 있는데 그들 중 몇몇은 오른쪽 치아로 씹기가 불편할 때 왼쪽 치아로 씹게 되는 정도의 적응보다도 더 감지하기 어렵다. 예를 들어, 허파가 질병으로 손상되어 혈액에 산소를 제대로 공급하지 못하게 되면, 혈액 내의 헤모글로빈 농도가 증가되어 부분적으로 보충되기도 한다. 우리 몸은 혈액 내의 산소량을 조절하는 메커니즘을 지니고 있다. 고산 지대에 살거나 허파가 손상되었거나 해서 산소가 너무 부족하게 되면, 우리 몸은 보다 많은 적혈구를 생산하도록 자극하는 호르몬인 에리스로포이에틴 erythropoietin을 더 많이 만든다.

또 다른 명백한 숙주의 적응은 손상의 복구이다. 자연선택은 갖가지 조직들에 대해 만약 그걸 재생시킨다면 얼마나 쓸모있을지에 따라 재생 능력을 조절한다. 자주 손상되는 피부는 병원체와 부상에 맞서는 일차 방어선이다. 예상하는 바와 같이, 피부는 재빨리 복구되어 방어 능력을 신속하게 회복한다. 재빨리 복구되는 다른 구조들로 장의 내벽과 간과 같은 기관들이 있다. 이들은 장과 연결되어 있어 결국 외부 세계와 그로부터 들어오는 감염 매개체들에 직접적으로 노출되어 있다. 그와 대조적으로 심장, 그리고 특히 뇌는 대부분의 병원체들이 접근하기 매우 힘들다. 만일 병원체들이 접근하여 심각한 손상을 입게 되면 대개 치명적이므로 재생 능력이 그다지 큰 도움이 되지 않는다.

숙주의 방어를 피해가는 병원체

지금까지 우리는 병원체의 적응 중 한 가지, 즉 숙주의 몸 안에서 영양분을 취하는 능력에 대해서만 언급했다. 또 병원체는 자신을 파괴하고, 방출하고, 격리하려는 숙주의 시도로부터 자신을 보호하는 방법들을 진화시켰으리라 생각할 수 있다. 자, 이제 그런 메커니즘의 하나인 숙주의 방어를 피하는 방법들에 대해 논의해 보자.

일단 숙주의 몸 안으로 들어온 후, 많은 기생체들이 우선 사용하는 술책은 세포 안으로 침입하는 것이다. 침입자들은 마치 집집마다 방문하는 외판원처럼 무언가를 안겨주는 척하며 이 목표를 달성한다. 광견병 바이러스 rabies virus는 마치 자기가 유익한 신경전달물질인 것처럼 위장하여 아세틸콜린 수용체 acetylcholine receptors에 결합한다. 우두 바이러스 cowpox virus는 마치 호르몬처럼 표피 성장인자 수용체에 결합한다. 단핵세포증 mononucleosis을 일으키는 엡스타인-바 바이러스 Epstein-Barr virus는 C4 수용체에 결합한다. 감기의 주원인인 라이노바이러스 rhinovirus는 기도에 늘어서 있는 림프구 표면의 세포간 유착 분자 intercellular adhesion molecule(ICAM)에 결합한다. 이것은 기가 막힌 방법이다. 왜냐하면 림프구가 반격을 가할 때 ICAM 결합 부위의 수를 증대시키는 화학물질을 방출하므로, 오히려 바이러스가 세포 안으로 침입할 수 있는 입구를 더 많이 제공해 주기 때문이다.

또 다른 술책은 면역계를 피해가는 것이다. 아프리카수면병을 일으키는 트리파노소마가 자신의 위장 술책을 재빠르게 바꿈으로써 이런 짓을 한다. 신체가 트리파노소마를 제어하기에 충분한 항체를 만들려면 약 10일이 걸린다. 그러나 대략 9일째 되는 날, 트리파노소마는 전혀 다른 단백질층으로 된 표면을 드러내며 항체의 공격을 피한다. 트리파노소마는 천 개가 넘는 항원성 외피를 암호화하는 유전자를 가지고 있다. 따라서 항상 인간의 면역계보다 한 발 앞지르며 숙주 안에서 몇 년이고 살아갈 수 있다. 다른 흔한 두 종의 세균도 비슷한 전략을 채택하고 있다. 수막염 meningitis과 이염 ear infections의 흔한 원인인 헤모필루스 인플루엔자균 *Hemophillus influenzae*과 임질의 원인인 임균 *Neisseria gonorrhoeae*은 둘 다 자신의 표피 단백질을 만드는 유전 메커니즘에 결함이 있는 것처럼 보인다. 그러나 이 외관상의 잘못이 실제로는 유익하다. 왜냐하면 우리의 면역계가 그 결과 생기는 변이의 무작위적인 변형을 따라잡지 못하기 때문이다.

말라리아 기생충은 자기를 혈관의 벽에 결합하게 해주는 특별한 표피 단백질을 가지고 있어 비장으로 휩쓸려나가 여과되어 죽는 것을 막아준다. 말라리아 기생충의 결합 단백질을 암호화하는 유전자들은 한 세대당 2%의 속도로 돌연변이를 일으키는데, 이것은 면역계가 도저히 자물쇠를 채우지 못할 정도로 빠른 속도다. 폐렴을 일으키는 폐렴구균성 세균은 면역계를 빠져나가기 위해 또 다른 술책을 쓴다. 그들은 〈미끌미끌한〉 다당류를 표면에 가지고 있기 때문에 백혈구에게 잘 붙잡히지 않는다. 신체는 이에 대해 옵소닌 opsonins이라고 하는 화학물질을 만들어 대처한다. 세균에 결합하는 이 물질은 항체가 세균을 잡을 수 있게 해주는 손잡이라 할 수 있다.

간첩이 적의 진지에 침투할 때 사용하는 변장술과도 같은 화학적 은폐 작전을 쓰기도 한다. 어떤 세균들과 기생충들의 외부 화학적 성질은 인간 세포의 화학적 성질과 매우 유사하여 숙주가 그들을 이물질로 인식하기 어렵다. 따라서 항체가 때로 침입자와 숙주 세포 모두를 공격하기도 한다. 오랫동안 인간과 함께 살아온 연쇄구균성 세균은 특별히 이 술책에 능하다. 항체는 어떤 특정한 균주에 대해 류마티스열을 초래한다. 이것은 항체가 숙주 자신의 관절과 심장을 공격하기 때문이다. 이와 유사하게 뇌 기저핵(基底核, basal ganglia)의 신경세포들을 공격하는 항체는 특징적 근육 경련을 수반하는 무도병(舞蹈病, Sydenham's chorea)을 초래하기도 한다. 흥미롭게도 끊임없이 손을 씻으며 남에게 우연히 해를 끼칠까봐 두려워하는 정신질환인 강박장애 obsessive-compulsive disorder에 시달리는 많은 환자들이 유년기에 이 무도병을 앓은 경험이 있다. 최근 들어 강박장애에 관련된 뇌 영역이 무도병에 의해 손상되는 영역과 매우 인접해 있다는 증거가 자주 보고되고 있다. 그러므로 강박장애의 어떤 사례들은 연쇄구균과 면역계 사이의 군비 경쟁에서 유래했을지도 모른다.

오늘날 성병을 일으키는 가장 흔한 병인인 클라미디아 *Chlamydia*는 경찰서 안에 은신하는 것과 다름없는 짓을 한다. 그들은 백혈구 안에 들어간 다음, 자신을 소화시키지 못하도록 방벽을 쌓는다. 만손주혈흡충 *Schistosoma mansoni*은 한술 더 떠 아예 경찰관 제복을 몰래 훔쳐 입는다. 아시아에서 간질환의 심각한 병인으로 작용하는 이 기생 생물은 혈액형의 항원을 손에 넣어 면역계가 보기에 자기를 정상적인 혈구세포인 것처럼 보이도록 한다.

숙주의 방어 체계에 대한 공격

병원체들은 숙주의 무기를 피하는 것은 물론 그것을 파괴하는 무기도 갖고 있다. 단순한 피부염을 일으키는 황색포도상구균 *Staphylococcus aureus*은 유익한 염증의 중요한 첫단계로 혈액을 응고시키는 하게만인자 Hageman's factor의 작용을 차단하는 신경펩타이드 neuropeptide를 분비한다. 이 펩타이드를 분비하지 못하는 세균은 감염을 유발하지 않는다. 일상적 질환인 인후염 sore throat을 일으키는 연쇄구균성 세균조차도 백혈구를 죽이는 O연쇄구균용혈소 streptolysin-O를 만든다. 우두를 일으키는 바이러스인 백시니아 Vaccinia는 앞서 말했듯이 중요한 숙주의 방어인 보체계를 저해하는 단백질을 만든다. 왜 보체계는 우리 몸의 세포들은 공격하지 않을까? 부분적으로는 우리 몸의 세포들이 보체계의 공격으로부터 스스로를 보호하는 화학물질인 사이알산 sialic acid 층을 갖고 있기 때문이다. 실제로 우리의 장 속에 사는 흔한 대장균의 K1 균주와 같은 세균들은 자신을 사이알산으로 감싸서 보체계로부터 보호한다.

세균에 의한 심각한 감염으로 발생하는 위험 중의 하나가 쇼크인데, 이는 혈압이 저하되어 급속도로 치명적인 상태가 될 수 있는 현상이다. 쇼크는 특정한 세균들이 형성하는 지다당류(脂多糖類, lipopolysaccharide : LPS)에 의해 발생한다. 언뜻 보기에 LPS는 세균이 우리에게 해를 끼치기 위해 만든 독소처럼 보인다. 그러나 에드먼드 레그랑 Edmund LeGrand이 지적했듯이, 그럴 리는 없다. 왜냐하면 LPS는 이 종류의 세균이라면 누구나 세포벽에 필수적으로 갖고 있는 성분이기 때문이다. 숙주는 위험한 감염을 알려주는 이 믿음직한 단서를 인식하고 강하게 반응한다. 때로는 너무 강하게 반응하는데, 이것이 바로 숙주 자신에게 위해를 끼칠 수 있는 방어적 무기의 한 예다.

후천성면역결핍증후군 Acquired Immunodeficiency Syndrome(AIDS)을 유발시키는 인간면역결핍바이러스 human immunodeficiency virus(HIV)는 항원을 면역계에 알리는 역할을 담당하는 보조 T 세포 안에 숨는다. 보조 T 세포는 CD-4라는 단백질을 외막에 지니는데, 여기에 HIV가 결합하여 세포 안으로 들어가게 된다. 만일 HIV에 부착된 CD-4 단백질이 바이러스 벽의 갈라진 틈 안에 깊숙이 잠복하지만 않는다면, HIV는 면역계에 의해 쉽게 공격받을 것이다. HIV가 보조 T 세포를 죽임에 따라 환자는 다른 감염이나 암에 걸리기 더 쉬워진다. 이 때문에 AIDS 환자는 결국 사망하게 된다.

그 밖의 다른 병원체 적응들

기생체의 적응에는 서로 연관된 두 범주가 있다. 병원체가 숙주 안에서 아무리 잘 살아남아 증식한다 하더라도, 다른 숙주로 자기 자신 또는 후손이 침입해 들어갈 수 있는 전파 메커니즘을 가져야만 한다. 체외 기생 생물 external parasites에게는 간단한 문제일 수도 있다. 예를 들어, 백선(白癬, ringworm)을 유발하는 이 lice와 균류는 대인 접촉에 의해 쉽게 전파된다. 체내 기생 생물은 훨씬 심각한 문제에 봉착한다. 정기적으로 피부 표면으로 나갈 수 있는 기생 생물들은 감염 가능한 다른 사람들과 접촉할 가능성이 있다. 감기 바이러스와 장세균은 손이나 다른 피부 표면으로 올라와 악수 또는 더 친밀한 접촉에 의해 전파될 수 있다.

혈류 안의 미생물들은 이런 식으로 전파되기 어렵다. 대부분 무는 곤충이나 다른 매개체의 도움에 의해서만 전해질 수 있다. 말라리아가 잘 알려진 예다. 만일 전파 단계의 말라리아 기생충(有性生殖母細胞, gametocyte)이 혈액 1밀리그램당 약 10마리가 있고 모기 한 마리가 3밀리그램을 빨아 먹는다면, 모기는 약 30개의 유성 생식모세포를 섭취하는 셈이다. 모기가 다음 단계로 하는 일은 이 풍부한 혈액 영양소를 이용하여 알을 만들어 수정시킨 다음 발생하기에 적합한 환경에 낳는 것이다. 그러는 동안 말라리아원충 malarial plasmodia이 유성생식을 통해 낳은 자손들은 모기의 침샘으로 이동한다. 이곳에서 그들은 모기가 다음에 피를 빨아먹을 때 혈액 응고를 방지하기 위해 투입하는 체액 속에서 감염 단계로 전환한다. 모기는 자기도 모르게 말라리아원충을 다음 희생자의 몸 안으로 주입하는 것이다.

전문 용어로 숙주 조작 host manipulation이라고 하는 또 다른 종류의 기생 생물의 적응 메커니즘이 있다. 기생 생물은 숙주의 신체 기구에 미세한 화학적 영향을 끼쳐 숙주가 자신의 이익이 아니라 기생 생물의 이익을 위해 일하도록 만든다. 많은 기묘한 예들이 여러 집단의 생물들로부터 알려져 있다. 담배 모자이크 바이러스 tobacco mosaic virus는 숙주에게 인접한 담배 세포간의 구멍을 팽창시키게 만든 다음, 그 사이로 통과하여 다른 세포들마저 감염시킨다. 어떤 기생충은 말라리아 기생 생물이 척추동물 숙주와 모기의 몸 사이를 옮겨다니듯이 생활 단계에 따라 개미와 양 사이를 옮겨다니며 산다. 그들은 개미 신경계 안의 특정 부위에 침투하여 개미를 잔디 잎새 끝에 매달리게 만들어 양의 몸속으로 옮겨간다. 이 같은 조작은 개미가 양에게 잡아먹힐 가능성을 엄청나게 높여준다. 또 어떤 기생 생물은 달팽이와 갈매기 사이에서 각기 다른 생활 단계를 거친다. 이 달팽이는 보통 얕은 근해의 조류 덤불 속에 살기 때문에 눈에 잘 띄지 않지만, 기생 생물은 달팽이를 훤히 노출된 바위 위로 기어오르게 만든다. 그 다음엔 갈매기가 그를 발견하여 먹는 일만 남는다.

광견병 바이러스는 병원체가 숙주의 행동을 어디까지 조작할 수 있는지에 대해 놀랍고도 섬뜩한 예를 보여준다. 일단 감염된 개체에 물리면 광견병 바이러스가 신경섬유를 타고 뇌로 이동한다. 그곳에서 그들은 공격성을 조절하는 영역에 집결한다. 그리고는 숙주로 하여금 다른 개체들을 공격하여 감염시키게 만든다. 그들은 또 감염자의 근육을 마비시켜 바이러스를 함유한 침을 삼키지 못하도록 하여 입 안에 침을 가득 고이게 만든다. 이로 인하여 전파 가능성이 증가되고 부수적으로 희생자가 물을 마셨다간 목이 막혀 죽게 되리라는 공포에 시달리게 한다. 이 때문에 예전에는 이 병을 공수병(恐水病, hydrophobia)이라고 불렀다.

인간의 경우 병원체에 의한 조작으로 가장 중요한 예는 아마도 세균과 바이러스에 의해 촉발되는 재채기, 기침, 구토, 설사일 것이다. 감염 과정 중 어느 시기에는 이러한 방출이 숙주와 미생물 모두에게 이롭게 작용했을 것이다. 숙주는 자기 조직을 공격하는 병원체들이 줄어듦으로써 이득을 얻고, 미생물은 다른 숙주를 찾을 기회가 증대됨으로써 이득을 얻는다. 이 게임의 패자는 현재 건강하기는 하지만 병에 걸리기 쉬운 성향의 사람들이다. 콜레라균이 내는 화학물질은 장의 수분 재흡수를 감소시켜 심한 설사를 일으킨다. 따라서 공중 위생이 그리 발달하지 못한 사회에서는 쉽게 전염병으로 퍼질 수 있다.

어떤 때는 기생 생물이 우리를 조작하기도 하지만 때로는 우리가 이 조작에 잘 견디기도 한다. 또 어떤 경우에는 절충안이 나오기도 한다. 이러한 갈등은 대개 진화적 평형 상태에 도달하여 일관된 결과를 낳는다. 갈등은 대개 둘 중 얻을 것이 더 많은 쪽에게 유리한 방향으로 결말이 난다. 만약 어떤 사람이 감기 바이러스를 다스리기에 알맞은 횟수보다 두 배나 더 자주 재채기를 한다 하더라도, 잃은 시간이나 에너지의 측면에서 볼 때 그리 큰 부담이 되는 것은 아니다. 그러나 바이러스가 새로운 숙주에 도달하는 속도는 거의 두 배가 될 것이다. 바이러스가 이기리라 예상되는 바로 그런 경우다. 인간 숙주에게 최적 수준 이상의 방출 메커니즘을 병원체들이 얼마나 많이 만들어냈는가?

이 문제에 대한 증거가 많지 않음은 우리가 얼마나 진화적 질문에 소홀했는가를 단적으로 보여준다.

질병에 대한 기능적 접근

우리는 기능에 따라 감염성 질환의 징후와 증상을 분류하는 표 3.1에 대해 세 가지만 언급하고 이 장을 끝맺으려 한다. 첫째, 감염성 질환의 징후와 증상의 기능적 분류는 중요하고 유익하다. 적절한 치료를 선택하려면, 기침 또는 다른 증상이 혹시 환자나 병원체에 이득을 주는지 알 필요가 있다. 또한 병원체가 숙주를 조정하거나 그의 방어 체계를 무력화시키는지 알 필요가 있다. 증상을 완화시키거나, 소용은 없겠지만 병원체를 죽이려고 애쓰는 대신, 병원체의 전략을 분석하고, 그 각각에 대해 대항하려 애쓰고, 병원체를 극복하고 상처를 복구하려는 숙주의 노력을 거들어야 한다. 둘째, 감염성 질환의 징후와 증상의 기능적 분류 체계는 사실 매우 단순하고 명백하다.

셋째, 이 장에 소개된 발상들이 언제 그리고 누구에 의해 처음으로 제안되었다고 생각하는가? 어느 19세기 의학자가 기생 생물들의 생활사에 대해 빠르게 축적되는 지식들과 파스퇴르나 다윈의 발상에 의거하여 세운 것일까? 그렇지 않다. 표 3.1과 이 장 전체에서 논의된 분류 체계는 지금은 앰허스트 대학에 재직하는 조류학자이자 진화생물학자인 폴 이월드가 1980년에 미시건 대학에서 처음으로 제안했다. 그러면 이 장의 발상들이 의사와 의학자들의 사고에 포함되기 시작한 것은 언제부터일까? 이 질문에 대한 답은 실망스럽게도 한마디로 〈아직〉이다. 이 말은 절대로 의사들이 이월드가 정리한 범주들을 직관적으로 도출해 내지 못한다는 뜻이 아니다. 우리는 다만 그들이 직접적으로 그것들을 이용하라고 교육받거나 훈련받은 적이 없기 때문에 감염성 질환을 다룰 때 이러한 핵심적인 생각들을 놓치기 쉽다고 말할 뿐이다. 진화생물학자와 감염성 질환 전문가들간의 상호 교류가 이로움을 강조한 최근의 몇몇 학술대회 간행물에서 볼 수 있듯이 희망은 있다. 그러나 이런 자료가 정규 의학 교과 과정의 한 부분이 되기까지는 여러 해가 걸릴 것이다.

왜 의학계는 의학적 통찰을 제공할 대단한 잠재력을 지니고 있으며 고도로 발달한 과학 분야인 진화생물학의 도움을 받아들이지 않았을까? 그 이유 중 하나는 모든 교육 단계에 팽배해 있는 진화생물학에 대한 무관심이다. 우리는 우리 자신과 우리가 사는 세계를 이해하는데 공헌한 다윈의 업적을 종교 또는 다른 차원의 반대 때문에 널리 알리지 못했다. 그리고 15장에서 더 깊이 논의될 문제지만, 의사와 의학자들의 교육에서 진화를 특히 소홀히 취급해 왔다.

또 다른 이유로는 의학에 밀접히 관련된 많은 진화적 발상들이 최근에 들어와서야 정리된 탓도 있다. 이러한 발상들은 대개 단순하고 다분히 상식적이다. 그러나 지난 몇 년 사이에야 비로소 이들을 깨닫고 그 중요성을 평가하는 작업이 이루어졌다. 그래도 물리학과 분자생물학의 엄청난 발달에 비하면 훨씬 뒤쳐진 것이다. 의학과 인간 생활의 다른 여러 면들에 대한 진화생물학의 응용이 1859년에 화려하게 등장한 이후 그토록 더디게 진행될 수밖에 없었던 원인이 정확히 무엇인가는 과학사가들로부터 응당 주목받아야 할 문제라고 본다.

4 끝없는 군비 경쟁

어떤 국가나 민족이 신무기를 고안할 때마다 그들과 경쟁중인 국가나 민족도 곧 그에 맞서 대응 무기를 만들기 마련이다. 그래서 창과 칼이 방패와 갑옷을 낳았고, 레이더 감시 장치가 스텔스 폭격기를 낳았다. 마찬가지로, 포식자의 사냥 기술이 진화적으로 향상될 때마다 피식자 역시 향상된 외장, 회피 전술, 또는 다른 방어 적응으로 응수하며, 또 그것들은 다시 포식자의 대응책을 만난다. 여우가 빨리 달리기 시작하면, 토끼도 전보다 더 빨리 달리는 방향으로 선택되므로 여우는 훨씬 더 빨리 달려야만 한다. 만일 여우의 눈이 밝아지면 배경과 분간하기 힘든 색을 지닌 토끼들이 선택되고, 그 다음엔 냄새로 토끼를 찾아낼 수 있는 여우들이 선택될 것이다. 그렇게 되면 주로 여우로부터 바람이 부는 쪽으로 다니는 토끼들이 선택될 것이다. 그러므로 포식자와 피식자는 복잡성이 점점 강화되는 주기를 따르며 공진화한다. 생물학자들은 이러한 견해를 붉은 여왕 원리 Red Queen Principle라고 부른다. 이는 루이스 캐럴 Lewis Carroll의 『이상한 나라의 앨리스』에 나오는 붉은 여왕의 이름에서 따온 것이다. 붉은 여왕은 앨리스에게 이렇게 설명한다. 〈자 보다시피, 이곳에선 제자리에 그냥 있기 위해서라도 죽을 힘을 다해 뛰어야만 한단다.〉

포식자와 피식자 사이의 경합처럼, 숙주와 기생 생물 간의 전쟁도 계속 심해지는 군비 경쟁을 유발한다. 이 경쟁은 터무니없이 막대한 경비를 지출하게 하고 상상하기 힘들 만큼 복잡한 무기와 방어물을 창출해 낸다. 강대국들이 때때로 적국에 의해 짓밟히지 않기 위해서 무기와 방어물에 점점 더 많은 에너지를 쏟아붓는 것처럼, 숙주와 기생 생물은 둘 다 현재 수준의 적응을 유지하기 위해서라도 최대한 빠른 속도로 진화해야만 한다. 결국에는 군비 경쟁으로 인한 출혈이 너무 심해서 정치적이든 생물학적이든 개체가 다른 기본적 요구를 충족시키기 힘든 지점에 다다른다. 그러나 경쟁에서 졌을 때의 손해가 너무나 크기 때문에, 어쩔 수 없이 엄청난 경비를 계속 감당해야만 한다. 우리는 우리를 공격하는 병원체들과 총력을 다해 살벌한 투쟁을 전개하고 있다. 어떤 원만한 합의도 결코 이루어질 수 없다.

숙주와 기생 생물 간의 관계는 너무나 경쟁적이고, 소모적이고, 무자비할 정도로 파괴적이기 때문에, 군비 경쟁이라는 술어가 그것을 기술하는 데 꼭 알맞은 분석틀을 제공해 준다. 이 장에서는 바로 이러한 관점을 설명하고자 한다. 그러나 우선 간단한 예를 소개하여 바로 몇십 년 전까지 인간의 역사에서 전염병이 개개인들에게 몰고 온 참극의 실상을 가늠해 보기로 하자. 저자의 한 사람인 윌리엄즈는 어머니가 뇌막염 meningitis으로 사망하여 9살 때 고아가 되었다. 윌리엄즈의 누이는 4학년 때 가장 친한 친구를 급성충수염 appendicitis으로 갑자기 잃고 말았다. 우리의 작은 적군은 개인의 가치나 중요성 따위는 염두에 두지 않는다. 캘빈 쿨리지 Calvin Coolidge가 미국의 대통령으로 취임한 뒤 얼마되지 않았을 때 일이다. 16살 먹은 그의 아들이 테니스를 치던 도중 발바닥에 물집이 잡혔으나, 아랑곳하지 않고 운동을 계속했다. 물집이 터져 세균에 감염되었고 소년은 2주일 만에 죽었다.

그 결과 쿨리지는 다음 선거전 내내 비탄에 빠져 무기력한 폐인(그를 추종하던 사람들조차 인정할 정도였다)으로 전락했고 결국 단임에 그쳤다.

숙주와 기생 생물 간의 공진화를 국제적인 군비 경쟁에 비유하는 것은 사실 옳지 않다. 미국방성은 신무기를 고안하여 시험해 볼 수 있다. 합리적 계획, 새 출발, 시행착오에 따른 땜질 등등의 덕을 보는 것이다. 과학적 지식을 파괴 또는 방어의 목적으로 사용하는 방법을 체계적으로 고안해 내는 두뇌 집단이 진화에는 존재하지 않는다. 진화에는 계획이란 있을 수 없다. 또한 새 출발도 있을 수 없다. 진화는 오직 시행착오에 따른 서툰 만지작거림이 있을 뿐이다. 세대마다 조금씩 다른 변이체들이 삶이라는 게임에서 경쟁한다. 어떤 것은 다른 것들보다 높은 번식성공도를 성취한다. 그리고 개체군의 평균 특질이 그 방향으로 조금 이동한다. 그 과정은 느리며 방향성도 없다. 어떤 면으로는 그릇된 안내를 받는다고 할 수도 있다. 그러나 다윈적인 진화 과정이 가져올 수 있는 적응의 정확성과 복잡성에는 끝이 없다.

과거의 진화와 현재의 진화

많은 미생물학자들은 일반적으로 숙주와 그 병원체들이 적극적인 협동을 통해 어떤 최적의 미래 상태를 향하여 서서히 진화하고 있다는 사뭇 그릇된 가정을 한다. 이는 지극히 비현실적인 생각이다. 병원체와 숙주는 성장률과 방어 활동처럼 서로 맞서는 가치들 사이의 타협을 통해 안정에 가까운 평형을 유지해야 한다. 이러한 평형으로부터 어떤 적응을 한 단계 향상시키려면 다른 적응 하나를 그만큼 희생시켜야만 한다. 깡마른 토끼는 빨리 달릴 것이다. 그러나 어떤 지점에 이르면 더 빠른 속도를 낸다는 이득이 굶어 죽기 쉽다는 위험과 맞바꿀 만큼 가치가 있는 것은 아니다. 마찬가지로 우리가 열을 내는 반응도 역사적으로 정상적인 조건에서만큼은 최적화되었다고 볼 수 있다.

높고 잦은 고열이 우리로 하여금 병원체에 덜 시달리게 해줄지 모르나 조직 손상과 영양분 고갈이라는 손해가 이러한 이득을 능가할지도 모른다. 환경 조건이 일정하다면 반드시 그럴 것이다. 상황이 변하면 숙주와 병원체 모두에게 해당되는 최적 조건도 어느 정도 변하기 마련이다. 만약 세균 병원체를 여러 세대 동안 인공적으로 조절한다면, 약한 발열 반응이 주종을 이룰 수도 있다. 그러나 우리의 기술에 문제가 생겨 다시 세균에 감염되기 시작하면, 우리는 다시 증강된 발열 반응을 보일 것이다.

우리는 이 책의 모든 장에서 장기적인 역사적 과정에 의해 확립된 인체생물학의 특징들을 다루고 있다. 이 장에서는 내년 안에, 또는 심지어 바로 다음 주에도 일어날 수 있는 진화적 변화에 대해 논의하고자 한다. 병원체는 번식이 빨라 진화도 빨리 한다.

겸상적혈구헤모글로빈의 경우처럼 질병에 대한 우리의 방어 가운데 어떤 것들은 지난 1만 년, 즉 약 3백 세대 동안 두드러지게 진화했다. 인류는 지난 몇 백 년 동안, 다시 말해 약 12세대만에 천연두, 결핵 같은 몇몇 전염병에 대해 뚜렷하게 높은 저항성을 진화시켰다. 1-2주만에 300세대를 거치는 세균이나 그보다도 훨씬 더 빠른 바이러스와 비교해 보라. 우리가 천 년 동안 진화할 것을 세균은 단 하루만에 경험한다. 이러한 차이는 군비 경쟁을 벌이는 우리에게 너무나 불리한 점이다. 미생물로부터 벗어날 정도로 빨리 진화할 수는 없다. 그 대신 갖가지 종류의 항체들을 만드는 세포들의 구성비를 바꾸어 병원체의 진화적 변화에 맞서야만 한다. 다행히도 이러한 화학적 무기들의 수량과 다양성이 엄청나기 때문에 우리는 병원체들이 갖고 있는 엄청난 진화적 이점을 어느 정도 상쇄시킬 수 있다.

면역학적으로 볼 때 전염병 하나가 인류 개체군을 엄청나게 변화시킬 수 있다. 질병에 걸렸다가 회복된 사람들은 재감염에 대한 면역성을 얻는다. 왜냐하면 그들은 그 특정 병원체만을 효과적으로 파괴하는 항체들을 생성하는 림프구를 이미 다량으로 갖고 있기 때문이다. 볼거리 mumps 같은 소아기 질환에 대해 성인이 갖는 면역성은 인류 유전자 풀의 변화가 아니라 각 개인의 몸 안에 들어 있는 서로 다른 종류의 항체들의 농도 변화에 달려 있다.

수적인 우세와 함께 작은 몸집 역시 병원체들에게 또 다른 이점을 제공한다. 우리들 각각은 지구상에 존재하는 인류 전체의 수보다도 더 많은 세균들을 (주로 소화계와 호흡계 안에) 갖고 다닌다. 이처럼 막대한 수가 의미하는 바는 일어날 법하지 않은 부류의 돌연변이조차 상당한 빈도로 일어나게 되고, 보잘것없는 이점을 지닌 어떠한 돌연변이 균주라도 곧 수적으로 크게 퍼질 수 있다는 것이다. 이 같은 병원체들의 정량적 형질들 때문에 병원체들은 어떤 상황에든 최적의 수치로 신속하게 진화할 수 있다.

대재앙을 몰고 오는 몇몇 전염병의 경우, 인류 개체군을 단 몇 달 만에 전염병에 대한 높은 저항성을 진화시킬 수 있다. 예를 들어, 유럽인들이 신대륙에 처음으로 발을 내디뎠을 때 그들이 가져온 유럽 질병들은 단기간에 90%나 되는 미국 원주민들을 희생시켰다. 만일 그 병에 대한 미국 원주민들의 취약성이 어떤 유전적 근거를 가진다면, 운좋게 그 전염병에도 불구하고 살아남은 이들의 유전자는 그에 비례하여 더욱 빨리 전파되었을 것이고, 우리는 이런 제한적인 의미에서 그 개체군이 높은 저항성을 진화시켰다고 말할 수 있다. 이는 극단적인 예이다. 대개의 경우 인간의 유전자 풀은 전염병 하나에 의해서는 거의 변하지 않지만 병원체의 특성은 극적으로 진화할 수 있다.

항생물질에 대한 세균의 저항성

아마도 금세기 들어 가장 위대한 의학적 진보, 아니 어쩌면 유사 이래 가장 위대한 진보 중의 하나는 균류의 독소가 인간의 질병을 일으키는 세균을 죽일 수 있다는 사실을 발견한 것이다. 1910년 파울 에를

리히 Paul Ehrlich가 비소 화합물을 사용한 매독 syphilis 치료법을 개발한 이후에는 줄곧 비소 화합물을 사용해 왔다. 그러나 1929년 어느 날 알렉산더 플레밍 Alexander Fleming의 배양 접시 안의 세균이 페니실린 *Penicillium* 균류 군체로 오염된 부근에서는 제대로 자라지 못한다는 것을 발견함으로써 본격적인 항생물질의 시대를 열게 되었다. 왜 그랬을까? 왜 가장 효과적인 항생물질이 균류로부터 나왔는가? 항생물질들은 균류와 세균이 병원체와 경쟁자들로부터 자신을 보호하기 위해 진화시킨 화학 전사들이다. 수백만 년 동안의 시행착오를 거치며 선택되어 세균의 특별한 취약성을 교묘히 이용하면서 균류 자신에게는 해롭지 않도록 형성되었다.

아주 많은 종류의 균류와 세균들이 만들어내는 물질들은 대부분의 사람들에게 안전하게 결핵, 폐렴, 그리고 그 밖의 많은 다른 감염들을 유발하는 세균들을 근절시킬 수 있다. 지난 몇 십 년 동안 경제적으로 번영한 사회는 이들 항생물질 덕분에 세균성 질병을 근심하지 않아도 되는 황금기를 누려왔다. 공중보건기구와 항생물질의 만남은 감염성 질환에 의한 사망률을 급속히 떨어뜨려 1969년 미국의 공중위생국 장관이 〈이제 감염성 질환의 시대는 끝이 났다〉라고 거리낌없이 선언할 정도였다.

그러나 이것도 다른 황금기들과 마찬가지로, 그리 오래 가진 못할 듯하다. 위험한 세균, 특히 결핵과 임질을 유발하는 세균들이 십 년 혹은 이십 년 전에 비해 항생물질로 다스리기가 점점 더 힘들어지고 있다. 세균은 그들의 진화적 역사를 통해 균류와 우리의 천연 무기에 대한 방어를 진화시켜 온 것과 마찬가지로 항생물질에 대한 방어를 진화시켜 왔다. 질병 통제 예방 센터 Centers for Disease Control and Prevention의 미철 코언 Mitchell Cohen은 최근 〈이런 문제들을 볼 때마다 우리가 항생물질 시대를 벗어나고 있는 느낌을 받는다〉고 말했다.

정말 그런지도 모른다. 상처 감염의 가장 흔한 원인인 포도상구균을 생각해 보자. 1941년에는 여기에 속하는 모든 세균들이 페니실린에 의해 퇴치되었다. 그러나 1944년쯤에는 몇몇 균주가 페니실린을 붕괴시키는 효소를 이미 진화시켰다. 오늘날에는 포도상구균 균주의 95%가 페니실린에 어느 정도 저항성을 보인다. 1950년대에 인공 페니실린과 메티실린 methicillin이 개발되었으나 세균들은 곧 그들을 피하는 방법을 진화시켰고, 우리는 또 새로운 약품을 개발해야만 했다. 시프로플럭사신 ciprofloxacin이 1980년대 중반 미국에 처음으로 소개되었을 때 큰 기대를 불러일으켰으나, 지금은 뉴욕 시의 포도상구균 균주의 80%가 그 약에 대한 저항성을 가지고 있다. 오리건 주의 재향군인국 병원에는 5% 미만이었던 저항률이 한 해 만에 80%를 넘게 높아졌다.

1960년대에는 대부분의 임질이 페니실린으로 쉽게 치유되었다. 그리고 그것에 저항성을 지닌 균주는 암피실린 ampicillin으로 해결했다. 지금은 임질 균주의 75%가 암피실린을 무력화시키는 효소를 만들어 낸다. 이러한 변화의 일부는 말할 나위 없이 염색체 돌연변이와 선택의 결과이지만, 세균은 또 다른 진화 술책을 갖고 있다. 그들은 플라스미드 plasmid라는 작은 DNA 고리에 감염되곤 하는데 때로 그 DNA의 일부가 세균의 유전자 속에 남는다. 1976년 임질을 일으키는 세균이 인간의 장 속에 살고 있는 대장균 *Escherichia coli*으로부터 플라스미드를 통해 페니실린 파괴 효소를 만드는 유전자를 얻었다는 사실이 발견되었다. 그래서 지금은 태국과 필리핀에 있는 임균의 90%가 저항성을 갖고 있다. 마찬가지로, 살모넬라 플렉스네리 *Salmonella flexneri*의 한 균주 때문에 1983년 호피 족 Hopi 인디언 보호 구역에 악성 설사가 창궐한 적이 있었다. 원인을 찾아보니 그 세균을 죽이는 항생물질에 대해 저항성을 보이는 유전자는 대장균에 의한 요로 감염 urinary track infection을 막기 위해 장기간 항생물질을 복용했던 한 여인으로부터 유래한 것이었다.

항생물질에 저항성을 지닌 세균의 위협은 실로 다양하고 가공할 만하다. 에리스로마이신 erythromycin의 결합을 막는 플라스미드의 매개 능력 때문에 프랑스에서 폐렴구균의 20% 이상이 그 약품을 쓰는 치료법에 저항성을 갖게 되었다. 수천 명에 달하는 남미인들을 위협하고 있는 몇몇 콜레라 균주들은 전에는 잘 들었던 다섯 종류의 모든 약품에 대해 저항성을 나타낸다. 아목시실린 Amoxicillin은 30-50%에 달하는 병원성 대장균에서는 더 이상 효과가 없다. 정말 우리는 그저 제자리에 머물러 있기 위해 붉은 여왕과 함께 끊임없이 달리고 있는 셈이다.

이런 위협 중에서 아마 가장 무서운 것은 뉴욕 시에서 발생한 결핵 사례 중 새로운 사례 3%와 재발 사례 7%가 둘 또는 그 이상의 항생물질에 저항성을 가진 경우였던 반면, 전체 사례의 3분의 1이 항생물질 하나에 저항성을 갖는 결핵균에 의해서 발병되었다는 사실일 것이다. 여러 약품에 대해 저항성을 갖는 결핵에 걸린 환자들의 생존율은 50% 정도밖에 되지 않는다. 이 수치는 항생물질이 도입되기 이전과 거의 다름없는 것이다! 결핵은 개발도상국에서 아직도 감염에 의한 사망 요인 중 가장 많고, 막을 수 있는 성인 사망의 26%와 전체 사망의 6.7%에 달한다. 미국의 결핵 사망률은 1985년까지 꾸준히 떨어졌지만, 그후에는 18% 정도 증가했다. 이 사례들 가운데 절반 정도는 AIDS 환자들의 면역 기능 저하에 의한 것이고, 나머지는 약물에 저항성을 가진 병원체와 전염에 의한 것이다.

항생물질에 대한 내성이 증가되는 것은 병원체의 진화 중에서 가장 널리 알려지고 인식된 사실이다. 1950년대 이런 일이 처음으로 발견된 이후 엄청난 수의 연구들이 행해져 다음과 같은 의학적으로 중요한 많은 결론들이 확립되었다.

1 항생물질에 대한 세균의 저항성은 개개의 세균들이 점차적으로 내성을 증진시켜서가 아니라 플라스미드에 의해 도입된 새로운 유전자나 드물게 나타나는 유전자 돌연변이에 의해 발생한다.
2 유전자 돌연변이는 플라스미드 감염이나 그 밖의 과정을 통하여 서로 다른 종의 세균에게 전해질 수 있다.
3 항생물질이 존재하면 처음에는 아주 드물었던 돌연변이 균주가 증가

하여 점차 초기의 유형을 대체한다.

4 항생물질이 사라지면 초기 유형이 저항성 유형을 대체한다.

5 저항성 균주 내의 돌연변이들이 더욱 강한 저항성을 갖게 할 수 있으므로, 항생물질의 복용량을 증가시키는 것은 일시적으로만 효과를 볼 뿐이다.

6 세균의 성장을 늦추는 정도의 낮은 농도로 항생물질을 투여하면 결국 그 약간의 지체를 이겨내는 균주가 선택된다.

7 더욱 강한 저항성을 갖는 돌연변이는 저항성이 없는 원래의 균주에서보다 부분적으로 적응한 균주에서 더 자주 일어난다.

8 항생물질 하나에 대한 저항성이 다른 항생물질에 대해서도 저항성을 갖게 할 수 있다. 특히 그 둘이 화학적으로 관련되어 있으면 더욱 그렇다.

9 항생물질이 없을 때 저항성 균주가 갖는 불이익은 진화적 변화에 따라 점차적으로 사라진다. 그래서 오랫동안 항생물질을 사용하지 않더라도 저항성은 계속 전파될 수 있다.

이제는 이러한 발견들이 의료 활동에 의미하는 바가 폭넓게 인정되고 있다. 어떤 항생물질이 당신의 질병을 경감시켜 주지 못한다면, 그것의 투여량을 늘이기보다는 다른 항생물질을 써보는 게 나을 것이다. 항생물질에 장기간 노출되는 것은 피해야 한다. 감염을 방지하려고 매일 페니실린 정제를 복용하는 일은, 손상되기 쉬운 심장 판막이 감염된 경우와 같은 상황에서는 공인된 치료법이지만 저항성 있는 균주를 선택하는 예기치 못한 결과를 낳는다. 불행하게도 우리는 항생물질을 상습적으로 복용한 동물로부터 얻은 고기, 알 또는 우유를 섭취함으로써 모르는 사이에 이러한 부작용에 노출되어 있다. 이것이 최근 식품생산업자와 공중보건 활동가들 사이에 갈등을 초래한 불씨였다. 가축에 항생물질을 사용하는 문제는 더욱 널리 인식되어야 하며, 경제적 이익이라는 면에서도 신중하게 평가되어야 한다. 컬럼비아 대학의 의

과대학 교수인 해롤드 뉴 Harold Neu는 1992년 「항생물질 저항성에 내재한 위기」라는 논문의 결론에서 이렇게 말했다. 〈저항성을 줄여야 할 책임은 항균성 약품을 사용하는 의사와 자신의 질병이 바이러스성이거나 항생물질을 꼭 써야 하는 상황이 아닐 때에도 항생물질을 요구하는 환자에게 있다. 제약 회사들은 인간이나 동물들에게 항생물질을 부적절하게 투여하도록 선동해서는 안 된다. 왜냐하면 이런 선택압이 현재의 위기를 몰고 왔기 때문이다.〉 하지만 그러한 충고는 거의 주목 받지 못했다. 매트 리들리 Matt Ridley와 바비 로우 Bobbi Low가 ≪애틀랜틱 먼슬리 *The Atlantic Monthly*≫지에 게재한 최근의 논문에서 지적했듯이, 다수의 안녕을 위한 도덕적 권고는 종종 환대받지만 실천에 옮겨지는 일은 거의 없다. 전체의 복지를 위해 사람들이 협동하도록 만들려면 우선 협동을 저해하는 행동을 감히 넘볼 수 없게끔 제재를 가해야 한다.

바이러스는 세균과는 완전히 다른 대사 기구를 갖고 있기 때문에 균류에 대한 항생물질로는 통제가 되지 않는다. 그렇다고 바이러스와 싸울 수 있는 의약품이 없는 것은 아니다. 최근의 중요한 예로 HIV에 감염된 사람들에서 AIDS의 발병을 지연시키는 데 쓰이는 지도부딘 zidovudine(AZT)이 있다. 불행히도 AZT 역시 항생물질과 마찬가지로 이전만큼 신뢰하기는 어렵다. 일부 HIV 균주들이 지금은 AZT에 저항성을 보이기 때문이다. HIV는 특별한 한계와 특별한 능력을 지닌 아주 작은 유기체인 레트로바이러스 retrovirus이다. 그들은 자기 고유의 DNA를 갖고 있지 않다. 미세한 RNA 유전 정보가 숙주의 DNA 복제 기구를 서서히 전복시켜 자신의 복제품을 만들도록 한다. HIV가 이용한 세포들에는 면역계의 세포도 포함된다. 바이러스는 이런 세포의 내부에 숨어 숙주 항체의 공격도 거의 받지 않으며 편히 지낼 수 있다.

레트로바이러스가 자기 고유의 증식 기구를 갖고 있지 않다는 점은 약점인 동시에 강점이기도 하다. 그것은 DNA 바이러스나 세균들보다 더 느리게 번식하고 진화한다. 또 다른 약점은 번식상의 정확도가 떨어진다는 것이다. 이는 그들이 번식할 때 결함을 지닌 복제품들을 상당수 만들어낸다는 것을 의미한다. 그러나 기능적 약점이 진화적 강점이 될 수 있다. 왜냐하면 결점을 가진 그런 복제물 중 일부는 숙주의 면역계나 항바이러스성 약품을 빠져나가는 데 더욱 유리할 수 있기 때문이다. 레트로바이러스의 또 다른 강점은 단순한 구성 덕분에 쉽게 이용당할 수 있는 이른바 아킬레스건 Achilles' heel이 없다는 것이다.

세균이 몇몇 항생물질에 대한 저항성을 상당한 수준으로 진화시키는 데 몇 주도 걸리지 않는 것과는 대조적으로, HIV가 AZT에 대한 저항성을 진화시키려면 몇 달 또는 몇 년이 걸린다. 그런데 불행히도 HIV는 한 숙주 안에서 진화에 필요한 충분한 시간을 가질 수 있다. 일단 감염되면 그 숙주 안에서 몇 년 동안 복제, 돌연변이, 선택의 과정을 거치며 서로 경쟁하는 여러 종류의 바이러스로 다양하게 분화될 수 있다. 그 중 가장 성공적인 것들은 각종 어려움(예를 들어, AZT나 다른 약품)을 극복할 수 있을 만큼 경쟁력이 탁월한 종류들이다. 그들은 바로 자기 이득을 위해 숙주의 자원을 가장 신속하게 쓸 줄 아는 이른바 가장 유독한 종류인 것이다.

유독성의 단기 진화

유독성의 진화는 일반적으로 잘못 이해된 과정이다. 그동안 우리는 기생체들이 항상 유독성을 줄이는 방향으로 진화한다고 믿었다. 그 추론은 숙주가 오래 살수록 기생체도 더 오래 살 수 있고, 그래서 더 많은 자손을 새로운 숙주들에게 전파시킬 수 있다고 가정한다. 기생체가 의존하고 있는 숙주가 입은 손상은 결국 기생체에게도 타격을 가하게 된다는 것이다. 그리고 가장 성공적인 기생체는 숙주를 어떤 식으로든지 돕는 것들이어야만 한다. 따라서 예상되는 진화적 단계는 유독성 기생체에서 출발하여 안정적으로 점점 양성이 되어 궁극적으로는 숙주의 생존에 도움이 되도록 변한다는 것이다.

겉보기에는 합리적인 이 논증에는 몇 가지 오류가 있다. 예를 들어, 병원체가 궁극적 원하는 새로운 숙주로 자손들을 전파시키는 일을 무시하고 있다. 바로 앞 장에서 밝혔듯이 기생체들은 자신을 전파시키기 위해 상당한 유독성에 의해서만 활성화되는 기침과 재채기 같은 숙주의 방어 메커니즘을 자주 악용한다. 따라서 숙주가 점액을 많이 분비하거나 재채기를 해서 자신을 방어하도록 자극하지 않는 라이노바이러스는 새로운 숙주에 도달하기 어렵다.

전통적 관점의 또 다른 오류는 진화가 세대라는 시간 단위뿐만 아니라 절대 시간상으로도 느린 과정이라고 가정한 점이다. 그런 믿음은 한 숙주의 수명 동안에 몇 백 내지 몇 천 세대를 거칠 수 있는 기생체의 빠른 진화 능력을 감안하지 않는 데서 발생한다. 이질을 유발하는 아메바의 유독성이 자신의 번식성공도를 극대화하기에 너무 약하거나 너무 강하다면, 그 유독성은 신속히 이상적인 수준으로 진화하리라고 예상할 수 있다. 최근에 환경 조건이 변하지 않았다면, 어떤 병원체의 현재 유독성이 한 수준에서 다른 수준으로 이동하는 중이라고 판단해서는 안 된다. 우리가 〈최근에〉라고 말하는 것은 지난 빙하기가 아니라 지난 주나 지난 달을 뜻하지만, 많은 진화생물학자들은 종종 지난 빙하기를 생각한다.

기존 지식의 또 다른 실수는 방금 HIV를 논하면서 암시했듯이 숙주 안의 서로 다른 기생체들간의 선택 과정을 무시한 것이다. 만약 숙주가 시겔라증(세균성이질, shigellosis)으로 거의 죽어간다면 간흡충 fluke이 숙주에게 해를 끼치지 않도록 활동을 자제해 본들 무슨 소용이 있겠는가? 흡충과 시겔라 *Shigella*는 숙주 내에서 동일한 자원 저장고를 두고 경쟁하고 있으며, 가장 인정사정 없이 저장고를 이용한 쪽이 승리자가 될 것이다. 마찬가지로 시겔라 균주가 많이 있다면 숙주의 자원을 자신의 이득에 따라 가장 효과적으로 써먹는 균주가 그 숙주가 죽기 전에 가장 많은 자손을 남길 것이다. 일반적으로 다른 모든 조건들이 동일하다면 그러한 숙주 내 선택 within-host selection은 유독성을 증가시키는 반면, 숙주간 선택 between-host selection은 유독성을 감소시킨다. 최근 11종의 무화과 말벌과 그들의 기생체들을 비교 연구한 결과에 따르면 기생체의 전파 가능성의 증대는 기생체 유독성의 강화와 밀접하게 연관되어 있다.

진화 이론을 응용한 다른 많은 경우에서도 그렇듯이, 숙주 내의 자연선택과 숙주간의 자연선택 사이의 균형을 이해하려면 신중한 정량적 추론이 필요하다. 그림 4.1은 이에 대한 우리의 생각을 간략하게 정리한 것이다.

유독성의 진화에 관한 이론은 정해진 숙주 내에서 새로운 감염이 확립되는 속도, 서로 경쟁하는 병원체들간의 유독성의 차이 정도, 숙주 내에서 돌연변이에 의해 새로운 균주가 발생하는 속도, 이 새로운 균주가 보이는 유독성의 차이 정도 등을 고려해야만 한다. 그러한 고찰로부터 환경 조건들이 계속 동일하다는 전제하에 어떤 병원체가 지닌 독성의 예상 수준은 추론할 수 있다. 가장 중요한 변화는 병원체가 새로운 숙주에 도달하는 방법을 바꾸는 것이다. 만약 병원체의 전파가 숙주의 생존뿐만 아니라 그 이동성에도 관련된 문제라면, 숙주에 대한 손상은 병원체에게 반드시 해로울 것이다. 만약 당신이 감기로 인해 몹시 아파 침대에 누워만 있다면, 당신의 바이러스가 감염시켜야 할 다른 사람들과의 접촉이 힘들어진다. 당신이 돌아다닐 만해야 바이러스를 널리 퍼뜨릴 수 있다. 따라서 당신을 너무 아프게 하지 않는 것이 감기 바이러스에게 이득이 된다. 대조적으로 말라리아를 일으키는 말라리아원충 *Plasmodium*은 숙주를 그런 대로 괜찮게 만들어도 얻는 이득이 없다. 실제로 토끼와 쥐를 대상으로 한 실험에서 입증되었듯이, 병으로 드러누운 숙주가 모기에 더 쉽게 물린다. 한창 말라리아의 공격을 받고 있는 사람들은 곤충을 쫓아내는 데 힘을 쏟기 어렵다. 모기들은 서두르지 않고 그들을 마음껏 빨아먹은 뒤 질병을 두루 전파시킬 수 있는 것이다.

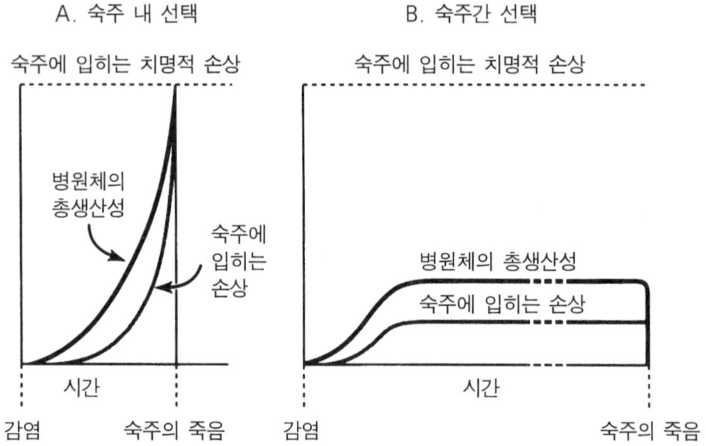

그림 4.1 숙주 내 선택과 숙주간 선택. A는 숙주 내의 자연선택에 의해 선호되는 극히 유독한 병원체의 효과를 나타낸다. 병원체는 숙주를 착취하여 새로 태어난 개체들을 새로운 숙주로 전파시키는 현재의 속도를 극대화한다. 숙주를 신속히 죽이기도 하지만, 숙주가 살아 있는 동안에는 경쟁 중인 다른 모든 병원체를 능가한다. B는 서로 다른 숙주들의 병원체 집단간의 선택에 의해 선호되는 병원체의 효과를 보여준다. 병원체는 자신의 장기적 총생산성을 극대화한다(생산율×지속시간, 그림에서 생산곡선 아래의 영역). 그림 B에서 숙주의 죽음은 대개 병원체가 아닌 다른 요인에 의해 발생한다.

이러한 진화적 시각은 대인 접촉으로 전파되는 질병이 곤충이나 다른 매개체에 의해 전파되는 질병보다 일반적으로 독성이 약해야 한다는 것을 시사한다. 이런 예측이 증거와 들어맞는가? 실제로 잘 들어맞는다. 폴 이월드는 이 진술이 사실이며 공중보건에도 매우 중요함을 밝혔다. 그는 매개체에 의해 전파되는 질병은 대인 접촉에 의해 전파되는 질병보다 더욱 극심한 경향이 있으며, 모기에 의한 감염은 일반적으로 모기 안에서는 약하지만 척추동물 숙주 안에서는 지독하다는 사실을 밝혔다. 이는 모기가 손상을 입으면 다른 척추동물을 물 수 없다는 것을 생각하면 쉽게 예측할 수 있는 일이다. 정말로 아픈 숙주가 물의 공급원을 효과적으로 오염시킬 수만 있다면, 위장질환을 유발하는 병원체에 의한 사망률은 물을 매개로 했을 때보다 직접 전달의 경우 더 낮을 것이다. 금세기 초 미국인들이 깨끗한 물을 마시기 시작하자, 치명적인 시가이질균 *Shigella dysenteriae*이 덜 유독한 플렉스너균 *Shigella flexneri*으로 대체되었다. 20세기 중엽 역시 남아시아의 물이 정화되면서 치사성 콜레라가 좀더 양호한 종류로 점차 대체되었다. 그리고 그 전이는 물이 처음으로 맑아지기 시작한 곳에서 가장 먼저 일어났다.

비위생적인 물의 공급은 이월드가 문화적 매개체라고 부른 것의 한 예일 뿐이다. 의학사는 치명적인 질병을 얻기 가장 쉬운 장소가 매음굴이나 노동 착취 공장이 아니라 병원이라는 사실을 반복하여 보여준다. 병원은 때로 대인 접촉에 의해 전파되는 전염병 환자들을 받아들인다. 심하게 아픈 사람은 많이 돌아다니지 않지만, 병원의 전 직원과 비품들은 그런 사람들로부터 아직 감염되지 않은 사람들에게로 빠르게 이동한다. 제대로 소독하지 않은 손, 체온계, 식기 등은 매우 효과적인 문화적 매개체가 될 수 있다. 그리고 그렇게 전파된 질병의 독성은 빠르게 강화된다.

출산 후 여성들에게 자궁 감염을 일으키는 연쇄상구균을 예로 들어보자. 대부분의 19세기 여성들은 병원에서 아기를 낳으려면 목숨을 걸어야 한다는 것을 알고 있었지만, 그래도 일부는 병원에서 출산했다. 비엔나 Vienna의 내과의사였던 이그나즈 세멜바이스 Ignaz Semmelweis는 1847년 의료진을 갖춘 진료소에서 아이를 낳은 여성들이 조산원을 고용한 진료소에서 아이를 낳은 여성들보다 세 배나 많이 산욕열(産褥熱, childbed fever)에 걸렸다고 보고했다. 면밀한 조사를 통해 세멜바이스는 의사들이 산욕열로 죽은 여성을 부검하고 난 다음 바로 돌아와 분만중인 여성의 골반을 검사했다는 사실을 알아냈다. 세멜바이스는 그들이 병의 유발 요인을 전파시키고 있었다고 주장했고, 골반 검사자들이 손을 세척 용액에 씻었을 때는 감염이 훨씬 줄어들었다는 사실을 입증했다. 이처럼 훌륭한 발견 덕택에 찬사를 받았을까? 천만에. 그는 의사들이 환자의 죽음을 초래한다고 주장했다는 이유로 해고되었다. 불필요하게 죽어가는 수천 명의 여성들을 구하기 위해 그는 점점 더 미친듯이 애썼다. 그러나 차갑게 외면당할 뿐, 결국 47세에 정신병자 수용소에서 사망했다. 오늘날에는 우리 모두 병원 위생의 필요성을 인정하고 있다. 그러나 폴 이월드가 연구했던 유독한 병원-취득성(지역사회-취득성에 비해) 영아설사증의 경우에서처럼, 위생 점검이 한순간이라도 느슨해지면 강한 유독성이 선택되기에 더할 나위 없이 좋은 조건을 제공한다.

HIV는 새로운 병원체라고 널리 믿어지고 있다. 아마도 시미안 면역결핍 바이러스 simian immunodeficiency virus(SIV)에 감염된 원숭이에서 발생했다고 추측된다. 그러나 현재의 증거들로 미루어보면 원숭이들이 HIV를 가진 사람들로부터 SIV를 얻게 되었던 것 같다.* HIV는 많은 세대 동안 늘 일부 사람들에게 존재해 왔는데, AIDS는 특별히 유독한 HIV 계열이 최근 몇 십 년 사이에 진화하여 발생한 새로운 질병이다. AIDS는 몇몇 전통 사회의 사회경제적 혼란이 초래한 성행위의 변화로부터 생겨났을 것이다. 매년 수백 명의 남자들을 상대하는 수많은 매춘부들이 감염성을 높인 관계로 숙주의 생존은 바이러스의 생존에 별로 중요하지 않게 되었다. 가장 신속하게 숙주를 착취하는 계열이 숙주 안에서 번성하게 되었고, 가장 극심한 독성을 지닌 계열까지도 기존의 숙주가 죽기 전에 새로운 숙주로 전파될 충분한 기회를 갖게 되었다.

서구 사회에서 AIDS는 처음에 주로 남성 동성애자와 정맥주사용 약물 사용자들의 질병으로 나타났다. 왜냐하면 남성 동성애자들은 다수의 성적 파트너를 상대하기 때문에 성적 전달이 엄청나게 증가되었고, 약물 사용자가 쓰는 주사 바늘이 효과적인 매개체였기 때문이다. 아프리카에서와 마찬가지로 약한 독성을 선호하는 숙주간 선택이 대

---

* 최근 연구에 의하면 사람이 원숭이로부터 바이러스를 얻었는지도 모른다(옮긴이).

단히 미약해졌기 때문에 가장 지독한 HIV 계열이 그보다 약한 독성을 압도하였다. 매우 유독한 바이러스조차도 원래의 숙주가 죽기 전에 새로운 숙주에 도달할 기회를 충분히 얻게 되었다. 다시 말해 청결한 주사 바늘과 콘돔을 사용한다면 바이러스의 전달을 줄일 뿐만 아니라 낮은 유독성이 진화하도록 만들 수도 있다.

면역계의 손실과 이득

앞 장에서 서술했듯이, 자연선택은 우리에게 엄청나게 효과적인 화학 전쟁 체계를 부여했다. 침입해 오는 모든 병원체에 대하여 그 병원체가 들어와 어떤 분자들과 부딪치게 될 것인지에 대해 최악의 시나리오가 준비되어 있다. 우리의 면역계는 병원체에게 가장 무서운 악몽을 안길 수 있도록 수억 년 이상 다듬어져 왔다. 그러나 불행한 일은 모든 효과적인 무기란 때로 그걸 휘두르는 사람에게도 위험하다는 사실이다.

면역계는 두 가지 실수를 저지를 수 있다. 공격해야 할 때 하지 못하는 것과 공격해서는 안 될 것을 공격하는 것이다. 첫번째 실수는 부적절한 반응으로부터 발생한다. 그래서 미연에 쉽게 차단할 수 있었던 질병이 기승을 부리게 된다. 두번째 실수는 사소한 화학적 변화에 대해 너무 격렬한 반응을 일으키는 데서 생긴다. 그 결과 홍반성루푸스와 류마티스성관절염 rheumatoid arthritis 같은 자가면역질환에 걸릴 수 있다. 추측하건대 보통 사람의 민감성과 반응성의 정도는 통시적으로 형성된 최적치에 가까울 것이다. 즉, 병원체에 맞서 싸우기에 충분하지만 자신의 신체 구조를 공격할 만큼 강력하지는 않을 것이다.

우리는 왜 특수 화학 무기, 즉 면역성을 갖고 있으면서도 여전히 전염병의 공격을 받는 것인가? 거듭 말하지만, 전염병원은 빠르게 진화하여 더 잘 적응하도록 자연선택되기 때문이다. 면역 공격에 대해 가장 저항성이 강한 변이체가 후세에 자신의 유전자를 가장 많이 전파하는 개체가 될 것이다. 그래서 병원체는 여러 가지의 방어용 특수 무기를 진화시킬 수 있다. 바로 앞 장에서 언급했던 분자 의태가 바로 그런 무기의 하나이다.

점점 교묘해지는 속임수

처음에 과학자들은 나비의 날개 무늬를 기술하기 위해 의태라는 개념을 창안했다. 예를 들어, 제왕나비 monarch butterfly의 애벌레는 박주가리 milkweed 식물의 잎을 먹기 때문에 성체의 몸 안에 독소가 축적되어 새들이 잡아먹으려 하지 않는다. 총독나비 viceroy butterfly는 제왕나비와 거의 구별되지 않을 만큼 닮았지만 그런 독소를 갖고 있지 않다. 그러나 새들은 총독나비도 마찬가지로 맛이 고약한 먹이로 오인하고 역시 먹으려 하지 않는다. 유독한 종을 우연히 닮게 된 맛좋은 종은 이득을 얻게 되고, 의태종 mimic species은 유독한 모형종 model과 점점 더 비슷하게 보이도록 선택될 것이다. 이는 모형종에게 불리하다. 맛좋은 의태 개체를 먹어본 포식자들이 모형까지도 잡아먹으려 할 것이기 때문이다. 이러한 상황은 모형에 점점 더 가깝게 닮아가는 방향으로 진화하는 의태종과 맛좋은 이웃과 가능한 한 다르게 보이는 방향으로 진화하는 모형 사이의 군비 경쟁을 촉발시킨다. 어떤 환경 상황은 서로 무관한 종 사이에 정말로 세밀한 곳까지도 닮도록 진화시켜준다. 우리는 세상의 많은 부분을 시각적으로 감지하기 때문에 그런 의태가 별로 어렵지 않다고 이해한다. 화학적 의태를 탐지하는 것은 더욱 정교한 기술을 요구하지만, 그런 예가 시각적 예에 비하면 드물 것이라고 생각할 이유는 전혀 없다.

병원체가 보여주는 분자 의태는 적어도 나비나 다른 동물들이 보여주는 시각적 의태만큼이나 정교하고, 복잡하며, 경이롭다는 사실이 밝혀졌다. 갖가지 기생충, 원생동물, 세균의 표면이 인간 단백질을 꼭 닮아 우리를 속인다. 만약 어떤 세균이 인간의 조직을 흉내내는 데 서툴다면, 그 세균은 곧 결함을 개선하는 방향으로 진화할 것이다. 대개 병원체는 복잡한 요철들로 조각된 표면을 가지고 있으며 항체들이 인식하는 분자 형태는 대개 갈라진 틈 사이에 숨어 있다. 앞 장에서도 보았듯이, 어떤 병원체는 겉으로 드러난 분자 구조를 매우 빨리 바꾸므로 숙주가 새로운 항체를 그만큼 빨리 만들기 어렵다. 이는 진화 없이 벌어지는 신속한 변화이다. 동일한 병원체의 유전형이 여러 분자 구조를 암호화했을 뿐이다.

의태는 병원체로 하여금 면역 공격에서 벗어나도록 해줄 뿐 아니라 숙주의 세포 작용을 이용할 수 있게 해준다. 예를 들면, 연쇄상구균은 세포막 위에 수용체 부위를 갖고 있는 숙주 호르몬과 유사한 분자들을 만든다. 그 세균은 원래 호르몬이 출입하는 문에 채워진 자물쇠를 열 수 있는 열쇠를 갖고 있다. 일단 세포 안으로 들어가면 세균은 면역 공격과 기타 숙주의 방어들로부터 안전하다. 숙주는 자기 세포 안에서 병원체를 퇴치시킬 수 있는 엔도좀-라이소좀 복합체 endosome-lysosome complex를 갖고 있지만, 분자 의태나 그밖의 다른 대응책들이 병원체를 보호해 준다.

새로운 환경 요인

전염병 얘기를 끝내기 전에, 많은 전염병들이 새로운 환경으로부터 초래되었음을 지적함으로써 10장의 논지를 미리 말해 두고자 한다. 어떻게 변화된 사회적 조건이 AIDS라는 전염병을 출현시켰는지는 이미 앞에서 언급했지만, 다른 많은 전염병들의 경우도 크게 다를 바 없다. 국립 위생 연구소의 리처드 크라우스 Richard Krause는 홍역과 천연두 같은 전염병이 원래 2-3세기 때 대상들의 노정을 따라 전파되었으며 어떤 지역에서는 주민의 3분의 1에 달하는 사람들이 사망했다고 보고했다. 흑사병(黑死病)이라고도 하는 림프절페스트 bubonic plague는 오래전부터 아시아에서는 악명 높은 병이었다. 그러나 유럽인들은 한번도 그 병을 접해보지 못한 채, 벼룩을 가득 싣고 다니는 수많은 쥐떼들과 더불어 살고 있었다. 몽고인 침략자들이 유럽에 그 병을 옮겨주고 나서야 비로소 흑사병은 전염병이 되었다. 우리가 그런 사건들을 과거의 일로만 생각하는 가운데, AIDS는 놀라운 속도로 계속 전파되고 있으며 다른 갑작스런 감염성 질환의 발생 원인 역시 잘 알려져 있지 않다. 1980년대 에볼라바이러스 Ebola virus가 아프리카 일대를 휩쓸었는데, 환자들을 돌보았던 대부분의 의사와 간호사들을 포함해서 병에 걸린 사람의 절반이 희생되었다. 그 병은 갑자기 발생하여 갑자기 사라졌으며, 그 이유는 아직도 확실치 않다.

몇몇 전염병들은 현대 기술 문명으로부터 직접 유래했다. 레지오넬라병 Legionnaires' disease은 호텔 냉방 장치 안의 물에서 자라나 퍼지는 생명체로부터 발생했다. 독성쇼크증후군 toxic shock syndrome은 새로이 사용되는 과흡수성 탐폰 tampon(여성 생리용품) 덕택에 성장에 필요한 표면적과 산소를 충분히 얻은 독성 포도상구균에 의해 생긴다. 라임병 Lyme disease은 사슴 개체군이 증가하여 새로 개발된 도시 근교의 주택가까지 나타나면서 비로소 문제가 되었다. 인플루엔자 influenza(유행성 감기)는 전세계적인 대량 운송 체계가 새로운 유전자를 가진 새로운 균주들을 전파하기 시작한 후에야 심각한 위협이 되었다. 그것은 종종 아시안 플루 Asian flu라고 불리는데, 이는 새로운 균주들이 흔히 아시아의 농장에서 발생하기 때문이다. 사람, 오리, 그리고 돼지(어떤 균주는 돼지 플루 swine flu라고 한다)가 매우 가까이 살고 있기 때문에 인플루엔자 균주의 유전자가 이쪽에서 저쪽으로 쉽게 옮겨질 수 있다.

유럽에서는 크고 혼잡한 도시의 개발과 함께 결핵이 전염병이 되었다. 비위생적인 관습과 빈곤이 항상 화근이라고 생각한다. 그러나 우리는 많은 사람들이 실내에서 오랜 시간을 함께 보내기 시작하면서 그 병이 전염병이 된 것이 아닐까 하는 의구심을 갖는다. 결핵 병동에서 스며나온 공기는 기니피그 guinea pigs에게 쉽게 감염을 일으키지만, 자외선에 잠시라도 노출되면 더 이상 감염을 일으키지 않는다. 단 한 번의 재채기가 백만 개의 침방울을 만들 수 있고, 그들은 바람이 없으면 1분당 1cm의 속도로 땅위에 내려앉는다. 야외에서라면 흩어지거나 햇빛에 의해 사라지기 십상이나 실내에서는 몇 주일 동안 지속될 수도 있다. 그 가능성은 결핵으로 인해 죽은 사람이 런던의 전체 사망자의 20%를 차지했던 1951년 분명히 드러났다.

끝으로, 전염병이 좋은 취지에서도 발생할 수 있다는 것을 말하고자 한다. 20세기 초까지 소아마비는 마비를 일으키는 전염병이 아니었다. 그 전까지는 대부분의 아이들이 태어난 후 처음 1년 동안에 그 병에 걸렸고, 대개는 아주 가벼운 증세만 나타냈다. 20세기 중엽 공중위생이 향상됨에 따라 감염이 유년기 막바지까지 늦춰졌고, 그렇게 되면서 병이 훨씬 더 심해질 수 있다. 단핵세포증 mononucleosis의 경우도 어린 나이에는 증세가 심하지 않다. 이러한 예들에서 보듯이, 질병 중에는 그 전파 방식이 새로운 환경에 의해 변화되고 나서야 심각한 문제로 떠오른 것들이 있다. 새로운 환경적 요인들과 질병에 대한 그들의 역할은 10장에서 다시 논의하기로 한다.

5 외상

술에 잔뜩 취한 허클베리 핀의 아버지가 소금에 절인 돼지고기가 담긴 나무통 위로 넘어져 정강이가 모두 까지게 되자 다음과 같은 일이 벌어졌다.

홧김에 나무통에다 힘껏 발길질을 했다. 그러나 그건 별로 현명한 일이 아니었다. 그 발길질 때문에 발톱 두 개가 빠져버렸기 때문이다. 그러자 그는 그때껏 자기가 저지른 모든 짓에 대해 미친 듯이 욕설을 퍼부어대기 시작했다.

그는 마치 나무통이 자기를 일부러 해치려 한 것처럼 행동했다. 발길질과 욕설이 그의 정강이가 더 이상 상처 입는 것을 막아주기라도 하는 듯 말이다. 그러나 발길질과 욕설은 쓸데없는 짓이었다. 나무통은 그의 애인을 빼앗으려 하는 연적도, 그를 잡아먹으려는 포식자도, 또는 그의 조직을 몰래 삼키려 하는 미생물도 아니다. 그저 생명도 없는 나뭇조각일 뿐이다.

소금에 절인 돼지고기가 든 나무통 같은 물건들을 외상(外傷)의 근원으로 논의하는 데에는 생명체들간의 경쟁을 복잡하게 만드는 이해관계와 갈등, 전략, 군비 경쟁 등을 고려하지 않아도 된다. 외상과 연관된 문제들은 개념적으로 감염성 질환과 관련된 문제들보다 단순하다. 그러나 거기에도 복잡한 측면이 있다. 떨어지는 운석에 맞는 것처럼 어떤 위험들은 매우 드물고 예측할 수 없기 때문에 그에 대한 방어는 진화되지 않았다. 다만 일반적인 목적을 가진 메커니즘을 사용하여 그 손상을 복구할 수 있을 뿐이다. 그리고 다량의 감마선에 노출되는 등의 위험들은 새롭기 때문에 적절한 방어가 진화될 시간이 없었다. 그러나 물에 빠지거나 포식자에게 공격당하는 등의 위험은 진화적 역사를 통해 자주 일어났기 때문에 그것을 피할 방법은 진화되었다. 이 장에서는 기계적 외상, 방사(放射), 연소, 냉동과 같은 외상의 근원은 언급하지 않고, 그로부터 입은 손상을 복구하는 방법에 대해 논의하고자 한다. 그리고 이러한 적응들이 왜 우리가 바라는 만큼 잘 작동해 주지 않는가에 대해서도 논의할 것이다.

외상 회피

찬 우유를 넣었기 때문에 커피를 약간 더 데울 필요가 있었다. 전자레인지가 경쾌한 신호음을 세 번 울렸다. 레인지의 문을 열자 김이 모락모락 피어나는 카페올레의 향기가 실내를 감쌌다. 그러나 도자기로 만든 컵의 손잡이를 움켜쥐자마자 타는 듯한 아픔이 순식간에 엄습했다. 너무 빠르고, 너무 격렬해서 뜨거운 컵을 탁자에 내려놓을 수 없었다. 컵이 바닥에 떨어져 산산조각이 났고 뜨거운 커피가 몇 미터 밖까지 튀었다. 욱신욱신 아픈 손을 찬물 속에 담그며, 그는 그 컵이 전자레인지에서 금방 꺼내도 그냥 만질 수 있는 다른 컵들과는 다르다는 것을 알았다. 그 컵의 손잡이 속에는 금속심이 박혀 있었을 것이다. 오래 붙잡고 있었다면 더욱 심했을지도 모를 손의 손상을 고통 때문에 막을 수 있었다. 고통에 대한 두려운 기억으로 인해 그는 여러 달이 지나도록 그런 컵을 사용하는 걸 망설였다.

고통과 공포는 유용하다. 그리고 그것이 없는 사람들은 심각한 장애를 받는다. 이미 지적했듯이 고통의 감각을 처음부터 갖지 않고 태어나는 극소수의 사람들은 나이 서른쯤이면 거의 모두 죽는다. 태어날 때부터 공포를 느끼지 못하는 사람들이 있다면, 그들을 응급실이나 시체 안치실에서나 찾아야 할 것이다. 고통과 공포는 우리에게 필요하다. 그것들은 우리에게 위험이 닥칠 것을 경고해 주는 정상적인 방어 작용이다. 고통은 조직이 손상되고 있다는 신호다. 다른 일은 제쳐두고 손상을 중단시키기 위해 꼭 필요한 일만 가려서 하게끔 고통은 혐오스러울 정도로 불쾌해야만 한다. 두려움은 상황이 위험할지도 모른다는, 즉 어떤 식의 손해나 손상을 입기 쉽고 따라서 그 상황에서 벗어나는 것이 바람직하다는 신호다.

그런데 문제가 있다. 인간에게 그토록 많은 괴로움을 안겨주는 근원이자 정신의학 치료의 주된 대상인 고통과 공포가 질병이나 장애가 아니라 정상적인 신체적 방어의 일부라는 것이다. 근본 원인을 제거하지 않고서 다른 방법으로 고통과 공포를 없애는 것은 손상을 더 악화시킬 수 있다. 예를 들어, 통각 신경(痛覺神經)이 있는 척수의 중심부가 변성되는 척수공동증(脊髓空洞症, syringomyelia)에 걸린 사람들은 손에 아무런 통증도 느끼지 못한다. 척수공동증 환자는 뜨거운 컵에 손가락의 살갗이 엉겨붙어도 태연하게 커피를 마실 수 있다. 만약 담배를 피운다면 손가락이 까맣게 탈지도 모른다. 고통은 유용하며 그것이 공포와 관련되어 있는 것은 우연이 아니다. 신체가 해를 입으면 고통이 재빨리 그것을 모면하도록 우리를 자극하고, 공포가 그런 상황이 재발하지 않도록 막는다.

그러나 외상을 피하는 우리의 적응은 단순히 고통이나 그 조짐을 피하는 수준 이상으로 치밀하다. 어떤 종류의 해를 입느냐에 따라 자극 신호마다 회피의 조건화가 다르게 나타난다. 심리학자 존 가르시아 John Garcia는 위장병과 관련하여 개들을 조건화하는 실험에서 박하 냄새를 회피하도록 하는 것은 쉽지만 소리를 회피하도록 하는 것은 매우 어렵다는 사실을 발견했다. 또한 개들은 어떤 소리가 들린 후에 뒤따르는 전기 충격을 피하는 것은 쉽게 배우지만, 신호가 냄새일 경우에는 훨씬 어렵게 배웠다. 이는 진화적으로 특별한 의미가 있다. 외상의 위험에는 청각 자극이 냄새보다 훨씬 더 좋은 신호로 작용한다. 반면 독성 음식에 대해서는 냄새가 더욱 확실한 지표가 된다. 그러나 다른 많은 발상들처럼 가르시아의 발상도 출판하기 어려웠고 출판된 다음에는 놀림감이 되었지만, 훗날 높은 평가를 받게 되었다.

뱀, 거미, 높은 곳 등의 자극 신호는 인간 또는 다른 영장류에게 쉽게 공포를 불러일으킨다. 인간이 추락이나 위험한 동물들과 관련된 특정한 자극 신호들을 본능적으로 회피한다는 것을 발견했다고 해서 그리 놀랄 일은 아니다. 토끼가 여우에게 물리고 나서야 두려움을 배운다면 자신의 유전자를 거의 남기지 못할 것이다. 토끼의 뇌는 여우를 피하게끔 미리 프로그램되어 있다. 따라서 우리의 뇌 역시 비슷한 능력을 가지고 있다고 해서 놀랄 일은 아니다. 그러나 타고난 행동의 대가는 융통적이지 못하다. 위협을 암시하는 자극에만 공포를 일으키는 보다 융통성 있는 체계가 고정적 본능 반응보다 더 낫다. 금방 태어난 새끼 사슴은 늑대가 다가오는 걸 빤히 서서 바라보고 있다가 자기 엄마가 도망치는 걸 본 다음에야 달아난다. 이러한 도주 양식은 그후 평생동안 작동하며 모방에 의해 다음 세대로 전해진다. 뱀, 거미, 높은 곳에 대한 우리의 두려움은 준비된 것이지만 완전한 회로망으로 배선된 것은 아니다. 그들은 부분적으로나마 학습 가능하고 다시 잊혀질 수도 있다.

심리학자 수전 마이네카Susan Mineka는 그러한 공포의 발달을 입증하기 위해 위스컨신 대학의 영장류 센터에서 기발한 실험을 수행했다. 실험실에서 사육한 원숭이들은 뱀을 전혀 두려워하지 않으며 심지어는 바나나를 집기 위해 뱀 위로 손을 뻗기도 한다. 그러나 다른 원숭이가 뱀을 보며 아우성을 치고 발작하는 모습을 담은 비디오를 본 다음부터는 뱀에 대해 공포감을 갖게 되었다. 그들은 더 이상 뱀 위로 손을 뻗기는커녕, 뱀 우리 근처에도 가려 하지 않았다. 그와는 대조적으로 다른 원숭이가 꽃을 두려워하며 뒷걸음질치는 비디오를 보여주었을 때는 그 기피 반응이 기본적으로 동일했음에도 불구하고 꽃에 대한 공포증은 전혀 발달되지 않았다. 원숭이들은 뱀에 대한 공포는 쉽게 배우지만 꽃에 대한 공포는 쉽게 얻지 못한다.

일반화된 학습과 이해

앞서 논의한 단순한 조건화 과정 외에도 우리 인간은 훨씬 더 정교한 적응인 의사소통, 기억, 추론의 능력을 가지고 있다. 빙판이 된 산길을 운전하며 내려갈 때 실제로 사고가 나는 것을 목격한 일이 없어도 속도를 높이면 위험하다고 생각할 줄 안다. 개인적으로 아는 사람들 가운데 불에 타 죽은 이가 한 명도 없는 사람일지라도, 건물에 화재가 나면 대단히 위험하기 때문에 화재 경보기가 그 위험을 줄일 수 있다는 것을 알고 있다. 사람들은 학습과 추론 덕분에 라돈 radon 가스, 다이옥신 dioxin, 음식물에 포함된 납같이 감지할 수 없는 위험 물질조차도 피할 수 있다. 마음속으로 무언가를 생각해 내고 조작할 수 있는 우리의 능력은 많은 이점을 제공한다. 새로운 위험을 예견하는 능력도 두말할 것 없이 그 중의 하나이다. 또한 이 능력은 불필요한 공포증을 일으키지 않고서도 위험이나 상처를 되풀이하여 겪는 것을 피할 수 있게 도와준다. 만일 어떤 사람이 멜빵을 메고 집안의 배선을 부주의하게 손보다가 감전되었더라도, 멜빵이 아니라 배선이 재앙을 초래했다고 추론할 수 있다.

외상의 복구

외상을 항상 피할 수 있는 것은 아니다. 열번째든 만번째든 간에, 언젠가는 망치로 엄지손가락을 내리찍을 것이다. 이 같은 외상은 일련의 복구 메커니즘을 작동시킨다. 혈소판은 응고 인자를 분비하여 내부든 외부든(타박상) 흐르는 피를 멈추게 한다. 다른 세포들은 염증을 유발하는 갖가지 복잡한 물질들을 분비하여 조직의 온도를 높이고 어떤 세균이 침입하더라도 쉽게 자랄 수 없게 한다. 그것들은 또 엄지손가락을 아픈 채로 유지하며 치유 과정을 혼란시킬 수도 있는 사소한 스트레스로부터 손가락을 보호한다. 그와 동시에 면역계는 특수 감염 투사들을 즉시 그 부위로 파견한다. 이들은 상처를 통해 침투한 세균을 공격하거나 림프절로 끌고가 그곳에서 더욱 쉽게 파괴시킨다. 섬유소fibrin들은 조직들을 합쳐서 서로 연결시키고, 치유가 진행됨에 따라 서서히 오그라들어 상처 부위의 조직들을 복구한다. 마지막으로 신경과 혈관들이 손상된 조직 안에서 새롭게 자라남으로써, 비록 전보다는 더 조심스럽겠지만 그전처럼 망치질을 할 수 있게 된다. 이 같은 복구 과정은 교향악단도 부러워할 정도로 정밀하고 복잡한 협동 작용을 보여준다.

불행하게도 지금까지 그 누구도 치유 교향곡healing symphony의 참모습을 기술한 적이 없다. 많은 단편적인 부분들이 병리학 교과서에 장황하게 서술되어 있다. 그리고 그 부분들간의 조율에 대해서도, 특히 몇몇 면역세포군들의 서로 다른 역할에 대해서도 어느 정도 연구되어 있다. 우리에게 없는 것은 그 전체 과정에 대한 적응주의 서술이다. 그러한 설명은 모든 세부 항목들을 묶어줄 수 있는 구상(가능한 한 빠른 시간 안에 가장 완전한 복구를 이루어내려는 노력)을 포함해야 한다. 그것은 시간과 물질 등의 희소 자원들간의 균형을 적절히 유지하며, 손상된 부위를 계속 효과적으로 사용하는 것과 치유를 지연시킬 수 있는 스트레스로부터 그 부위를 보호하는 것처럼 서로 상반되는 가치들을 조정하여 최적의 타협을 이루어내는 작업이다. 그것은 먼저 끝나야 할 일을 마무리하기 전까지는 어떤 작업도 착수하지 않는, 이른바 최적의 시기를 조절하는 것이다. 그것은 면역계는 물론 그에 관련된 호르몬, 효소, 그리고 구조적 적응 체계 내에서의 협동과 효율적인 의사소통의 필요성을 인식해야 한다. 그것은 상처난 부위의 사건뿐만 아니라 몸 전체 구석구석의 감정, 행동, 생리적 과정의 호르몬 그리고 다른 조절작용들도 다루어야 한다. 그리 머지 않은 장래에 이처럼 잘 짜여진 교향곡의 악보가 씌어지기를 바란다.

화상과 동상

순식간에 느껴진 아픔조차도 그 커피 잔의 뜨거운 손잡이에 덴 수만 개의 피부 세포들을 구할 정도로 빠른 것은 아니다. 엄지손가락과 검지손가락 위의 조그만 부위가 몇 초 이내에 하얗게 변했다. 끓는 물에 떨어진 달걀 흰자가 응고되듯이, 피부 세포는 한 덩어리의 변성된 단백질을 형성한다. 이는 가볍게 베인 것보다 더 복구하기 힘든 종류의 상처다. 의심할 여지없이 열이 순식간에 강렬한 통증을 일으키는 이유는 바로 이것 때문이다. 대단치 않은 화상을 입은 피부는 즉시 복구된다. 상피세포를 갈아주는 메커니즘이 바로 작동하기 때문이다. 그러나 심한 화상은 훨씬 어려운 문제를 일으킨다. 만약 화상이 상피를 대체시키는 세포들을 파괴했다면 그 부위를 감염으로부터 막아주고 죽은 조직을 쓸어낸 후, 그곳에 새로운 피부세포를 주입하여 그들이 자라나 화상을 입었던 부위를 점차적으로 재포장해 주는 특별한 메커니즘이 필요하다. 물론 이 정도야 너끈히 해치울 수 있다. 하지만 시간을 허비하고 감염의 위험도 무릅써야만 한다. 차라리 처음부터 화상을 피하는 게 훨씬 낫다.

우리는 십만 년 이상 불을 사용해 왔으며 때로는 남용하기도 했다.

사람들이 불을 지필 줄 알기 전에도 그들은 자연 자원으로부터 불에 타는 물질을 획득하여 요리나 기타 용도를 위해 불을 보존했다. 이처럼 불과의 오랜 유대가 불의 위험에 대한 우리의 반응을 더욱 빈틈없이 만들었을까? 만일 우리와 유연 관계가 가까운 종들보다 우리가 뜨거운 물체에 대해 더 효율적으로 방어하는지 조사한다면 아주 흥미로울 것이다. 어쩌면 우리가 뜨거운 물체에 대해 더욱 민감하거나 화상을 더 빨리 치유할지도 모른다.

온도에 의한 손상의 원인으로 열이 유일한 것은 아니다. 세포는 냉동에 의해서도 똑같이 응고되어 죽을 수 있으며, 그것이 바로 동상이다. 동상이 일상적인 위험이었던 것은 아니지만, 찬 공기에 오랫동안 노출되는 것을 피하는 반응을 갖게 해주었다. 특히 공기보다 수백 배나 효율적인 열전도체인 찬물을 피하는 반응은 더욱 그러하다. 액체 질소와 드라이아이스는 석기 시대에는 아예 있지도 않았던 전혀 색다른 위험이다. 그것들은 불에 버금갈 만큼 해롭다. 그러나 우리는 뜨거운 석탄 때문에 움찔 물러서듯이 본능적으로 액체 질소나 드라이아이스에 소스라치듯 물러나는 반응을 진화시키지는 못했다.

방사선

방사선으로 인한 가장 중요한 손상은 항상 태양에서 유래했다. 피부가 거무스름한 인종은 태양 광선에 대비한 일차적 방어로 외피에 멜라닌 색소를 충분히 가지고 있다. 이 색소는 그늘을 만들어 그 밑에 있는 조직들을 보호한다. 동굴 속에 사는 동물 개체군에서 흔히 발견되듯이, 몇 백 세대 동안 햇빛에서 차단되면 색소를 만드는 능력이 상실된다. 피부가 검은 인종에게도 계속 색소 형성 현상이 남아 있다면, 이는 햇볕으로부터의 보호가 갖는 이득을 입증하는 것이다.

유럽계의 사람들은 독특한 진화 문제를 안고 있다. 그들의 창백한 피부는 햇볕으로부터의 보호가 그들의 역사에서는 그렇게 중요한 요인이 아니었음을 보여준다. 그래서 그들은 햇볕으로 인한 화상에 유난히 취약하다. 오랜만에 맞는 따뜻하고 화창한 봄날 그들 중 몇몇은 오랜 시간 피부를 드러내고 햇볕을 즐기고 싶어한다. 어쩌면 그들도 일광욕이 현명한 일이 못 된다는 것을 쓰라린 경험으로 알고 있을 테지만, 쌀쌀한 겨울 뒤의 일광욕은 너무나 상쾌한 기분을 맛보게 해준다. 지난해 햇볕으로 인해 입었던 화상의 두려움이 그들을 막지 못한다면, 올해 찾아올 아픔도 그들을 막을 순 없다. 왜냐하면 너무 늦게 들이닥치기 때문이다. 햇볕에 노출된 지 몇 시간 뒤에야 햇볕에 탄 부위가 아프고, 붉어지며, 열이 오른다. 며칠 동안 죽은 피부의 껍질이 벗겨진다. 1-2주가 지나야 완전하게 회복된다. 그러나 이것으로 이야기가 끝난 게 아니다. 심각한 햇볕 화상을 단 몇 번만 입어도 그뒤 몇 년 혹은 몇 십 년 동안 피부암에 걸릴 위험이 크게 높아지기 때문이다.

햇볕을 쬐는 시간을 조금씩 늘려가는 것은 덜 해롭다. 왜냐하면 살결이 흰 사람들도 거의 모두 멜라닌 보호층을 충분히 발달시킬 수 있기 때문이다. 햇볕에 그을린 피부는 필요할 때만 작동되는 방어의 훌륭한 예다. 살결이 흰 사람들이 언제나 짙어지지 않는 것은 그들의 조상들에게 색소에 의한 보호가 생물학적 적응도에 도리어 심각한 손실이 되었다는 것을 시사한다. 9장에서 우리는 창백한 피부가 그늘이 많거나 구름이 낀 환경에서 적응할 수 있는 가능성을 탐구할 것이다.

과도한 자외선이 햇볕 화상을 일으킨다는 것은 누구나 알고 있다. 그러나 훨씬 덜 파괴적이기는 하나 보통의 가시광선도 광화학적인 활성 때문에 해로울 수 있다. 가시광선은 대개 우리에게 해를 끼치지 않는다. 왜냐하면 자연선택이 거의 모든 사람들에게 광화학적 변화에 맞서기에 충분한 멜라닌 색소와 효소들을 마련해 주었기 때문이다. 밝은 조명하에서 정상적으로 살 수 없는 생명체들은 햇빛 또는 일부 인공적인 광원에 훨씬 더 민감하다. 예를 들어, 송어 부화장 내의 백열광을 형광으로 대체했을 때 송어알이 대량으로 죽는 사태가 일어났다.

부화장의 생물학자들은 자연 상태에서 송어알이 강바닥 자갈 아래의 그늘진 곳에서 발생한다는 사실을 알고 있었다. 그들은 대량 사망이 더 밝아진 조명과 형광빛의 더 짧은(청색) 파장으로 인해 일어났다는 가설을 세웠다. 실험 결과 이 가설은 사실로 입증되었다. 해로운 광선들을 차단하자 송어알은 문제없이 잘 자랐다.

햇빛은 온도에 의한 손상에 의해서만 아니라 광화학적으로 필수 요소들을 변화시켜 피부 세포를 죽인다. 그 결과 생기는 비정상적인 화합물과 죽은 세포들이 면역계로 하여금 공격하도록 만든다. 이것은 어느 정도까지는 바람직한 일이다. 빨리 치워 없애야 마땅할 죽은 세포나 속수무책으로 죽어가는 세포들을 지탱하기 위해 자원을 사용한다는 것은 낭비에 지나지 않는다. 그러나 스스로를 만족스럽게 복구할 수 있는 세포들을 제거해서는 안 된다. 이 두 범주를 구별하는 일은 그리 쉬운 일이 아니다. 햇볕 화상이나 단순 골절처럼 병원체 침입을 수반하지 않는 상처에 관해서는 치유를 간섭하지 않도록 면역 반응의 어떤 부분들을 억누르는 것이 나을지도 모른다.

면역세포들도 다른 세포들과 마찬가지로 방사선에 의해 손상될 수 있다. 자외선으로 유발된 면역계 내의 변화 가운데 어떤 것이 적응적인 조정이고 어떤 것이 장애인지는 확실치 않다. 상피 내의 랑게르한스 세포 Langerhans cell는 이물질을 흡수해서 그것을 면역계에 제공하는 역할을 하며, 290–320 nm 파장의 자외선(UV-B)에 복합적으로 반응한다. 랑게르한스 세포는 그런 반응을 차단하는 호르몬을 분비하는 신경과 긴밀하게 연결되어 있다. UV-B 방사선은 이 세포의 표면을 정화시킴으로써 외부 단백질과 접촉하여 반응하는 세포의 능력을 무력화시킨다. 이러한 민감성 결핍은 피부암에 걸린 거의 모든 환자들에게 특징적으로 나타난다. 그러나 UV-B만이 범인은 아니다. 상업적으로 유통되고 있는 몇몇 선스크린 로션들은 UV-B를 차단하고 햇볕 화상을 방지해 주지만, 파장이 더 긴 UV-A가 통과하는 것은 내버려둔다. UV-A 역시 피부의 면역세포에 손상을 줄 수 있다. 태양에 노출되어 발진을 일으킨 사람들은 종종 선스크린 로션을 사용하라는 권유를 받는다. 그러나 실은 그냥 두면 아무 일도 없었을 텐데 선스크린이 UV-A에 더욱 노출되도록 부채질해서 문제를 오히려 악화시킬 수도 있다.

치명적인 피부암으로 발전할 수 있는 흑색종(黑色腫, melanoma)의 발병 빈도가 놀랄 만큼 증가하는 현상은 우리로 하여금 햇빛에 과도하게 노출되는 것을 염려하도록 만든다. 스코틀랜드에서는 발병률이 지난 십 년간 두 배로 증가했고, 피부가 흰 사람들간의 발병률은 많은 나라에서 1년에 7%씩 늘었다. 이러한 급증에 대해서는 햇볕에 그을리고 싶어하는 새로운 문화적 욕구에서부터 그동안 많은 자외선을 차단해 주었던 오존층의 파괴에 이르기까지 다양한 이유를 들 수 있다. 이들 두 요인 모두 숙고할 필요가 있지만, 진화적 시각은 또 다른 설명을 제시한다. 우리는 해안에서 점점 많은 시간을 보낸다. 그러나 아무것도 걸치지 않고 햇빛 아래서 걷는 시간은 훨씬 적다. 오존층 파괴로 인하여 자외선 차단이 힘들어진 것만을 두고 보면, 대부분의 지역에서는 국지적 대기 오염에 의해 상쇄되고도 남는다. 새로운 현상은 햇빛 노출이나 오존층 파괴가 아니라 햇빛을 쬐는 방식이다. 현대인들은 대부분의 시간을 실내에서 보내고 익숙지 않은 노출을 몇 시간 만에 흠뻑 맛보기 위해서 주말에 야외로 나간다. 매일 야외에 있는 사람들은 그들의 일상적인 노출량에 적응되어 있으며 햇볕 화상을 잘 입지 않는다. 흑색종의 위험은 태양에서 보내는 시간의 총량보다 햇볕 화상을 입는 빈도에 더욱 밀접하게 연관되어 있다.

또 다른 환경 요인은 화학적으로 복잡한 햇빛 차단 로션을 사용하는 것이다. 자외선이 차단되면 실제로 악성 병변의 발달이 저하된다. 최근 588명의 오스트레일리아인들을 대상으로 실험한 결과, 선스크린 로션을 사용한 사람들은 자외선을 별로 막아주지 않는 크림을 사용한 사람들보다 전암성(前癌性) 피부 병변 precancerous skin legions이 현저히 적게 발생했다. 하지만 선스크린 내의 화학물질이 문제를 일으키지는 않을까? 그것들은 피부 표면 위에 머물러 있는 게 아니라 그 안으로 흡수된다. 그들이 피부 세포에 어떤 영향을 끼칠까? 그리고 조직 단백질과 결합한 뒤 어떻게 변형될 것이고 강한 광선에 의해 어떻게 부서질 것인가? 그에 대한 답은 매우 불확실하다. 직접적이든 간접적이든, 피부암이 선탠 로션에 의해 초래될 수 있다는 사실이 밝혀지기라도 한다면 얼마나 얄궂은 일일까! 햇볕 화상의 염증 과정을 억제하는 약품에 대해서도 주의를 기울여야 한다. 그러한 억제 효과는 자가면역 반응의 결과로 나타나는 불필요한 손상을 막아 암을 방지할지도 모른다. 그러나 그 약품이 암으로 발전하기 쉬운 세포들이 면역계에 의해 자연적으로 파괴되는 것까지 막을 수도 있다.

앞서 말한 것들은 사실이 아니라 우리의 이해가 부족한 것에 기초한 단순한 추측에 불과함을 강조해 두고자 한다. 이용할 수 있는 정보는 흘러넘침에도 불구하고 햇볕 화상에 대해 제대로 이해하고 있지 못한 까닭은 무엇인가? 이 같은 이해는 곧 예방과 치료에 좋은 근거를 제공한다. 또 그것은 진화적 추론에도 익숙하고 햇볕 화상의 세포적, 분자적 현상들에 대한 상세한 지식도 갖춘 연구자가 다음 설명들을 종합해야만 비로소 얻어질 것이다. (1) 자외선으로 인한 피부 기능의 장애를 자외선 스트레스에 대한 피부의 적응 반응과 구별하고, (2) 자외선으로 인한 면역 기능의 장애를 적응적인 면역 반응과 구별하고, (3) 랑게르한스 세포 기능의 장애를 그 세포의 적응 반응과 구별하고, (4) 치유 과정 단계들과 그들간의 상호 조정을 기술하며, (5) 햇볕에 노출되기 전에 사용하는 보호용 로션의 긍정적·부정적 효과와 노출 후 항염증성 약물 투여의 긍정적·부정적 효과를 밝혀야만 한다.

햇볕 손상은 또한 눈 속의 수정체가 혼탁해지는 백내장의 원인이 될 수 있다. 요즘은 대부분의 선글라스가 자외선을 막아주지만 구형 모델은 대개 그렇지 않았다. 그 대신 흡수되는 가시광선의 총량을 감소시켰기 때문에, 실상은 동공이 더 크게 열려 있어 자외선을 더 많이 받아들이는 사태를 초래했다. 설상가상으로 아이들이 쓰고 다니기 좋아하는 싸구려 선글라스의 대부분은 아직도 자외선의 상당량을 투과시킨다. 오늘날 백내장 환자 가운데 일부는 그들이 십여 년 전 착용했던 선글라스로 인해 그런 불행을 겪고 있는 것은 아닌지 의심스럽다.

신체 구조의 재생

아이들은 종종 매우 총명한 질문을 한다. 〈왜 삼촌의 다리는 불가사리처럼 새로 만들어지지 않아요?〉라고 호기심 많은 아이가 묻는다. 정말 왜 안 되는가? 도마뱀이 잃어버린 꼬리를, 불가사리가 잃어버린 팔을, 물고기가 잃어버린 지느러미를 재생할 수 있다면 왜 우리는 잃어버린 손가락 하나도 재생하지 못하는가? 이러한 질문이 어른들, 심지어 생물학자들에게도 별로 대수롭지 않게 여겨진다는 것은 주목할 만하다. 일반적인 진화적 해답은 자연선택이란 그리 쓸모 있을 법하지 않은 능력이나 이득의 기대치 이상의 대가를 치러야 하는 능력은 유지시키지 않는다는 것이다. 따라서 3장에서 지적했듯이, 현대 의학의 시대가 도래하기 전에는 심장이나 뇌에 극심한 손상을 입으면 예외없이 죽음을 맞이해야 했다. 그리고 그런 조직들을 재생하는 능력은 존재하지 않았다. 석기 시대에 사고로 팔을 잃어버린 사람은 몇 분도 안 돼 과다한 출혈로 죽을 수밖에 없었다. 출혈이 어느 정도 통제되었다 해도, 피해자는 파상풍 tetanus이나 괴저 gangrene, 그 밖의 감염으로 인해 곧 죽었을 것이다. 우리의 먼 조상들에게 팔을 재생시켜주는 어떤 과정이 있었더라도 돌연변이의 계속된 축적으로 점차 사라졌을 것이다.

그러나 손가락 하나를 잃는 것은 어떨까? 팔을 통째로 잃는 것만큼 죽음을 초래하진 않았을 것이다. 그리고 그런 상처는 석기 시대에도 흔히 치유되었을 것이다. 왜 단지 부상만 치유하는 게 아니라 손가락을 한꺼번에 재생하지는 않는가? 앞 문단에서 전개한 설명이 여기서는 그리 만족스럽지 않은 것 같다. 그보다 우리는 두 가지 다른 요인을 제시하려 한다. 첫번째는 단지 이러한 재생 능력이 그리 자주 쓰이는 것이 아니며 중대한 이득을 제공하지도 않으리라는 것이다. 대부분의 사람들은 손가락을 상실하지 않는다. 그리고 설혹 잃어버린다 해도, 장기적인 장애는 그리 심하지 않다. 손가락이 아홉 개인 네안데르탈인이라도 쉰 살이나 되는 고령까지 문제없이 살 수 있었을 것이다. 다른 이유로는, 이미 여러 번 강조했지만 모든 적응은 손실을 감수해야 한다는 것이다. 손상된 조직을 재생시키는 역량은 이를 가능하게 해주는 기구를 유지하는 데 드는 비용은 물론 유해한 성장을 억제하는 능력의 저하라는 손실도 감수해야 한다. 세포 복제를 가능하게 하는 메커니즘은 암에 걸릴 위험을 높인다. 암에 관한 장에서 다시 논의하겠지만, 완전히 분화된 성숙한 조직이 상처를 복구하는 데 필요한 능력 이상을 갖도록 내버려두는 일은 위험하다.

잃어버린 손가락을 재생시킬 수 없는 것에 대해 앞서와 다른 류의 설명이 종종 제시된다. 재생에는 성장 호르몬, 세포 이동의 조절, 기타 많은 다른 과정들이 필요한데, 간단히 말해 인간은 그런 것들을 갖고 있지 않다. 이 논리는 태아 성장의 초기 단계 후에는 손가락을 만드는 데 필요한 기구들이 상실된다는 것을 달리 말하는 것뿐이다. 이것은 대부분의 의학자들이 가장 먼저 생각하는, 메커니즘의 세부 사항들에 기반을 둔 일종의 근접 설명이다. 그러나 우리에게는 그 기구가 무엇이든 간에, 왜 그 필요한 기구가 상실되었는가에 대한 진화적 설명이 또한 필요하다. 그러한 진화적 설명이 아이들의 호기심을 더 잘 만족시킬 것이다. 그리고 손가락이 없어진 뒤 활성화되리라 생각되는 복구 메커니즘이 어떤 종류일 것인가에 대해 연구자들이 더욱 훌륭한 아이디어들을 떠올리도록 이끌어줄 수 있다. 우리는 아마도 그 기구가 빠르고 확실한 복구가 가져다주는 이득과 그것을 위해 요구되는 기구 유지의 대가, 그리고 암에 대한 위험 부담 사이에서 최적의 타협을 이룰 것이라고 생각한다.

6 독소: 새로운 것, 오래된 것, 어디에나 있는 것

〈내트〉, 영화 「잃어버린 주말 The Lost Weekend」에서 단 번엄 Don Birnham(레이 밀런드 Ray Milland 분)이 바텐더의 이름을 부르며 말한다. 〈자넨 내가 술 마시는 걸 옳지 않다고 생각하는군. 술 때문에 내 간이 쭈글쭈글해질 거라구? 콩팥도 절일 거라구? 그건 그래, 하지만 술이 내 마음에 하는 일을 생각해 보게!〉 우리는 마음에 끼치는 영향을 뒷장들에서 논의할 예정이고, 여기서는 우선 간과 콩팥에 끼치는 영향에 대해 논의하고자 한다.

단이 마시는 호밀 위스키는 식도를 거쳐 위에 도달하며 서서히 그에게 타는 듯한 격정을 불어넣어준다. 알코올이 점액성 보호 장벽을 뚫고 급속히 확산되어 신경세포들 안으로 침투하면 그의 신경계는 신경세포 수백 만 개가 죽었다는 신호를 보낸다. 알코올이 임계 농도 이상으로 흡수되면 세포는 죽는다. 죽은 세포나 심지어 세포막이 손상된 산 세포까지도 부상 호르몬 wound hormone과 성장 인자 growth factor를 분비하는데, 이것들은 다른 세포로 확산되어 비상 사태를 대비하여 축적된다. 위의 내벽에 있는 깊숙한 은신처에서 보호되는 이러한 예비 세포들은 상처 부위로 이동된 뒤 그곳에서 분열하여 필요한 세포들을 새롭게 만들어낸다. 위에서 가장 잘 드러난 세포층은 단 몇 분만에 새것으로 대체될 수 있다. 그러나 단이 한 잔 더 쭉 들이키기 전에 그럴만한 시간적 여유가 있을까?

자연 독소와 비자연 독소

도수가 높은 알코올은 우리를 위협하는 많은 새로운 위험들 가운데 하나에 지나지 않는다. 농작물에 기승을 부리는 해충은 1940년 이전에는 없던 살충제로 대부분 격퇴된다. 곡식 저장소에는 곤충과 설치류로부터 곡물을 보호하기 위해 유독성 증기가 살포된다. 질산염 같은 독성 화합물들이 식생활을 풍요롭게 하기 위해 사용되고 있다. 많은 노동자들이 유해한 먼지 가루나 증기를 들이마신다. 그리고 도시 외곽에 사는 사람들은 흔히 그들 자신이나 이웃에게 어떤 영향을 끼칠지는 거의 신경 쓰지 않고 나무에 린데인 lindane 같은 살충제를 뿌린다. 물속에는 중금속이 있고 대기에는 오염물질이 있다. 그리고 지하에서는 라돈 가스가 올라오고 있다. 우리가 먹는 음식과 숨쉬는 공기에 들어있는 독소들을 고려할 때 현대 사회는 위험하기 짝이 없어보인다.

그러나 사실은 그렇지 않다. 현대인들이 아주 최근까지도 존재하지 않았던 많은 독소들에 노출되어 있기는 하지만, 많은 자연 독소들에 대한 노출은 석기 시대와 초기 농경시대 이후 급격히 감소되었다. 전염병을 취급한 장에서 착취자와 피해자 사이의 경합이 진화적 군비경쟁을 유발할 수 있다고 말한 것을 상기해 보라. 식물은 자기를 보호하기 위해 도망갈 수 없으므로 대신 화학 무기를 사용한다. 몇몇 식물들이 유독하다는 것은 잘 알려진 사실이다. 원예 도감 등을 펼쳐보면 먹었을 때 병을 일으키거나 죽게 만든다고 알려진 식물들의 목록이 기재되어 있다. 이 목록에는 가장 악독한 범죄자들만 실릴 뿐이다. 대부분의 식물들은 일정량 이상을 섭취할 경우 유해할 수 있는 독소를 갖고 있다. 과학자들은 그러한 독성 물질이 불특정 소비자들에게 그냥 우연히 유독하게 된 부산물이 아니라는 것을 아주 최근에야 알게 되었다. 그것은 식물을 먹으려고 덤비는 동물(초식동물)에 맞서기 위한 식물의 필수적인 방어이며 자연 군집의 생태에 핵심적인 역할을 수행한다. 미국 동부에 사는 사람들이면 누구나 주변에서 쉽게 그 예를 찾아볼 수 있다. 그곳에 있는 대부분의 잔디는 키가 큰 김의털 fescue 종류이다. 빨리 자라고 해충에 잘 견디기 때문에 널리 보급된 종이다. 잔디 깎는 기계를 치워버리고 일주일에 한 번씩 말이 풀을 뜯게 하자는 발상은 호소력은 있으나 말들이 곧 병에 걸리고 말 것이다. 키가 큰 대부분의 잔디들은 그 기부가 강한 독소를 만들어내는 균류에 감염되어 있다. 잔디는 이들 독소를 잎의 꼭대기로 수송하여 자신을 보호한다. 초식동물들이 잔디를 공격하지 못하게 만들기 딱 알맞은 장소이다. 키가 큰 잔디와 균류가 서로 돕는 것이다.

최근에 이르러서야 티모시 존스 Timothy Johns와 브루스 에임즈 Bruce Ames 같은 몇몇 선구자들이 우리에게 식물-초식동물 사이의 군비 경쟁이 내포하는 막대한 의학적 중요성을 일깨워주었다. 인류 역사상 식물 독소의 역할에 대한 소개서로 존스의 책 『그대는 쓰디쓴 약초까지 먹어야 할 것이로다 *With Bitter Herbs Thou Shalt Eat It*』를 진심으로 권한다.

여기서 우리는 다시 군비 경쟁을 다루게 되었다. 이번에는 우리 자신처럼 식물을 먹는 동물들과 그들에게 잡아먹히지 않으려 스스로를 보호할 필요가 있는 식물들 사이의 경쟁이다. 석기 시대 때 중앙 유럽에 살았던 거주민들이 어느해 늦겨울 떡갈나무의 새순과 도토리로 배를 채우지 않고 굶어 죽었는데 떡갈나무와의 경합에서 패배했기 때문이다. 떡갈나무의 새순과 도토리는 영양분을 담뿍 갖고 있지만, 그들을 먹는 동물들에게는 불행하게도 탄닌 tannins, 알칼로이드 alkaloids 및 기타 방어용 독소도 함께 갖고 있다. 채 가공되지 않은 떡갈나무

조직을 집어먹은 초기의 유럽인들은 굶주리는 자기 동료들보다 오히려 더 빨리 죽었을 것이다.

포식동물들도 먹이가 만들어낸 독액이나 다른 유해한 물질들을 처리해야만 한다. 최소한 자기 먹이가 섭취한 식물성 독소를 처리해야 한다. 앞서 언급했던 제왕나비 애벌레는 박주가리 식물에 들어 있는 치명적인 강심배당체 cardiac glycoside에도 끄떡없이 견디게 해주는 기구를 갖고 있기 때문에 박주가리를 먹는 것만은 아니다. 그 풀을 뜯어먹음으로써 자기 자신도 유독해지므로 잠재적인 포식자들로부터 벗어날 수 있기 때문이다. 많은 곤충들과 절지동물들이 스스로를 독액과 독물로 방어한다. 많은 양서류들이 유독하며, 특히 밝은 빛깔의 개구리는 아주 치명적이어서 아마존 주민들은 그것에서 얻은 독을 화살촉에 발라서 쓴다. 이처럼 유독한 동물들의 선명한 빛깔과 행동 양식은 그들을 포식자들로부터 보호해 준다. 포식자들은 그런 먹이가 결코 구미에 맞는 메뉴가 못 된다는 것을 쓰디쓴 경험으로 이미 터득했다. 당신이 비가 퍼붓는 숲속에서 굶어 죽기 직전이라면, 식물 틈 속에 자신을 위장한 채 가만히 숨어 있는 개구리를 잡아먹어라. 가까운 나뭇가지에 앉아 있는 눈부시게 빛나는 개구리는 피해야 한다.

식물 독소는 어떻게 작용하는가? 그들은 초식동물에게 먹히지 않기 위해서라면 무슨 일이든지 한다. 왜 그토록 다양한 독소들이 존재하는가? 초식동물이 그저 하나의 방어망을 피하는 일이라면 빨리 찾아낼 것이기에 군비 경쟁은 많은 다양한 독소들을 창출해 낸다. 서로 다른 독소들과 그들의 여러 가지 작용들을 열거해 보면 정말 엄청나다. 어떤 식물들은 사이안화물 cyanide의 전구체를 만들며, 이 물질은 식물 내의 효소 또는 섭취자의 장 내 세균에 의해 배출된다. 맛이 쓴 아몬드는 이런 면에서 주목할 만하다. 사과씨나 살구씨, 그리고 많은 문화권에서 식용으로 쓰이는 카사바 cassava 뿌리도 똑같은 전략을 갖고 있다.

그렇지만 모든 적응은 손실을 감수해야 하고, 식물의 방어 화학물질도 그 나름대로 손실이 있다. 독소를 제조하려면 물질과 에너지가 필요하며 식물 자체를 위협할 수도 있다. 일반적으로 식물은 고농도의 독소를 가지거나 빠르게 성장할 수 있지만, 두 가지 일을 동시에 해낼 수는 없다. 이 말을 초식동물의 관점에서 표현한다면, 빠르게 성장하는 식물 조직이 정체되어 있거나 느리게 성장하는 구조보다 대체로 더 훌륭한 먹이가 된다. 이것이 바로 잎이 나무껍질보다 더 취약한 이유이고 봄에 처음으로 돋아난 잎이 애벌레나 다른 해충에 특히 더 취약한 이유이다.

씨는 종종 유난히 유독하다. 왜냐하면 그것이 파괴되면 식물의 번식 전략이 위협받기 때문이다. 그러나 과일은 당분과 기타 영양분들이 담뿍 담겨져 있으며 밝고 향기롭다. 이것은 그 안에 들어 있는 씨를 퍼뜨려줄 동물의 마음을 끌어 그들로 하여금 섭취하도록 설계되었기 때문이다. 과일 안의 씨는 고스란히 버려지거나 (복숭아씨처럼) 장을 무사히 통과하게 (나무딸기씨처럼) 설계되었다. 그러면 씨가 천연 비료 속에 놓여질 것이다. 만약 씨가 채 영글기도 전에 열매가 먹히면 그 동안의 모든 투자가 물거품이 되어버리므로, 많은 식물들은 열매가 완전히 익을 때까지는 상당한 독물을 만든다. 그래서 풋사과를 먹으면 배탈이 나는 것이다. 꽃꿀 nectar도 마찬가지 방식으로 설계되었지만, 꽃꿀을 만드는 식물에게 가장 유리한 수분자 pollinator에게만 허용된다. 꽃꿀은 당과 묽은 독의 절묘한 칵테일이다. 그 요리법은 불청객을 쫓아버림과 동시에 손님이 단념하지 않도록 진화되었다.

견과 nut는 한층 색다른 전략을 구사한다. 딱딱한 껍질이 그들을 많은 동물들로부터 보호해 준다. 그리고 도토리같이 그 중 몇몇은 고농도의 탄닌과 다른 독소들에 의해서도 보호된다. 다수의 도토리들이 먹히고, 일부는 땅 위에서 짓밟혀 뭉개지지만, 어떤 것들은 다람쥐에 의해 흙 속에 파묻혀 나무로 자라날 기회를 잡는다. 인간이 도토리를 먹기 위해서는 대단히 면밀한 공정을 거쳐야 하기 때문에 탄닌이 다람쥐에게도 해롭지 않을까 하고 의문이 생긴다. 아마도 탄닌은 도토리들이 진흙 속에 파묻혔을 때 씻겨나갈 것이다. 정말 그렇다면 다람쥐들은 먹이를 숨길 뿐만 아니라 가공하기까지 하는 셈이다. 즉, 떡갈나무와의 군비 경쟁에서 교묘한 술책을 고안한 것이다. 당신이 낯선 황무지에서 굶어 죽을 지경이라면, 보드랍고 단 과일이나 단단한 껍질에 싸인 견과, 그리고 구하기가 좀 힘들겠지만 괴경(塊莖, tuber)을 먹어서 배를 채워라. 겉보기에 잎처럼 무방비 상태인 식물조직은 먹지 말라. 그것들은 유독할 가능성이 대단히 높다. 식물은 당신뿐만 아니라 모든 굶주린 입들로부터 자신을 보호해야 하기 때문이다.

군비 경쟁을 통해 식물이 고안한 전략은 셀 수 없이 많고 다양하다. 어떤 식물들은 기계적 손상을 입기 전까지는 방어용 독소를 거의 만들지 않으며, 손상된 다음에야 상처난 부위나 그 주변에 독소를 급속히 축적한다. 토마토 잎이나 감자 잎에 손상을 주면, 상처난 곳뿐만 아니라 온몸에서 독소(단백질 분해 효소 억제제 proteinase inhibitor)가 만들어진다. 식물은 신경계를 갖고 있지 않다. 그러나 조그만 부위에서 일어난 일까지 식물의 모든 부분들이 항상 알 수 있게 해주는 전기적 신호와 호르몬계를 가지고 있다. 몇몇 미루나무들은 더 기가 막힌 의사소통수단을 갖고 있다. 잎사귀 하나가 상처를 입으면, 상처에서 증발되어 나오는 휘발성 화합물(메틸자스민산 methyl jasmonate)이 이웃 잎사귀는 물론 심지어 다른 나무에 있는 잎까지도 단백질 분해 효소 반응을 시작하도록 해준다. 그러한 방어의 결과는 대체로 곤충들의 식사시간을 아주 짧게 만든다. 그러나 특유하게 적응한 몇몇 곤충들은 식사할 때 가장 먼저 잎에 연결된 주된 공급용 잎맥부터 잘라버림으로써 그 식물이 독소를 더 운반하지 못하게 한다. 이런 식으로 군비 경쟁은 계속된다.

자연 독소에 대한 방어

물론 최선의 방어는 감염성 질환에 연관지어 이미 논의했던 회피와 방출 같은 메커니즘이다. 곰팡이가 핀 빵이나 썩은 고기는 고약한 맛과 냄새가 나기 때문에 우리는 그런 걸 먹으려 하지 않는다. 왜냐하면 우리가 곰팡이와 세균이 만든 독소에 대해 메스껍게 반응하기 때문이다. 우리는 독성 물질을 뱉거나 토하거나 설사를 함으로써 즉시 방출시킨다. 우리는 무엇이든지 구역질이나 설사를 일으키게 하는 것은 피해야 한다는 걸 곧바로 배운다.

삼켜진 독소의 상당수는 위산과 소화 효소에 의해 변성된다. 위장의 안쪽 면은 섭취된 독소와 위산으로부터 위를 보호해 주는 점액층으로 덮여 있다. 일부 세포들이 오염된다고 해도, 위와 장의 세포들은 피부세포처럼 정기적으로 떨어져 나가기 때문에 오염의 효과는 잠시일 뿐이다. 만약 독소들이 위나 장으로 흡수된다 해도, 가장 중요한 해독 기관인 간으로 직접 연결된 간문맥이 그것들을 받아들인다. 간에서는 효소들이 몇몇 독성 분자들을 해롭지 않게 만들고 다른 독소들을 담즙에서 분비된 분자들과 결합시켜 장으로 돌려보낸다. 낮은 농도의 독성 분자들은 간세포 표면의 수용체에 의해 즉시 흡수된 다음 간의 해독 효소들에 의해 신속하게 처리된다.

예를 들어, 사이안화물에 대한 방어는 황 원자를 사이안화물에 부착시켜 티오사이아네이트 thiocyanate라는 화합물을 만드는 로다네이즈 rhodanase라는 효소에 달려 있다. 티오사이아네이트가 사이안화물보다는 독성이 훨씬 덜하지만, 그것도 요오드 iodine가 갑상선 조직 내로 정상적으로 흡수되는 것을 막는 작용을 하기는 마찬가지이기 때문에 갑상선에 부담을 주어 붓게 만든다. 이를 갑상선종(甲狀腺腫, goiter)이라고 한다. 브라시카 *Brassica* 속(브로콜리, 브뤼셀 스프라우트, 꽃양배추, 양배추)에 속하는 식물들은 알릴아이소티오사이아네이트 allylisothiocyanate 때문에 강한 맛을 낸다. 그것과 비슷한 화합물인 페닐티오카르바메이트 phenylthiocarbamate(PTC)를 맛보는 능력은 개인에 따라 차이가 대단히 심하다. 유전적 변이를 증명하는 실험의 일환으로 PTC 용액이 약간 스며든 거름종이를 맛본 학생들은 예나 지금이나 이를 잘 알고 있다. 어떤 사람들은 PTC의 맛을 느끼지 못하지만, 다른 유전자를 가진 사람들은 PTC가 쓰다고 느낀다. 그런 사람들은 갑상선종을 일으키는 천연 화합물을 피하는 이득을 누린다. 대부분의 인류 개체군에서 약 70%의 사람들이 PTC를 맛볼 수 있다. 그러나 음식물 안에 그런 화합물이 포함될 위험이 매우 높은 안데스 산맥에서는 원주민의 93%가 PTC의 쓴 맛을 느낀다.

수산염 oxalate도 흔한 식물의 방어물질 가운데 하나이다. 수산염은 대황 rhubarb 잎에 특히 높은 농도로 함유되어 있으며, 금속과 결합하는 성질이 있는데 특히 칼슘과 잘 결합한다. 신장 결석이 주로 칼슘 수산염으로 구성되어 있어서 오랫동안 의사들은 담석증 환자들에게 음식물 내의 칼슘량을 낮춰야 한다고 권해 왔다. 그러나 1992년에 출판된 45,619명을 대상으로 한 연구에서는 칼슘을 적게 섭취했던 사람들이 오히려 신장 결석을 가질 위험성이 더 크다는 것을 입증했다. 어떻게 이런 일이 있을 수 있는가? 식사에 포함된 칼슘은 장 내의 수산염과 결합하여 수산염이 흡수되지 못하게 만든다. 만약 식사 내의 칼슘 농도가 너무 낮다면, 수산염의 일부는 마음대로 신체 안에 들어갈 수 있다. 만약 두 연구자 이튼 S. B. Eaton과 넬슨 D. A. Nelson이 주장한 대로, 현대인의 식단에 포함된 평균 칼슘량이 석기 시대 절반에도 못 미친다면, 현재 우리들이 신장 결석에 잘 걸리는 원인은 우리를 유난히 수산염에 취약하게 만든 현대 환경의 비정상적인 측면에서 찾아야 할지도 모른다.

다른 종류의 독소들도 수십 가지나 있으며, 그들 각각이 자기 나름대로 신체의 기능을 해치는 방법을 갖고 있다. 여우손장갑 foxglove과 박주가리과에 속하는 식물들은 배당체(配糖體, glycoside), 즉 디지탈리스 digitalis를 만든다. 디지탈리스는 심장 리듬을 정상적으로 유지시키는 데 필요한 전기 자극의 전도를 방해한다. 렉틴 lectin은 혈구 세포를 응집시켜 모세혈관을 막는다. 많은 식물들이 신경계를 해치는 물질을 만든다. 예를 들면 양귀비의 아편양제제(阿片樣製劑, opioid), 커피 열매의 카페인, 코카잎의 코케인 등이 그것들이다. 그처럼 의학적으로 유용한 물질들이 정말로 독소란 말인가? 커피 열매 몇 알에 들어 있는 카페인 분량은 기운을 돋우는 활력소가 될 수 있지만, 똑같은 양을 생쥐에게 투여했을 때 나타날 효과를 상상해 보라! 감자는 다이아제팜 diazepam(발륨 Valium)을 포함한다. 그러나 사람의 긴장을 완화시키기에는 너무 소량이다. 다른 식물들도 암, 유전자 손상, 햇빛 민감성, 간 손상 등 온갖 증상을 일으키는 독소들을 지니고 있다. 식물과 초식동물 간의 군비 경쟁은 엄청나게 강력하고 다양한 무기와 방어물을 창출해 냈다.

우리의 신체에 독성 분자들이 지나치게 많이 들어와 간 속의 모든 처리 장소가 포화 상태에 이르면 어떤 일이 벌어질까? 슈퍼마켓에 길게 늘어서 있는 손님들의 행렬과는 달리, 이 분자들은 자기들이 파괴될 차례를 멍청히 기다리지 않는다. 지나치게 많이 투입된 독소는 신체 구석구석을 순환하면서 할 수 있는 한 어느 곳에나 손상을 입힌다. 우리의 몸은 필요한 만큼 곧바로 해독 효소를 더 만들지 못하지만, 많은 독소들은 우리 몸으로 하여금 다음 번 침략에 대비하여 더 많은 효소를 생산하도록 자극한다. 약물을 투여해서 이러한 효소들을 유도했을 때, 이는 다른 약물 투여를 방해하여 복용량 조정이 불가피할지도 모른다. 티모시 존스는 그의 저서에서 우리의 신체가 매일 수많은 독소들에 과도하게 노출되어 있기 때문에, 정작 독소가 하나뿐일 때는 효소계가 정상적인 독소 부담량도 처리할 준비가 안 되어 있다는 흥미로운 가능성에 주목하고 있다. 우리의 신체는 햇빛에 노출되는 것과 마찬가지로, 독소에 대해서도 만성적 위협에는 적응되어 있지만 돌발적 위협에는 적응적이지 못하다.

풀이나 새싹을 뜯어먹는 가축들은 한 종류의 해독 기구에 과도한 부담을 주지 않기 위해 특정한 식물들의 소비를 스스로 제한한다. 이렇게 다양하게 음식을 섭취하는 것은 비타민과 그 외 미량 영양소를 충분히 공급하는 데에도 도움을 준다. 자연환경 속에서 우리 마음대로 먹도록 내버려둔다면, 우리도 똑같이 행동할 것이다. 당신이 가장 좋아하는 야채가 브로콜리이고, 다른 건 하나도 없이 그것만 무제한으로 제공받는다고 하자. 아무리 브로콜리를 좋아한다고 해도 브로콜리와 오이가 함께 주어졌을 때보다 브로콜리를 적게 섭취한다. 체중 감소를 위한 식이요법 가운데 상당수가 단 몇 종류의 음식만 제공되었을 때 여러 음식들이 다채롭게 갖추어진 셀프 서비스 식당에서보다 적게 먹는다는 원리에 근거를 두고 있다. 우리는 특별히 포진해 있는 해독 효소들과 더불어, 본능적으로 다양한 음식물들을 섭취함으로써 독소들이 일으키는 피해를 최소화한다. 해독 효소들이 염소나 사슴의 효소들만큼 막강하거나 다양한 건 아니지만, 개나 고양이의 효소들보다는 강력하다. 만일 우리가 사슴이 먹는 잎과 도토리를 먹는다면 심한 중독 증상을 보일 것이다. 우리가 건강에 좋은 샐러드라고 판단한 음식을 개나 고양이가 먹는다면 즉시 앓아 눕게 되는 것과 마찬가지다.

또한 우리는 유독한 물질을 어떻게 피하는지를 배움으로써, 다른 어떤 종들보다도 잘 우리 자신을 보호할 수 있다. 오직 우리만이 정원과 숲의 위험한 식물들을 보고 알아차릴 수 있다. 우리가 일상적으로 먹는 음식물은 사회적 학습에 의해 가장 잘 다듬어진 종들이다. 우리 어머니들이 우리에게 먹이는 음식은 일반적으로 안전하고 영양분이 풍부하다고 알려진 것들이다. 우리 친구들이 먹은 후 아무 별다른 해가 없는 것은 적어도 한번쯤 먹어볼 만하다. 친구들이 먹기를 꺼려하는 것은 조심스럽게 접근하는 것이 상책이다.

크게 보아 일관성이 없어보이는 단순한 문화적 관습에 따르는 우리의 선천적 성향에는 심오한 지혜가 깃들어 있다. 많은 사회적 관례들이 옥수수를 먹기 전에 알칼리로 처리할 것을 요구한다. 선사 시대 올멕Olmec 문명의 십대들이 왜 어른들은 그처럼 귀찮은 것을 힘들여

하느냐며 그들을 비웃는 광경을 머릿속에 그려보라. 전혀 가공하지 않은 날옥수수만 먹은 십대는 펠라그라 pellagra의 특징인 피부 및 신경 이상을 겪게 될 것이다. 십대도 어른들도 옥수수를 알칼리에 삶으면 아미노산 구성비가 균형 있게 맞춰지고 나이아신 niacin 비타민이 방출된다는 것을 몰랐을 것이다. 그러나 과학적 이해는 없었더라도 문화적 관습이 필요한 일을 해냈다.

이번에는 도토리를 주식으로 삼았던 선사 시대의 캘리포니아 원주민들을 생각해 보자. 도토리에 다량으로 들어 있는 탄닌은 수렴성이라 단백질과 단단하게 결합한다. 이 성질 때문에 탄닌은 가죽을 무두질하는 약품으로 매우 유용하게 쓰인다. 앞서 지적했듯이, 탄닌은 나무에서 만들어지며 매우 유독하다. 도토리를 보호하기 위해 진화한 탄닌이 큰 동물을 물리치기 위해서인지 또는 곤충과 균류를 물리치기 위해서인지는 확실치 않지만 탄닌이 먹이에 8% 이상만 포함되면 쥐에게 치명적이다. 도토리 안의 탄닌 농도는 높으면 9%에 이른다. 우리가 도토리를 날 것으로 먹을 수 없는 것은 바로 이 때문이다. 캘리포니아의 포모 Pomo 인디언들은 가공하지 않은 도토리를 어떤 종류의 붉은 진흙과 섞어서 만든 빵을 먹었다. 탄닌에 충분히 결합한 진흙이 빵을 먹기 좋게 만들어준 것이다. 다른 인류 개체군에서도 도토리를 삶아서 탄닌을 짜냈다. 우리의 효소계는 농도가 낮은 탄닌은 문제없이 처리할 수 있으며, 우리 가운데 여러 사람들이 차와 붉은 포도주에 들어 있는 그 맛을 즐긴다. 소량의 탄닌은 트립신 소화 효소의 생산을 자극하여 우리에게 도움을 주기까지 한다.

불을 사용할 줄 알게 되면서 인간이 먹는 음식의 범위가 확대되었다. 열은 잠재적인 식물 독소의 상당수를 무력화시키기 때문에, 요리는 우리가 그냥 먹으면 해를 입게 될 음식물을 마음놓고 먹을 수 있게 해주는 과정이다. 아룸 arum 속의 잎과 뿌리에 들어 있는 사이안발생성 배당체 cyanogenetic glycoside는 열에 의해 파괴되므로, 옛날 유럽인들은 아룸을 요리해서 먹게 되었다. 그러나 불행하게도 어떤 독소들은 고온에서도 안정성을 유지한다. 요리 과정이 새로운 독소들을 생성시키기도 한다. 감칠맛 나는 통닭구이의 까맣게 탄 부분은 유독성 나이트로사민 nitrosamine을 많이 포함하기 때문에, 수년 동안 몇몇 권위자들은 위암을 예방하기 위해 탄 고기를 먹는 습관을 금지해야 한다고 권고해 왔다. 하지만 숯에 들어 있는 독소에 대항하여 특수한 방어를 발달시키기에 충분할 만큼 오랫동안 우리가 고기를 요리해 오지 않았던가? 요리는 아마도 수십만 년 전에 불에다 통구이를 하는 것으로 시작되었을 것이다. 우리와 가장 가까운 영장류 친척들보다 우리가 열에 의해 발생한 독소에 대해 저항성이 더 강한지 조사해 본다면 무척 흥미로울 것이다.

농업을 시작한 이래 우리는 식물들이 진화시킨 방어를 극복하기 위하여 그들을 선택적으로 교배시켜 왔다. 장과(漿果, berry) 덤불은 독소의 농도가 낮은 과일을 맺고 가시가 적게 나도록 교배되었다. 존스의 책에 서술되어 있듯이, 감자를 재배하기까지의 역사는 특히 교훈적이다. 대부분의 야생종 감자는 매우 유독하다. 익히 짐작하겠지만, 만일 그들이 독을 갖고 있지 않다면 그들은 자양분이 농축된 무방비 상태의 보고일 것이다. 감자는 그 악명 높은 벨라도나 belladonna와 함께 가지과에 속하며 솔라니딘 solanidine과 토마티딘 tomatidine 같이 매우 유독한 화학물질을 해로울 정도로 많이 함유하고 있다. 감자 속의 단백질 가운데 15% 가량은 단백질을 소화하는 효소들을 차단하기 위해 설계되어 있다. 그래서 야생종 중 그저 몇 종에서만 제한된 양을 먹을 수 있고, 냉장, 독소 추출, 요리 등을 하면 그 식용 가능성이 증가한다. 오늘날 우리는 주로 안데스 산맥의 토착 농민들이 수백 년 동안 행한 선택적 교배 덕분에 식용 감자를 마음껏 즐기고 있다.

살충제에 대한 걱정 때문에 근래 들어 자연적으로 곤충에 대한 저항성을 가진 식물들을 교배하는 작업을 활발히 추진하고 있다. 물론 이 경우의 방어는 자연 독소의 강도를 증가시킴에 따라 얻을 수 있다. 질병에 대해 강한 저항성을 가지므로 살충제에 의한 방어가 불필요한 신품종 감자가 최근에 개발되었다. 그러나 그 감자를 먹으면 탈이 난다는 사실이 밝혀져 시장에서 전량 회수되었다. 아니나 다를까, 그 증상은 안데스 농부들이 수백 년 간의 교배를 통해 축출하려고 했던 바로 그 자연 독소에 의해 유발되었던 것이다. 진화적 시각으로 보면 질병에 대한 저항성을 가지는 신품종 식물은 인공 살충제처럼 조심스럽게 취급되어야 한다는 것을 시사해 준다.

새로운 독소

우리의 자연 환경 내에 독소가 만연하는 현상, 그리고 그에 대한 우리의 진화적 적응을 강조하는 이유 중의 하나는 새로운 독소의 의학적 중요성에 대한 전망을 제시하기 위함이다. DDT 같은 인공 살충제가 자연 독소보다 본질적으로 더 해로워서가 아니라, 새로운 독소들 가운데 일부는 우리가 극복하려고 적응해 온 독소들과 화학적으로 매우 다르기 때문에 문젯거리가 된다. 우리는 폴리염화바이페닐 polychlorinated biphenyl(PCB)이나 유기 수은 복합체를 처리하도록 설계된 효소 기구를 가지고 있지 않다. 우리의 간은 많은 식물 독소들에 대해 충분한 대비책을 갖추고 있지만, 몇몇 새로운 물질들은 어떻게 처리해야 할지 모르고 있다. 더구나 우리는 몇몇 새로운 독소들을 피하는 선천적 성향을 갖고 있지 않다. 진화는 우리에게 흔한 자연 독소들에 대해서만 그들의 냄새를 맡고 맛을 식별하는 능력과 그런 냄새와 맛을 회피하는 성향을 갖춰주었을 뿐이다. 심리학에서 쓰는 전문 용어를 빌리자면, 자연 독소는 혐오성 자극이 되기 쉽다. 그러나 DDT처럼 냄새도 맛도 없는 많은 인공 독소들로부터 우리를 지켜줄 기구는 없다. 이 말은 돌연변이를 유발하거나 암을 유발할 위험이 있는 방사성 동위원소에 대해서도 똑같이 해당된다. 방사성 수소나 탄소에 의해 합성된 당은 안정적인 정상 동위원소에 의해 만들어진 것과 다름없이 단맛이 나지만,

우리는 그 위험을 탐지할 방법이 없다.

새로운 환경 요인들에 의한 효과가 과연 무엇일지 가늠하는 일이 항상 쉬운 것은 아니다. 예를 들어보자. 충치를 치료할 때 사용하는 수은의 잠재적 위험에 대한 논쟁은 어느새 한물 가버렸지만, 최근에 조지아 대학의 앤 서머즈Anne Summers와 동료들은 수은 충전이 흔히 쓰이는 항생물질에 대한 저항성을 갖는 장세균의 수를 늘린다는 것을 발견했다. 수은이 세균 유전자 가운데 수은에 맞서서 세균을 지켜주는 유전자들이 선택되도록 하는 요인으로 작용했고, 그러한 유전자의 일부가 항생물질에도 저항성을 띠게 하는 유전자였기 때문이다. 이 발견의 임상적 의미는 확실히 단정지을 수 없지만, 새로운 독소가 우리의 건강에 예기치 못한 방식으로 영향을 끼칠 수 있음을 잘 보여주고 있다.

현대의 화학적 환경에서 어떤 물질은 해롭고 어떤 물질은 해롭지 않다는 것을 알기 위해 자연 반응에만 의존할 수는 없기 때문에, 우리는 종종 공공기관이 그 위험을 인식하고 그로부터 우리를 보호해 줄 모종의 조치를 취해 주기를 기대한다. 그러나 그런 기관에 비현실적인 기대는 걸지 않아야 한다. 쥐에 대한 검사는 인간에 대한 모델로는 그저 한정된 신뢰성만 지닐 뿐이며, 환경 위험에 대한 공적 조치를 무산시킬 수 있는 많은 정치적 난관들이 존재한다. 과학에 대해서는 까막눈인 의회가 암을 유발할 가능성이 있는 모든 화학물질이 음식물에 포함되는 것을 금하는 법안을 통과시킬 수도 있다. 하지만 그런 화학물질 가운데 상당수는 자연적으로 이미 많은 음식물 속에 포함되어 있는 것이다. 거꾸로, 정치적 압력이 니코틴에서 다이옥신에 이르는 잘 알려진 독소들을 제대로 통제할 수 없게 만들기도 한다. 독소가 없는 음식물은 이 세상에 없다. 모든 우리 선조들의 음식들은 오늘날의 그것들과 마찬가지로 이득과 손실 사이에서 절충된 것이었다. 이는 의학에 대한 진화적 시각에서 우러나오는 그리 달갑지 않은 결론 중의 하나이다.

돌연변이인자와 기형발생인자

돌연변이인자 mutagen는 돌연변이를 유발하는 화학물질이다. 암을 일으키거나 유전자에 손상을 입힘으로써 여러 세대에 걸쳐 건강상의 문제를 야기시킨다. 기형발생인자 teratogen는 정상적인 조직 발생 과정에 간섭하여 출생시 결손을 유발하는 화학물질이다. 돌연변이인자와 기형발생인자는 서로 명확하게 구별되지 않으며 단기적 효과를 일으키는 독소와도 잘 구별되지 않는다. 포름알데히드 formaldehyde, 나이트로사민 계통의 돌연변이인자와 이온화 방사 ionizing radiation는 둘 다 즉각적 고통을 일으킬 수도 있고 몇 년 후에야 출생 결손이나 암을 일으킬 수도 있다.

어떤 독소가 모든 사람들에게 해를 끼치는가를 알아내는 것이 중요하지만, 이 사람에게는 양식이 되는 것이 다른 사람에게는 독이 될 수도 있듯이 여러 가지 물질들에 대한 민감성은 나름대로 차이가 있다. 알러지를 다루는 장에서 개인적 변이성의 특별한 측면들을 논의하게 될 것이다. 취약성은 연령과 성별에 따라 다르다. 독성을 제거하는 능력이 성인일 때와 아주 어릴 때, 특히 배아와 태아 발생 시기 둘 다에서 동일하다는 것은 믿기 힘든 이야기다. 많은 실험적 연구에서 얻은 자료들을 거론하지 않더라도, 활발히 신진대사를 하는 조직은 휴면 상태의 조직보다, 또 빠르게 분열하는 세포는 분열이 정지된 세포보다, 그리고 특수화된 유형으로 새로이 분화하는 세포는 같은 세포를 그냥 번식시키는 세포보다 독소에 의해 더 상처받기 쉽다는 사실을 입증하는 이론적 근거는 많이 있다.

이러한 점들을 종합해 볼 때 배아와 태아의 조직은 성인의 조직보다 더 낮은 농도의 독소에 의해서도 손상받기 쉽다는 것을 알 수 있다. 우리는 그림 6.1이 인간의 출생 전 발생 시기 동안 변모하는 취약성을 아주 그럴듯하게 나타내 준다고 생각한다. 취약성은 휴면 상태에 있는 난소 내의 난자 수준으로부터 급격히 상승하여 기관 형성과 조

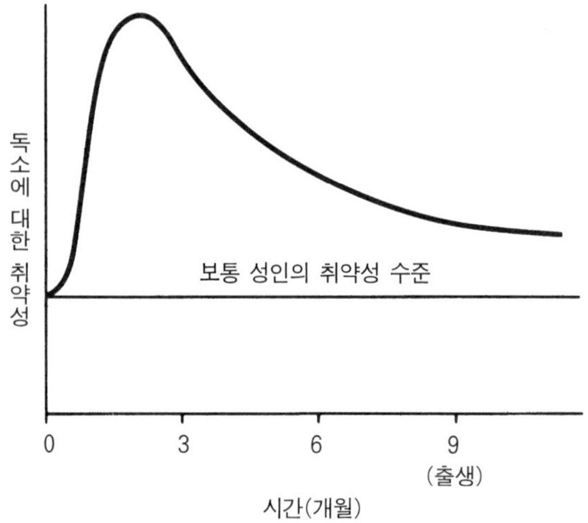

그림 6.1 출생 이전의 각 시간대별 독소에 대한 취약성

직 분화가 이루어지는 시기에서 정점에 다다른다. 그러고 나서 천천히 떨어지기 시작하여 성인 수준의 내성에 가까워진다.

잠시 후 이 도표를 다시 언급하게 되겠지만, 우선 전통 의학이 풀지 못한 잘 알려진 미스터리를 함께 살펴보자. 입덧은 최초로 임신을 알려주는 믿을 만한 징후다. 특히 이전의 경험으로부터 그것이 입덧이라는 걸 알아채는 여성들에게는 더욱 그러하다. 헛구역질과 이에 연관된 기면(嗜眠, lethargy) 상태 및 음식물 혐오는 아주 흔하기 때문에 임신의 정상적인 일부로까지 간주될 정도이다. 비록 이들이 그 강도에 있어서는 대단히 변이가 크지만 말이다. 어떤 여성에게는 장기간에 걸친 고통의 나날이 되지만, 다른 여성들에게는 별 문제도 되지 않는다. 심지어 우리는 마치 임신이 질병의 일종인 양 임신의 증상 가운데 하나라고 여기기까지 한다. 현재의 임상적 접근은 다음과 같다. 임신 입덧은 여성을 고통스럽게 만든다. 따라서 그 증상을 경감시키고 여성들의 기분을 한결 나아지게 할 방도를 찾아보자. 그러나 불행하게도 기분을 유쾌하게 해준다는 것이 항상 그들의 건강을 향상시키거나 다른 장기적인 이익을 보장해 주는 건 아니다. 1장과 2장에서 지적했듯이, 자연선택은 사람들을 행복하게 만들어야 할 책무 따위는 지지 않는다. 그리고 우리의 장기적 이익은 종종 혐오스런 경험을 통해 얻을 수 있다. 어떤 증상의 발현을 차단하기 전에, 우리는 먼저 그 증상의 기원과 그것이 가질 만한 기능을 이해하려고 노력해야 한다.

다행스럽게도 적응주의 프로그램을 완전히 숙지하고 있는 한 생물학자가 최근 입덧의 미스터리에 대해 의문을 품고 그에 대한 설명을 제시했다. 시애틀의 인문학자이자 생물학자인 마지 프라핏은 임신 입덧이라고 알려진 자연스럽고 흔한 상태가 병리학적 현상이 아니라고 주장한다. 위에서 본 그래프상의 독소에 대한 취약성 정도가 얼마나 정확히 입덧의 기간과 일치하는가에 주목하기 바란다. 프라핏이 말한 바와 같이 이러한 일치야말로 결정적인 증거이다. 프라핏은 임신이 진행되면서 나타나는 구역질과 음식혐오증은 산모에게 음식 섭취를 제한하도록 하여 태아가 독소에 노출되는 것을 막도록 진화했다고 말한다. 임신 초기에는 태아가 산모에게 영양적으로 그다지 큰 부담이 되지 않는다. 건강하고 영양 상태가 좋은 산모라면 좀 덜 먹고도 버틸 수 있다. 산모가 먹으려고 하는 것은 부드럽고 독성 성분을 나타내는 강한 향이나 맛이 나지 않는 것들이다. 산모는 향내나는 채소의 독소뿐 아니라 균류가 만드는 독소까지도 거부한다. 남편에게는 좋게 느껴지는 양고기의 향내가 그의 임신한 아내에게는 역겹고 고개를 돌리게 하는 냄새가 되기도 한다.

프라핏은 자신의 이론을 증명하기 위해 다양한 증거들을 수집했다. 구토를 일으키게 하는 향이나 맛 또는 독소의 농도 간의 연관관계 같은 것을 예로 들 수 있다. 또한 입덧이 없던 산모는 유산이나 신생아 질병을 가진 아기를 낳기 쉽다는 관찰도 있다. 진화론적이자 또 의학적인 질문에 대하여 더욱 더 많은 증거들이 모아져야 한다. 예를 들어 이런 현상들이 인간에게만 독특하게 나타나리라고 생각하는 것은 억지다. 이런 현상이 다른 포유류, 특히 초식동물들에서도 일반적으로 발견되는가? 새끼를 밴 토끼가 전에 새끼를 낳은 경험이 있거나 아직 새끼를 밴 적이 없는 토끼들에 비해 더 조심스럽게 먹을 풀을 고르는가? 야생 동물들에 대한 관찰이 이런 진화적 문제에 대한 답을 얻는 데 최선의 방법일 것이다. 의학적으로 더욱 의미있는 연구는 실험실 동물을 가지고 수행할 수 있다. 검증되어야 할 핵심적 가정은 정상적인 성인에게는 사소한 영향을 주는 어떤 독소가 발생 중에 있는 태아에는 치명적인 위협이 되는가 하는 점이다. 또한 일상적인 환경 독소들이 태아에게는 치명적인가도 알아야 하며 독소 제거 효소의 개인간 차이 및 임신 중의 식생활과 신생아의 선천성 결손증 발병 빈도 간의 연관관계도 알아야 한다.

이 이론의 실제적 응용은 구토 방지 약물인 벤덱틴Bendectin의 역사를 통해 알 수 있다. 임산부는 종종 의사들에게 자신의 구역질에 대해 뭔가 해주기를 요구한다. 그러나 의사들은 임신 기간 중의 약물 복용이 가져올 위험을 알고 있기 때문에 항상 조심스러우면서도 벤덱틴은 안전하다고 믿고 널리 처방했다. 탈리도마이드 thalidomide의 비극이 있고 나서야 벤덱틴이 가지고 있는 위험성에 대한 연구가 수행되었고 상반되는 증거들이 대법원 판결의 숙제로 남게 되었다. 불행하게도 아직 어떤 연구도 입덧이 갖는 기능에 대해 고려해 보지 않았다. 아마도 입덧을 억제하는 어떤 물질이 결국 위험한 음식물을 선택하도록 함으로써 간접적으로 신생아의 선천성 결손증을 유발하는 것으로 생각된다.

프라핏의 이론이 맞는다면 임산부는 치료용이든 기분 전환용이든 간에 약물은 절대적으로 삼가야 한다. 태아 알코올중독 증후군 fetal alcohol syndrome은 현재 가장 큰 문젯거리이며 매 년 수천 명의 어린이가 희생되고 있다. 담배도 문제를 일으키며 커피, 향신료, 강한 맛을 내는 음식 등을 피해야 한다. 물론 가능하다면 약물 치료도 피하는 것이 현명한 일일 것이다. 약물 치료가 선천성 결손증을 유발하는 지는 연구를 통해 밝혀지겠지만 다른 것들도 미묘한 영향을 끼치고 있기 때문에 나중에 후회하느니 아예 삼가는 것이 좋다.

독소를 피하는 일말고 임산부가 입덧에 대해 해야할 일이 무엇일까? 쉽고 확실한 대답은 〈그것을 받아들여라. 당신이 음식에 대해 반응하는 것은 결국 당신의 아기에게 좋은 일이다. 당신이 꺼려하는 것들을 남들이 거리낌없이 먹는다고 해서 그 유혹에 굴복하지 말라. 당신의 아기에게 오랫동안 질병을 안겨주는 것보다는 파티에 당신을 초대한 사람을 욕하는 것이 더 나은 일이다.〉 하지만 막상 당신 자신이 겪는 고통은 어떻게 할 것인가? 두 남성 저자들이 〈구역질을 받아들이세요. 그래야만 건강한 가족을 가지려는 당신의 오랜 꿈이 이루어질 테니까요〉라고 말하기는 쉬운 일이다. 그러나 이것이 만족스러운 이야기가 못된다는 것을 우리는 알고 있다. 불쾌한 증상을 받아들이는 것은 그나마 부수적인 효과일 경우에 가능하다. 언젠가는 산부인과에서 임산부들에게 피해야 할 음식 목록을 알려줄 수 있기를 바란다. 이런 지식으로 무장하고 나면 여성들은 효과적이면서도 안전한 구역질 억제 약물을 안심하고 복용할 수 있을 것이다.

많은 문화권의 사람들, 특히 임산부들이 어떤 특별한 종류의 흙을 먹는 경우가 있다. 이런 흙이 광물질의 공급원이 되기도 하지만 장 내의 통증을 완화시켜 주기 때문에 현재 사용되는 설사 억제제의 성분으로 쓰이기도 한다. 앞에서 도토리 얘기를 할 때 말한 것처럼 어떤 종류의 흙은 독소를 포함하고 있는 수용성 유기 분자와 강하게 결합한다. 다시 말해 그것들은 위험 유발 요소들을 제거함으로써 가장 좋은 방법으로 통증을 완화시키는 것이다. 하지만 불행히도 흙에 특허를 주는 일은 불가능하다. 우리의 약물 시장 체계는 어떤 회사가 그런 흙과 같은 물질 검사에 수백만 달러씩 투자하도록 하거나 배타적 특허권을 행사할 수 없는 것을 시장에 내놓을 수 없도록 되어 있다. 단속기관이 우리를 보호하기도 하지만 속박하기도 한다.

태아가 자라나 야채를 싫어하는 어린이가 된다. 특히 어린이들은 양파나 브로콜리같이 강한 향이 나는 야채를 싫어하는데 바로 이것들이 높은 농도의 식물성 독소를 포함하고 있는 것들이다. 이 같은 혐오감의 발달 과정이 그러한 설명을 뒷받침하는 증거를 제시한다. 아주 까다로운 어린이라 해도 십대가 되거나 졸업을 할 때쯤 되면 새로운 음식을 접할 기회를 갖기 시작한다. 이런 민감성에 대한 진화적 설명은 석기 시대의 어린이들에게도 가장 독성이 많은 식물들을 피하는 것이 이익이었을 것이었음을 의미한다. 현대의 어린이와 성인은 모두 독성이 낮은 현대의 채소를 먹음으로써 이익을 얻지만, 왜 어린이들이 여전히 채소를 먹기 싫어하는가에 대한 좋은 진화적 설명이 된다.

7 유전자와 질병 : 결손, 급변, 타협

많은 학생들이 월요일 아침 여덟 시인데도 불구하고 의과 대학 강의실을 꽉 메웠다. 강의 주제는 근시. 실내가 어두워지자 투영기(OHP)에서 나오는 강한 불빛이 학생들의 절반 정도가 끼고 있던 안경알에 반사되어 반짝거렸다. 「그래서 이렇게 많이 모였구먼」하고 교수는 통명스럽게 말했다.

「사실은 명백합니다」라며 한 시간이 흐른 후 교수는 다음과 같이 요약하여 말했다. 「근시는 눈이 지나치게 자라기 때문에 생기는 병입니다. 수정체에서 망막에 이르는 거리가 너무 길어지면 초점은 망막보다 더 앞쪽에 맺히게 되고 그 결과 상이 흐려집니다. 콘택트 렌즈나 안경과 같은 굴절 렌즈를 사용하면 상을 좀더 망막에 가깝게 맺히도록 할 수 있습니다」

몇몇 학생이 질문을 하기 위해 손을 들었다. 그 중 한 학생이 물었다. 「그러면 교수님 왜 눈이 지나치게 길어지는 겁니까?」

「유전자 때문입니다」 교수가 대답했다. 「아주 간단한 이유입니다. 우리들 중 누군가는 단지 운이 없어서 좋지 않은 유전자를 갖고 태어납니다. 여러분의 쌍둥이 형제가 만일 근시라면 여러분도 거의 확실히 근시일 겁니다. 형제가 근시인 경우 가능성이 높아지지만 그렇게 높지는 않을 겁니다. 모든 점을 고려할 때 근시는 거의 80% 이상의 유전 확률을 가진 유전적 질병으로 생각됩니다」

「하지만 안경이 미처 발명되기 전에 어떻게 그런 유전자들이 살아남을 수 있었습니까?」 다른 학생이 질문했다. 「저는 안경 없이는 아프리카의 초원에서 단 하루도 살 수 없을 것 같은데요」 강의실의 학생들이 거북스럽게 웃었다.

「음, 그 유전자들은 아마 최근에 일어난 돌연변이일 가능성이 높습니다」 교수가 말했다. 「아니면 석기 시대 사람들 중 근시인 사람들은 마을에서 바느질을 하거나 그물 짜는 일을 했을지도 모르지요. 어쨌거나 근시가 유전적 장애라는 것은 명백합니다」

「하지만 어떻게 그럴 수 있었습니까?」 그 학생은 계속 주장을 굽히지 않았다. 「거기에 대한 자연선택의 힘은 엄청났을 것입니다. 만일 그런 심각한 결함이 유지될 수 있다면 왜 우리의 신체가 결함투성이가 아닙니까?」

「사실 우리의 몸은 그다지 잘 작동하고 있는 것은 아닙니다」 교수는 단적으로 말했다. 「여러분들이 지금까지 배운 것처럼 우리는 유전적 결함의 다발입니다. 신체는 깨지기 쉬운 임시변통 장치와 같습니다. 우리가 의사로서 할 일은 그렇게 자연이 간과한 부분을 수정하는 것입니다」

학생들은 잠시 웅성거렸으나 더 이상 반대 의견을 내는 사람은 없었다.

유전자가 하는 일

인체는 23쌍의 염색체로 꼬인 DNA 분자 속에 들어 있는 정보들로 만들어진다. 우리는 어떻게 DNA가 신체를 구성하는 정보를 저장하고 이용하는가에 대한 상상을 초월하는 놀라운 세부 사항에 대해 연구해 왔다. 각각의 DNA 분자는 디옥시리보오스 deoxyribose라고 불리는 당과 인 phosphate으로 결합된 단위들이 차례로 쌓여 있는 사다리 모양을 하고 있다. 정보는 A, C, G, T라는 네 가지 분자로 되어 있고 그들은 사다리의 가로대를 구성하고 있다. 유전 암호에 있는 정보의 양을 가늠하는 것은 상당히 어려운 일이다. 한 개의 세포에 들어 있는 DNA는 작은 도서관 하나를 가득 채울 만한 A, C, G, T의 각 문자로 구성된 약 120억 개의 정보들을 포함하고 있다. 만일 인간의 세포 하나에 있는 DNA가 꼬이지 않고 분자들로 풀려 있다면 약 2미터에 달한다. 이것을 인체에 있는 약 100조 개의 세포수로 곱하면 그 길이는 지구에서 명왕성까지 닿을 정도인 200억 킬로미터가 될 것이다.

인간의 DNA 중 거의 95% 이상은 단백질로 발현되지 않는다. 나머지는 약 10만 개의 기능적 단위인 유전자들이다. 각 유전 암호들은 하나의 단백질만을 발현시킬 수 있다. A, C, G, T의 연결 사슬인 DNA가 어떻게 단백질로 발현되는가 하는 문제는 전기의 발견보다도 인류의 생활에 더 큰 변화를 가져다줄 이른바 분자생물학 영역이다. 이러한 변화들이 내포하는 윤리적, 정치적 문제에 주의를 기울여야 한다는 것은 아직 대중들에게 널리 알려지지 않았다. 하지만 곧 그렇게 될 것이다. 이미 우리는 DNA를 복제하여 얻은 약품을 이용하고 있다. 박테리아의 유전자를 가진 식용 식물이 이미 재배되고 있다. 또한 선구적인 실험을 통해 인간 세포에 전위된 유전자를 삽입하여 불치병을 치료하고 있다. 또 보험 회사들이 이상적인 혈액 검사의 일환으로 DNA의 일부를 분석하여 보험 가입자가 어떤 질병에 대해 얼마만큼의 감염 위험이 있는가를 알게 될 가능성도 있다. 산모가 비정상적인 태아를 중절할 수 있도록 임신 초기에 어떤 유전적 장애를 가려내는 것은 이미 일상적인 일이 되었다.

1995년 초등학생이었던 매리가 2010년에 자신이 임신했다는 것을 알게 되었다고 하자. 「임신입니다. 모든 것이 정상입니다, 매리. 축하합니다. 간호사가 곧 절차를 설명해 주겠지만 우선 당신이 표준 유전병 검사를 받기 원하는지 알아야겠습니다. 받으실 거죠?」

「네, 그런데 뭘 하면 되죠?」

「요즘은 거의 위험한 게 없습니다. 하지만 의료 공제를 받지 못하면 꽤 비쌉니다」

「나는 의료 공제 대상자예요, 그런데 그 검사는 무엇에 대한 것이지요?」

「기본 검사는 마흔 가지의 심각한 유전병에 대해 확인을 하고 근시, 집중력 결핍 장애, 알코올 중독이 될 가능성 등에 대해서도 부가적으로 검사를 해드립니다. 대부분의 사람들은 이 검사가 필요하다고 생각합니다」

「하지만 문제가 발견되면 어떡하나요?」

「예, 음……. 그럴 경우에 저희들은 무엇이 잘못되었는지를 알려드립니다. 설사 알코올 중독이나 그와 비슷한 병에 걸릴 가능성이 높다고 해서 임신 중절을 하리라고는 생각지 않지만 그래도 미리 알아두는 것이 좋을 것입니다. 어쨌든 문제가 생기기 전인 지금 알아두는 것이 낫지 않겠어요?」

「좋아요, 그럴 것 같군요, 그런데 만약 내 아기가 근시가 될 거라면 그때는 제가 어떻게 해야 하나요?」

「글쎄요」

위에 말한 상상의 검사들이 실현되는 것도 몇 년 남지 않았다. 이미 우리는 많은 유전자의 염색체상 위치를 알고 있고 몇 개의 암호 순서도 알고 있다. 현재 논란이 되고 있는 인간 유전자 프로젝트Human Genome Project의 목표는 100만 개에 달하는 A, C, G, T의 순서와 유전자의 완전한 암호를 해독해 내는 것이다. 우리가 그 암호를 밝혀낸다면 이 표준 유전자와 비교하여 어떤 개인의 유전자에서 비정상적인 유전자를 찾아낼 수 있다.

하지만 우리가 표준 유전자라고 말하는 인간 유전자의 〈정상적〉 조성은 무엇을 의미하는가? 물론 우리 유전자가 전부 다 똑같을 수는 없다. 인간의 유전자 중 7% 정도가 개인차를 보인다. 대개의 단백질은 변이가 2% 정도로 작지만 혈액 단백질이나 효소의 경우는 유전자의 28% 정도가 변이를 가지고 있다. 종종 유전자의 서로 다른 변이들이 같은 기능을 하기도 한다. 또, 하나의 형질은 정상이고 다른 대립 형질은 결함을 나타내기도 한다. 대부분의 경우 결함을 나타내는 형질은 열성인데, 대개 이 열성 형질이 정상 형질과 짝을 이룰 경우 눈에 띌 만한 효과를 나타내지 못한다. 만일 결함이 있는 유전자가 우성인 경우에는 이 유전자가 하나만 있더라도 질병을 일으킨다.

진화학자들은 도대체 왜 유전병이 존재하는지를 설명해야 한다. 앞서 근시에 대해 강의한 교수는 옳았는가? 우리의 신체는 자연선택으로 제거되지 않은 질병 유발 유전자들을 무더기로 가지고 있는 〈유전적 결함의 다발〉인가? 그렇지는 않다. 아주 드물기 때문에 자연선택으로 제거되지 않은 유전적 결함들이 있지만, 역설적이게도 그런 유전적 결함들은 질병을 유발시키면서도 선택된 유전자들에 비해 상대적으로 거의 질병을 일으키지 않는다. 앞으로 질병을 유발하는 유전자가 어떻게 자연선택되는지를 설명하겠지만, 우선 희귀한 유전적 비정상 현상과 유전자들이 어떻게 작용하는지 알아보기로 하자.

정자나 난자의 DNA에 있는 단 하나의 실수로 치명적인 유전병이 발생한다. 예를 들어 A 대신 C가 들어갔거나 T 하나가 빠졌거나 하는 정도이다. 이런 실수들은 복제시의 실수이거나 화학 약품이 끼친 장애 또는 이온화 방사에 의한 것들이다. 놀랍게도 이런 실수들은 자주 일어나지 않는다. 어떤 유전자 하나가 이런 식으로 바뀔 가능성은 세대당 100만 분의 1 정도이다. 결국 이것은 평균적으로 우리들 중 약 5%가 부모 세대에서는 발견할 수 없는 새로운 형태의 돌연변이를 가지고 태어난다는 것을 의미한다. 대개의 경우 그런 돌연변이들은 뚜렷하게 드러나는 효과를 가지지 못하며, 때로는 아주 사소한 영향을 끼치기도 하고 때로는 다소 치명적이다.

하나의 세포에서 100조 개의 세포를 가진 성인으로 성장하는 과정에는 많은 실수들이 생기게 마련이다. 이미 신체의 세포 대부분이 형성된 이후에 일어나는 실수들은 거의 영향을 끼치지 않을 것이다. 많은 돌연변이들은 원래의 단백질 못지 않게 잘 작용하는 단백질을 암호화하거나 어떤 세포 내에서는 거의 발현조차 되지 않는 단백질을 암호화한다. 만약 돌연변이가 그 세포에 치명적인 경우라 할지라도 그 세포가 하는 일을 대신 할 수 있는 다른 세포들이 엄청나게 많이 있기 때문에 결과적으로는 아무런 영향도 못 미친다. 하지만 단일 세포에 있는 돌연변이가 세포의 성장이나 분열을 조절하는 기구들의 결정적인 부분을 무력화시킨다면 아주 커다란 문제가 될 수 있다. 그런 경우 통제를 벗어난 세포 하나가 암으로 증식하여 개체 전체를 위태롭게 할 수 있다. 이 증식 기구로 인한 위험성에 대해서는 12장에서 다루기로 한다.

이따금 생기는 돌연변이에 의한 장애는 접어두더라도 어떻게 겨우 네 가지 화학물질로 이루어진 긴 사슬이 완전한 인간을 암호화할 수 있는가? 이미 어떻게 DNA가 그 자신을 재생산하는가, 어떻게 RNA를 만들어내는가, 어떻게 RNA가 단백질 분자를 만들어내는가, 어떻게 이 단백질 분자들이 미세한 사슬이나 이차원적인 평면으로 서로 결합되는가 등에 대해서는 많이 알려져 있다. 그러나 그 이상을 넘어가면 우리는 거의 아는 바가 없다. 예를 들어 우리는 몇 가지 조직 발생의 인과관계나 호르몬 조절 기구에 대해서는 비교적 자세히 알고 있다. 그러나 이런 단편적인 지식들은 동물과 식물의 발달 과정에 대한 전체적인 이해의 출발점일 뿐이다.

발생유전학 developmental genetics의 대부분은 잘 알려져 있지 않지만 유전적 전사 genetic transmission의 패턴은 잘 알려져 있다. 수태가 된다는 것은 부모로부터 온 염색체의 좌위 locus 각각에 있는 각 유전자의 복제품을 받는 것을 말한다. 한 가닥의 완벽한 유전자는 부모로부터 온 유전자 좌위 전체에 있는 유전자들을 무작위적으로 추출한 것이다. 따라서 우리는 양쪽 부모의 유전자의 복제품을 각각 받은 후 그 둘을 합쳐서 유전자형 genotype을 만든다. 생명체에 나타나는 형질은 개체 발생 과정 중 유전자형이 그 개체가 처한 환경 요소의 영향을 받아 발현된 이른바 표현형 phenotype이다. 유성 생식 sexual reproduction이란 각각의 자손에게 독특한 유전자형을 제공해 주는 부모의 유전자형들간의 무작위적인 뒤섞임이다. 특정한 좌위에 양쪽 부모에게서 온 동일한 유전자들의 복제품들이 자리를 잡으면 그 자식은 그 좌위에서 동형접합 homozygous이 되고, 각각의 부모로부터 서로 다른 것들이 와서 만나게 되면 이형접합 heterozygous이 된다.

유전자는 세대를 거치면서 그 유전자를 포함하는 많은 개체들에 평균적인 효과를 나타낸다. 그러나 특정한 개체에 나타나는 효과는 평균과 퍽 다를 수 있다. 왜냐하면 유전자들은 다른 유전자들 또는 환경과의 상호작용을 통해 표현형을 결정하기 때문이다. 따라서 유성 생식을 통해 태어난 개체들은 매우 독특하며 부모들과 많이 다르다. 수정란 하나가 두 개의 자손으로 발달하는 것(일란성 쌍둥이)은 같은 유전자형을 가진 개체들을 만들어내는 무성 생식 과정이다.

질병을 유발하는 희귀한 유전자들

수천 개에 달하는 심각한 유전병들 중 대부분은 인구 만 명당 한 명 이하가 걸리는 아주 희귀한 것들이다. 이런 질병의 대부분은 불행히도 그 유전자의 복사체 두 개를 동시에 가진 사람에게만 발현되는 열성 유전자가 유발하는 것이며 그럴 경우 그 좌위에는 정상적인 대립 형질이 없다. 이런 불운한 상황은 당신의 유전자와 같은 종류의 유전자들을 가지고 있을 확률이 높은 친척과 결혼할 때 더 일어나기 쉽다. 이것이 근친간의 혼인이 비정상적인 아이를 낳게 될 가능성이 높은 이유이다.

자연선택으로 나쁜 열성 유전자들을 제거하는 일은 상당히 어렵다. 쉽게 생각할 수 있듯이 드문 열성 유전자에 대해 이형접합인 개체가 큰 불이익을 가지지 않는 한, 그 유전자를 제거하려는 선택은 자주 일어나지 않는다. 따라서 자연선택이 그런 유전자의 빈도를 낮추는 것은 어렵다. 어떤 유전자가 천 명 중 한 명에서 나타나고 사람들이 친척이 아닌 사람들과 결혼한다면 평균적으로 백만 명 중 한 명만이 동형접합자가 된다. 이런 불운한 사람들이 어릴 때 다 죽는다고 해도 선택압은 미미하다. 이런 상황에서 유전자 빈도가 낮아짐에 따라 동형접합자의 전파 능력 역시 더 빠르게 감소하므로 새로운 돌연변이들은 자연선택으로 제거되기도 전에 결함이 있는 유전자들을 만들어낼 수 있다. 백만 번의 임신 중 한 번꼴로 나타나는 돌연변이로 만들어지는 치사열성 유전자는 천 명의 자손당 한 명꼴로 나타난다. 자연선택의 힘에는 한계가 있음을 보여주는 경우이다.

우성 유전자의 경우는 다르다. 질병을 유발하는 우성 유전자의 복사체를 하나만 가지고 있어도 그 병에 걸린다. 그러면 평균적으로 자식의 절반이 그 병에 걸린다. 그런 유전자 중 가장 널리 알려진 병은 헌팅턴병 Huntington's disease이다. 이 병에 걸린 사람들은 대개 40대가 될 때까지는 아무런 증상을 느끼지 못하다가 갑자기 기억이 희미해지고 근육 경련을 일으킨다. 신경세포들이 서서히 붕괴되어 어떤 이들은 걷지도 못하고 자기 이름조차 기억하지 못하며 자기 앞가림을 못하게 된다. 이 병은 증상의 심각성과 1600년대에 살았던 소수의 유럽인 혈통에서 기인한 것이 밝혀져 더욱 잘 알려졌다. 그 당시 그들 중 한 사람이 캐나다의 노바스코샤로 이주해 갔다. 그 유전자와 질병은 가수 우디 거스리 Woody Guthrie를 포함한 그의 후손들 수백 명에게 전파되었다. 1860년대에 독일에서 온 스페인 선원인 안토니오 후스토 도리아 Antonio Justo Doria는 베네수엘라의 마라카이보 호수 서안에 정착했다. 현재 그의 자손들은 가장 높은 빈도로 헌팅턴병을 앓고 있는 집단으로 알려져 있다. 면밀한 조사 작업과 기가 막힌 행운으로 유전학자들은 헌팅턴병을 유발하는 유전자의 위치가 4번 염색체의 짧은 팔 부분에 있다는 사실을 밝혀냈다.

그렇다면 왜 이런 파괴적 유전자가 제거되지 않았는가? 해답은 역시 헌팅턴병이 마흔 살까지는 거의 위험이 없고 그 결과 나이를 먹은 후 그 병을 발현시킬 잠재적 보유자들인 아이들의 숫자를 충분히 감소시키지 못했기 때문이다. 어떤 연구에 의하면 어른이 되어 헌팅턴병을 나타내는 여자일수록 평균적으로 아이를 더 많이 낳은 것으로 알려졌다. 남자의 생식률은 다소 감소했지만 현재 그 유전자에 대한 전체적인 선택은 매우 약하다. 연구 결과 미국에 사는 사람 2만 명 중 한 명이 이 병을 나타내는 유전자를 가지고 있다.

이 병은 2장에서 강조했던 원칙을 다시금 보여준다. 즉, 자연선택은 결코 건강에 유리한 것만을 선택하지 않는다. 다만 번식성공도에 유리한 것만을 선택할 뿐이다. 만일 어떤 유전자가 살아남는 평균 자식수를 감소시키지 않는다면, 그것이 설사 아주 파괴적인 질병을 유발하더라도 정상적으로 살아남을 수 있다. 질병을 일으키지만 번식성공도를 증가시킬 수 있는 유전자들이 (현대 사회에도) 있다. 가장 잘 알려진 예로 조울증을 유발하는 유전자가 있다. 조울증에 걸린 동안 어떤 환자들은 성적으로 더 공격적이기도 하고, 다른 환자들은 자신을 더 매력적으로 보이기 위해 노력한다. 어떤 유전자가 어떤 방법을 이용하든지 번식성공도를 증가시킬 수만 있다면 그 유전자는 널리 퍼지게 된다.

표 7.1에는 질병을 유발하는 유전자들에 의해 이익을 받는 수혜자들을 정리해 놓았다. 돌연변이로 생겨나고 자연선택으로 제한받는 많은 질병들이 있지만 흔하지 않다. 대개의 경우 상황은 상당히 복잡하고 흥미롭다.

표 7.1 질병을 유발하는 유전자들의 수혜자

유전자를 보유하고 있는 사람들

* 생활사의 서로 다른 시기에 이익이 되기도 하고 손해가 되기도 한다(8장). DR3 유전자는 당뇨병을 유발하지만 자궁 안에 있는 태아에게는 이익을 준다.
* 어떤 특정한 환경에서만 이익이 된다(예를 들어 G6PD 유전자 결핍은 말라리아가 창궐하는 지역에서는 이익이 된다. 어떤 HLA 반수체형 haplotype은 어떤 질병에 대해서는 감염성이 증가하지만 다른 질병에 대해서는 방어 능력을 높여준다).
* 급변: 과거의 환경에서는 이익(혹은 적어도 손해는 아니었다)이었다가 현대 환경에서는 손해인 경우(7장)

다른 사람들

* 대립 형질 유전자를 한 가지만 가진 이형접합 개체에게는 이익이 되고 두 가지를 가지거나 아예 없는 사람에게는 손해가 된다 (예: 겸상적혈구 유전자)
* 산모를 위태롭게 하는 태아(예: 13장에 나오는 hPL 유전자)
* 아내를 위태롭게 하는 남편(혹은 그 반대, 예: 13장에 나오는 IGF-II 유전자, IGF-II 수용체)
* 성적으로 상반되는 자연선택(예: 혈색증)

개체를 위태롭게 하는 유전자

* 감수분열에 의해 지속되는 무법자 유전자(예: 쥐의 T-좌위 유전자)

수혜자가 없음

* 선택률과 같은 비율로 발생하는 돌연변이(평형)
* 돌연변이가 일어나기 쉬운 큰 유전자들(예: 근육이영양증). 유전자 빈도의 감소보다 선택압이 더 빨리 감소하여 제거하기 어려운 열성 유전자들
* 선택적 제거에도 불구하고 나타나는 유전자들(유전적 부동 혹은 창시자 효과)

질병을 유발하는 흔한 유전자들

겸상적혈구증은 유용한 유전자에 의해 생기는 질병의 대표적인 예다. 이 질병을 유발하는 유전자는 대체로 말라리아가 창궐하는 아프리카의 일부 지역 사람들에게 나타난다. 이 유전자를 이형접합 상태로 가지고 있는 사람은 순환계를 통해 말라리아에 감염된 세포들을 빨리 제거하도록 헤모글로빈의 구조가 변하기 때문에 말라리아에 대해 실질적인 방어 능력을 갖게 된다. 하지만 동형접합인 사람은 겸상적혈구증에 걸린다. 그런 환자의 적혈구는 초승달 혹은 낫 모양으로 뒤틀리기 때문에 정상적으로 순환하지 못하여 출혈과 호흡 장애 및 뼈, 근육, 복부에 통증이 나타난다. 이 질병에 걸린 사람들은 어릴 때 큰 고통을 겪는데 최근까지는 대부분이 아이를 가질 수 있는 나이가 되기 전에 거의 죽었다. 정상 유전자를 동형접합 상태로 가지고 있는 사람은 완전한 형태의 적혈구를 갖지만 말라리아에 대한 특이적 방어 능력은 갖지 못한다. 그래서 이 겸상적혈구 유전자는 이형접합자가 이롭다. 이형접합자들은 말라리아에 대한 저항성 때문에 두 종류의 동형접합자보다 더 유리할 수 있다. 겸상적혈구를 나타내는 유전자들의 동형접합자는 이 질병 때문에 낮은 생존율을 나타내고, 반대로 정상 유전자들만의 동형접합자는 말라리아에 대한 저항성이 없어 생존율이 낮다. 이 두 가지 선택압들간의 상대적 강도에 따라 이 형질의 빈도가 결정되는 것이다. 그리하여 유년기에 치명적인 질병을 유발하는 유전자와 말라리아 감염에 약한 유전자들은 모두 개체군 안에서 높은 빈도를 유지한다.

질병을 유발하지만 선택되는 유전자의 예로 겸상적혈구를 나타내는 형질을 가장 자주 인용하지만 다음의 세 가지 이유 때문에 특이하다. 첫째, 대개의 경우 이 질병이 아프리카의 열대 지방에 사는 사람들에게만 특이하게 발견되는 드문 현상이다. 둘째, 헤모글로빈의 변형은 단순한 종류의 적응이다. 색을 보는 능력이나 열에 대한 수용력과 같은 대부분의 적응은 여러 가지 유전자들이 조합된 복잡한 조절 시스템이 필요하다. 하지만 그와 대조적으로 겸상적혈구 형질은 정상 헤모글로빈에 있는 A가 T로 바뀌었을 뿐이다. 이 유전 암호가 헤모글로빈 단백질로 번역될 때 원래는 아미노산 글루타민 glutamine이 들어가야 할 곳에 발린 valine이 대신 들어가면서 끊어진다. 적혈구 세포가 비정상적인 모양으로 바뀌고 다른 여러 비정상적인 특징들이 나타나는 것은 바로 이 간단한 분자적 변화 때문이다. 셋째, 이런 유전자 좌위 하나에 엄청나게 큰 선택압이 작용한다. 인간 집단에서 이형접합자가 이로운 경우는 흔히 있을 수 있지만 동형접합자에 대한 선택이 약하면 효과를 기대하기 어렵다.

말라리아가 드물게 발병하는 지역에서는 겸상적혈구 형질의 빈도가 감소하리라는 예상을 할 수 있다. 실제로 아프리카계 미국인들은 대개 말라리아가 없는 지역에서 10세대 동안 살았는데, 현재는 아프리카에 사는 사람들보다 겸상적혈구 빈도가 낮으며 백인과의 혼혈인보다도 낮다. 그것은 곧 진화 이론으로 알 수 있듯이 말라리아가 별로 중요하지 않은 지역에서는 겸상적혈구 유전자의 빈도가 감소한 것으로 보인다.

말라리아에 대한 저항력을 나타내는 다른 종류의 유전성 혈액 비정상 현상들도 있다. 그 중 가장 심한 예가 G6PD(glucose-6-phosphate-dehydrogenase) 효소가 상실되는 경우다. 이 질병에 걸린 환자들은 말라리아 치료약의 원조이자 지금도 유용하게 쓰이는 퀴닌 quinine과 같은 산화 치료제에 노출될 경우 통증을 일으킨다. 말라리아 기생충이 적혈구 내에서 산소를 소비할 때 G6PD가 없으면 적혈구가 파괴되고 결국 말라리아에 걸린 개체의 번식에 영향을 준다. 자신의 G6PD를 만드는 일부 말라리아 기생충의 능력은 잘 알려진 숙주와 기생자 간의 군비 경쟁의 유형을 나타낸다.

북유럽인 25명당 1명은 낭포성섬유증 cystic fibrosis을 유발하는 열성 유전자를 가지고 있고 이 경우의 70%는 하나의 돌연변이 형질(⊿F508)에 의해 유발된다. 인간 유전자 프로젝트의 책임자인 프랜시스 콜린즈

Francis Collins는 다음과 같이 말했다. 〈이 독특한 돌연변이에 대해 북유럽인 집단 내에서 이형접합자 선택 heterozygote selection 또는 아주 강한 창시자 효과 founder effect가 있었던 것으로 보인다.〉 이 낭포성섬유증의 유전자를 가진 사람에게 어떤 이익이 있는지는 잘 모르지만, 설사로 인한 사망률의 감소가 제안되었다.

흑내장가족성백치 Tay-Sachs disease의 유전자를 동형접합으로 가지고 있는 사람들은 모두 번식 연령에 도달하기 전에 죽는데, 여전히 독일이나 폴란드 지역에 사는 유대인의 3-11%가 이 유전자를 가지고 있다. 이렇게 높은 빈도를 유지한다는 것은 정상 유전자를 동형접합으로 가지고 있는 사람들에 비해 이형접합으로 가지고 있는 사람들이 6% 정도 더 생식적 이득을 가져야 함을 의미한다. 이 병에 대한 감염과 인구 분포 자료를 보면 역사적으로 이 유전자의 이형접합자들이 유태인들에게 치명적 선택압이 되었던 폐결핵에 대한 저항력을 높여준 것을 알 수 있다. 남성염색체허약증후군 Fragile-X Syndrome 역시 잘 알려진 유전병으로, 사내아이 2000명 중 1명꼴로 정신지체장애를 나타낸다. 이 증후군의 유전자를 이형접합자로 가지고 있는 여성이 높은 번식성공도를 보이는 것으로 밝혀졌다.

캘리포니아 주립대학의 생리학자인 제러드 다이어먼드 Jared Diamond는 최근 질병을 유발하는 몇몇 유전자들이 비정상적으로 높은 빈도를 보이는 현상을 설명하는 또 다른 메커니즘을 제안했다. 그는 임신 중 80%가 임신 초기의 낙태나 후기의 유산으로 실패한다고 주장했다. 대부분의 경우 배아가 착상되기 전이나 착상된 직후에 일어나기 때문에 알려지지도 않는다. 만일 어떤 유전자가 아주 조금이라도 유산의 기회를 줄일 수 있다면 나중에 그 유전자가 병으로 발전될 가능성이 있더라도 선택될 수 있다. 다이어먼드는 DR3 유전자 때문에 발생하는 소아당뇨병을 예로 들었다. 만약 부모 중 한 명은 정상 형질의 동형접합자를 가지고 있고 다른 한 명은 이 유전자의 이형접합자를 가지고 있으면 태어나는 아기의 반은 이 유전자를 가질 것이라고 예상할 수 있다. 그러나 실제로는 그 수치가 66%에 이른다고 한다. 이것은 곧 태아가 이 유전자를 가지고 있을 때 유산율을 대폭 감소시킬 수 있으며 비록 당뇨에 걸리더라도 태아를 존속시키는 것으로 보인다.

페닐케톤뇨증 Phenylketonuria(PKU)은 산모의 자궁이 가진 선택 능력을 저하시킴으로써 유지되는 유전자에 의해 발병하는 질병의 또 다른 예다. 이 유전자를 동형접합 상태로 갖고 있는 태아는 여러 음식물에 들어 있는 페닐알라닌 phenylalanine이라는 아미노산을 제대로 처리하지 못해 정신지체 현상을 일으킨다. 만일 어린이에게 이 물질이 없는 음식물을 주면 정신지체는 막을 수 있다. 페닐케톤뇨증은 철저하게 유전적이면서도 그 증상은 환경 조절로 완전히 막을 수 있는 질병이다. 이것은 대부분의 국가에서 출생시 발병 여부를 점검할 정도로 (거의 100명당 1명꼴로 나타나는) 아주 흔한 병이다. 왜 그렇게 흔한가? 당뇨를 유발할 위험이 있는 유전자처럼 페닐케톤뇨증의 유전자도 유산율을 감소시킬 수 있으며 비록 질병을 유발시키더라도 그 자신을 존속시키는 것으로 보인다.

무법자 유전자

옥스퍼드 대학의 생물학자인 리처드 도킨스는 신체를 유전자가 더 많은 유전자를 만들어내기 위해 유지하는 수단이라고 본다. 유전자들이 세포나 조직, 때로는 개체를 만들기 위해 협동하는 것은 그들 자신의 복제품을 더 많이 만들 수 있는 최선의 방법이기 때문이다. 신체의 세포들은 각각 특수한 기능을 수행하는 공장과 같아서 개체를 생존시키고 번식시키려면 반드시 협동이 필요하다. 유전자들은 개체 전체를 위해 각자가 맡은 역할을 해내야만 자신의 복사체를 다음 세대에 남길 수 있다. 유전자가 자신의 복사체를 후속 세대에 남길 수만 있다면 설령 그 책략이 개체의 생존을 감소시키더라도 채택될 수 있을까? 그런 일이 과연 일어날까?

어떤 유전자들은 개체를 해치면서까지 정자나 난자 속으로 들어가려고 서로 경쟁한다. 쥐의 T-좌위 유전자가 가장 잘 알려진 예다. 수컷이 두 개의 비정상 형질을 가지면 치명적이지만 하나의 복사체만 가질 경우 보통의 50%가 아닌 90% 이상의 자손에게 그 복사체를 전달한다. 이것이 소위 무법자 유전자 outlaw gene, 즉 개체나 종에게는 위험하지만 자기 자신에게는 이익이 되는 유전자의 좋은 예이다. 무법자 유전자는 효과가 현저할 뿐 아니라 쥐를 가지고 실험을 할 수 있어 우리에게 알려졌다. 인간에게도 적응도의 감소에도 불구하고 자신의 전파만을 위해 일하는 유전자로 인해 발생하는 결함들이 존재하지 않을까?

다낭포성난소 polycystic ovaries가 그 가능한 예다. 이 질병은 불임클리닉을 찾는 환자의 21%를 차지하는 것으로 추정되며 생리 불순, 비만, 남성화 등 다양한 징후들을 나타낸다. 최근의 연구에 따르면 다낭포성난소를 가진 자매를 둔 여성의 80.5%가 이 병에 걸리는 것으로 조사되었다. 이 수치는 여성 염색체에 특정하게 연관된 유전자나 일반 염색체에 있는 우성 유전자가 나타내는 특성이라고 설명하기에는 너무 높은 수치이다. 호주 애덜레이드의 윌리엄 헤이그 William Hague 연구팀은 이 병이 난자의 세포질에 있는 DNA의 전사 과정에서 발생했거나 난자 속에 들어갈 기회를 증가시키도록 감수분열 과정을 변화시키는 유전자들에서 생겨났을 가능성을 제시했다.

유전적 급변 : 근시와 그 밖의 경우들

위에서 말한 질병들은 한 유전자의 특정한 효과로 생긴 것이지만 많은 질병에 대한 감염 가능성은 여러 유전자들의 복잡한 효과에 의해 나타난다. 단 한 주라도 신문지상에 심장질환이나 유방암, 약물 과

다에 대한 유전학적 소견이 기사화되지 않은 적이 없다. 그러나 우리는 이들 유전적 질환에 대해 얼마나 많은 유전자들이 개입되었는지 혹은 그 유전자들이 어떤 염색체상에 있는지 알지 못한다. 단지 가까운 친지가 그 병에 걸렸을 때 자기 자신도 걸릴 위험성이 높다는 것만 알 뿐이다. 그런 연관성은 특히 이 질환이 입양된 사람에게 나타날 때 양부모의 가족보다 원래 부모의 가족, 즉 생물학적 가족을 더 닮는다는 결과가 나와 더 설득력을 갖게 되었다. 따라서 환경적 요인들로 이런 질병이 발생할 가능성은 줄어들었다.

관상동맥질환coronary artery disease에 대한 발병 가능성이 좋은 예다. 심장마비가 발생할 위험은 상당 부분 유전자에 달려 있다. 아버지가 55세 이전에 심장마비로 사망한 사람은 그렇지 않은 사람에 비해 심장마비로 요절할 확률이 무려 5배나 높다. 비슷한 환경 조건에서 자란 쌍둥이들의 경우, 일란성 쌍둥이들간의 심장마비 발병 확률이 이란성 쌍둥이들보다 높다. 이것이 심장마비가 유전적 결함에서 오는 것이라는 사실을 의미하는가? 어떤 경우에는 그렇다고 볼 수 있다. 지금까지 몇 가지 콜레스테롤 대사의 비정상적인 현상들이 알려졌는데, 혈관 벽을 이루는 세포에 새로운 유전자를 삽입하는 유전공학적 처리가 제안되었다. 하지만 고지방 음식을 먹으면 심장병에 걸린다는 것도 알고 있다. 미국에 이민온 일본인들은 고지방 음식에 익숙해져서 고향에 있는 친척들보다 두 배 정도 심장마비를 잘 일으킨다. 어릴 때 심장마비로 죽는 비율이 상당히 높아서 자연선택은 그런 유전자들을 계속 없애야만 했을 것이다. 사람들은 심장질환이 유전자에 의해 일어나는 비율과 환경에 의해 발생하는 비율을 알고 싶어하지만 그것은 잘못된 질문이다. 그 이유를 알기 위해서는 근시의 미스터리를 다시 한번 검토해야 한다.

이 장의 서두에서 교수가 말한 대로 근시는 유전병이다. 만일 일란성 쌍둥이 중 한 명이 근시라면 다른 한 명도 거의 틀림없이 근시이다. 우리는 또 그처럼 위해한 유전적 결함은 결코 유지되지 못했을 것이라는 사실도 논의했다. 하지만 미국인의 25%가 근시이고, 이 사실은 그들이 수렵 채취 사회에서 살아남기 힘들었을 정도로 심각한 것이다. 그런 사람들이 얼마나 맹수들을 잘 피하고 전투에서 잘 싸우고 50보쯤 떨어진 거리에서 상대를 알아볼 수 있었을까? 소설『파리 대왕 *Lord of the Flies*』에 나오는 가엾은 외톨박이 피기를 기억해 보라. 안경을 잃고 난 후 그는 근시 때문에 수렁에 빠지고 말았다. 이런 불이익을 고려할 때 수렵 채취 문화권에 사는 사람들의 근시 발생률이 낮다는 사실은 그리 놀랄 일이 아니다. 그렇다면 왜 근대 문명권의 사람들에게는 그렇게 흔한 것인가?

수렵 채취 사회에서 근대 산업 사회로 전이되는 과정을 자세히 살펴보면 근시가 새로운 유전자에 의해 생긴 것이 아니라는 것을 알 수 있다. 북극 원주민들이 처음으로 유럽인들에게 알려졌을 때 그들 중 근시를 가진 사람은 거의 없었다. 하지만 그들의 자손들이 학교에 다니기 시작하면서 그들 중 25%가 근시가 되었다. 아마도 읽는 법을 배우는 일과 교실에 갇혀 있는 일이 상당수 아이들의 시력을 영구히 손상시킨 것으로 보인다. 왜 그랬을까?

눈이 정확한 크기로 성장하는 일이 얼마나 어려운가를 잠시 살펴보자. 각막과 수정체는 안구가 계속해서 자라고 있는 어린 시절에도 영상을 정확하게 망막에 맺게 해 준다. 안구의 길이는 얼마나 정확해야 하는가? 오차는 1%, 약 손톱 두께 정도이다. 각막과 수정체와 안구의 성장을 미리 프로그램하여 초점을 맞춘 영상이 그대로 유지되도록 하는 것이 가능한가? 그러기는 어렵다. 하지만 눈이 자라고 있는 동안에도 영상을 어느 정도 초점이 맞은 채로 유지할 수 있다. 어떻게 그럴 수 있는가?

몇몇 연구실의 과학자들이 근시의 메커니즘을 밝히기 위해 실험을 하고 있다. 첫째, 그들은 유전적 질병에 의한 것이든, 상처에 의한 것이든, 흐릿한 안경을 착용했기 때문이든, 흐릿한 영상이 맺히는 눈이 정상적인 눈보다 더 길게 자란다는 사실에 주목했다. 이것은 인간을 비롯해 닭, 토끼, 그리고 몇몇 원숭이들과 기타 동물들에게서도 확인되었다. 다음으로 눈에서 뇌로 정보를 전달하는 신경을 절단하여 이것이 어떤 종에서는 눈의 과도한 성장을 중지시킨다는 것을 발견했다. 그들은 흐릿한 영상이 망막에 맺힐 때 뇌가 성장 요인의 형태로 신호를 전달함으로써 안구가 확장되도록 하는 것이 아닌가 하고 생각했다. 결론을 말하자면, 눈은 시야가 흐릿한 곳에서 더 빨리 자란다. 이런 비대칭 성장의 결과로 난시가 발생하는 것이다.

이 메커니즘은 정교한 만큼이나 필수적이다. 눈의 서로 다른 부분들이 조화를 이루며 발달하기 위해 뇌는 망막으로부터 오는 신호를 처리하고, 흐릿해지는 것을 감지하며, 필요하다면 특정한 부분을 더 자라게 하는 신호를 내려보낸다. 충분히 자라고 나면 자극이 멈추며 성장도 멈춘다. 몇몇 예외적인 사람들을 제외하곤 말이다. 우리들 중 약 25%는 안구를 계속 성장시키는 요인들, 예를 들어 무엇인가를 읽는다든지 눈 가까이에 대고 작업을 한다든지 하는 것들에 노출되어 있다. 즉 가장자리가 명확하지 않은 문자나 주위의 멀리 떨어진 사물들 속에서 가까이 초점을 맞추고 있는 책 등이 그런 것이다. 아이들이 보는 책을 아주 크고 가장자리가 정교하게 다듬어진 문자로 인쇄하면 근시를 예방할 수도 있을 것이다.

근시는 유전적이면서 동시에 환경적인 영향을 많이 받는 질병의 예다. 근시가 되려면 근시 유전형을 가지고 있어야 하며 아울러 일찍부터 책을 많이 읽는다든지, 아주 가까이 눈을 대고 하는 일들을 해야 한다. 많은 다른 질병들도 유전자와 환경 간의 복잡한 상호작용으로 발생한다. 예를 들어 어떤 사람들은 온통 지방질로 된 음식만 먹는 데도 절대 심장질환에 걸리지 않는 반면 어떤 사람들은 같은 양의 지방을 먹으면 40살이 되기도 전에 죽는다. 이와 유사하게 어떤 사람들은 웬만한 손해를 입어도 결코 심각할 정도로 의기소침해하지 않지만, 또 어떤 사람들은 애완 동물을 잃는 것만으로도 심각한 우울증 현상을 보인다. 아울러 페닐케톤뇨증에서 본 유전자와 환경 간의 상호작용을 기억해 보라. 그런 질병에 대해서 얼마만큼이 유전적 원인에 의한 것이고 얼마만큼이 환경적 원인에 의한 것이냐 하는 질문을 하는 것은 옳지 않다. 그런 것들은 완전히 유전적일 수도 있고 동시에 완전히 환경적일 수도 있다.

근시나 동맥이 막히는 현상 등을 유전자의 결함 탓으로 돌릴 수 있을까? 현재 우리의 환경에서 이 병을 유발하는 유전자들은 확실히 불이익을 가져오지만, 옛날 사람들이 살던 환경에서 이 유전자들은 전혀 문제되지 않았거나 어떤 경우에는 이익이 되기도 했을 것이다. 어쩌면 수렵 채취 사회에서 근시 유전자를 가진 사람들이 어릴 때는 더 좋은 시력을 가졌을지도 모른다. 지방질 음식을 선호하는 일은 그런 음식물이 희귀한 환경에서는 분명히 적응적인 일이었을 것이다. 이런 이유에서 우리는 그런 유전자들을 결함이라고 부르기보다는 급변 quirks이라고 부르는 것이 좋을 것이라고 생각한다. 그런 유전자들은 새로운 환경적 영향에 노출되는 사람들 외에는 위험한 효과를 나타내지 않는다. 책을 읽을 때 곤란함을 겪는 실독증 dyslexia은 수렵 채취 문화에서 전혀 문제되지 않았던 또 다른 예다.

마찬가지로 약물 중독이나 알코올 중독에 걸릴 위험성은 역사적으로 비정상적인 환경에 기인한다. 쉽게 알코올 중독증에 걸리게 하는 강한 유전적 영향은 있지만, 적어도 알코올 도수가 어느 정도 이상 되는 술을 사람들이 상시적으로 마실 수 있기 전까지는 큰 문제가 아니었다. 농경이 시작되고 어느 정도 이상 되는 높은 도수의 알코올 속에서도 잘 자라는 효모를 포도주 상인이나 맥주 상인들이 개발하기 전까지는 이런 유전자들이 전혀 해가 되지 않았다. 그렇기 때문에 〈알코올 중독 유발 유전자〉를 찾으려는 시도는 소용없을 것이다. 그런 유전자들의 많은 것들은 아마도 긍정적 효과들, 즉 뇌의 어떤 부위를 자극하여 어려움을 무릅쓰고 구하고자 하는 것을 추구하게 하거나 뇌의 어떤 부위에 주어지는 자극에 대한 반응으로 더욱 강하게 보상받으려는 경향도 가지고 있을 것이다. 약물을 남용하는 사람들에게 유전적 결함이 있다고 가정하고 싶지만, 우리는 약물을 사용하게 하는 유전적 요인들이 다양한 종류의 유전적 급변으로 판명될 가능성이 더 높다고 생각한다.

도대체 정상적인 인간 유전자라는 것이 있을 수 있는가? 그로부터의 변이는 모두 비정상이라고 판정할 수 있는 완벽한 DNA 사슬이란 존재하지 않는다. 인간은 모두 비슷하지만 유전자들은 다양하다. 어떤 이상적인 형태가 있는 것이 아니다. 다만 자신들의 복제품을 다음 세대에 남기기 위해 변화하는 환경 속에서 항상 경쟁하고 있는 다양한 인간 유전자들이 발현하는 많은 종류의 표현형들이 있을 뿐이다.

유전자를 두려워 말라

인간의 질병과 행동에 대한 유전자의 영향은 널리 알려져 있지만 완전히 근거 없는 두려움과 비관론도 있다. 또한 이런 영향들을 인식하고 연구하는 과학자들이 갖고 있는 서로 연관된 많은 불신들이 있다. 이러한 유전자에 대한 반감은 사회과학자들이나 일반 대중, 때로는 몇몇 의학 관계자들이 갖고 있는 생물학적, 특히 진화적 설명에 대한 일반적인 반감을 반영한다. 많은 사람들은 인간의 본성에서 나오는 행동과 질병들을 전적으로 종교나 사회 정치적 처방으로 다루어야만 하고, 생물학적 원인이나 치료 방법을 찾아서 될 문제가 아니라고 주장한다. 하지만 그런 사람들도 암이나 심장병에 걸리면 대부분이 그런 추상적인 것들에 관심을 덜 보인다.

생물학적인 유전 조건을 변화시키려는 시도가 부질없는 일인가? 무슨 이유에서인지 이것은 아주 보편화된 가정처럼 보인다. 근시에 대한 논의는 예방 가능성을 암시하는 말인 〈사용-남용 이론〉과 예방의 불가능성을 암시하는 〈유전적 결정론〉을 대조시킨다. 다행히도 계속될 논의들은 이 장에서 밝힌 대로 근시가 유전적으로 결정된 동시에 예방 가능한 것이라는 주장을 지지할 것이다. 사실 내과적 상태들이 유전된다는 것은 대체로 잘 된 일이다. 유전적으로 결정된 발생 과정은 물질적 과정이며 물질 조작이 가능하다는 것이다. 페닐케톤뇨증의 증상은 페닐알라닌이 들어 있지 않은 음식을 먹음으로써 예방된다는 사실은 페닐케톤뇨증의 유전적 원인에 대한 연구 덕분에 발견되었다. 유전자의 작용과 작동 오류에 대한 연구로 이미 많은 질병을 예방하고 치유하고 있다. 1983년에 멜빈 코너 Melvin Konner는 〈어떤 질병에 대한 유전적 요인들을 발견하는 것은 그것을 환경적으로 치유하는 데 큰 희망을 제공한다〉고 했다. 그 이후 많은 다른 사람들도 같은 주장을 했다.

질병에 대한 유전적 근거를 연구하는 일은 장려할 일이며 그 연구 결과를 임상 의학에서 유용하게 사용할 수 있다. 유전자가 환자의 이익과는 상반되게 행동할 때 의사는 그 유전자의 행동을 막아야만 한다. 옥스퍼드 대학교의 생물학자 리처드 도킨스가 말한 대로, 우리는 〈이기적 복제자들의 독재에 반기를 들 수 있어야 한다〉.

8 청춘의 샘, 노화

훌쩍이지 말자,
차라리 한바탕 울어버리자.
항상 잊지 말자, 오래 살면 살수록,
더욱 더 빨리 죽게 된다는 것을!

— 아일랜드 고전민요에서

1970년, 이글거리는 유월의 태양 아래 비행기 한 대가 미니애폴리스 공항 활주로에 대기하고 있었다. 기내의 공기가 너무 후덥지근해서 걱정스러울 정도였다. 일흔 살쯤 되었을까, 머리가 하얀 할머니가 왼쪽 좌석에 있는 젊은이를 돌아보며 물었다.

「학생이우?」

「네, 막 대학을 졸업했습니다. 의과대학에 가는 길입니다」

「얼마나 좋을까, 사람의 목숨을 구할 수 있게 되다니. 기대가 크겠우」

「네, 그럼요」

비행기가 이륙하자 천장에 달린 분사구에서 신선한 공기가 뿜어져 나왔고, 비행기에 타면 탐승객들끼리 의례 주고받는 대화가 이어졌다. 고향이 어디며, 혹시 어떤 사람을 둘 다 알고 있는지, 날씨가 어떻다는 등의 얘기들이 오고갔다. 할머니가 한숨 돌리더니, 젊은이 쪽으로 돌아앉으며 푸념조로 말했다.

「꼭 고쳐야만 하고, 세상 그 어떤 병보다도 더 무섭고, 그러면서도 누구나 걸릴 수밖에 없는 병이 하나 있다네. 젊은이는 혹시 그게 뭔지

아나?」

「아니요. 그게 뭡니까?」

「반드시 고쳐야 되는 병이 있지, 자네가 그걸 치료할 방법을 찾아주었으면 좋겠어. 바로 세상에서 가장 지독한 병, 늙는 병 말일세. 생각만 해도 끔찍해, 나를 그렇게 괴롭히는데도 아무도 늙는 걸 막을 치료법을 찾지 못했어. 제발, 이렇게 부탁하는데 그 치료법을 좀 찾아주게」 그러고 나서 할머니는 돌아앉아 입을 다문 채 창 밖을 물끄러미 내다보았다.

노화의 미스터리

인간이 알고 있는 모든 부담들 중 가장 무거운 것이 죽음이다. 물론 우리가 갑작스럽게 죽을지도 모른다는 가능성도 두렵지만, 늙고 죽는 과정의 불가피함은 인간의 삶에 가장 긴 그림자를 드리우고 있다. 종교적 교리를 떠나서라도 노화를 극복하고자 했던 인간의 노력은 매우 끈질기게 이어져왔다. 청춘의 샘을 찾아 플로리다의 거친 들판을 헤맨 퐁스 드 레옹Ponce de Leon에서부터 150세를 살았다고 주장하는 구소련의 그루지야인들을 찾아나선 ≪라이프≫지의 기자에 이르기까지 인간은 영원한 삶을 갈구했다. 하지만 우리는 영생하지 못한다. 80세만 되어도 우리들 중 반은 죽는다. 의학의 획기적인 진보나 뉴스에서 전하는 희망적인 이야기들에도 불구하고, 100세가 되면 99%가 죽고 115세가 되면 거의 모든 이들이 죽는다.

지난 수백 년 동안 근대 사회에서 한 사람이 평균적으로 사는 기간(평균 수명)은 점차 늘어나긴 했지만, 한 사람이 최대한 사는 기간(최고 수명)은 늘어나지 않았다. 100년 전에도 몇몇 사람들은 115살까지 살았고, 오늘날에도 이 수치는 변하지 않았다. 의학이 이룩한 모든 업적들과 공중 보건상의 모든 발전에도 불구하고 인간의 최고 수명은 그다지 늘지 않았다. 노화를 하나의 질병이라고 한다면 불치병인 셈이다.

전문적으로 말해 우리는 태어나면서부터 계속 나이를 먹는 과정인 노화 aging를 이야기하는 것이 아니라 노년기에 들어 신체가 악화되어 가는 과정인 노쇠 senescence를 이야기하고 있다. 노쇠는 단순한 과정이 아니라 여러 가지 질병에 걸릴 위험성이 증가한다거나 손상을 복구하는 능력이 감소하는 등의 복합적인 현상으로 나타난다. 미국에서 10-12세까지 어린이의 사망률은 연간 1,000명당 0.2명 정도로 매우 낮다. 그러나 30세가 되면 사망률이 점차 늘어 1,000명당 1.35명이 되고 그후로는 기하급수적으로 증가하여 8년마다 두 배로 늘어난다. 그림 8.1에서 알 수 있듯이 90세가 되면 사망률은 1,000명당 196명에 이른다. 100살 먹은 노인 중 이듬해까지 살 수 있는 사람은 3명 중 1명뿐이다. 매해 사망률 곡선은 점점 더 가파르게 치솟아 결국 우리 모두의 삶을 앗아간다.

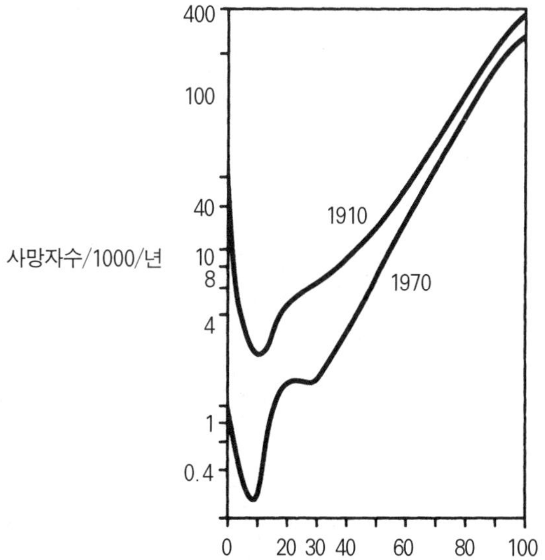

그림 8.1 1910년에서 1970년 사이 미국에서 각 연령 1,000명 중 다음 해가 되기 전에 사망한 사람들의 수

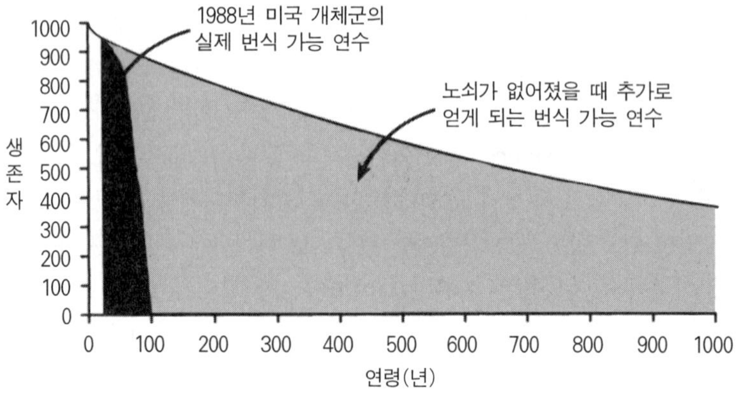

그림 8.2 노쇠가 없는 경우의 생식적 이득

성인이 되기 전에 죽을 수도 있는 모든 요인들이 완전히 없어진 세상을 생각해 보자. 그곳에서 일어나는 모든 죽음의 원인은 노화이다. 우리는 원기 왕성하고 건강한 삶을 살다가 85세를 전후해 몇 년간 최고점에 다다른 뒤 거의 모두 같이 죽을 것이다. 거꾸로 노쇠가 없는 세상을 생각해 보자. 나이를 먹어도 사망률은 변치 않을 것이며, 연간 1,000명당 1명 정도가 죽는 18살 때의 사망률이 평생 유지될 것이다. 모든 연령대에서 몇몇 사람들이 죽지만 인구의 반은 693살까지 살 것이며 13% 이상은 2000살까지 살 것이다(그림 8.2 참조). 사망률이 훨씬 더 높더라도, 예를 들어 1900년 인도 젊은이들의 경우처럼 사망률이 1,000명당 10명에 육박하더라도, 노쇠가 없다면 커다란 이점이 있기 때문에 몇 명은 300살까지도 산다. 진화학자의 관점에서 볼 때 노쇠를 겪지 않는 사람은 번식에서 상당한 이익을 얻을 것이다.

그런데 만일 노쇠가 우리의 적응도를 그렇게 떨어뜨린다면, 왜 자연선택은 노쇠를 제거하지 않았을까? 노쇠가 우리에겐 피할 수 없는 일임을 생각할 때, 이 제안은 터무니없어 보인다. 그렇지만 발생은 매우 경이롭다. 핵산 46가닥으로 이루어진 세포 하나에서 100조 개의 세포들이 적재 적소에 배치되어 조직과 기관을 만들고 전체의 이익을 위해 협동하여 점차적으로 하나의 신체를 만들어간다. 말할 것도 없이 이런 신체를 유지하는 것이 새로 만드는 것보다 쉬울 것이다!

게다가 우리의 신체는 비상한 자기 유지 능력을 가지고 있다. 피부나 혈구들은 수주일마다 재생된다. 치아도 한 번은 재생된다. 하지만 왜 코끼리처럼 여섯 번 재생되지는 않을까? 손상된 간 조직은 재빨리 원상 복구된다. 대부분의 상처들은 빨리 아문다. 부러진 뼈는 다시 자라 붙는다. 우리는 피부나 뼈 및 간의 손상된 부위를 재생시킬 수는 있지만, 심장이나 뇌와 같은 일부 조직들은 재생되지 않는다. 이 점에 대해서는 종마다 두드러진 차이가 있다. 도마뱀의 어떤 종에서는 꼬리가 잘리면 즉시 새로운 꼬리가 자란다. 우리의 몸도 손상을 복구하고 닳아빠진 부분을 교체하는 능력을 어느 정도 가지고 있다. 하지만 그 능력은 제한적이다. 신체는 스스로를 무한정 유지시킬 수 없다. 도대체 왜 그런가?

노쇠란 무엇인가?

우리들 대부분은 40대 중반의 어느 날 갑자기 팔 길이 정도의 거리에 있는 책을 더 이상 읽을 수 없다는 것을 깨닫는다. 머리카락이 빠지거나 하얗게 세고, 얼굴에 주름이 깊게 패였음을 애써 부정할 수 있을지는 몰라도, 팔을 뻗어 잡은 책 한 권이 너무나 무겁게 느껴지는 것만큼은 쉽게 부인할 수 없다. 50세 생일 파티는 보통 우울한 행사가 되기 마련이고, 그곳에서 광천수를 새롭게 신봉하게 된 사람들이 희미해져가는 기억력, 폐경기의 신열, 발기 부전 등을 놓고 귀에 거슬리는 농담들을 내뱉곤 한다. 우리 모두는 무엇이 닥칠지 너무나 잘 알고 있지만, 노화가 이미 오랜전부터 시작되었다는 걸 아는 사람은 거의 없다. 노쇠는 40세나 50세가 아니라 사춘기 직후의 다분히 미묘한 변화들과 함께 시작된다.

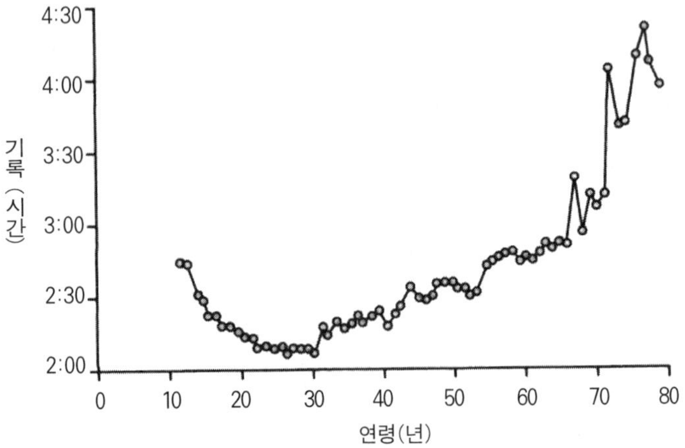

그림 8.3 10세에서 79세까지 남자들의 마라톤 기록(*Runner's World* 1980 자료)

운동 경기에서는 아주 늙어야 전성기를 놓치는 것이 아니다. 그림 8.3은 각 연령 집단이 마라톤 코스를 완주하는 최고 기록을 나타내고 있다. 이 곡선은 그림 8.1에서 본 사망률 곡선과 놀랍도록 흡사하다. 기록은 젊은 성인기에 가장 좋고 그후 급격히 나빠진다. 이 몰락이 바로 노화의 징후이다. 바로 그것이다. 40대에도 빨리 뛸 수 있는 사람들은 많지만, 30대에 내던 속도를 낼 수 있는 사람은 없다. 그들이 영양을 사냥하기 위해 쫓아가든지, 호랑이를 피해 달아나든지 간에 조금은 불이익을 감수했을 것이다. 중요한 점은 그 불이익이 어디까지나 상대적이었다는 것이다. 호랑이를 피해 달아나는 두 남자에 대한 우스개 이야기가 있다. 한 명이 뛰다가 멈추어서 운동화를 신는다. 〈도대체 뭐 하려고 그래?〉 다른 사람이 물었다. 〈운동화를 신고 뛰어봤자 호랑이보다 빨리 달릴 수는 없어.〉

〈그렇겠지.〉 그가 대꾸했다. 〈하지만 자네보다는 빨리 뛸 수 있을걸세.〉

한 마리 말이 끄는 마차

올리버 웬델 홈즈 Oliver Wendell Holmes의 시에 나오는 〈한 마리 말이 끄는 마차〉는 노쇠로 인한 여러 영향들이 함께 작용하여 만드는 파국을 묘사하는 훌륭한 은유이다. 그 한 마리 말이 끄는 마차는……

삽시간에 산산조각 나버렸다,
단 한순간에, 게다가 한꺼번에,
마치 거품 방울이 터지듯이.

우리의 모든 기관계도 평균적으로 보면 거의 모두 같은 속도로 마모되는 것 같다. 두 연구자 스트렐러Strehler와 마일드밴Mildvan은 각기 다른 연령층을 대상으로 심장, 허파, 신장, 신경, 기타 신체 기관들의 자기 보존 능력을 측정한 결과, 다양한 신체 기관들이 놀랄 만큼 비슷한 속도로 나빠지는 것을 밝혀냈다. 어떤 사람이 100살이 되면, 모든 체계들이 주어진 요구들을 충족시킬 능력을 거의 다 잃어버린 다음이므로, 아주 사소한 충격에도 기관은 치명적인 고장을 일으킨다. 노쇠 자체는 질병이 아니라 모든 신체적 능력이 서서히 감퇴되어 가는 결과로서, 암이나 뇌졸중뿐만 아니라 사소한 감염, 자가면역성 질환, 심지어 돌발 사고와 같은 수많은 질병들에 점점 더 약해져가는 현상이다.

우리는 왜 늙는가?

노쇠는 일급 진화 미스터리다. 그에 대한 설명은 우리가 지금껏 기술한 현상들을 모두 풀 수 있어야 한다. 몇 가지 단서를 다른 종에서 찾을 수 있다. 어느 더운 여름날 저녁, 저자 중 한 사람이 몇 명의 친구들과 함께 미시건 호수의 북쪽에 있는 비버 섬에 소풍을 간 적이 있다. 호수가 내려다보이는 언덕에 오르자 마지막 남은 금빛 햇살이 타는 듯한 붉은 구름 사이로 새어나오고 있었다. 우리는 잠시 멈춰 서서 꺼져가는 태양에서 나오는 수백만 개의 휘황찬란한 무지개 빛을 넋을 잃은 채 바라보았다. 하루살이들이 부서지는 물위를 금빛 구름인 양 무리지어 날아다니고 있었다. 그들은 짝짓기할 기회를 엿보다가 알을 낳고서 어른이 된 바로 그날 죽는다. 참으로 소모적인 것 같다. 하지만 다른 종들도 하루살이와 비슷한 운명을 갖고 있다. 가을이 되면 연어들은 미시건 호수 근처의 개울로 헤엄쳐 올라와 알을 낳은 후 죽는다. 그 썩어가는 시체들은 커다란 호수로 다시 떠내려간다. 그야말로 철저한 노쇠다. 이 현상을 어떻게 이해할 것인가?

많은 사람들은 분명히 노쇠가 종에 이득을 준다고 생각해 왔다. 저자 중 한 명(네스)이 학부 2학년 때 노쇠에 대해 처음으로 관심을 갖게 되었다. 그는 찾을 수 있는 자료들을 모두 검토한 후 다음과 같은 결론을 내렸다. 〈노쇠는 한 종이 생태적 변화에 발맞추어 계속 진화할 수 있게끔 다음 세대에게 공간을 마련해 주기 위해 필요한 것이다.〉 이것은 19세기의 다윈주의자였던 아우구스트 바이스만 August Weismann의 입장에서 한걸음 더 나아간 것인데, 1881년에 그는 이렇게 썼다. 〈이미 낡아버린 개체는 종에 무익할 뿐만 아니라, 우량한 개체가 차지할 자리를 선점하고 있다는 측면에서 해롭기까지 하다. 그러므로 자연선택으로 우리의 상상 속의 불멸의 개체들이 실제로 누리는 수명은 그 종에 무익한 만큼 단축될 것이다.〉

그러나 네스는 자연선택이 종의 이익을 위해서가 아니라 일반적으로 개체의 이익을 위해서 작용한다는 것을 안 후 이 이론에 대해 회의를 갖기 시작했다. 무언가 다른 설명이 있어야 한다. 그가 미시건 대학의 〈진화와 인간 행동 프로그램 Evolution and Human Behavior Program〉에서 동료들에게 노쇠에 대한 올바른 진화적 설명을 찾는 연구에 열중해 있다고 말하자, 동료들은 웃으면서 어떻게 1957년에 생물학자 조지 윌리엄즈가 쓴 노쇠에 대한 논문을 모를 수 있느냐고 반문했다.

윌리엄즈의 논문은 어떻게 자연선택이 노쇠를 유발하는 유전자를 선택하는지를 밝힌 생물학자 홀데인 J. B. S. Haldane과 메다워 Peter Medawar의 생각에 근거한다. 1942년 홀데인은 번식 연령이 한참 지난 후에야 해를 끼치는 유전자들은 전혀 선택압을 받지 않는다는 사실을 깨달았다. 이것은 중요한 진보였지만 왜 번식이 굳이 어떤 시점에서 멈추어야 하는지는 설명하지 못했다. 1946년 메다워는 한걸음 더 나아가 이미 많은 사람들이 노쇠말고 다른 여러 요인들로 사망하는 시기인 인생의 말미로 갈수록 선택압이 점점 감소한다는 것을 입증했다.

> 나이든 개체들의 희생으로 혹은 그들 자신이 나중에 나이들었을 때 스스로를 희생하며 어린 개체들에게 이익을 주는 유전적 자질을 상상하는 것은 결코 어렵지 않다. 이런 사태를 강화시키는 유전자 혹은 유전자들의 조합은 정량적인 조건하에서 개체군 내에 널리 전파될 수 있으며, 이는 순전히 그 유전자 덕분에 선택되는 젊은 개체들 중 다음 세대의 조상이 될 개체들이 배출될 가능성이 나이든 개체들에서 배출될 가능성보다 더 크기 때문이다.

윌리엄즈는 이러한 발상을 확대시켜 노쇠에 대한 다면 발현 이론 pleiotropic theory을 제시했다. (다면 발현 유전자란 한 가지 이상의 효과를 나타내는 유전자를 말한다.) 칼슘 대사를 변화시켜 뼈를 빨리 굳게 하지만, 동맥에서는 칼슘을 느리고 완만히 축적시키는 유전자를 상상해 보라. 이 유전자가 어린 개체들에게는 이익을 주기 때문에 선택될 수 있지만, 그 중 극히 일부가 오래 남아 노년기의 동맥질환을 일으키는 불이익을 준다. 어떤 유전자가 모든 사람들을 100살에 죽여버린다고 해도, 청년기에 아주 사소한 이득만 제공해 준다면 전파될 수 있다. 이 논증은 노쇠가 선험적으로 이미 존재하고 있기 때문에 도출된 것이 아니다. 사고, 결핵 등 죽음을 초래하는 다른 요인들만으로도 노년기 사람들의 수를 감소시키기에 충분하다. 게다가 이 이론은 홀데인의 이론과 달리 번식이 꼭 어느 시기에 중단되지 않아도 성립한다.

폐경이 존재하는 현상도 이와 관련된 미스터리다. 폐경은 왜 자연선택에 의해 제거되지 않았을까? 대다수의 종들이 노년에 들어서도 여전히 번식 주기를 되풀이한다거나, 인간의 월경 주기가 여러 다른 기관들의 기능 감퇴와 더불어 서서히 오기는커녕 50대의 몇 년 사이 감쪽같이 없어진다는 것 등으로 볼 때 폐경을 단순히 노쇠의 산물이라고 생각하기는 어렵다. 1957년에 발표한 논문에서 윌리엄즈는 폐경에 대해 설득력 있는 설명을 제시했다. 여성은 각각의 자식에게 상당한 투자를 하며, 그 자식이 건강하게 성인으로 성장했을 때에만 유전적으로 수지타산을 맞출 수 있다. 나이가 많은 여성이 아기를 또 가지면(그에 따른 위험까지 부담하면서) 나중에는 그 아이를 도저히 돌볼 수 없게 되어 지금 있는 자식들의 장래까지 위협한다. 이렇게 하는 대신 더 이상 아기를 낳지 않고 이미 키우고 있는 아이들을 열심히 보살핀다면, 나중에 그 아기가 자라서 번식시킬 자식들의 수는 오히려 더 늘어날 것이다. 인류학자 킴 힐 Kim Hill과 앨런 로저스 Alan Rogers가 최근의 논문에서 폐경에 대한 이 설명에 반론을 제기했지만, 아직도 이 가설은 언뜻 보기에 불필요한 특성을 혈연선택 kin selection이 어떻게 잘 설명해 내는지를 보여주는 좋은 예다.

노쇠를 일으키는 모든 유전자들이 반드시 초기에 이득을 제공해 주는 것은 아니다. 선택에 노출된 적이 전혀 없었던 유전자가 있었을 텐데, 원시 환경에서는 그런 유전자가 불이익을 끼칠 때까지 살 수 있는 사람들이 거의 없었을 것이다. 두 권의 명저 『노쇠의 생물학 *The Biology of Senescence*』과 『성의 기쁨 *The Joy of Sex*』을 저술하여, 다소 중복되는 두 분야 모두에서 명성을 떨친 생물학자 앨렉스 컴포트 Alex Comfort는 이 설명이 충분하다고 생각한다. 만일 그가 옳다면 야생동물들에서는 노쇠가 죽음의 원인이 되는 일이 절대 없을 것이다. 컴포트는 자연 상태에서는 늙고 허약한 동물이 좀처럼 보이지 않는 현상에 주목하고, 노쇠가 야생 개체군의 사망을 초래하는 원인이 될 수 없다고 결론내렸다. 그러나 마라톤 기록을 잊지 말라. 나이든 동물이 아주 조금이라도 천천히 달리면 다른 나이 어린 동료들보다 포식자에게 더 빨리 잡아먹힐 것이다. 결국 노쇠한 동물은 우리 눈에 띄기도 전에 대부분 노쇠의 영향으로 죽는다.

이 상황을 이해하는 한 방법은 나이를 먹어도 사망률이 증가하지 않는 이상적인 개체군의 생존율 곡선과 실제 야생 개체군의 생존율 곡선을 비교하여 야생 개체군에 작용하는 선택압을 계산하는 것이다. 곡선 아래의 면적비는 노쇠가 적응도를 얼마나 감소시키는가에 대한 대략적인 추정치이다(그림 8-2 참조). 많은 야생 포유류에서 노쇠는 동물들을 도태시키는 중요한 선택압이다. 따라서 노쇠를 일으키는 대다수의 유전자들은 분명히 자연선택의 영향을 받고 있다. 이런 유전자들은 개체의 생애 초기에는 이익을 주기 때문에 널리 전파되었을 것이다.

이쯤이면 생애 초기에 이익을 주는 노쇠 유전자의 실례를 보고 싶어하는 독자들이 있을 것이다. 하나 이상의 효과를 나타내는 유전자들이 다수 알려져 있다. 정신장애와 함께 머리카락의 색을 연하게 만드는 PKU 유전자가 그 좋은 예다. 그렇지만 여기서 우리는 어렸을 때는 이익을 주지만 나이를 먹으면서 손해를 끼치는 유전자들에 관심이 있다. 미시건 대학의 의사 로저 앨빈 Roger Albin은 1988년에 발표한 논문에서 그런 유전자들이 일으킨 것이라고 생각되는 질병들을 몇 가지 제시했다. 그 중 하나가 혈색증인데, 철분을 과다하게 흡수하여 그 축적된 철분이 간을 파괴시켜 중년의 사람들을 죽이는 병이다. 생애 초기에 철분을 충분히 흡수하는 능력이 이 병에 걸린 사람들에게 뒷날의 불이익을 상쇄하고도 남을 만큼의 이익(철분 결핍으로 인한 빈혈 방지)을 줄 것이다. 앨빈은 이 유전자가 널리 퍼져 있다는 사실(인구의 약 10%)을 이형접합자 이익 heterozygote advantage으로도 설명할 수 있다고 덧붙였다. 혹은 그 유전자가 성에 따라 상반된 선택으로 유지될지도 모른다. 월경 중 손실되는 양만큼 철분을 보충할 필요가 있는 여성들에게는 이익을 주지만, 중년 남성들에게는 단지 철분만 과도하게 축적시키는 손해를 끼친다.

또 앨빈은 펩시노젠 I pepsinogen I이라는 위장 호르몬을 과도하게 만들어내는 유전자를 가진 사람들이 있다고 했다. 이런 사람들은 남들보다 위궤양에 걸리기 쉬우므로, 결국 나이가 들면 위궤양으로 사망할 가능성이 높다. 하지만 이들은 평생 동안 계속 위산을 많이 분비하기 때문에 각종 감염들을 효율적으로 막아낼 수 있을 것이다. 그런데, 펩시노젠 I을 많이 갖고 있는 사람이 폐결핵이나 콜레라 같은 장 내 감염들을 더 잘 물리치는지에 대한 앨빈의 제안을 실제로 검증한 연구자는 단 한 명도 없다.

다윈 의학자가 되기 위해 최근 의과대학에 진학한 진화인류학자이자 노쇠 연구가인 폴 터크 Paul Turke는 저자들에게 면역계가 연령의 영향을 받는 체계임을 일깨워주었다. 면역계는 우리를 감염으로부터 지키기 위해 위험한 화학물질들을 분비하는데, 바로 이 화학물질들이 우리의 조직까지 손상시켜 결국 노쇠와 암을 일으킨다는 것이다.

알츠하이머병에 잘 걸리게 하는 유전자도 어릴 적의 이익 때문에 선택되었을지도 모른다. 알츠하이머병은 끔찍한 정신 황폐를 일으키는 가장 흔한 질병으로 65세에는 5%, 80세에는 20%가 이 병으로 고생한다. 여러 가족의 병례를 연구한 결과, 또는 21번 염색체를 세 개나 가지고 있는 사람들에게 많이 발병한다는 보고에서 알 수 있듯이, 이 병은 유전적 요인의 영향을 받는다. 1993년 듀크 대학 신경학과의 연구자들은 특히 나중에 알츠하이머병에 걸릴 사람들이 아포리포단백질 apolipoprotein E4를 만드는 19번 염색체 상의 유전자를 갖고 있다는 사실을 알아냈다. 이 유전자를 이형접합으로 가지고 있는 사람이 80세가 될 때까지 알츠하이머병에 걸릴 가능성은 40%이다. 그런데 노년에 알츠하이머병에 걸린 사람들이 생애 초기에 그 유전자로 어떤 이익을 얻었는지를 조사한 학자는 아무도 없다. 그러나 이제 이 유전자를 발견했기 때문에 이 의문에 대답할 수 있을 것이다. 국립노화연구소의 래퍼포트 S. I. Rapoport가 여기에 관련된 설명 하나를 제시했다. 그는 이 병이 두뇌 중 좀더 최근에 진화된 영역의 고장으로 발병하며, 다른 유인원들에게 발병되지 않는다는 사실에 주목했다. 이에 근거하여 그는 지난 400만 년 동안 인간의 두뇌 용량을 급속히 팽창시킨 유전적 변화가 알츠하이머병을 유발시키거나 다른 유전적 변화에 의해 아직 중화되지 못한 부작용을 낳았다고 제안했다. 만일 알츠하이머병에 걸리게 하는 유전자를 가진 사람들이 어릴 때 지능이 높았는지, 또는 두뇌 크기가 컸는지 확인해 본다면 대단히 재미있을 것이다.

어릴 때 이익이 되는 유전자들이 나중에 노쇠를 조장한다는 것을 증명하는 실험 증거들은 많이 있다. 집단생물학자 로버트 소칼 Robert Sokal은 주방에 흔히 있는 해충인 쌀벌레를 키웠는데, 이들 중 좀더 빨리 번식하는 벌레들만을 선택해 보았다. 40세대 후 빨리 번식하는 쌀벌레들은 일찍부터 대단히 많은 자손들을 만들어냈으나 그만큼 더 빨리 늙어 죽었다. 아마도 생활사 초기에는 이득을 주지만 나중에는 손해를 끼치는 유전자들이 선택되었기 때문일 것이다. 생물학자 마이클 로즈 Michael Rose와 브라이언 찰스워스 Brian Charlesworth는 반대로 접근하기로 하고, 생활사 말기에 번식하는 초파리들을 선택했다. 이 초파리들은 생활사 말기에 자식을 더 낳았을 뿐만 아니라 더 장수했지만 평생 낳는 자식수는 감소했다. 초기에는 이익, 말기에는 손해를 끼치는 유전자를 인위선택으로 제거했을 때 예상할 수 있는 바로 그런 결과였다.

이런 유전자들이 야생 동물을 노쇠시키는 데도 작용한다는 것을 암시하는 증거들이 점점 늘고 있다. 여러 해 동안 노인병학자 gerontologist들은 야생 동물이 노쇠하지 않는다는 앨렉스 컴포트의 잘못된 주장을 인정해 왔다. 보고자 하는 것만 보게 된다는 예로서, 야생 개체군을 연구해 온 많은 과학자들은 나이든 동물들이 높은 사망률을 나타내는지 한 번도 확인할 생각은 하지 않고, 단순히 사망률이 전 생애를 통해 일정하게 유지된다고 가정해 버렸다. 하지만 노인병학자들이 직접 조사하기 시작한 지금, 도처에 많은 증거들이 널려 있다. 많은 종에서 노쇠는 다른 모든 선택압들을 합한 것보다 번식성공도를 더 떨어뜨린다. 이것이 노쇠에서 발현 유전자가 차지하는 역할을 증명하지는 않지만, 단순히 자연선택이 노쇠를 유발하는 유전자를 제거할 기회가 없었을 뿐이라는 이론을 뒤흔들 수는 있다.

야생 동물의 노쇠에 관한 증거들이 노쇠를 타협의 결과로 설명하는 우리의 이론을 지지해 주고 있지만, 수명은 쉽게 연장될 수 있다는 증거가 우리를 위협하고 있다. 쥐의 먹이를 극도로 제한했더니 수명이 30% 혹은 그 이상 증가했다. 이 결과는 불가사의한데, 이것은 칼로리 제한처럼 간단한 조작으로 수명이 뚜렷하게 연장될 수 있다는 사실이 노쇠는 많은 유전자들의 협력 작용으로 생긴다는 우리의 생각과 어긋나기 때문이다. 그러면 쥐는 왜 조금만 먹고 더 오래 살지 않을까? 첫째, 쥐들은 늘 실험실에서 지나칠 정도로 많은 먹이를 제공받기 때문에 빨리 늙는다는 것이다. 아마 쥐의 신체는 풍족하지 않은 먹이량을 기준으로 설계되어 있어서, 단식 실험이 수명을 연장시킨 것이 아니라 단지 과도한 먹이량 때문에 생긴 역효과를 제거했을 뿐일지도 모른다. 이 말은 별로 그럴듯하지 않다. 먹고 싶은 대로 무한정 먹은 쥐가 야생 상태의 쥐보다 크게 무겁지도 않으며, 제대로 못 먹은 쥐가 포식자와 독소로부터 보호받는 야생의 쥐보다 오히려 더 오래 산다.

하버드 대학의 생물학자인 스티븐 어스태드Steven Austad는 먹이 제한 실험에 대한 수 백 건의 연구들을 종합 검토한 후 단 몇 편의 연구에서만 언급된 결정적인 핵심 요소를 찾아냈다. 먹이를 박탈당한 쥐가 더 오래 살지는 모르지만 자손을 남기지는 않는다. 사실 짝짓기조차 하지 않는다! 그들은 번식 이전의 발달 단계에 붙잡힌 채 적절한 음식 공급만을 기다리는 것 같다. 먹이로 수명이 연장되는 메커니즘이 흥미로운 건 사실이지만, 진화학자의 관점에서는 번식성공도를 말살시키는 먹이 제한은 축복이기는커녕 일찍 죽는 것과 다름 없는 재앙이다.

노쇠의 메커니즘

한정된 수명과 노쇠를 일으키는 메커니즘은 무엇인가? 최근의 연구 결과 몇 가지 메커니즘들이 발견되었다. 예를 들어 자유 라디칼 free radicals은 워낙 반응성이 커서 무슨 조직이든 접촉하기만 하면 손상시킨다. 우리의 몸은 이에 맞서 많은 방어 메커니즘을 진화시켰는데, 특히 과산화돌연변이억제효소 superoxide dismutase(SOD)라는 화합물은 자유 라디칼이 큰 피해를 입히기 전에 이를 중화시킨다. SOD가 결핍되면 근육이 뒤틀리는 치명적 질병인 근위축성측삭경화증 amyotrophic lateral sclerosis(루게릭병 Lou Gehrig's disease이라고도 함)에 걸린다. 많은 종에서 SOD의 양은 그 종의 수명에 직접적으로 비례한다. 이는 자유 라디칼이 입히는 손상이 노화의 메커니즘을 분명히 보여주지만, 다른 한편으로는 어떻게 자연선택이 특정한 방어 메커니즘을 필요한 만큼 적절히 조정하는지도 보여준다.

또 다른 산화방지제인 요산 uric acid이 혈액 내에서 차지하는 농도도 그 종의 수명과 밀접하게 연관되어 있다. 우리 인간은 다른 대부분의 포유동물들이 가지고 있는 요산 분해 능력을 잃어버렸다. 요산 결정체가 관절 체액 속에 침전하여 통풍 gout을 일으키기 때문에 의학책에서는 인체 생화학의 한 결점으로 이 능력의 상실을 인용한다. 하지만 생화학책에서 인용한 다음 글에서 알 수 있듯이, 우리의 수명을 연장시켜 주는 하나의 장점일지도 모른다.

> 많은 사람들의 몸속에 통풍까지 일으킬 정도로 다량의 요산이 존재하는데 그 이점은 무엇인가? 요산이 엄청나게 이로운 작용을 한다는 것이 밝혀졌다. 요산은 하이드록시 라디칼 hydroxyl radical, 과산화 음이온, 발생기 산소, +4에서 +5의 높은 철 원자가를 갖는 산화 헴 중간물 등 반응성이 높고 해로운 산소족들을 아주 효과적으로 제거한다. 실제로 요산은 산화방지제로서 아스코르브산염 ascorbate만큼이나 효과적이다. 원후류 prosimians

나 다른 하등 영장류들에 견주어 인간은 요산을 많이 가진 덕분에 평균 수명이 더 늘어났고 암의 발병률도 더 낮아졌을 것이다.

통풍에 걸려 아픈 발가락은 노쇠를 늦추는 역할을 하기 때문에 선택된 유전자가 우리에게 요구하는 대가다. 이 유전자는 지금까지 살펴본 유전자들과 정반대의 효과를 보이는데, 그 이유는 인생의 말년에 노쇠를 늦춰주는 이득을 주는 대신 성인이 된 이후 줄기차게 그에 상응하는 대가를 치러야 하기 때문이다. 통풍에 걸린 환자들이 정말로 천천히 노쇠하는지 조사한다면 흥미로울 것이다.

또 고장난 DNA를 복구시켜 주는 효소도 오래 사는 종들에게 더 많이 있다. 이 사실은 SOD나 요산의 경우처럼 DNA에 대한 손상이 선택을 일으키는 힘임을 보여주며, 또한 자연이 문제에 대한 해결책을 찾아냈다는 것을 입증한다. 자연선택이 별 것 아니라고 생각하는 사람은 자유 라디칼과 DNA 손상을 노쇠의 원인으로 간주한다. 하지만 자연선택의 위력을 올바로 이해한다면, 산소 라디칼과 고장난 DNA가 끼칠 해악을 제거하는 메커니즘 역시 진화의 산물이며, 이러한 능력은 번식성공도를 극대화하는 데 꼭 필요한 만큼만 발휘되리라고 생각할 것이다.

어스태드가 지적했듯이 노쇠의 메커니즘은 종들에 따라 각기 다를 것이다. 노쇠 연구에 가장 널리 쓰이는 재료인 쥐나 생쥐는 계통 발생학적으로는 물론 노쇠의 패턴에 있어서도 인간과 뚜렷하게 다르다. 따라서 어스태드는 노쇠의 보편적 패턴을 밝히기 위해 폭넓은 종간 비교 연구가 필요하다고 제안했다. 그는 조지아 해변 끝에 있는 한 섬을 대상으로 연구하기 시작했다. 그 섬은 북미주머니쥐 opposum가 천적 없이 수천 년 동안 살아왔기 때문에 평균 수명이 연장되는 방향으로 진화했을 것이라고 예측할 수 있는 곳이었다. 섬과 본토에 사는 주머니쥐를 잡아 각각 그 연령을 조사하는 방식의 야외 연구가 수년간 계속되었다. (섬에 사는 주머니쥐를 조사하는 일이 훨씬 쉬웠는데, 천적 없이 살아온 그들은 탁 트인 황야에서 아무런 보호책 없이 벌렁 드러누워 자기 때문이다. 반면 본토의 주머니쥐들은 살아남기 위한 보호책이 반드시 필요했으므로 온종일 깊은 굴 속에 숨어 지낸다.) 섬에 사는 주머니쥐가 본토의 일가친척들에 비해 장수할 뿐만 아니라 노쇠의 정도를 알려주는 여러 척도들에 근거해 봐도 천천히 노쇠하고 있었다. 하지만 이러한 변화에 대한 대가로, 모든 연령층에서 한 번에 낳는 새끼의 수가 더 적었으며 처음 번식하는 시기도 늦어졌다. 노쇠의 속도는 다른 생활사적 특성들과 마찬가지로 자연선택에 의해 결정된다.*

노쇠 속도의 성별간 차이

다시 인간으로 돌아가자. 1985년에 미국에서 태어난 남자 아이들은 여자 아이들에 비해 평균적으로 수명이 7년 정도 짧을 것으로 예상되며, 이 정도의 차이는 다른 나라 아이들에게도 똑같이 나타난다. 왜 여성이 남성을 능가하는 이런 이익을 얻게 되었을까? 종간 비교는 대단히 많은 종들에서 수컷이 더 빨리 늙는다는 것을 가장 명확히 보여주는 증거다. 수컷은 배우자를 차지하기 위해 서로 경쟁하기 때문에 암컷보다 수명이 더 짧다. 수컷의 사망률이 높은 이유는 부분적으로는 암컷을 두고 서로 격렬하게 싸움을 하기 때문이지만, 우리에 갇힌 채 혼자 사는 수컷도 암컷에 비해 일찍 죽는다.

왜 수컷에게 위험 부담이 더 큰 것인가? 수컷의 번식성공도는 수컷들간의 경쟁에서 이기는 능력에 따라 크게 좌우되기 때문에, 수컷의 생리 기능도 이러한 경쟁에 비중을 더 많이 두고 있으며 그만큼 신체 보존에는 크게 신경 쓰지 못한다. 수컷의 일생은 막대한 판돈이 걸린

---

* 노쇠에 관하여 더 깊이 알고 싶은 독자들은 어스태드의 근저 『우리는 왜 늙는가 *Why We Age*』(1997)를 참조하기 바란다(옮긴이).

도박이다. 압도적으로 우수한 수컷이 수없이 많은 자식들을 얻을 수 있는 반면 평범한 수컷은 단 한 명의 자식도 못 가진다면, 적응도를 높이기 위해서는 커다란 희생을 치를 수밖에 없다. 이런 과정에서 희생되는 것이 바로 수명을 연장시키는 형질들이다.

의학적인 함의

노쇠에 관한 연구는 이제 막 진화적 관점이 갖는 가치를 발견하는 것 같다. 노인병학자들은 노쇠를 유발하는 메커니즘이 실수가 아니라 자연선택에 의해 다듬어진 절충임을 깨닫고 있다. 진화적 관점에서는 적지 않은 수의 유전자들이 노쇠를 유발하는 데 개입하고 있으며 이들 중 몇몇은 삶을 살아가는 데 핵심적인 기능을 한다고 생각한다. 이러한 유전자들은 각기 유발하는 증상들이 함께 심해지도록 조절하는데, 어떤 유전자의 치명적 효과가 다른 유전자의 효과보다 일찍 드러날수록 이를 제거하려는 선택압이 더 강하기 때문이다. 선택은 그런 유전자가 좀더 나중에 발현되도록 만들어 결국 그 유전자의 효과가 노쇠를 유발하는 다른 유전자들의 효과와 한꺼번에 나타나도록 한다. 이 과정은 〈한 마리 말이 끄는 마차〉의 효과, 즉 노쇠를 매끄럽게 진행시키는 시계가 따로 있는 것도 아니면서 노쇠의 수많은 징후들이 동시 다발적으로 나타나는 현상을 설명해 준다.

진화적 관점은 비행기 안의 할머니가 품은 희망, 즉 노쇠는 언젠가 치료될 수 있는 질병이라는 희망을 꺾어버린다. 수명을 연장시켜 준다는 획기적인 연구 성과를 거론하는 것은 단지 희망적인 이야기일 뿐이다. 노쇠가 몰고 오는 많은 질병들을 지연시키거나 예방함으로써 성인이 된 이후에도 항상 풍요롭고 활기차게 살 수 있으리라는 가능성 때문에 노인학을 연구하고 노쇠의 메커니즘을 밝히기 위해 막대한 예산을 투자한다. 우리는 수명을 비약적으로 연장할 수 없다는 비관적인 견해를 갖고 있지만, 과학사에는 절대 불가능한 것도 바로 몇 년 후에 실현되는 일들이 비일비재하다. 또한 자연선택이 겨우 수백만 년 동안 우리의 수명을 괄목할 만큼 연장시켰다는 사실도 잘 알고 있다. 따라서 노인병학자들에게 이제 수명을 연장시키려는 노력을 포기하라고 요구할 마음은 없다. 다만 진화적인 관점에서 그 작업을 수행하라고 권하고 싶다.

과학이 성취할 수 있는 한계에 대한 비관적인 판단 역시 종종 무시 못할 효용성을 발휘해 왔다. 철학자 휘태커 E. T. Whittaker는 이를 〈불가능의 공리 postulates of impotence〉라 했다. 이러한 비관론 때문에 공학자들은 더 이상 영구 운동 기관을 만들려 하지 않으며 화학자들은 더 이상 납을 금으로 바꾸려 하지 않는다. 만일 노인병학자들이 어떤 통제 가능한 노쇠의 원인을 가지고 청춘의 샘을 발견하려는 시도를 그만둔다면, 그들의 노력을 인간의 복지 향상에 기여하는 방향으로 쓸 수 있을 것이다.

임상의사들은 좀더 즉각적인 측면에 관심이 있다. 85세 이상의 노인들이 인구에서 차지하는 비율은 전체 인구 증가율보다 6배나 빨리 증가하고 있다. 지난 30년 동안에만 미국인의 평균 수명은 69.7세에서 75.2세로 늘어났다. 건강 관련 산업에 투자되는 비용의 1/4 이상이 죽을 날만 기다리는 환자들에게 쓰이고 있고, 가정 내 간호에 대한 수요는 향후 20년 동안 4배로 증가할 것이다. 어린이나 젊은이들이 겪는 급성 질환에서 나이든 사람들이 겪는 만성 질환으로 의학의 초점이 옮겨가고 있다. 폐렴을 퇴치하는 항생제를 개발하거나 수술을 집도하는 것이 의사의 본업이며 당연히 그런 일만 하게 될 줄 알았던 의사들이 실제로는 고혈압을 체크하거나, 기억력의 감퇴 수준을 판정하거나, 만성 심장질환의 증상을 약간 누그러뜨리는 일 등을 하고 있음을 깨닫는다. 이러한 의사들과 환자들 중 상당수가 여전히 노쇠를 질병이라고 생각하고 있다. 진화적으로 노쇠가 어떻게 생겨났는지 정확히 알게 되면 상상하기 어려울 만큼 커다란 파급 효과가 생길 것이다.

이러한 시각은 우리 자신의 삶을 바라보는 관점도 변화시킬 것이다. 혹자는 노쇠가 청춘기의 활력에 따른 대가라는 사실에서 위안을 얻을지도 모른다. 어떠한 의학상의 진보도 우리의 수명을 극적으로 늘려주지는 못한다는 전언 역시 우리에게 실망만큼이나 일면의 위로로 다가온다. 우리를 노쇠로부터 구원해 줄 약이나 운동 또는 식이요법을 찾으려고 추구하기보다는 삶을 있는 그대로 받아들이고 어떤 나이에서든 활기차게 생활하려고 노력하는 편이 낫다. 언젠가는 영생에 대한 집착이 가능한 한 충만한 삶을 누리려는 희망으로 대체될 수 있을 것이다.

9 진화적 역사의 유산

과거! 과거! 과거!
과거—끝없이 깊고 어두운 회상이여!
풍요로운 심연—잠든 이들과 그림자들이여!
과거—그 무한한 위대함이여!
과거로부터 불거진 혹밖에 안 되는 현재가 과연 무엇이란 말인가?

—— 월트 휘트먼 Walt Whitman 「인도로 가는 길 Passage to India」

영화 「사랑의 블랙홀 Groundhog Day」에서 근근히 하루하루를 살아가는 별 볼 일 없는 TV 일기예보원 필이 막 식당에 들어섰을 때, 저녁 식사 중이던 어떤 사람이 목에 음식물이 걸려 캑캑거리고 있다. 전에도 이런 모습을 많이 보았던 필은 질식 중인 그 사람의 등 뒤로 조용히 다가가서는, 두 팔을 남자의 복부 위에 그러모아잡고 갑자기 세게 조였다. 그러자 후두에 걸려 있던 음식물이 튀어나와 다시 숨을 쉴 수 있게 되었다. 필과 하임리히 응급법 Heimlich maneuver이 그 사람의 목숨을 구했다.

매년 약 10만 명 중 1명이 질식사한다. 교통사고에 의한 사망률보다는 낮지만, 질식은 인간의 진화 역사뿐만 아니라 척추동물 모두의 진화 역사를 통해 무시 못할 죽음의 원인이었다. 이는 모든 척추동물이 똑같은 설계상의 오류를 물려받았기 때문이다. 우리의 입은 앞에서 보아 코 아래쪽에 있지만, 음식물을 운반하는 식도는 가슴 속에서 공기를 운반하는 기관 뒤쪽에 있기 때문에 두 관은 목구멍에서 교차해야만 한다. 음식물이 이 교차점을 막아버리면 공기가 허파에 도달하지 못한다. 음식물을 삼킬 때는 반사 작용에 의해 기관으로 가는 통로가 닫히기 때문에 음식물이 기관으로 들어가지 않는다. 불행하게도, 세상의 어떤 기계도 완전하지 않다. 가끔 그런 반사 작용이 잘못되는 바람에 〈목구멍에 뭐가 걸린다〉. 이런 뜻밖의 사고에 대비해서 우리에게는 질식 반사, 즉 근 수축과 기관 협착이 정교하게 조응함으로써 한바탕 폭발적인 기침을 일으켜 길을 잘못 찾아든 음식물을 강제로 배출시키는 방어책이 있다. 만일 이 보충 메커니즘도 헛수고로 끝나 기관을 막은 방해물이 끝내 제거되지 못하면, 또 필이 행한 정도의 응급 처치를 할 수 있는 사람이 우연히 근처에 있지 않으면, 우리는 죽고 만다.

하지만 왜 음식물과 공기의 통로를 통제하는 보호 메커니즘과 그에 대한 보충 수단으로 질식 반사까지 지녀야 한단 말인가? 공기 통로와 음식물 통로가 아예 완전히 분리되어 있는 편이 훨씬 더 좋고 안전할 것이다. 이러한 교차점이 존재하게 된 기능적인 이유는 대체 무엇일까? 답은 간단하다. 이유는 없다. 이것에 대한 설명은 역사적이지 기능적인 것이 아니다. 어류에서 포유류에 이르기까지 모든 척추동물들은 두 가지 통로가 교차하는 멍에를 짊어지고 있다. 곤충이나 연체동물같이 다른 동물들은 호흡계와 소화계가 완전히 분리되어 보다 합리적인 배열 구조를 지닌다.

우리의 공기 및 음식물의 소통 문제는 아득한 조상으로부터 시작되었다. 입 바로 아래에 있는 체 sieve 같은 기관을 통해 물에서 걸러낸 미생물을 먹고 살았던 아주 작은 벌레 모양의 동물이 조상이었는데 그들은 너무 작아서 호흡계가 필요 없었다. 주위의 물속에 녹아 있는 산소가 수동적 확산으로 몸 가장 깊숙한 곳까지 자유로이 넘나들 수 있어 호흡 문제를 해결했다. 나중에 더 큰 몸집으로 진화했을 때 수동적 확산은 점차 한계를 드러냈기 때문에 호흡계가 진화했다.

만약 진화가 면밀히 세운 계획을 차근차근 실행하는 것이라면 새로 진화한 호흡계는 바로 그렇게 얻어진, 즉 원점에서 출발해 새로이 설계된 체계였겠지만, 진화는 면밀한 계획 따위는 세우지 않는다. 진화는 언제나 자기가 이미 갖고 있던 것들을 조금씩 변경하면서 진행된다. 먹이를 거르는 체는 소화기의 앞쪽 끝에 위치하여 이미 물의 흐름에 대해 표면적이 많이 노출된 상태였다. 그것은 특별히 변경하지 않더라도 내부 조직과 환경 사이에 필요한 가스 교환의 많은 부분을 담당함으로써 이미 하나의 아가미 역할을 수행하고 있었다. 먹이를 거르는 체가 서서히 변형되면서 부가적인 호흡 능력을 얻은 것이었다. 호흡 효율을 아주 조금이라도 높여준 미미한 돌연변이들이 진화의 세월을 거치면서 서서히 축적되었다. 이렇게 해서 우리의 소화계 중 일부가 새로운 기능인 호흡을 수행하게 되었고, 이것이 먼 훗날 「사랑의 블랙홀」에 나오는 펜실베이니아의 한 식당을 아수라장으로 만드는 단초가 되리라고 그 누구도 상상하지 못했을 것이다. 오늘날 진화 과정에서 먹이를 체로 걸러 먹었던 벌레의 단계는 현대의 척추동물과 가장 가까운 무척추동물의 근연종들에서 여전히 발견된다. 그림 9.1에서 볼 수 있듯이 이들의 호흡 통로와 소화 통로는 서로 합쳐져 있다.

훨씬 후 공기 호흡의 진화는 지금의 우리에게는 유감스러운 또 다른 변화들을 낳았다. 호흡 기관의 일부분이 변형되어 허파를 이루면서 위장으로 이어지는 식도의 아래쪽으로 뻗어나갔다. 수면 위에서 공기를 호흡하기 위한 구멍이 턱이나 목구멍보다는 콧등의 위쪽 표면에 이미 노출되어 있던 후각 기관인 콧구멍에서 진화한 것은 쉽게 이해

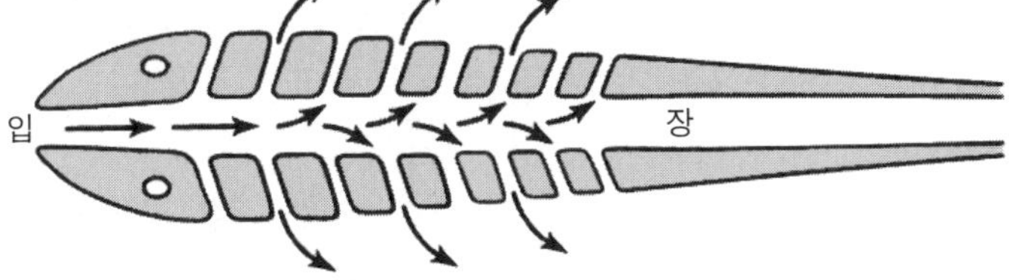

그림 9.1 피낭동물 tunicates 유생과 모든 척추동물의 멸종된 조상들에서 관찰되는 호흡 통로와 소화 통로의 모식도. 몸의 앞쪽 끝에서부터 수평으로 자른 모습.

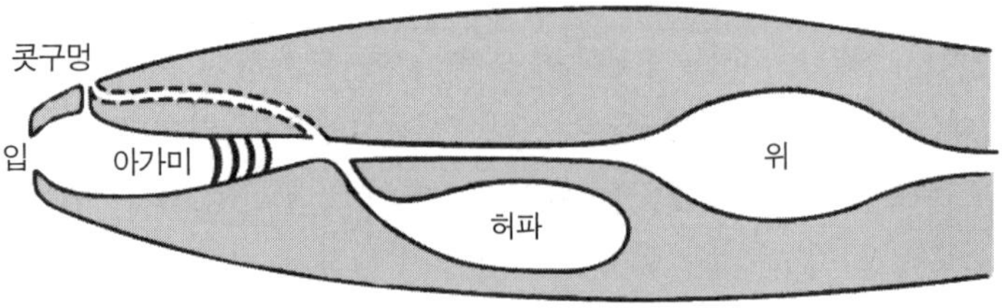

그림 9.2 고등 척추동물의 호흡계 및 소화계의 진화 중 폐어의 단계. 몸의 중앙에서 수직으로 자른 모습. 콧구멍과의 연결 통로가 목의 교차점으로 이어지도록 나중에 진화한 부분을 나타낸다.

할 만한 일이다. 따라서 공기가 드나드는 통로는 입 바로 위에서 시작해서 소화관의 앞부분으로 이어진다. 그 다음에 공기는 입과 후두를 타고 다시 뒤로 흘렀다가 후두에서 갈라져나온 기관을 거쳐 허파에 이른다. 이것이 폐어 lungfish의 단계이다(그림 9.2).

그후의 진화는 두 통로가 만나는 지점을 콧구멍에서 목 깊숙이 이동시켜 머리와 목구멍의 구조를 재설계하지 않는 한도 내에서 공기 통로와 소화계가 최대한 분리되도록 배려했다. 그래서 길게 이어지던 이중 기능의 통로가 점차 짧아져 마침내 교차점 하나만 남게 되었는데, 우리 인간과 모든 고등 척추동물은 아직도 그 때문에 곤경에 빠져 있다. 척추동물은 모두 음식물을 먹다 질식할지도 모른다는 골치에 시달린다. 1859년 다윈은 이 통로를 기능적 관점에서 볼 때 〈성문(聲門, glottis)을 여닫는 장치의 놀라운 솜씨에도 불구하고, 우리가 삼키는 음식물이 허파로 들어갈지도 모르는 위험을 무릅쓰고 호흡관으로 난 구멍 위를 지나가야 한다는 기묘한 사실을 이해하는 것은 너무 어렵다〉고 강조했다.

인간은 사실 다른 포유류들에 비해서도 더 안 좋은 상황인데, 말하는 능력을 향상시키기 위해 목구멍을 재차 변경시키느라 공기와 음식물을 소통하는 능력은 더욱 불리하게 되었다. 말이 물 마시는 모습을 본 적이 있는가? 말은 숨쉬기 위해 고개를 들지 않고 물 속에 입을 처박고 계속 물을 마실 수 있다. 말은 공기의 통로가 콧구멍에서 시작되어 호흡관으로 난 구멍까지 정확히 한 줄로 이어질 수 있기 때문에 이런 일이 가능하다. 말의 호흡 경로는 소화 경로를 건너뛰는 일종의 다리 구조를 이루기 때문에, 말이 뭔가 삼킬 때는 그 다리 밑을 가로지르는 공간을 이용할 수 있다. 불행하게도 우리는 호흡관 통로가 목 깊숙이 들어가버렸기 때문에 다리 구조의 연결 부위는 더 이상 만들어지지 않는다. 적어도 성인들은 그렇다. 태어난 지 몇 개월 안 된 아기들은 다른 많은 포유동물들처럼 액체를 삼키면서 동시에 숨을 쉴 수 있다. 하지만 아기들도 인간 언어의 첫걸음인 옹알이를 시작하면 더 이상 말처럼 마실 수 없다. 질식할 위험을 항상 안고 있는 인간의 운명은 고대의 비적응적인 유산이 훨씬 뒤의 또 다른 타협으로 더욱더 악화된 실례이다.

기능이 불량한 설계의 다른 예

이밖에도 우리에게 의학적인 난제를 던져주는 설계상의 중대한 결함들이 많이 있다. 가장 널리 알려진 예로 뒤집힌 망막을 들 수 있다. 척추동물의 눈은 아주 작고 투명한 조상의 피부 아래에 위치하고 있었던 빛에 민감한 세포들에서 유래했다. 이 세포들에 연결된 혈관과 신경들은, 투명한 동물에게는 어느 쪽이든지 상관없는 일이었지만, 바깥쪽에서 들어와 있다. 수억 년이 지난 지금까지도 빛은 망막 표면 위에 널려 있는 혈관과 신경 다발들을 먼저 통과해야만 간상세포와 원추세포에 도달할 수 있다. 망막에 부착된 신경섬유들은 촘촘히 모여서 한 다발, 즉 시신경을 이루고 이것이 눈을 빠져나와 뇌로 간다. 시신경이 망막을 빠져 나가는 구멍에는 간상세포나 원추세포가 존재할 수 없다. 바로 이 구멍이 눈의 맹점을 만든다. 직접 확인하고 싶으면, 왼쪽 눈을 감고 연필 끝에 달린 지우개를 오른쪽 눈의 정면에 놓고 똑

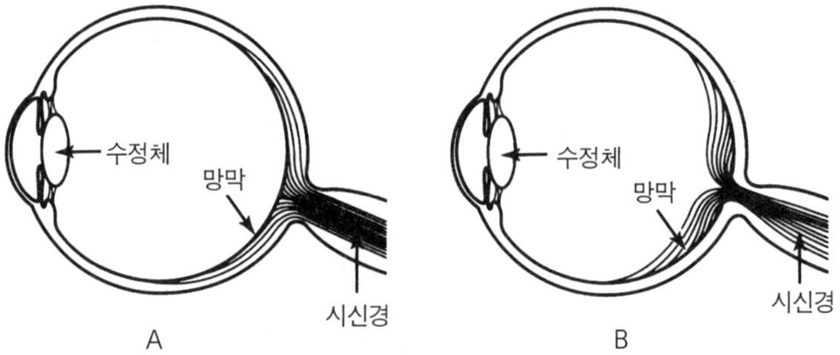

그림 9.3 A : 오징어의 눈 같은 망막 배열을 가진 이상적인 인간의 눈 모양. B : 인간의 실제 눈 모양. 신경과 혈관이 망막의 안쪽으로 가로질러 빠져나감.

바로 응시하라. 그리고 연필을 오른쪽으로 움직이되 눈은 따라가지 말라. 오른쪽으로 약 20도 벗어난 점에 이르면 지우개가 사라질 것이다. 왼쪽 눈 역시 중앙선에서 20도쯤 벗어난 지점에 똑같이 맹점이 있다.

망막 위에 놓인 혈관은 또 다른 문제를 일으킨다. 혈관들이 드리운 그림자가 망막 위에 그물망 모양의 그림자를 드리운다. 이 문제를 해결하기 위해 우리 눈은 끊임없이 미세한 요동을 치고 있으며, 그 덕분에 몇 십분의 1초마다 조금씩 다른 영역들을 꼼꼼히 수합한다. 이 정보더미들을 뇌가 처리하여 하나의 완전한 상으로 편집한다. 우리는 실제로 어떤 사물의 상이 다른 상들로 수없이 끊기고 중단되는 모습을 보고 있지만, 두 눈으로 그 상의 연속적인 모습을 끊임없이 보고 있다고 생각한다. 그럼에도 불구하고 맹점과 마찬가지로 혈관들의 그림자는 항상 그 자리에 있다. 이 기막힌 자기 기만을 확인하고 싶다면, 암실로 들어가서 눈을 감은 뒤 소형 펜전등의 스위치를 누르고 그 불빛을 눈꺼풀 위에 가만히 흔들어보라. 망막에 연결된 소정맥과 소동맥들이 나란히 배열되어 복잡하게 얽힌 그물망이 드리운 그림자를 볼 수 있을 것이다.

아무짝에도 쓸모없이 이처럼 망막이 뒤집혀 있는 현상은 모든 척추동물에게 공통적인 결함이다. 공기 통로와 음식물 통로가 교차한 경우처럼 이것 역시 역사적인 산물이며 오직 척추동물에만 존재한다. 기능이 유사한 오징어의 눈은 신경과 혈관이 망막 뒤에 달라붙어 있으므로 좀더 합리적인 구조라 할 수 있다. 오징어의 눈은 척추동물처럼 설계상 결함이 가져오는 악영향을 최소화하기 위해 이차적인 부대 장치를 따로 마련할 필요가 없으며, 이는 먹는 일이 숨쉬는 일을 훼방 놓을까봐 오징어가 따로 신경 쓸 필요가 없는 것과 똑같다. 오징어를 비롯한 다른 연체동물들도 기능 불량을 일으키는 역사적 유산들에 묶여 있다.

역망막 현상은 대단치 않은 시각적 손상뿐만 아니라 몇 가지 각별한 의학적 문제들까지 야기한다. 망막에서 출혈이 생기거나 혈류가 조금이라도 막히면 망막에 맺히는 상을 심하게 손상시키는 그림자가 생긴다. 더욱 더 심각한 문제는 빛을 수합하는 겉껍질(간상세포와 원추세포들)이 안구 안쪽 면에서 쉽게 떨어져 무너져내릴 수 있다는 것이다. 이러한 망막 박리 detached retina 현상이 생겼을 때, 즉시 치료하지 않으면 실명할 수도 있다. 그와 대조적으로, 보다 합리적으로 설계된 오징어의 눈은 망막을 그 아래의 수많은 신경섬유들이 안전하게 떠받치고 있어 박리 현상이 일어나지 않는다.

모든 척추동물이나 포유류들을 곤경에 빠뜨리는 이런 결함들 외에도, 오직 인간에게만 혹은 인간과 가장 가까운 유인원들에게만 해를 끼치는 결함들도 있다. 충수가 그 예이다. 충수염 수술을 받고 회복된 사람들은 충수가 없어도 어떠한 불이익도 받지 않는 것 같다. 우리가 아는 한 충수의 유일한 기능은 우리로 하여금 충수염에 걸리게 하는 것이다. 충수는 초기 포유류 조상들이 영양가가 낮은 식물성 음식을 소화시키는 데 도움을 준 소화 기관인 맹장의 일부가 퇴화한 흔적이다. 토끼나 다른 포유류에서는 맹장이 아직도 이러한 기능을 수행한다. 나무 열매나 곤충처럼 좀더 영양가 높은 음식물로 식생활이 바뀌면서, 굳이 맹장을 존속시킬 까닭이 없었기 때문에 유인원이 진화하는 과정에서 맹장은 점차 퇴화했다. 유감스럽게도 맹장이 아직 완전히 사라지지 않은 탓에 지금은 그 흔적이 충수염을 유발시킨다.

그러면 왜 충수(맹장, appendix)는 끝끝내 살아남은 것일까? 충수는 면역계의 기능에 어느 정도 기여하는 것으로 보인다. 역설적으로 우리는 충수가 충수염에 의해 유지되는 것은 아닌지 의심한다. 충수는 길고 가느다란 모양이라서 염증에 걸리기 쉬운데, 그 이유는 염증이 생긴 충수가 크게 부풀어올라 충수로 들어오는 동맥을 압박함으로써 유일한 혈액 공급로를 차단하기 때문이다. 충수 안에 세균이 가득 차면 혈액이 공급되어야만 충수가 자신을 지킬 수 있다. 세균은 급속히 증식하여 마침내 충수를 터뜨려 복강 전체를 세균으로 감염시키고 독소를 퍼뜨린다. 충수가 길고 가늘면 아주 작은 염증이나 종기만 생겨도 커다란 충수에 비해 혈액 공급이 더 쉽게 중단된다. 자연선택은 쓸모없는 충수의 크기를 서서히 줄여왔지만, 지름이 어떤 일정한 수치보다 더 가느다란 충수는 그만큼 더 충수염에 잘 걸린다. 따라서 충수염으로 인한 사망이 어느 정도 큰 충수를 역설적으로 선택했을 것이고, 이처럼 쓸모없음을 넘어 해롭기까지 한 특질을 유지시킨 것이다. 충수를 더 짧게 만드는 일에 대한 선택은 거의 틀림없이 더디게 작용하고 있으며, 바로 그 와중에 충수는 자연선택의 근시안적 약점을 파고들어 유지되고 있다고 생각된다. 퇴화된 다른 특질들 중에도 더 퇴화되었다가는 어떤 병에 걸리기 쉽기 때문에 간신히 유지되고 있는 것들이 또 있는지 궁금하다.

많은 유인원들과 대다수 포유류들은 자기 몸속에서 비타민 C를 만들 수 있지만 인간은 그렇지 못하다. 나무 열매를 많이 먹는 쪽으로 식생활이 바뀌면서, 약 4천만 년 전 비타민 C를 생산하는 생화학적 기구가 퇴화하는 예기치 않은 결과를 초래했다. 우리와 가깝고 열매를 주식으로 하는 몇몇 유인원들도 우리처럼 음식물을 통해서만 비타민 C를 섭취한다. 모든 동물들은 어떤 특정한 유기물질(비타민)을 음식물에서만 얻을 수 있다. 집단에 따라 그렇게 얻어야 하는 물질도 다르다.

기계적인 손상에 대한 우리의 취약성 중 일부도 과거의 진화적 발달 탓으로 돌릴 수 있다. 예를 들어 사람의 머리를 옆에서 날카로운 것으로 때리면 두개골이 깨지고 뇌를 손상시켜, 죽음이나 영구적인 장애를 입는다. 유인원 머리를 같은 식으로 때리면 측두근에 멍이 들고 씹는 동작이 잠시 불편해지는 게 전부다. 이러한 차이는 인간 두개골의 크기가 커지고 턱 근육 조직이 축소됨에 따라, 예전에 두개골 밑에서 완충 작용을 해주던 근육 조직이 없어졌기 때문이다. 건설 현장의 인부들이나 사이클 선수들이 쓰는 단단한 안전모는 생물학적인 결핍을 기술적으로 보완한 것이다. 만일 그들이 안전모를 잘 착용하지 않는다면, 아마도 100만 년쯤 지난 후 우리는 머리 가죽 밑에 뇌손상을 줄여주는 두터운 완충 조직을 다시 갖게 될지도 모른다.

두개골 크기가 점점 커지면서 태아의 머리도 온갖 어려움을 겪어야 간신히 골반을 통과할 수 있을 정도로 커졌다. 여성의 골반 구조는 넓은 출산 통로를 확보하기 위하여 남성의 골반과 약간 다르게 설계되었고, 출산이 임박하면 치골 관절이 느슨해져서 아기가 더 쉽게 빠져나오도록 도와준다. 질이 골반 뼈의 바깥 아랫배의 치골 위로 열려 있다면 모를까 출산은 참으로 어렵고 힘든 과정이다. 골반을 통과해야 하는 질의 경로 때문에 태아의 머리 크기는 더 크게 진화할 수 없었다. 큰 머리가 골반 뼈를 통과하도록 하는 것은 왜 인간의 아기가 유인원의 새끼에 비해 그처럼 위험한 발달 초기에 세상에 나오는지 설명해 준다.

기능 불량한 설계들이 인체 곳곳에 널려 있다는 사실은 이미 오래전부터 인식되어 왔다. 조지 에스터브룩스George Estabrooks는 1941년에 쓴『인간, 그 기계적인 졸작품 *Man, The Mechanical Misfit*』에서 인체의 해부적 특성 중 수많은 구조적 결함과 절충의 예들을 지적했다. 특히 네 발을 모두 땅에 딛고 걷는 동물에서 두 발로 서서 걷는 동물로 바뀌면서 초래된 결과를 다루고 있다. 신체 윗부분의 무게가 척추 하부를 크게 압박하기 때문에 직립 자세는 네 발 모두 디딘 자세보다 근육에 더 큰 부담을 준다. 골반은 원래 등에서 배로 누르는 무게 힘을 견디기 위해 설계된 것이지, 앉아 있든 서 있든 직립을 벗어날 수 없는 상황에서 머리에서 발로 누르는 무게의 힘을 염두에 두고 설계된 것이 아니다. 일레인 모건 Elaine Morgan은 최근에 펴낸 『진화의 흉터 *The Scars of Evolution*』에서 이처럼 비적응적인 유산들을 알기 쉽게 설명했다.

꼿꼿이 서서 두 발로 걷는 것이 기계적으로 잘 조화를 이루지 못한 탓에, 사소한 골칫거리부터 중대한 장애까지 수없이 많은 의학적 문제점들이 꼬리를 물고 이어진다. 아마 그 중에서 가장 큰 문제는 너무나 많은 사람들이 시달리는 간헐성하부요통일 것이다. 또 무릎이나 팔꿈치, 발도 상하기 쉽다. 무릎이나 팔꿈치 부상 때문에 시합에 진 운동선수 얘기는 넌더리가 날 정도로 자주 듣고 있지 않는가? 저자 중 한 사람이 배구 경기 중 점프를 했다가 그만 왼쪽 발로만 코트에 착지하고 말았다. 오른쪽 발이 같은 팀 동료의 발을 밟으며 안쪽으로 심하게 접질리는 바람에, 관절이 삐면 으레 다치기 쉬운 부위인 인대가 늘어났다. 그는 다음주 내내 목발을 짚고 강의해야 했고, 석기 시대의 대초원을 누벼야 했던 조상들과는 사정이 다르다는 것에 적이 안도할 수 있었다. 그는 또 인간의 발목이 그다지 잘 설계되지 못했다고 몹시 툴툴거리기도 했다.

포유류의 복막은 복강의 벽을 싸고 있는 조직막이다. 네 발로 걷는 포유류들에게는 좋을지 모르지만, 직립한 포유동물에게는 똑바로 세운 장대에 조직막이 매달려 있는 격이므로 소화 장애, 내장 유착, 치질, 서혜허니아 inguinal hernia 등과 같은 여러 가지 문제들을 일으킨다. 포유류의 순환계도 직립 자세와 절충한 산물이다. 개나 양에게는 아무 문제가 되지 않지만, 우리의 직립 자세는 아래쪽 말단으로 갈수록 수압을 상승시켜 정맥이 확장되거나 발목이 부을 수 있다. 반대로 뇌로 갈수록 혈압이 낮아지기 때문에 누워 있다가 갑자기 벌떡 일어서면 현기증이나 일시적 의식상실을 경험할 수 있다.

때때로 그런 문제점들에 대한 신체의 반응은 적응적인 양상과는 정반대로 나타난다. 심장 근육이 너무 약해서 받아들인 모든 혈액을 다 펌프질하기 벅차면 혈액이 허파나 발로 되돌아가 숨이 가빠지거나 발목이 붓거나 기타 울혈성 심부전의 여러 증상들을 유발시킨다. 이런 증상들이 과다한 체액들을 배출하는 걸 도와주리라고 생각할지 모르지만, 심부전증 환자들은 유기염이나 수분을 계속 보유하기 때문에 이렇게 과다해진 혈액량이 문제를 더 악화시킬 뿐이다. 심장질환 환자들에서 관찰되는 이러한 반응은 분명히 비적응적이지만, 내과의사 제니퍼 와일 Jennifer Weil이 지적했듯이, 원래 전혀 다른 문제를 해결하기 위해 설계된 것이다. 출혈이나 탈수증으로 인해 혈액의 펌프 작용이 약해질 경우 체액 보유 메커니즘이 없으면 정말 큰 일이다! 이러한 심장 장애는 주로 노년기에 일어나고 체액을 보유하는 메커니즘은 일평생 유용하게 쓰이므로, 젊을 때의 이익 때문에 선택된 노쇠 유발 요인을 보여주는 좋은 예다.

우리는 지금껏 인체의 근본적 설계에 내재하는 결함들에 대해서 이야기했다. 이러한 결함을 단순한 시행 착오나 최적치로부터의 무작위적인 변동과 혼동해서는 안 된다. 쉽게 측정할 수 있는 물리적 특질에 관해 일반적으로 알려진 것처럼 그저 중간이 제일 낫다. 날개 길이가 평균보다 길거나 짧은 새들이 폭풍우에 의해 사망할 확률이 훨씬 높다고 앞에서 설명한 것과 마찬가지다. 비정상적으로 키가 크거나 작은 사람은 키가 평균 정도인 사람들만큼 건강하지 못하며 오래 살지도 못하는 경향이 있다. 출산시 몸무게가 평균에 가까운 아기들이 너무 무겁거나 가벼운 아기들보다 통상적으로 더 잘 산다. 고혈압이나 저혈압이 정상 혈압보다 나쁘다는 걸 모르는 사람은 없다. 일반적으로 탁월한 수준의 적응에 도달하려면 최적치에 가까운 여러 정량적 특징들이 구비되어야 한다. 어떤 개체도 완전하지는 않지만, 때때로 여러 가지 매개변수들이 결합하여 놀랄 만큼 우수한 성과를 빚어낸다. 그러나 완전함에 근접했더라도 거기에는 상당한 변이가 존재한다. 마이클 조던과 시합한 적이 있는 농구 스타들은 다 아는 얘기다.

상당수의 설계들이 비적응적이라고 단정할 수는 없어도, 기능적으로 볼 때 제멋대로 되어 있으며 역사적인 유산으로만 설명될 수 있다. 포유류에서는 우심장이 피를 허파로 순환시키고 좌심장이 피를 몸 전체로 순환시키는데, 조류에서는 좌심장과 우심장의 역할이 뒤바뀌어 있다. 조류와 포유류가 파충류에서 제각기 갈라져 진화하면서 심장의 분화 경로가 서로 달랐다는 것밖에는 다른 이유가 없다. 두 방식 모두 똑같이 잘 기능한다. 어떤 특성들은 아주 이롭게 쓰인다. 만약 신장이 두 개가 아니었다면 지금 살고 있는 사람들 중에는 벌써 시체가 되었을 이들도 많이 있다. 신장을 남에게 기증하거나 망가졌더라도, 나머지 하나가 두 몫을 할 수 있다. 동일한 논리로 많은 이들이 심장이 하나밖에 없기 때문에 죽는다. 신장이 둘이고 심장이 하나인 이유는 단순히 그들이 처음 생겨날 때부터 모든 척추동물들에서 신장은 둘이고 심장은 하나였었다는 것이다. 이는 순전히 역사적 유산이며 어떤 기관은 두 개 있는 편이 유리하고 다른 기관은 하나 있는 편이 불리해서가 결코 아니다.

지금까지 인체에서 잘못되었거나 멋대로인 것들을 검토한 주된 이유는 설계상의 결함들이 많은 의학적 문제점들을 일으키기 때문이었지만, 인체의 대다수 특질들은 더할 나위 없이 훌륭하다는 점 또한 알아주기 바란다. 인간의 지나치게 큰 두뇌는 상처받기도 쉬울 뿐더러 출산을 어렵게 만들기도 하지만, 바로 그 덕분에 우리는 인지 능력면에서 그리고 그 능력이 일구어낸 모든 사회적, 기술적 진보면에서 모든 동물 중 단연 최정상의 지위를 차지하고 있다. 지구의 역사가 시작된 이래 다른 어떤 종도 농업의 발명 이후 우리가 해온 만큼 자신의 환경을 통제해 본 종이 없다. 마찬가지로 우리의 수명도, 코끼리처럼 우리보다 훨씬 더 큰 극소수의 동물들을 제외한다면, 다른 모든 포유류의 수명을 무색케 한다. 우리는 다른 어떤 영장류보다 두 배나 더 오래 산다.

우리가 지닌 다른 대부분의 적응들은 다른 포유류들의 적응에 비해 최소한 비슷하거나 월등하다. 우리의 면역 체계는 실로 월등하다. 또한 뚜렷하게 드러나는 설계상의 결함이나 개개인의 불완전함에도 불구하고, 우리의 눈과 그에 연관된 두뇌 구조는 여러 단계의 정보 처리 과정들을 통해 시각 자극으로부터 얻어내는 정보량을 극대화시키는 경이를 연출해 낸다. 예를 들어 매가 인간보다 더 뛰어난 눈을 가졌다면, 그것은 그 나름대로 어떤 타협을 통해서 얻어졌을 것이다. 어둠 속에서 우리보다 더 잘 볼 수 있는 동물들은 밝은 곳에서는 우리만큼 잘 볼 수 없다. 정상적인 인간의 시각은 광범위한 조건하에서 이론적으로 최고의 민감성과 식별력을 지니고 있다. 어떻게 어떤 거리에서 어떤 각도로 본 얼굴을 나중에 다른 거리와 다른 각도에서 보았을 때 바로 알아차릴 수 있는지 이해하기 시작했다. 현재 쓰이는 어떠한 컴퓨터도 그러한 대업은 엄두도 내지 못한다. 우리의 청력은 특정 주파수에 대단히 민감해서 만약 더 이상 예민해진다면 오히려 잘 듣지 못할 것이다. 고막에 와서 마구 부딪치는 공기 분자들의 소음에 가려 정작 중요한 소리는 들리지 않을 것이다.

마무리 손질

지금까지 우리는 주로 인간이 다른 척추동물, 다른 포유동물, 혹은 다른 영장류들과 함께 공유한 특징들에 대해서 이야기했다. 직립 자세로 인해 생기는 문제점에 대한 논의 역시 우리와 함께 호모 *Homo* 속에 속했던 지금은 멸종하고 없는 종들에게도 적용된다. 이제 우리는 10만에서 1만 년 전 사이에 일어난 진화적 적응에 초점을 맞추어 보다 독자적인 인간만의 유산을 다루고자 한다. 자연선택이 지난 1만 년 동안 우리에게 여러 가지 작은 변화들을 가져다주었지만, 이 기간은 진화적인 시간 척도로 볼 때 한순간에 지나지 않는다. 1만 년 혹은 심지어 5만 년 전의 우리 조상들도 이미 완전한 인간의 모습이었고 인간처럼 행동했다. 만일 우리가 영화에서 보듯이 그 당시의 아기를 데려와 현대의 가정에서 양육한다면, 그 아기는 어엿한 변호사나 농부, 운동 선수 아니면 마약 중독자로 자라날 것이다.

지금부터 10장에 걸쳐 강조될 핵심은 우리가 석기 시대의 환경 조건에 적응되어 있다는 것이다. 이 환경 조건은 수천 년 전에 끝났지만, 그 이후의 진화에는 인구 과밀, 현대의 사회 경제 조건, 저조한 육체 활동, 기타 현대 환경을 이루는 많은 새로운 측면들에 우리를 맞추어 적응시킬 만한 시간이 없었다. 사무실이나 교실, 혹은 패스트 푸드점들이 있는 세상만을 가리키는 것은 아니다. 원시 농경 생활이나 제3세계의 촌락 생활도 석기 시대의 수렵 채취 생활에 맞춰 신체가 설계된 우리들에게는 마찬가지로 지극히 비정상적이다.

좀더 구체적으로 말하면, 우리는 사하라 사막 이남 아프리카의 반건조 지역에서 생활한 부족 구성원들이 겪었던 생태적 및 사회경제적 환경에 적응되어 있는 것으로 보인다. 이곳이 우리 종의 기원이자 수만 년 동안 살아온 곳이며, 우리가 완전히 오늘날의 인간 종으로 태어난 이래 우리 역사의 약 90%를 보낸 바로 그곳일 가능성이 가장 높은 곳이다. 이보다 앞서 아프리카에서는 훨씬 더 오랜 기간 진화가 계속되었으며, 과학자들은 이 시기에 나타난 조상들의 골격 특성이 지금의 우리와 다소 차이가 있다고 하여 그들을 호모 에렉투스 *Homo erectus* 나 호모 하빌리스 *Homo habilis* 라고 부른다. 하지만 이렇게 좀더 먼 조상들조차도 이미 직립하여 걸었고 손을 사용하여 도구를 제작해 사용했다. 그들의 생물학적 특성 가운데 상당수는 추측 정도만 할 수 있다. 언어 능력이나 사회 조직을 남아 있는 화석과 석기들로는 명확하게 판단할 수 없지만, 그들의 생활 방식이 보다 최근의 수렵 채취인들의 생활 방식과 매우 유사했다는 추론을 뒤집을 만한 논거는 하나도 없다.

이후 기술적으로 큰 진보가 이루어져 우리 조상들은 사막, 밀림, 혹은 숲과 같이 다른 주거지나 지역으로 침투해 들어갔다. 10만 년 전쯤 우리 조상들은 아프리카에서 유라시아의 여러 지역으로 퍼져 나가기 시작했고, 계절에 따라 몹시 추웠던 이곳을 의복, 주거, 음식물 획득 및 저장 기술을 발달시켜 점차 사람이 살 수 있는 곳으로 변모시켰다. 그러나 지리적으로나 기후적으로 제각기 다른 상황임에도 불구하고, 인간은 여전히 수렵 채취 경제에 의존하는 소규모 부족 집단을 이루어 생활했다. 인간의 식생활과 사회 경제 체계를 혁명적으로 탈바꿈시킨 경작 농업이 약 8천 년 전 서남 아시아에서 처음으로 시작되었고 그후 이집트와 인도, 중국으로 전파되었다. 농업이 중앙 유럽과 서유럽, 아프리카 적도 지방으로 보급되고 중남미에서 독자적으로 시작되는 데 또다시 1천 년 이상의 세월이 걸렸다. 그래도 수천 년 전에 살던 우리 조상들의 대부분은 여전히 수렵 채취에 의존하는 작은 부족으로 살고 있었다. 어느 저명한 미국인 인류학자의 말을 빌리면, 우리는 모두 〈추월선상의 석기 시대인들〉이다.

석기 시대의 죽음

목가적인 시대에는 어떻게 살았을지 상상해 보라. 당신은 40명에서 100명 정도 되는 유목민 무리에서 태어났다. 크기야 어떻든 그 부족은 안정된 사회 집단이다. 당신은 여러 가까운 친족들의 보살핌 속에서 자란다. 당신이 속한 무리가 100명 혹은 그 이상의 구성원들로 이루어졌다고 해도, 그들 중 대다수는 먼 친척일 것이다. 당신은 그들 모두를 알고 있고 그들과 당신 사이의 핏줄 혹은 혼인을 통해 성립하는 관계 또한 알고 있다. 당신은 몇 명을 깊이 사랑하며 그들 또한 당신을 깊이 사랑한다. 당신이 사랑하지 않는 사람들이 있다고 해도, 적어도 당신이 그들에게 무엇을 바라는지 알고 있으며 다른 사람들이 당신에게 무엇을 바라는지도 알고 있다. 가끔 낯선 사람을 보면 십중팔구 교역을 하는 장소에서 그 사람을 만났을 것이고, 당신이 그들로부터 무엇을 바라는지도 알고 있다. 인구가 적은 세상에서는 손만 뻗으면 생필품(살충제에 오염되지 않은 동식물성 음식물)을 쉽게 구할 수 있었다. 당신은 신선한 공기를 들이마셨고 산업 사회 이전의 에덴 동산에서 흐르는 깨끗한 물을 마셨다.

목가적인 과거를 상상하라고 부탁했으니, 이제는 좀더 현실적으로 바라보라고 재촉해야겠다. 다른 황금 시대의 전설들, 이를 테면 기사도의 시대나 스칼렛 오하라가 태어난 남북 전쟁 전의 평화기와 마찬가지로 목가적인 과거란 꾸며낸 신화일 뿐이다. 이 과거를 공상이나 소설 속에서 즐긴다면 몰라도, 자칫 의학이나 인간 진화를 진지하게 설명하는 견해로 혼동하지는 말라. 안타까운 일이지만 수렵 채취 생활을 하던 우리 조상들은 엄청난 역경과 난관으로 가득찬 시대에 살았다. 간단히 사망률과 번식률을 계산해 보면 알 수 있는 결론이다. 사람들은 거의 최대로 번식했지만, 그것은 언제나 사망에 의해 끝이 났다.

대부분의 원시 사회에서 여성은 임신할 수 있게 되자 마자 아기를 갖기 시작하지만, 이 시기는 영양 공급의 제한 때문에 보통 19세까지 지연된다. 임신과 출산 후에는 2-3년간의 수유 기간이 이어지며 이 동안에는 배란이 억제된다. 그리고 나서 그녀는 의학적으로 바람직한지의 여부를 떠나서 또 임신한다. 그녀가 평생 임신하는 데 아무 문제가 없으며 폐경기가 될 때까지 산다는 비현실적인 가정을 한다면 5명 정도의 아이를 낳았을 것이다. 아이를 더 많이 낳으려면 수유 기간을 단축시켜야 하는데, 이것은 농경 사회 이전에는 아기에게 줄 수 있는 영양이 한정되어 있었기 때문에 어려웠다.

그러나 수렵 채취 사회의 여성이 폐경이나 죽음으로 더 이상 번식하지 못할 때까지 평균적으로 아이 4명을 낳았다 해도, 그 아이들 중 겨우 절반만이 살아남아 어른이 되었다. 그렇지 않았더라면 인구가 꾸준히 증가했을 테지만, 확실히 그런 일은 일어나지 않았다. 인구가 한 세기에 1%만 증가해도 7만 년이 채 지나기 전에 인구는 1천 배에 육박하게 되지만, 농경이 시작되기 전까지 인구밀도는 매우 낮았다. 따라서 인간 역사의 거의 전 기간을 통해 사망률과 출생률이 거의 똑같았다는 결론을 내릴 수 있다. 최근 몇 세기 동안, 특히 근래 들어 수십 년간 서구 사회의 비정상적으로 낮은 사망률은 우리가 전례 없이 안락하고 풍요로운 시대에 살고 있음을 보여준다. 대부분의 사람들은 인간이 자연 환경에서 살아가면서 겪어야 하는 고초와 위험을 피부로 느끼기 힘들 것이다.

석기 시대의 사망률도 오늘날처럼 유아기에 가장 높고 유년기를 거치면서 점차 낮아졌다. 몇몇 부족에서는 유년기의 사망 중 상당수가 영아 살해 때문이었으며, 주로 경제적 궁핍에 시달린 부모가 저지르거나 족장이 강제로 명령해서 자행되었다. 석기 시대의 환경 조건을 설명할 때 흔히 무서운 포식동물이나 기타 야생동물들이 끼치는 참혹한 피해가 과장되기 일쑤지만, 사자나 하이에나 또는 독뱀 같은 동물들이 항상 커다란 위험으로 사상자를 내고, 특히 어린이들을 제물로 삼았다는 것은 틀림없는 사실이다. 독소나 사고에 의한 사망률도 지금보다 훨씬 더 높았다.

아마 모든 연령층에서 가장 중요한 사망 요인이었다고 생각되는 감염성 질환은 오늘날 우리를 괴롭히는 세균 및 바이러스성 질환과 차이가 있었다. 현대의 감염은 대부분 비정상적으로 과밀한 개체군에서만 가능한 잦은 대인 접촉에 의해 일어난다. 과거에는 질병의 매개자가 원생동물이나 벌레들이었는데, 이들이 병을 질질 끌어 결국 죽음을 초래하는 통상적인 요인이 되었다. 이런 병들은 대개 치명적일 뿐만 아니라 사람을 지독히 괴롭힌다. 몇몇 독자들은 말라리아가 얼마나 극심한 고통을 주는지에 대해 자신의 경험을 통해서 혹은 말라리아에 걸린 적이 있는 다른 사람을 통해서 잘 알고 있을 것이다. 하지만 그것도 다른 원생동물에 의한 전염병에 비하면 아무것도 아니다. 칼라아자르 kalaazar는 간을 비롯한 여러 다른 장기들을 서서히 파괴시키는 병이다. 폐기생충 lungworms은 사람을 질식시켜 죽이며, 십이지장충 hookworms은 별로 치명적이지는 않지만 어린이들을 육체적으로나 정신적으로 비정상적인 어른으로 자라게 한다. 사상충 filaria 기생충은 다른 증상도 많지만 특히 상피병(象皮病, elephantiasis)을 일으킨다. 상피병은 기생충들이 림프관을 막아버려 팔다리나 음낭을 거대하게 부풀리기 때문에 붙여진 이름이다.

수렵 채취인들은 종종 음식물을 풍족히 얻기도 했지만, 정기적으로 맞는 기근 때에는 열매를 풍성하게 수확하거나 가끔 큰 사냥감을 잡았던 기억들이 별로 큰 위안거리가 되지 못했을 것이다. 기후가 변하면 얻는 자원의 양도 변한다. 가장 안정적인 기후에서도 음식물의 획득량은 식물과 동물이 앓는 병 때문에 들쭉날쭉하다. 믿을 만한 저장기술이 발명되기 전에는 한꺼번에 음식물이 많이 생겨도 나중을 위해 음식물을 비축할 수 없었다. 비상시를 대비해 말리거나 훈제해서 보관한 음식물도 쉽게 해충의 피해를 받는다.

없어서는 안 될 생필품이 부족해지면 불편할 뿐만 아니라 서로간의 싸움도 일어나기 쉬웠다. 언덕에 사는 부족들이 단백질 결핍에 시달리고 있을 때, 계곡에 사는 사람들은 호수에서 잡은 물고기를 마음껏 먹을 수 있는 상황을 생각해 보자. 호숫가의 사람들이 물고기를 잡을 권리는 자기들 것이라고 아무리 소리 높여 외쳐봤자, 언덕에 사는 이들은 우리도 호수로 진출해야 한다고 틀림없이 족장을 압박할 것이다. 물고기를 잡는 것이 어부들을 죽이고 그들의 낚시 도구를 훔치는 것을 의미한다면, 언덕의 부족민들은 기꺼이 그 길을 택할 것이다. 경제적 필수품이 부족하지 않더라도, 인간 본성은 무장 강탈이나 인명 살상에 대해 종종 그럴듯한 변명을 해댄다. 칭기즈 칸이나 마케도니아의 알렉산더가 지휘했던 규모의 도적떼를 운용할 정도로 수송 수단이나 통신 기술이 발달하지 못했던 것은 고대 부족민들에게 퍽 다행스런 일이었다.

물론 인간 본성에는 고상한 측면들도 있다. 사랑, 자비, 정직 같은 자질들이다. 불행하게도 그런 자질들은 작은 부족 안에서나 쓸모가 있었기 때문에 진화한 것이다. 자연선택은 가까운 친척들을 도우려는 성향을 선택하는데, 이것은 친척들 사이에 공유하는 유전자 때문이다. 또한 자연선택은 자기가 속한 부족의 구성원이나 다른 부족이면서 정기적으로 거래하는 상대에게는 내가 약속을 잘 지킨다는 인식을 심어주고 함부로 그들을 상대로 사기 치지 않는 경향을 선호했다. 그러나 이 좁은 친분 관계를 넘어서면 이타적 행위를 통해 개체가 얻을 수 있는 이익이란 있을 수 없다. 범지구적 인권은 결코 석기 시대에 이루어진 진화가 선호한 것이 아니라 전혀 새로운 발상이다. 플라톤이 아테네인뿐만 아니라 그리스인 모두를 따뜻하게 배려해야 한다고 역설했을 때부터 이미 큰 논란의 여지가 있었다. 오늘날에도 인본주의적 감상(感傷)은 반대자들의 완고한 지역주의 근성에 밀려 어려움을 겪고 있다. 사실 이러한 파괴적 경향은 우리가 방금 막 인간 본성의 〈고상한〉 측면이라고 부른 자질들에 의해 더욱 가중되고 있다. 미시건 대학의 생물학자 리처드 앨렉샌더 Richard Alexander가 요약했듯이, 현대의 가장 큰 윤리 문제는 〈집단간의 증오를 부추기는 집단 내의 호의〉이다.

석기 시대의 삶

인간 본성은 인류학자들이 최근 명명한 (정신과 의사 존 보울비 John Bowlby가 1966년에 제안한 것을 따름) 이른바 적응 진화의 환경 environment of evolutionary adaptedness, 혹은 EEA하에서 형성되었다. 인류학자들이 자주 EEA를 언급하긴 하지만, 그것이 어떤 모습이었는가에 대해서는 의견이 분분하다. 또한 인류학자들은 환경 조건들이 인간의 유전적 특성에 끼친 영향이나 수만 년 전 우리 조상들의 생활방식을 직접 관찰할 수 없다. 따라서 간접 증거들, 즉 골격 잔재물, 석기, 동굴 벽화, 또는 외관상 원시 경제와 사회 조건에 머물러 있는 현대의 부족들로부터 얻은 정보에 의거해 결론을 내릴 수밖에 없다.

우리가 얻을 수 있는 정보는 크게 부족하다. 역사적으로 정상적인 인간의 출산 조건은 무엇일까? 이 물음은 확실한 정답이 없는 여러 기본적인 질문들 중 하나이다. 그러한 많은 질문들에 대한 정답은 〈그건 대단히 유동적이었다〉가 아닐까 하고 우리는 추측한다. 출산에 대한 관점은 문화권에 따라 천차만별이며, 그 관점들이 10만 년 전에는 지금보다 덜 다양했으리라고 믿어야 할 근거도 없다. 틀림없이 사회 집단 내에서도 엄청나게 달랐을 것이다. 족장의 부인에 대한 배려는 적대 관계에 있는 부족에서 납치해 온 첩에 대한 배려와 당연히 달랐을 것이다. 정착한 보금자리에서 넉넉한 생활을 하며 아기를 낳는 것은 새 보금자리를 찾아 이동하는 도중이나 궁핍한 시기에 출산하는 것과 많은 차이가 있었을 것이다.

또한 우리는 〈다른 중요한 질문들에 대한 정답들이 각기 달랐다〉고 생각한다. 훌륭한 사냥꾼이나 전사와 비교해서, 재능 있는 시인, 예술가, 기타 높은 지적 성취에 대해서는 어떠한 보상이 주어졌을까? 사회 경제적인 조건은 가족 관계나 특권에 따라 어떻게 달랐을까? 모계 상속이었을까, 부계 상속이었을까? 아이를 기르는 관습은 어떠했을까? 종교적인 교의나 금기는 무엇이었으며, 종교는 얼마나 강한 요인이었을까? 이런 질문들에 대하여 EEA하에 있는 여러 사회들은 각기 다른 답을 제출할 것이다. 인간의 삶에 〈자연적인〉 방식이란 없다.

여러 EEA 조건들에 대해 인간은 다양한 적응들을 보임에도 불구하고, 현재 가용한 증거들에 의한 몇 가지 일반화가 가능하다. 사회 체제는 경제와 인구에 의해 결정된다. 계급의 세습제에 의해 계층별로 정교하게 나누어진 사회는 걸어다닐 수 있는 범위 내에서 음식물을 구해야 하는 집단들의 규모가 작은 이유 때문에 석기 시대에는 결코 존재할 수 없었다. 마찬가지로 어떤 유랑 부족의 족장도 그 부족이 고작 1백 명 남짓일 때 수십 명의 아내를 거느릴 수는 없다. 농업이 발달하기 전에는, 그 어떤 추장도 신전이나 피라미드를 짓기에 충분한 영토나 재산 및 신민들을 소유하지 못했다.

사회 체제는 성별간의 생리적 및 구조적인 차이에 의해서도 제한되었다. 임신과 수유에 따르는 번식의 생리적 비용은 오직 여성들만이 부담한다. 번식의 경제적인 비용은 누가 부담하는 것이 규칙이었는가? 우리는 다시 한번 제안한다. 〈그건 각기 달랐다〉. 현재의 인간 사회를 볼 때, 대부분의 문화들에서 남편이 주로 그 비용을 부담하지만, 산모의 남자 형제나 다른 친척들이 더 큰 비용을 부담하는 문화도 있다. 마찬가지로 성별간의 극적인 생리적 차이는 행동의 차이를 암시한다. 남성이 더 크고 힘이 세다는 것은 이러한 요소들이 경쟁에서, 특히 배우자를 놓고 벌이는 경쟁에서 중요한 이점을 제공했음을 시사한다. 13장에서 이와 관련된 문제들을 살펴볼 것이다.

경제적인 필요 때문에 남녀 할 것 없이 어른들과 좀 큰 아이들은 먹을 것을 찾는 일에 많은 시간을 보내야만 했다. 수렵 채취 사회에서는 일반적으로 남성이 사냥을, 여성이 채집을 맡았다고 추정된다. 물론 석기 시대 생활을 그린 영화나 소설에서는 커다란 사냥감을 때려잡는 일이 얼마나 중요하며 유구한 역사를 가졌는지 지나치게 과장되곤 한다. 사슴 같은 동물에게 매우 효과적인 활이나 다른 무기들은 석기 시대 말에야 발명되었다. 많은 사냥술에서 결정적인 역할을 수행하고 있는 개는 1만 5천 년 전까지는 인간의 단짝이 아니었다. 커다란 동물의 고기와 가죽은 사냥을 통해서가 아니라 다른 포식동물로부터 훔치거나 그들이 먹고 난 찌꺼기를 주워서 얻는 경우가 많았다.

석기 시대의 주식은 우리에게는 먹을 수 없거나 구하는 데 시간과 노력이 너무 많이 드는 것이었을 것이다. 대다수의 사냥감들에서 악취가 풍기며 너무 질기다고 투덜댈 것이다. 우리들 대부분은 야생동물의 시체를 고기 1인분으로 변모시키기 위해 얼마나 긴 가죽 벗기기와 도살 작업을 거쳐야 하는지 모른다. 대부분의 야생 열매들은 다 익은 후에도 우리 입맛에는 너무 시고, 다른 식물성 음식물들도 너무 쓰거나 독한 향을 갖고 있다. 우리들이 이런 것들에 질겁하는 것은 6장에서 서술했듯이 독소들을 피하게 해주는 우리의 적응 때문이다. 자연 상태의 음식들 대부분은 현재 우리가 먹는 음식들에 비해 준비하고 먹는 데 훨씬 더 힘이 든다. 집에서 기르거나 재배하는 동식물은 훨씬 연하고, 무독성이고, 가공하기 쉽게끔 인위적으로 선택된 것들이다.

EEA하에서는 대체로 음식물을 풍부하게 구할 수 있었지만, 마을의 연장자들은 극심했던 기근을 기억한다. 정말 굶어서 죽는 일은 드물었겠지만, 다른 질병과의 상승 작용, 영양 실조, 식용 식물 중 제일 해로운 것들만 과다하게 먹어서 축적된 독소 때문에 죽는 일은 흔히 있었을 것이다. 이와 같은 악조건들이 태아의 유산이나 수유 기간의 단축, 임신 능력의 저하, 영아 살해나 노인 또는 장애인 유기 등을 유발했을 것이다.

다른 부족에 대한 외부인 기피에 따른 갈등, 집단 내부의 사회적 경쟁, 기근 및 독성 음식물뿐만 아니라, 다른 많은 환경적 악조건들이 산재해 있었다. 우리가 현대 도심의 대기 오염을 참아낼 수 있는 것은 아마도 과거 수천 년 동안 나무나 다른 땔감이 연소될 때 나오는 유독한 연기에 노출되었던 덕분일 것이다. 천장에 조그만 구멍 하나가나 있고 바닥에서 불을 때는 오두막에서 산다고 상상해 보라. 대기 오염은 EEA에서 제각기 달랐겠지만 분명히 중요하고도 실제적인 문제였다. 석기 시대 정착촌의 냄새는 우리를 매우 역겹게 할 것이다. 비누, 탈취제, 수세식 화장실, 쉽게 씻을 수 있는 요강이 없었음은 물론이고 변소라고 부를 만한 시설조차 없었다. 가지각색의 쓰레기들이 적당한 곳에 버려졌다. 대부분의 석기 시대인들은 그야말로 쓰레기 더미에서 살았고 상황이 정말 최악에 이르면 다른 곳으로 이주해 버렸다.

처참한 질병, 고통스런 상처, 육체적인 장애, 노쇠, 죽음을 늘 의식하며 아이들이 자라고 어른들도 그들의 삶을 영위했다. 항생제, 파상풍 주사, 마취제, 석고 깁스, 교정 렌즈, 치아 보철 기구, 불임 수술, 의치 등이 있었던 것도 아니었다. 우리의 먼 조상들은 충치는 거의 갖고 있지 않았지만, 그 대신 다른 많은 치아 문제가 있었다. 이빨은 손상되거나 사고로 잃어버리기 쉬웠고, 중년이 되기도 전에 닳아 없어지기

일쑤였다. 화석으로 남은 두개골에서나 현대의 몇몇 집단에서도 볼 수 있듯이, 질긴 식물들이 어금니를 갈아 잇몸만 드러나도록 만들었다.

지금껏 EEA에 대해 설명한 내용이 단순히 공포감을 갖게 하는 목록으로 인식되는 걸 막기 위해, 우리는 고통뿐만 아니라 기쁨을 느끼는 능력도 온전하게 갖추고 지적 능력 역시 흠잡을 데 없었던 조상들을 이야기하고 있음을 강조해야겠다. 혈연과 우정으로 맺어진 결속은 단단했으며 커다란 기쁨과 안락을 제공하는 원천이었을 것이다. 풍요로운 철에는 놀이, 춤과 노래, 옛날 이야기나 시 낭송, 지식이나 신에 관한 논쟁, 예술적인 장식품 제작 등의 일을 하며 여가를 보낼 시간도 많았을 것이다. 인류학자 멜빈 코너 Melvin Konner가 2만 5천 년 전에 그려진 프랑스의 라스코 지방 동굴 벽화를 관찰한 후 〈종교인이든 아니든, 전문가이든 아니든 가슴에 사무치는 성스러운 감정〉을 자아내게 만드는 〈구석기 시대의 시스틴 성당〉이라고 묘사하였다. 우리 조상들은 또 역경이 닥쳤을 때에도 밝은 면을 보며 웃을 줄 아는 능력을 가지고 있었다. 마크 트웨인의 소설 『아서 왕의 궁전에 간 코네티컷 양키 *A Connecticut Yankee in King Arthur's Court*』에 나오는 주인공 〈두목님〉은 16세기의 모닥불 앞에서 이미 19세기에 들었던 따분한 농담을 다시 들어야 한다는 것을 한탄한다. 그가 석기 시대까지 거슬러 올라갔더라도 똑같은 농담들에 그만 어이없어하지 않았을까 생각된다.

10 문명의 질병

당신은 벌써 몇 시간째 이 책을 읽고 있다. 당신은 당신의 눈이 이 일을 해내느라 얼마나 처참하게 혹사당했는지 알고 있는가? 책을 정상적인 스펙트럼의 햇빛 아래에서 읽었는가? 아마도 부분적으로나마 그렇지 않았을 것이다. 책을 읽는 동안 근육을 얼마나 많이 사용했는가? 적을 경계하거나 음식을 구하는 일에 투자한 시간과 노고는 턱없이 모자랐는 데도 어떻게 당신의 생사는 물론이고 행복에도 아무런 위협을 받지 않은 채 그토록 많은 시간을 빈둥거릴 수 있었는가? 하지만 당신은 지금 배가 든든한 상태이지 않는가? 식사를 마련하기 위해 열매를 따거나 땅을 파거나 사냥하거나 낚시하는 데 얼마나 많은 시간을 보냈는가? 조개껍질을 까고 곡식을 갈고 짐승을 도살하는 건 얼마나 많이 했는가? 조리된 음식이었다면 장작을 모으고 불을 피우는 데 얼마나 많은 시간이 걸렸는가? 지난 24시간 동안 더워서 땀을 흘리거나 추워서 떤 시간은 얼마나 되는가? 냉난방 자동온도조절 장치가 완비된 실내는 또 어떤가? 얼마나 황당한 일인지! 당신 몸속에 설치된 체온 조절 메커니즘을 그런 식으로 오랫동안 자꾸 흠집을 내면 그 결과는 어떨까?

앞 장에서 분명히 밝혀졌듯이(우리의 바람이지만), 관련 지식에 깜깜한 문외한이나 열정에 불타는 낭만주의자만이 지금보다 옛날에 더 잘 살았다고 생각할 것이다. 루소의 고결한 야인(野人)과 플린트스톤 Flintstone 가족의 익살맞은 난리법석은 현실도피적인 허구의 기쁨을 줄 뿐이다. 당시의 실제 모습은 지금 생활이나 또는 여기저기 떠돌던 생활을 청산하고 농경 생활을 막 시작했을 때와 비교해 봐도 고통스럽고 슬프기만 했다. 농업은 튼튼한 건축물과 정교한 예술을 가진 도시 문명으로 이어졌고, 항해술을 비롯한 온갖 기술적 진보를 낳음으로써 먼 거리까지 탐험할 수 있게 되었다. 발굽을 가진 동물들을 길들이게 되자 이전에는 여러 명이 달려들어야 했던 일도 혼자서 해낼 수 있게 되었다. 길들인 동물들 덕분에 수송 수단도 혁명적으로 진보했다. 기술적 진보가 계속되어 많은 사람들을 빈곤에서 벗어나게 했고 행동의 자유를 갖게 했다.

우리가 지금 누리고 있는 평온하고 만족스런 삶의 장기적 효과는 대체로 유익하거나 무해하지만, 이런 이익의 대부분은 그에 못지 않은 손해를 갖고 있다. 이익에는 대가가 있게 마련이며, 그래서 가장 바람직한 이익조차도 우리 건강에는 해로울 수 있다. 좋은 예로 낮아진 생애 초기의 사망률을 들 수 있다. 이제는 천연두나 충수염, 출산 합병증, 사냥시의 사고 등으로 일찍 죽는 사람이 거의 없지만, 암이나 심장병 같은 노인성 질병에 의한 사망률은 두세 세대 전에 비해 크게 높아졌다. 그 주된 이유는 이런 질병들에 특히 걸리기 쉬운 연령까지 살아남는 사람들의 비율이 더 커졌기 때문이다. 열 살 또는 서른 살에 사자에게 잡아먹히지 않은 대가가 여든 살에 앓는 심장병일지도 모른다. 식량 생산, 의료, 공중 보건, 산업 재해 및 가정 폭력 방지책 등이 현대에 들어와 크게 개선됨으로써 노년까지 오래 살 가능성이 획기적으로 높아졌다. 불행하게도 행복한 삶이 지닌 나쁜 점은 더 커진 노화의 영향뿐만은 아니다.

새로운 환경은 종종 예전에는 표면화하지 않았던 유전적 급변들과 상호작용하여 표현형에 심한 변이를 일으키며, 그 중 일부는 정상 범위를 벗어난다. 유전학을 다룬 장에서 이미 설명했듯이, 이러한 이상 사태는 불안정한 유전자형이 전혀 새로운 환경과 부딪히는 경우에만 발생한다. 새로운 물리적, 화학적, 생물학적, 사회적인 영향들은 어떤 이들에게는 문제를 일으키지만 다른 이들에게는 전혀 문제되지 않거나 여러 사람들이 각기 지닌 고유한 유전 구성에 따라 사람마다 다른 효과를 나타내기도 한다. 이미 우리는 몇 가지 예를 앞에서 다루었다. 예컨대, 근시를 유발하는 유전적 급변은 문명 사회에 들어와 문제를 일으키고 있지만, 우리 조상들에게는 전혀 문제되지 않았다.

음식물을 구하는 방식이 달라짐에 따라 새로운 문제들이 등장했다. 수천 년에 걸쳐 우리 조상들은 야생 염소나 들소를 사냥했다. 사냥꾼들은 야생 동물들의 무리를 몇 시간이고 뒤쫓으면서 그 중 한 마리라도 잡아서 고기나 가죽, 그리고 기타 다른 자원들을 얻고자 애썼다. 그들은 때때로 어느 이른 아침에 막 찾아낸 무리가 바로 전날에도 쫓아다녔던 그 무리임을 알아채기도 했다. 동물들을 이틀간 쫓아다닐 수 있다면 사흘이나 일주일 혹은 한 달간 쫓아다니지 말란 법도 없지 않은가? 사냥꾼들이 야생 동물들의 무리를 아예 자기 것으로 생각해서, 경쟁중인 다른 사냥꾼들이나 늑대 무리를 쫓아버리고 무리에서 이탈하는 동물들을 다시 몰아들이며 항상 큰 무리를 유지시키기까지 얼마나 오랜 세월이 필요했을까? 이러한 과정을 거치면서 사냥꾼들은 점차 방랑 유목민으로 탈바꿈한 것이다.

다른 조상들은 주로 채식을 했으며, 특정한 식물들을 의도적으로 심어 나중에 거두어들이면 더 많은 식량을 얻을 수 있다는 것을 알아냈다. 밭갈기, 김매기, 비료 주기, 우량 품종 골라내기 등이 곧 일상적인 절차가 되었고 점차 더 많은 식량을 안정적으로 생산할 수 있게 되었다. 일반적으로 각 지역의 인구가 증가함에 따라 농경 기술을 발명했거나 이웃 부족으로부터 그것을 받아들인 시기가 앞당겨졌으리라고 추측된다. 이것이 사실이든 아니든, 농업 덕분에 수렵 채취 경제가 지탱할 수 있는 수준보다 훨씬 더 많은 인구가 정착 생활을 유지할 수 있게 되었다. 인구 밀도의 증가는 곧 다른 문제들을 일으키는 시발점이 되었으며, 그 중 일부는 이 장에서 이야기하고 나머지는 다음 네 개의 장에 걸쳐 논의하도록 하겠다.

현대 식단의 부적절성

역설적으로 들리겠지만 목축과 농업을 통해 식량 생산이 증가하면서 오히려 일부 영양분들이 결핍되는 현상이 빚어졌다. 밀 두 말에는 산딸기 한줌보다 더 높은 열량과 단백질이 포함되어 있긴 하지만, 비타민 C는 훨씬 적게 들어 있다. 우리 조상들이 농경 생활을 하며 밀에서 대부분의 열량과 단백질을 얻었다면, 갖가지 다채로운 음식물을 먹었던 수렵 채취인들에 비해 비타민과 다른 미량 원소들이 결핍되었을 가능성은 훨씬 더 크다. 밀이나 다른 농작물들이 가축의 먹이가 되어 그들로부터 고기나 달걀, 혹은 우유를 얻어낸다면 농부의 식단은 크게 나아지겠지만, 그래도 각종 결핍증, 특히 비타민 C의 결핍은 여전히 고민거리이다.

아이슬란드가 그 좋은 예인데, 그곳에서는 비타민 C가 금세기에 들어서도 큰 문제가 되었었다. 아이슬란드 농부들은 주로 양을 키우며, 그 양들은 시골 들판의 잡초들을 뜯어먹고 산다. 좀더 부유한 농가에서는 젖소를 키우기도 했지만, 양고기가 음식물의 대부분을 차지하며, 양털은 거의 다 덴마크 식민지에다 파는 주요 수출품이었다. 그렇게 번 돈으로 농부들은 커피나 설탕 같은 기호품이나 밀가루를 수입했다. 지금껏 아이슬란드인이 먹는다고 언급한 음식물들 중 그 어느 것도 비타민 C를 함유하지 않는다. 그들은 비타민 C를 주로 월귤나무 열매 blueberries나 다른 야생 식물성 먹이에서 얻었는데, 불행하게도 이런 먹거리들은 너무 계절을 많이 탄다. 겨울이나 봄같이 비타민 C를 함유한 먹거리를 구경조차 하기 힘든 계절에는, 겉보기에 아주 튼튼하고 건장한 아이슬란드 농부들도 잇몸에서 피를 흘리는가 하면 쉽게 무기력해지고 우울증에 빠지곤 한다. 이것이 바로 괴혈병의 일반적인 증상이다. 한 가족이라도 어떤 이는 괴혈병을 앓는데 다른 식구는 멀쩡할 만큼, 괴혈병이 끼치는 피해는 사람에 따라 다양하다.

괴혈병에 걸린 채 간신히 겨울을 넘긴 사람들에게는 민간 요법의 지혜가 구원의 손길이었다. 사람들은 늪의 얼음이 풀리자마자 비타민 C의 보고인 안젤리카 angelica 뿌리를 캐냈다. 이른바 〈괴혈병 약초〉라고 하는 안젤리카는 캐내면 바로 싹이 자라나고 주식 대용으로 먹을 수도 있다. 이러한 야생 산물이 괴혈병을 치료할 수 있다는 것은, 장거리 항해를 떠나는 선원들이 괴혈병을 예방하기 위해 감귤류 과일들을 챙기기 오래전부터 이미 알고 있었던 사실이었다. 괴혈병은 문명의 질병이다. 재배한 작물이나 가축에 전적으로 식생활을 의존하기 전에는, 추운 겨울을 나는 아이슬란드 농부나 한 번 떠나면 몇 달씩 바다에 머무르는 선원들이 먹는 식사처럼 비정상적인 식사란 없었다.

대양을 항해하면서 괴혈병을 예방하기 위해 라임 주스를 처음으로 마시기 시작했을 때나 아이슬란드에 정착민이 처음 발을 내디딘 때보다도 훨씬 전에, 사람들은 농업에 기인한 또 다른 영양분 결핍증에 시달리고 있었다. 약 1천5백 년 전 미국 중남부의 몇몇 토착 부족들은 수렵 채취 생활을 버리고 옥수수와 콩을 기르기 시작했다. 그들의 유골에 이 변화가 뚜렷이 새겨져 있다. 초기의 골격과 비교해 보면, 농경민들의 골격은 평균적으로 왜소한 편이며, 비타민 B나 단백질 같은 영양분의 결핍이 끼친 악영향이 골격에 종종 남아 있다. 이러한 결핍증에도 불구하고 이 농경민들이 기아로 쓰러져 죽는 경우는 조상들에 비해 무척이나 적었다. 심지어 자식을 더 많이 낳았을 수도 있는데, 이것은 옥수수나 콩이 일찍 젖을 뗄 수 있게 도와주었기 때문이다. 그럼에도 불구하고 그들은 예전만큼 건강하지 않았다.

이러한 문명의 질병들은 지금의 테네시 주와 앨라배마 주가 된 지역에서 이미 1천5백 년 전부터 있었고, 다른 대륙의 초기 농업 지대에서도 오래전부터 만연했었다. 비슷한 영양분 결핍이 오늘날에도 많은 제3세계 국가의 빈민들을 위협하고 있다. 석기 시대의 조상들이 식량 부족에 자주 시달린 것은 틀림없지만, 일단 충분한 열량을 얻었다면 그와 더불어 충분한 비타민과 다른 미량 원소들도 함께 얻었을 것이다. 특정한 비타민과 무기질 결핍증은 고작 1만 년 전을 전후해서 새로 생긴 현상이다.

지금 우리는 비타민과 무기질이 꼭 필요함을 잘 알고 있으며, 초기 농경민들의 식단보다는 훨씬 다채로운 식사로 이들을 넉넉히 얻고 있다. 제약회사의 현란한 광고 문구와 정반대로 비타민 보충이 필요한 현대인은 거의 없다. 우리가 각종 과일과 야채를 먹고 또 그 중 일부는 조리하지 않은 채로 먹는다면, 그리고 특히 곡물이나 콩류, 혹은 육류를 통해 충분한 단백질을 얻는다면, 필요한 비타민과 무기질, 기타 영양분들을 모두 섭취하게 된다. 우리 대다수가 처한 위험은 조상들이 겪었던 결핍이 아니라 영양분의 과잉 섭취다.

현대의 영양분 과잉 섭취

슬기로운 사람이라면 크리스마스에서 설날로 이어지는 명절 주간에 과식하기 쉬움을 걱정하는 일이 별로 이치에 맞지 않는다고 생각할 것이다. 오히려 설날에서 크리스마스까지 먹는 것들을 걱정하는 것이 더 옳은 일이다. 물론 한 주 내내 과식할 수도 있다. 심지어 앉은 자리에서 한꺼번에 많은 양의 음식을 먹을 수도 있지만, 이런 짓은 석기 시대에도 위험한 일이었으며 이미 우리는 그런 일을 스스로 꺼리는 본능을 갖추고 있다. 먹다보면 배가 채워져 더 이상 배고픔을 못 느끼게 되는 때가 오기 마련이며, 꿀로 훈제한 크리스마스 햄도 예외가 아니다. 일반적으로 이러한 작용 덕분에 우리는 수저를 놓게 되고, 조상들이 그랬듯이 소화나 해독 및 흡수를 담당하는 기구들에게 너무 많은 부담을 지우지 않게 된다. 현대의 영양 과잉은 대개 장기적으로 꾸준하게 과식해 온 결과다.

석기 시대에는 가장 단 열매를 따먹는 것이 적응적이었다. 이런 적응을 가진 사람들을 데려와서 마시맬로와 초콜릿 에클레어로 가득찬 세상에 집어 넣으면 어떻게 될까? 대부분은 슈퍼마켓에 진열된 복숭아보다 이러한 현대적 식품들을 택할 것이다. 이렇게 천대받을 복숭아도 사실 석기 시대에 구할 수 있던 그 어떤 열매보다 더 달다. 마시맬로와 초콜릿 에클레어는 동물행동학 연구자들이 설명하는 초정상 자극 supernormal stimuli의 좋은 예다. 그 유명한 예로 거위에 대한 관찰이 있다. 알이 둥지 밖으로 굴러나가면, 알을 품던 어미 거위는 몸을 뻗어서 알을 다시 턱으로 굴려들인다. 어미 거위의 적응 프로그램은 〈확실히 알처럼 생긴 물체가 곁에 있으면, 나는 그것을 둥지로 굴려들여야 한다〉이다. 알과 테니스 공을 둥지 근처에 같이 놓아주면 어떻게 될까? 어미 거위는 테니스 공을 고른다. 어미에게는 테니스 공이 진짜 알보다 더 알처럼 보이기 때문이다. 어떠한 감각 양식, 예컨대 미각에도 초정상 자극이 있을 수 있다. 다음에 당신이 사과 대신 애플파이에 손이 갈 때면 테니스 공을 품어야 한다고 생각하는 것처럼 보이는 그 거위를 떠올려라.

우리 식생활의 문제는 석기 시대에 진화한 미각과 그 미각이 현대에 끼치는 효과 사이의 부조화에서 생겨난다. 지방, 설탕, 소금은 우리가 진화해 온 역사에서 거의 항상 부족했다. 대부분의 시대에 거의 모든 사람들이 이런 물질들을 많이 섭취할수록 더 큰 이득을 얻었으므로, 그것들을 구하려 애쓰고 좀더 많이 먹으려는 행동은 언제나 적응적이었다. 오늘날에는 대다수 사람들이 지방, 설탕, 소금을 생물학적 적응 수준보다 더 많이 섭취하고도 남는데, 사실 이 수준은 수천 년 전의 조상들이 보통 얻었던 정도를 훨씬 능가한다. 그림 10.1은 이런

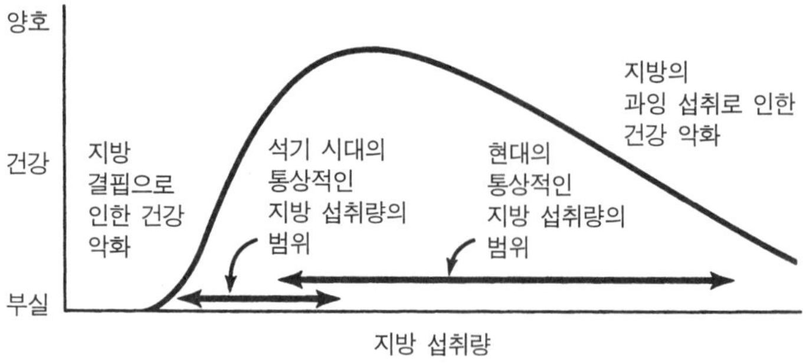

그림 10.1 건강과 적응도의 자원 획득 수준, 이를 테면 한달간 섭취한 지방의 양에 대한 의존도에 관한 저자들의 견해. 우리는 석기 시대인들이 이용할 수 있었던 지방의 양이 필요량을 거의 넘지 못했으리라고 제안한다. 지방질이 풍부한 음식을 갈구하는, 원래는 적응적이었던 행동이 오늘날에는 지방 섭취량을 너무 증대시켜 곡선의 왼쪽에서 오른쪽으로 이동시킨다.

물질의 섭취량과 그로부터 얻는 이득 간의 관계를 나타낸 것으로 석기 시대 부족민들이 음식물을 얻는 능력과 고소득자가 고급 식당에서 음식물을 얻는 능력 간의 뚜렷한 대조를 보여준다.

현대 사회의 예방 가능한 질병들 중 대부분이 고지방 음식으로 인한 해악에 기인한다. 어떤 사회 집단에서 조기 사망의 가장 큰 요인인 뇌졸중과 심장마비는 아테롬성동맥경화증에 의해 동맥이 막히기 때문에 생긴다. 암의 발병률도 고지방 식단에 의해 급상승한다. 대부분의 당뇨병이 지방의 과잉 섭취로 인한 비만에서 유래한다. 미국인은 식사로 얻는 열량 중 평균 40%를 지방에서 얻는 데 반해, 전형적인 수렵 채취인의 경우는 20%를 넘지 못한다. 우리 조상들 중에는 고기를 많이 먹은 사람들도 있겠지만, 야생 동물의 지방 함유량은 겨우 15% 안팎이다. 대다수의 사람들이 건강을 획기적으로 증진시키기 위해 할 수 있는 한 가지 일은 음식물 속에 포함된 지방의 양을 줄이는 것이다.

저자 중 한 명이 여행 중 어느 이른 아침 세 명의 낯선 이들을 만난 적이 있었다. 그 세 사람은 농사에 쓰이는 살충제가 인근 농촌 주민들의 건강을 심각하게 해친다는 주장을 펼치기 위해 공청회에 가던 길이었다. 길가 식당에서 아침을 먹던 참에 나눈 대화가 아직껏 생생히 기억난다. 그들 중 한 사람이 팬케이크 속의 밀가루와 계란이 틀림없이 인공적인 살충제와 항생제로 오염되었고 십 년 혹은 이십 년 후에 암을 일으킬지 누가 아느냐고 한탄했다. 그럴 수도 있겠지만 그의 장래 건강에 그 독소들이 끼칠 위험성은, 그가 먹은 소시지나 버터를 바른 팬케이크 속에 들어 있는 인공 지방 함유량과 이 모든 것들을 흥건히 적시고 있는 시럽 속에 든 엄청난 열량에 비하면 차라리 사소한 편이다. 이런 식의 누적된 식사가 극미량의 특이한 화학물질보다 장래 더 큰 건강상의 문제를 일으킬 것은 너무도 자명한 일이다.

어떤 사람들은 다른 사람들보다 이런 식의 과잉 섭취에 더 빠지기 쉽다. 이러한 사실은 저체중에서 과체중에 이르는 각양각색의 변이들을 살펴보면 쉽게 알 수 있다. 과체중인 사람들은 영양분의 과잉으로 인해 심장 혈관에 탈이 나기 쉽고 갖가지 암의 발병률도 높다. 이런 추측이 최근 연구를 통해 입증되었다. 미시건 대학의 유전학자 제임스 니일 James Neel과 동료들은 애리조나 주의 피마 Pima족 인디언들의 만성적 영양실조를 치료하기 위해 한 일들이 실제로는 비만과 당뇨병을 유발시킨 것에 주목했다. 그는 이런 병에 걸리는 사람들은 〈알뜰 유전자형〉, 즉 뛰어난 효율로 음식물 속의 에너지를 찾아내어 저장하는 능력을 유전적으로 갖추고 있다고 제안했다. 겉보기에는 평범한 식생활을 했음에도 불구하고 많은 피마족 사람들의 체지방은 날로 늘어만 갔다. 이것은 걸핏하면 기근에 시달렸던 지역에서는 아주 적응적이었을 것이다. 체지방을 풍부하게 비축한 사람들은 오랜 기근 동안 비축 효율이 낮은 동료들보다 더 잘 살아남았을 것이다. 알뜰 유전자형은 식량이 고갈되지 않는 세상에서는 더 이상 적응적이지 못하다. 기근에 가장 잘 적응한 사람들은 그저 살이 찌고 또 쪄서 결국에는 의학적 문제나 다른 어려움을 겪게 되는 것이다.

영양분의 과잉 섭취는 쉽게 치료할 수 있는 것이 아니며, 많은 일상적인 조치들이 도움은커녕 오히려 해가 되고 있다. 우리가 스스로 음식물을 사양한 것을 신체의 조절 기구는 얻을 수 있는 음식물이 부족해졌다는 신호로 받아들인다. 그 결과 기초 대사 작용이 다시 조정되어 열량을 소비하는 효율이 높아지고 지방은 더 많이 쌓이게 된다. 지나친 음식 조절은 우리를 극도로 배고프게 했다가 이내 엄청나게 먹게 만든다. 인공 감미료에 대한 연구는 예상했던 대로 감미료가 과연 체중을 감소시키는 데 도움이 되는지 입증하지 못했다. 인간의 진화 과정 내내 입 안의 단맛은 위장 속으로 당분이 들어간 후 혈류로 흡수될 것임을 나타내는 신호였다. 그렇다면 단맛이 대사 과정을 재빨리 재조정하여 비축되어 있던 지방 및 탄수화물이 혈당으로 전환되는 것을 중단시키는 작용을 하는 것도 그리 놀라운 일이 아닐 것이다. 사실 이 작용은 위 속에 들어온 물질이 그 변화를 즉시 보상해 줄 때에만 적응적일 수 있다. 만일 단맛의 신호가 가짜라면 얼마 가지 않아 혈당이 결핍되고 허기만 더해질 것이다. 특히 사탕 같은 즉석 에너지 식품의 경우에는 더 그렇다. 인공 감미료도 그런 역효과를 일으킬지 모른다. 영양가 없는 지방 대체 식품도 아마 비슷한 위험이 있을 것이다. 요즘은 아이스크림과 똑같이 생겼고 맛도 똑같으면서 당분 함량이 낮을 뿐만 아니라 지방이 전혀 없는 디저트가 시판된다. 이런 식품이 대사 조절 기구에 보내는 신호는 어떤 것일까?

충치는 농경 시대 이전의 사회에서는 드물었다. 만일 치과 의사들이 석기 시대의 적응 조건들을 잘 알고 있었다면, 20세기에 널리 퍼져 있는 충치가 새로운 환경적 요인, 즉 치아가 설탕에 자주 오랫동안 노출되기 때문에 생긴 질병이란 것을 이미 오래전에 깨달았을 것이다. 설탕은 치아에 붙어 산을 만들어 치아의 법랑질을 부식시키는 세균에게 영양분을 제공한다. 음식물에 들어 있는 설탕의 악영향을 보여주는 선사 시대의 증거가 있다. 지금의 미국 조지아 주 해안가에서 출토된 천 년 이상 묵은 유골에는 충치가 거의 없었다. 충치는 옥수수를 주로 재배했던 농경이 시작되면서 흔해졌고, 이때쯤 옥수수 시럽도 만들어졌을 것이다. 유럽에서 이주한 사람들이 여러 가지 다른 설탕 식품들을 보급하면서 충치는 더욱 더 흔해졌다.

충치는 전문적으로는 영양분 섭취에 따른 문제가 아니라 음식물 자체에 관계된 문제이며, 대표적인 문명의 질병이다. 그러나 충치는 점점 심각한 관심거리가 아니다. 1940년 이전에 미국에서 태어난 청소년들에게 충치는 무서운 재앙이었다. 수돗물에 불소를 첨가하는 등의 예방 치과학이 발전함에 따라 충치를 극복할 수 있었지만 이러한 발전을 할 수 있었던 이면에는 설탕이 충치의 주범임을 밝혀낸 것이 결정적으로 작용했다.

그림 10.1과 같이 단순한 규칙과 도식적인 그림은 언제나 개념적인 단순화와 〈다른 모든 조건들이 같다면〉이라는 가정에 기초한다. 어떤 사람에게는 열량과 지방이 지나치게 많은 식단이 다른 사람에게는 이상적인 식단일 수도 있다. 연령, 체구, 성별, 번식 과정, 유전적 요인, 그리고 무엇보다도 운동 수준 등에 크게 좌우된다. 진화적 관점에서는 옛날의 영세 농민들이 정상적인 운동 수준을 유지했다고 말할 수 있다. 직업 운동 선수, 무용수, 목동 등을 제외하고는, 현대 산업 사회의 대다수 사람들은 비정상적으로 낮은 에너지 소비량을 보인다. 회전 의자나 자동차 운전석에 앉아 있는 사람들, 심지어 진공 청소기나 전동 잔디 깎이 기계를 밀고 있는 근로자들조차 거의 몸을 움직이지 않기는 마찬가지이고, 여가 시간에는 더 심하다.

인간이 진화해 온 거의 전 기간 동안, 상황이 허락하는 한도 내에서 되도록이면 게으름을 피워 에너지를 비축하는 편이 적응적이었다. 에너지는 살아가는 데 꼭 필요한 자원이며 결코 헛되이 쓸 수 없는 것이다. 오늘날 이 무사태평한 적응 때문에 우리는 직접 테니스를 치면 더 나을 시간에 방안에 틀어박혀 테니스 중계나 보고 있다. 영양분의 과잉 섭취에 의한 악영향을 더욱 부채질하는 셈이다. 평균적인 사무 근로자가 하루 종일 조개를 파거나 여기저기 흩어진 큰 나무들에서 열매를 따며 시간을 보낸다면 훨씬 더 건강해질 것이다. 겨우 수천 년 전의 조상들이 오늘날 사무 근로자의 지하실에 구비된 값비싸고 복잡한 운동 기계들을 본다면 무슨 생각을 할까?

중독

역사 및 인류학적 기록들을 보면 아편이나 다른 향정신성 약물들은 인류 역사 내내 사용되었으며, 한 가지 이상의 약물이 남용될 가능성도 거의 전 지역에 걸쳐 존재했다는 사실을 알 수 있다. 대부분의 중독성 물질은 식물이 해충이나 초식동물을 쫓아내기 위해 애써 만들어낸 무기다. 보통 신경계에 작용하는데, 그 중 몇 가지가 뜻한 바와 달리 인간에게 쾌감을 불러일으킨다. 알코올은 매우 잘 익은 과일에 있으며, 과일즙을 저장해 두면 몇%의 알코올이 포함된 음료가 만들어진다.

지난 몇 백 년 혹은 몇 천 년 동안의 기술적 진보로 현대의 약물 남용은 산업 사회 이전보다 더욱 더 중대한 문제가 되었다. 집집마다 원시적인 장비를 갖추고 자기들이 먹을 과실주나 기타 발효주를 작은 단지에 담궜던 시절에는 매일 술독에 빠져사는 사람이 있을 수 없었다. 양조 제조자와 주류 상인이 각각 따로 있는 도시 문명에서는 돈만 있으면 원하는 만큼 술을 마실 수 있을 정도로 엄청난 양의 술을 생산한다. 또 영국의 토착민들이 로마 포도주에 흠뻑 취해버렸다는 사실에서 짐작할 수 있듯이, 저장 및 운송 수단이 발전한 것도 알코올 중독을 성행하게 만든 또 다른 요인이다.

알코올 중독이 널리 퍼지게 된 또 다른 요인은 증류술의 발명이었다. 흔히 구할 수 있는 술은 겨우 몇 퍼센트의 알코올만 포함했지만, 이를 증류하면 높은 도수의 술을 만들 수 있었다. 포도주나 맥주보다 진을 마시면 더 알코올 중독에 잘 걸릴 것이다. 보다 최근의 기술 혁신으로 아편에서 헤로인을 만들거나 코케인에서 크랙crack을 만들기가 더욱 쉬워졌고, 이런 농축물들에는 자연물질보다 더 빨리 중독된다. 피하 주사기의 발명도 같은 맥락이다. 마찬가지로 목을 거의 자극하지 않도록 새로 개발한 담배 잎을 재료로 하여 담배를 대량 생산함에 따라 니코틴 중독의 발생 빈도가 비약적으로 늘어났다. 약물 중독의 가능성이 그토록 유구한 역사를 지님에도 불구하고, 현대의 재앙은 주로 우리의 비정상적인 환경의 산물이라 할 수 있다.

물론 신문 머릿기사만 읽어봐도 아는 일이지만 중독은 유전성장애다. 그런 머릿기사를 쓰거나 읽는 일반인들이 이 사실을 다 이해하리라고 확신할 수는 없지만, 우리가 이해하는 약물 중독은 7장에서 논의한 유전적 급변이다. 어떤 사람들은 저녁 식사에 곁들여 칵테일이나 포도주 혹은 맥주를 자주 반주로 마시곤 하며, 때때로 주말에 폭음을 하는 데도 알코올 중독의 징후는 털끝만큼도 보이지 않는다. 반면, 이에 관련된 유전적 급변을 가진 사람은 똑같은 양의 알코올을 섭취해도 술 마시는 양이 꾸준히 증가하여, 결국에는 점점 악화되는 중독을 감당하기 위해 막대한 술값뿐만 아니라 정상적인 사회 관계를 유지하거나 생업을 꾸려가기가 점점 어려워진다. 이러한 유전적 급변이 초래하는 결과는 6캔들이 상자와 증류기가 발명되기 전까지는 분명 하찮은 일이었을 것이다. 알코올 중독과 기타 많은 약물 남용은 문명의 질병이다.

현대 환경에 의한 발달 이상

적당한 운동을 하지 않으면 체중 과다와 지방질 식사에 관련된 여러 문제들 외에도 다른 많은 문제들이 발생한다. 예컨대, 정상적인 인체의 발달 과정에서 인구의 대다수가 엉뚱한 자리에서 앞니가 자라고, 사랑니 때문에 그토록 많은 문제들에 시달리게 한다는 말은 진화적으로 이치에 맞지 않는다. 현대의 어린이들 중 상당수가 치열 교정을 해야 하고 나이가 들어서는 비싸고 아픈 사랑니 제거 수술을 받아야 한다면, 현대의 환경에 뭔가 잘못된 점이 있다는 뜻이다.

한 가지 가능성은 턱이 운동할 필요가 없어졌다는 것이다. 석기 시대의 열살박이 아이는 요즘처럼 포테이토칩, 햄버거, 파스타같이 부드럽고 씹기 쉬운 음식들을 먹지 못했다. 그 아이들은 오늘날의 아이들보다 훨씬 더 오랫동안 힘주어 음식물을 씹어야 했다. 생애 초기에 턱 근육을 쓸 일이 거의 없어졌기 때문에 근육 발달이 지체되고, 간접적으로 근육이 붙어 있는 골격 구조까지 약해지고 왜소해진 것이 아닐까 하고 우리들은 의심한다. 치아의 성장은 다분히 자율적으로 이루어지지만 턱의 구조가 일정한 크기와 형태를 띠고 있다는 가정하에서 치아가 나기 때문에, 발달 도중의 사용량이 턱없이 부족하면 이 밑구조 자체가 애당초 마련될 수 없을 것이다. 한쪽으로 쏠리거나 엉뚱한 자리에 난 앞니와 자라다가 멈춘 사랑니는 문명의 질병일지도 모른다. 오랫동안 힘주어 씹기가 아이들에게 가장 필요한 운동으로 인정된다면 많은 치과질환들이 예방될 것이다. 학교에서 껌을 씹게 해야 할지도 모르겠다!

요즘 어린이들이 보이는 다른 비정상적인 행동들도 신체 발달에 이상을 초래할 수 있다. 교실의 의자나 벤치에 쉬지 않고 몇 시간이나 앉아 있는 일은 비자연적이며, 석기 시대의 아이들은 그런 행동을 할 필요가 없었다. 그 당시의 아이들은 앉을 때 땅바닥에 쭈그리고 앉았지 의자에 걸터앉지는 않았다. 또한 석기 시대인들은 틀림없이 쭈그리고 앉았다가 바로 무릎을 꿇기도 하고, 걷거나, 뛰거나 혹은 그 밖의 다른 활동들로 옮겨가곤 했을 것이다. 오늘날 하부 요통으로 고생하는 사람들 중 상당수는 어린 시절에 하루하루를 비정상적인 자세로 몇 시간씩 보냈기 때문이 아닐까? 아마도 이 문제는 아이들을 의자에 앉히기보다 바닥에 쭈그리고 앉게 하고 쉬는 시간에 뛰어 놀거나 걸어다닐 시간을 많이 줌으로써 해결될 것이다.

미시건 대학의 의사 앨런 웨더 Alan Weder와 그의 동료 니콜라스 쇼오크 Nicholas Schork는 고혈압이 문명의 질병임을 밝히고자 노력했다. 그렇지만 우리가 먹는 음식물 속에 포함된 다량의 염분을 강조한

게 아니라, 그들은 점점 커지는 몸을 유지하기 위해 혈압이 당연히 높아야 하며 성장이 최고조에 달하는 청소년기에 혈압을 증가시키는 어떤 메커니즘이 있으리라고 생각했다. 원시 환경에서는 비교적 사람들의 체구가 작았기 때문에 이 메커니즘도 작은 몸집에 맞도록 조절되었을 것이라고 그들은 주장했다. 오늘날에는 영양이 풍부한 환경으로 인해 사상 유례 없이 성장이 빨라져서 커다란 체구가 만들어진다. 혈압 조절 메커니즘이 원래 설계된 한계를 넘어서는 영역까지 감당해야 하기 때문에, 종종 무리하게 작동하여 고혈압을 유발한다.

근시만이 어린 시절에 겪는 새로운 환경 조건에 의해 유발되는 시각 이상은 아니다. 최근에는 출산 후 일주일과 한달 째에 눈을 어떻게 사용하는가가 시각이 정상적으로 발달하는 데 결정적으로 작용한다는 것을 알게 되었다. 어떤 이유에서든지 한쪽 눈만 더 많이 쓰면 시각 기능을 담당하는 뇌 구역의 분할이 변형되어, 후에 어린이가 깊이를 지각할 때 양쪽 눈을 다 이용하지 못하는 경우가 많다. 신생아의 황달 치료에 간혹 쓰이지만, 24시간 내내 밝은 불빛을 비춰주면 색깔을 감지하지 못하는 장애가 일어날 수 있으며 이 병은 오랜 시간이 지나도록 잘 발견되지 않는다. 시끄러운 소음, 특히 현대식 공장의 단조롭기 짝이 없는 소리에 반복적으로 노출되면 아이들의 청각이 제대로 발달되지 못한다는 연구 결과가 나온들 그리 놀랄 만한 일이 아닐 것이다.

현대 환경으로 인한 다른 질병들

추운 기후는 새로운 환경적 요인으로 볼 수 있다. 인류 집단은 계절적으로 추운 환경에도 살게 되었는데, 이 과정은 겨우 수만 년 전에 이루어진 의복이나 불과 같은 기술적 진보 덕분에 이루어졌다. 우리는 여전히 우리 스스로 만든 것들이나 그를 대치할 수 있는 현대적 대용품이 있어야 현재 지구상의 대다수 지역에서 겨울을 날 수 있다. 동상이나 저체온증 같이 새로운 환경적 위협들에 미처 대비하지 못한 인간의 생물학적 한계가 기술로 보완되고 있다.

그러나 낮은 기온만이 고위도 지방에 있는 유일한 장애 요소가 아니다. 몬트리올이나 모스크바 같은 곳에서도 우리를 살 수 있게 해준 장본인인 의복과 주거 환경이 한편으로는 건강상의 문제를 일으킨다. 체내에서 비타민 D를 합성하는 양은 태양 광선에 피부가 노출되는 정도에 달려 있다. 만약 낮에는 주로 실내에 있고 밖에 나갈 때도 두꺼운 옷을 껴입는다면, 체내에서 합성되는 비타민 D의 양은 아프리카 평원을 벌거벗고 누비던 우리 조상들의 몸에 만들어지던 양에 비해 훨씬 적을 것이며, 우리의 대사 기구의 요구량에 크게 모자란다. 다행히도 우리의 광합성 능력만이 비타민 D를 제공하는 유일한 원천은 아니다. 특정한 음식물을 먹음으로써 비타민 D에 대한 요구를 충족시킬 수 있다. 불행하게도 보기에는 적절한 식단이 실은 비타민 D를 거의 포함하지 않는 경우가 많으며, 이러한 비타민 결핍 때문에 주로 칼슘 대사의 이상과 결부되어 갖가지 건강상의 문제가 생긴다.

비타민 D 결핍증 중에서 가장 널리 알려진 것이 유년기에 발육이 지체되는 구루병 rickets이다. 구루병의 증상은 다양하지만, 골격의 성장을 저해하는 증상이 가장 심각하다. 칼슘 축적량이 부족하면 골격이 무르고 약해지며 비정상적으로 성장하게 된다. 구루병은 누구나 햇빛을 충분히 받았던 적도에서는 이름조차 몰랐던 병이며, 생선같이 비타민 D를 많이 함유한 음식을 전통적으로 즐겼던 일본이나 스칸디나비아 등에서도 별로 흔치 않았다. 하지만 한때 영국에서는 수없이 많은 어린이들이 이 병에 시달려 때로 〈영국병〉이라고도 일컬어진다.

또한 구루병은 1930년대 이전의 북미 도시에서는 만성적으로 유행한 질병이었는데 비타민 D가 통상적으로 우유에 첨가되기 시작하면서 상황이 달라졌다. 백인 아이들보다 흑인 아이들이 더 많이 걸렸다. 인종에 따라 적응성이 다르다는 견해는 일반적으로 기각되고 있지만, 이처럼 백인들이 구루병에 잘 걸리지 않는 현상은 검토해 볼 만한 일이다. 아마도 지중해를 건너서 알프스를 넘어간 최초의 유럽 이주민들은 아주 검었을 것이다. 그들은 거기서 구름으로 뒤덮인 하늘 아래 울창한 나무들로 꽉 찬 대지를 발견했다. 계절을 불문하고 그들은 하루의 대부분을 동굴이나 통풍이 잘되는 움막 안에서 보냈다. 집 밖에 나올 때는 짐승 가죽이나 털로 짠 옷을 걸쳤기 때문에 피부가 아주 약한 햇볕을 쬘 기회마저 앗아가버렸다. 그 결과 많은 이들이 비타민 D 결핍으로 인해 적응도가 감소했을 것이다. 우연히 피부색이 옅었던 사람들은 비타민 D를 합성하는 데 필요한 햇빛을 더 많이 흡수했기 때문에 피부색이 더 진한 사람들보다 상대적으로 유리했을 것이다.

이런 식으로 불과 수백 세대만에 옅은 피부가 진화했을 것이다. 이렇게 빨리 변화할 수 있었던 이유는 어떤 형질을 감소시키는 편이 이를 증가시키거나 완전히 새로 만들어내는 것보다 더 쉽게 진화하기 때문이다. 동굴 속에 사는 동물은 색소를 만드는 능력을 수천 세대만에 완전히 상실하기도 했는데, 이는 순전히 색소를 유지시키는 선택이 약해졌기 때문에 일어난 현상이다. 피부색이 옅어서 실질적인 이득을 얻는다면 변화는 더욱 빨라질 것이다. 아시아의 추운 지역에서 멜라닌 색소의 합성량이 비록 눈에 띌 정도는 아니지만 다소 감소된 사례도 같은 진화의 결과다. 이런 곳에서는 숲이 초원이나 사막으로 대체되었고 겨울 날씨도 자주 화창했다. 시베리아나 중국 북부의 토착민들은 유럽 중앙 혹은 북유럽 주민들보다는 검지만 아프리카나 남아시아의 주민들보다는 옅은 편이다. 문명의 질병인 구루병은 피부색이 짙은 사람들에게 더욱 위험하며, 연한 피부색깔은 햇빛이 매우 부족한 곳에 특수하게 적응한 결과로 생각된다. 하지만 이렇게 피부색이 연한 사람들이 오스트레일리아처럼 햇볕이 내리쬐는 곳으로 돌아간다면 어떻게 될까? 12장에서 햇빛의 문제를 좀더 논의하겠지만 우선 5장에서 논의한 햇볕 화상을 떠올려보길 바란다.

앞서 말했듯이 농업이 시작되면서 수렵 채취 경제가 지탱할 수 있는 수준을 훨씬 넘게 인구가 팽창했으며, 특히 도시에 인구가 집중적으로 거주할 수 있게 되었다. 계절에 따라 추운 지역으로 사람들이 이주해 가면서 동굴과 건물 안에 머무르는 시간이 더욱 늘어났다. 이 두 가지 변화가 한 사람이 단시간에 접촉하는 사람들의 수를 증가시켰고 대인 접촉의 시간은 늘고 거리는 감소하게 만들었다. 그러자 빈번한 대인을 통해서만 전파될 수 있는 전염병들이 새로 등장하게 되었다.

이런 집단에서는 천연두, 홍역, 기타 접촉성 전염병에 걸리기 쉽게 하는 유전적 급변을 가진 사람들이 대부분 자연선택으로 제거되었다. 말라리아나 겸상적혈구증과 같은 열대 질병에 대한 고비용의 방어 메커니즘들은 금세 자취를 감췄을 것이다. 천연두 같은 병들에 맞서 새로이 진화한 방어 메커니즘의 유효성은 문명의 질병에 단 한 번도 노출된 적이 없었던 신세계에 이주민들이 정착하며 그들에게는 더 이상 문제가 되지 않는 병원체를 옮겨준 사건들에 의해 비극적으로 입증되었다. 헤아릴 수 없을 만큼 많은 신세계의 원주민들이 유럽인의 총칼이 아니라 천연두와 인플루엔자 같은 유럽의 질병들에 의해 처참히 죽었다.

이 장에서는 현대 생활에서 초래되는 많은 심리적 문제에 대해서는 거의 언급하지 않았다. 가족의 중요성을 부르짖는 정치인들의 미사여구에도 불구하고, 도시 생활의 기본 단위인 핵가족에서 자라는 아이들은 그야말로 새로운 사회적 환경을 체험하고 있다. 주간 탁아소에서 잠깐씩 돌봐주는 보모의 손에서 자라는 아이들이 대표적인 예다. 어른들 그리고 심지어는 청소년이나 어린이들조차도 친숙한 사람보다는 비인간적인 관료나 사무원을 더 자주 상대해야 한다. 무슨 특별한 날이 아니라면 우리가 하룻동안 만나는 사람들의 대부분은 생전 처음 보는 사람들이다. 우리 조상들이 진화해 온 세상은 이렇지 않았다. 고위도 지방의 칠흑같이 긴 겨울밤은 어땠을까? 거꾸로 대낮같이 환한 실내 조명 아래에서 대부분의 시간을 보내느라 정말 어둠 속에서 보내는 시간이 짧아진 우리의 현실은 어떤가? 금을 찾아 알래스카로 간 사람들이 눈 속에 파묻혀 겪었던 밀실 공포증은 오늘날 많은 의학자들의 관심을 끌고 있는 공인된 질병이 되었다. 밤새워 일하는 노동자와 장거리 비행에 따른 시차는 어떤가? 창문 없는 사무실이 끼치는 영향에는 생리적인 문제뿐만 아니라 심리적인 문제도 있다. 우리가 새롭게 처한 현대 환경이 의학적으로 어떤 함의를 갖는지 대하여는 이제 막 탐구를 시작했을 뿐이다.

결론과 제안

과거로의 회귀가 설사 바람직하다고 한들 우리가 되돌아갈 에덴 낙원은 이제 존재하지 않는다. 우리가 할 수 있는 일은 현대의 위험 요인에 빈틈없이 대비하고 이를 극복할 합리적인 방안을 모색하는 것이다. 이 책에서 논의된 다른 많은 주제들이 그렇듯이 의학적으로 중대한 문제점에 부딪힌 사람들에게 우리가 건네고 싶은 충고는 이렇게 질문해 보라는 것이다. 그 문제의 진화적 함의는 무엇인가? 한 가지 가능성은 그 문제가 적응 메커니즘이라는, 즉 석기 시대에는 적응적이었다는 것이다. 설탕이나 지방에 대한 열렬한 갈망, 게으름을 피우는 경향, 근시의 원인이 되는 눈의 성장 조절 메커니즘 등의 문제들은 진화된 적응이지만, 현대의 환경에서는 많은 사람들에게 곤란을 안겨주고 있다. 진화한 다른 특성들, 예컨대 노쇠나 햇볕에 화상을 입기 쉬운 성향 등은 어떠한 환경에서도 적응적일 수 없으며 그저 다른 적응에 결부된 대가일 뿐이다. 다시 한번 되풀이하는데, 모든 이득에는 반드시 비용이 따르며 그런 이득의 대부분은 그만한 대가를 치를 가치가 있다.

11 알러지

북미 온대 지역에 사는 많은 사람들은 돼지풀ragweed이 꽃가루를 날리기 시작하는 8월의 어느 화창한 날을 두려워한다. 그날만 되면 재채기를 하고 천식에 시달리며 손수건과 항히스타민제를 찾기 바빠진다. 가엾은 돼지풀은 단지 번식하려 애쓰는 것뿐이지만 우리는 그 때문에 고통을 받는다. 돼지풀 한 포기가 하루에 꽃가루 백만 개를 방출하며, 그 시간은 주로 오전 6시에서 8시 사이에 집중된다. 바로 이때가 그들의 꽃가루가 아침 산들바람을 타고 다른 돼지풀 꽃으로 안전하게 옮겨갈 가능성이 제일 높은 시간이다. 2.6제곱킬로미터의 들판에 피어 있는 돼지풀 꽃들은 한 해에 꽃가루를 무려 16톤이나 만드는데, 알러지 반응은 100만 분의 1그램에도 쉽게 일어난다는 것이 문제다. 이 악명 높은 꽃가루 입자는 지름 20마이크론 정도의 아주 작은 공모양인데, 돼지풀 성세포 두 개가 가운데 들어 있으며 그 주위를 단백질과 기타 영양분들이 둘러싸고 있다. 이 단백질 중 하나인 Amb a I는 전체 단백질의 6%밖에 안 되지만 알러지 반응의 90%를 일으킨다. 지독히도 운이 나쁜 사람들을 위한 병! 몇 주일 후 바람이 쌀쌀하게 불어 돼지풀이 다 시들고 더 이상 꽃가루를 날리지 않게 되는데, 돼지풀 알러지가 있는 사람들은 8월 중순부터 이 날이 빨리 오기만을 초조하게 기다린다.

물론 돼지풀만이 범인은 아니다. 알러지는 다른 꽃가루, 균류의 포자, 동물의 비듬, 진드기 배설물 등을 흡입하거나, 다른 다양한 물질들이 피부와 접촉하거나, 특정한 음식이나 약을 먹거나, 벌침 같은 독소나 약물을 주사해도 일어날 수 있다. 현대 미국인의 4분의 1이 어떤 식으로든 알러지로 고통받는다. 당신이나 당신 친척, 또는 친구가 한 번쯤은 알러지 전문의의 신세를 진 적이 있을 것이다. 그때 당신은 알러지를 일으킨 물질(알러젠 allergen)을 알아내기 위해 피부 검사를 받았을 것이다. 그 다음에 두 가지 조언을 듣게 된다. 〈알러젠을 가급적으로 피하고, 이 항히스타민제로 증상을 다스리십시오〉라고.

알러젠을 피하라는 말은 일리가 있지만, 증상을 완화시키라는 말은 어떤가? 전염병의 치료를 논의하면서 이런 식의 조언에 대해 이미 다룬 바 있다. 알러지에 항히스타민제를 복용하는 것이 열에 아세트아미노펜을 복용하는 것이나 생쥐에게 알약을 먹여 고양이 냄새를 못맡게 만드는 것과 같은 것은 아닐까? 현재 우리는 알러지를 일으키는 체계가 하나의 방어라는 것은 알고 있지만, 무엇으로부터 우리를 막아주는지는 분명하지 않다. 그러나 알러지 반응을 보일 수 있는 능력이 어떤 종류의 위험에 대한 방어라는 것은 알 수 있다. 그렇지 않다면 면역계의 일부인 면역글로불린-E immunoglobulin-E(IgE)는 오늘날 존재하지 않을 것이다. 우리 몸의 IgE 체계가 다른 종에서는 쓸모 있었던 체계의 잔재라고도 생각할 수 있지만, 이처럼 복잡한 체계는 자연선택에 의해 유지되지 않으면 급속히 쇠퇴하기 마련이다. 게다가 어떤 해까지 끼친다면 더욱 더 빨리 붕괴할 것이므로 이 가능성은 희박하다. IgE 체계가 어떤 식으로든 유익하다고 보는 편이 훨씬 더 타당하다.

이 말은 모든 알러지가 다 유익하다는 뜻이 아니다. 사실 저비용의 방어 반응에 대한 진화적인 시각에 따르면, 체계 전체는 적응적이라도 대부분의 개별적 반응들은 해로울 수도 있다. 이것이 바로 **화재경보기 원리** smoke-detector principle이다. 화재경보기는 무시무시한 화재가 지금 일어나고 있음을 경고하기 위해 설계되었지만, 실제로 제 구실을 하는 경우는 적다. 대부분은 몇 년이고 아무 일도 하지 않은 채 달려 있거나, 담배 연기나 토스터 연기에 속아서 때때로 거짓 경보를 울려 댈 뿐이다. 하지만 짜증나는 거짓 경보도, 화재경보기를 사고 건전지를 이따끔씩 교환하는 데 들어가는 돈도, 큰 불이 나면 화재경보기가 우리를 지켜줄 것이라는 확신에 의해 보상받고도 남는다. 이 원리는 14장에서 불안을 논의하면서 더 자세히 살펴보겠다.

아마도 당신의 알러지 전문의는 IgE 체계의 유용성과 그것을 조절하는 메커니즘의 진화 과정에 대해 알려주지 않을 것이다. 내가 왜 고양이나 굴, 기타 등등에 대해 알러지를 일으키는지 물어보면, 의사는 이렇게 대답할 것이다. 〈다른 모든 것과 마찬가지로 여러 가지 알러젠들에 대한 민감성은 사람마다 천차만별입니다. 공교롭게도 당신은 고양이 비듬 속의 뭔가에 너무 민감한 거구요. 이렇게 과도한 민감성을 치료하려면 고양이 비듬을 가급적 피하거나 그 비듬이 일으키는 방어 작용을 억눌러야 합니다.〉

과민성 이론에는 두 개의 심각한 문제점들이 있다. 첫째 알러지는 단순한 문제가 아니다. 알러지를 일으키는 사람은 극소량의 알러젠에도 반응을 보이는 반면, 알러지를 일으키지 않는 사람은 막대한 양의 알러젠에 노출되어도 아무런 반응을 보이지 않는다. 이런 점에서 알러지는 햇빛이나 멀미에 대한 과도한 민감성과는 전혀 다르다. 둘째는 문제가 더 심각하다는 것이다. 알러지는 어떤 뚜렷한 기능을 가지고 잘 작동하던 체계가 갑자기 극단적으로 반응하는 것이 아니다. 현대 산업 사회에서 IgE 항체는 알러지를 일으킨다는 점을 빼면 거의 아무 일도 하지 않는 것 같다. 이 예외적인 IgE 기구가 진화된 이유는 덩굴 월귤 열매를 먹거나, 양모를 입거나, 8월에 꽃가루를 들이마시는 사람들을 무작위적으로 혼내주기 위한 것밖에는 없어 보인다.

이런 어려운 점들에도 불구하고 알러지를 과도한 민감성의 결과로 보는 식의 설명이 널리 받아들여지고 있다. 예컨대, 천식에 관한 1993년 ≪뉴욕 타임즈≫ 기사는 천식이 하나의 과도한 면역 반응이며, 〈허파가 알러젠에 반응하지 못하도록 원천 봉쇄함으로써 천식 과정을 차단〉할 수 있는 약을 개발하면 해결될 것으로 적고 있다. 우리가 모르는 비밀을 허파(혹은 허파 속에서 IgE를 가진 세포)가 알고 있을 가능성은 털끝만치도 고려하지 않았다. 널리 채택된 어느 면역학 책은 알러지를 〈과민성〉이라는 제목으로 한 장에 걸쳐 다루고 있지만, 도대체 왜 IgE 세포가 존재하는가에 대한 설명은 찾을 수 없다.

IgE 체계의 미스터리

종이나 그보다 큰 단위의 복잡 미묘한 특성을 찾아냈을 때 생물학자들은 그것이 무슨 일을 하는가를 가장 먼저 알고 싶어한다. 또 별로 중요한 일을 하지 않는다면 진화의 과정에서 유지되었을 리가 없다고 생각한다. 이해를 돕기 위해 잠시 본론에서 벗어나보자. 상어의 주둥이에는 마치 플라스크처럼 생긴 기관들이 줄지어 있다(이를 처음으로 주목한 르네상스 해부학자의 이름을 따서 로렌치니 팽대부 ampullae of Lorenzini 라고 함). 이 복잡한 구조에는 많은 신경들이 연결되어 있다. 3백여 년 동안 학자들은 로렌치니 팽대부가 부력을 조절한다느니 소리를 증폭시킨다느니 등 여러 추측들을 내놓았지만, 그 기관이 〈그냥 거기에〉 있다고 진지하게 제안한 생물학자는 한 명도 없었다. 이 문제는 계속 탁상공론에 머물다가, 몇몇 뛰어난 실험들을 통해 마침내 로렌치니 팽대부가 미세한 전기 자극를 감지함으로써 상어에게 캄캄한 수중에 숨어 있거나 모래 속에 묻힌 먹이들의 근육 운동을 알아차리게 도와준다는 사실이 밝혀졌다. 적응주의 프로그램의 신봉자인 몇몇 생물학자들이 로렌치니 팽대부가 하나의 적응임이 틀림없다고 추정한 덕분에 비로소 이 사실을 발견할 수 있었던 것이다.

IgE 체계와 그것이 유발시키는 알러지에 대한 합리적 설명을 제시하기 앞서서, 먼저 알러지의 근접 메커니즘을 설명할 필요가 있다. 외부 물질이 신체 안으로 들어오면 대식세포 macrophage(macro는 〈크다〉는 뜻이고 phage는 〈먹는다〉는 뜻)가 이를 포착한다. 대식세포는 외부 물질의 단백질 성분을 처리한 뒤 보조 T 세포라는 백혈구 세포로 넘겨준다. 보조 T 세포는 이 단백질을 또 다른 백혈구 세포인 B 세포에 전달한다. B 세포가 이 외부 단백질에 대한 항체를 만든다. 보조 T 세포에 의해 자극받아 계속 분열하며 그 항체를 만들어낸다. 대부분의 경우 항체는 면역글로불린 G(IgG)이지만, 어떤 물질에 대해서는 B 세포가 알러지 반응을 일으키는 IgE 항체를 대신 만들기도 한다.

IgE 항체는 다른 항체들에 비해 아주 소량으로 존재한다. 항체의 총량의 겨우 십만 분의 일에 지나지 않는다. IgE 항체는 혈액 속을 순환하며 1백 내지 4천 개 중의 하나의 비율로 호염기체(순환하고 있는 경우)나 비만세포(한곳에 모여 있는 경우)들의 막에 부착된다. 이렇게 부착된 뒤 IgE는 약 6주간 그 자리에 머문다. IgE의 양이 아주 적음에도 불구하고 각각의 호염기체마다 10만에서 50만 개에 이르는 IgE 분자들이 달라 붙으며, 돼지풀 알러지를 앓고 있는 사람의 경우에는 IgE의 약 10%가 돼지풀 항원에 대해 특이적으로 반응한다.

이러한 비만세포들은 마치 항구에 떠다니는 부유 기뢰처럼, 모든 공격 준비가 완료된 채 항원이 다시 출현하기만을 기다린다. 항원이 되돌아와 두 개 혹은 그 이상의 IgE 분자들에 의해 비만세포 표면까지 끌려가서 부착되면, 비만세포는 8분여에 걸쳐 적어도 열 가지 화학물질이 뒤섞인 혼합물을 퍼붓는다. 어떤 것은 주변에 있는 세포라면 무엇이든 공격하는 효소이며, 어떤 것은 혈소판을 활성화시키고, 어떤 것은 다른 백혈구들을 격전장으로 끌어오며, 또 어떤 혼합물은 평활근을 자극하여 천식을 일으키기도 한다. 그 중 하나인 히스타민은 가려움증을 일으키고 세포막의 투과성을 높이는데, 이런 유해한 효과는 항히스타민제로 차단할 수 있다. 세부적인 사항들은 아직 연구 중이지만 근접 메커니즘의 작동에 대한 이 큰 줄거리는 25년 전에 이미 밝혀졌으며 본질적으로 모든 포유동물에서 동일하다.

이쯤 되면 당신은 아마도 이렇게 생각할 것이다. 이 모든 IgE 기구가 무엇을 위해 존재하는지 누군가 이미 옛날에 다 알아냈겠지! 그러나 몇 번의 시도는 있었으나 일반적으로 공인된 설명을 도출해 낼 정도로 활발하게 연구 활동이 이루어지진 않았다. 이처럼 정교한 체계라면 틀림없이 어떤 유익한 기능을 수행하리라는 추론에는 많은 연구자들이 동의하고 있다. 〈이 세포들은 결점을 보상할 만한 생물학적 가치도 없이 그저 말썽만 일으키는 사고뭉치가 아닙니다〉라고 하버드 대학의 스티븐 골리 Stephen Galli가 말했다. 그는 비만세포들이 피부와 호흡관의 혈관 주위에 집중 분포함으로써 〈기생체나 다른 병원체뿐만 아니라 피부나 점액 표면에 접촉하여 전해지는 환경적 항원들에 보다 가까이〉 위치한다는 사실을 지적했다. 그러나 골리는 이 체계의 기능을 설명해 줄 만한 증거들을 검토하지 않았다. 무려 900쪽에 걸쳐 알러지만을 다룬 이 책은 이 문제에 관해 단 한 페이지만을 할애했을 뿐이다. 이 책에는 〈IgE 항체가 제공해 준다고 생각되는 몇 가지 이로운 효과들이 제안되었으며〉, 여기에는 미소 순환의 조절이나 〈세균 및 바이러스의 공격과 기생충의 침입에 맞서 싸우는 방어의 최전선 역할 등이 포함된다〉고 적혀 있다. 이 책은 다음과 같이 결론짓는다. 〈인구의 25%에 해당하는 사람들이 IgE 항체가 매개하는 알러지를 보유하고 있는 바, IgE의 존재를 상쇄시켜 주는 생존상의 이익이 제안되었다.〉 그러나 다른 교과서들과 마찬가지로 이 책도 알러지의 적응적 함의에 대해서는 설명조차 하지 않았다.

IgE 체계는 기생충과 맞서 싸우기 위해 존재한다는 의견이 가장 폭넓게 받아들여지고 있다. 이 견해에 대한 증거로 기생충이 분비하는 물질이 국소적으로 IgE 생산을 촉진시켜 결국 염증을 유발하는데, 이는 기생충에 대한 방어 작용일 것이라는 관찰 결과가 있다. 보다 뚜렷한 증거는 주혈흡충 *Schistosoma mansoni*에 감염된 쥐가 강한 IgE 반응을 일으켰다는 실험을 통해서 얻어졌다. 한 쥐에서 나온 IgE를 다른 쥐로 옮겨주면 감염에 대한 방어 능력까지 전이되는 반면, IgE가 다른 세포를 끌어 모으는 능력을 박탈시키면 쥐가 기생충에 더 쉽게 감염되었다. 주혈흡충에 감염된 사람에서는 몸속의 IgE 중 8-20%가 이 기생충을 공격하며, IgE를 만드는 능력이 감소된 사람은 훨씬 심한 감염 증상을 나타냈다.

간과 신장 기능을 저하시키는 주혈흡충이나 실명을 일으키는 사상충 filaria 같은 기생충들은 현대적인 공중 위생과 병균 매개체 통제 장치가 도입되기 전에는 엄청난 문제를 일으키는 질병이었다. 기생충을 공격하는 것만이 IgE 체계의 유일한 기능이라면, 선진국에서처럼 단순히 증상만을 억제하여 알러지를 치료하는 관행이 적절할 것이다. 기생충이 아닌 다른 모든 것들에 대한 알러지 반응은 전부 비적응적일 것이기 때문이다. 그러나 기생충을 공격하는 것이 IgE 체계의 유일한 주된 기능이라는 견해에 대한 증거는 아직도 확실하지 않으며, 그 중 어떤 증거들은 하나밖에 없는 기존 가설에 맞춰 자료를 무리하게 해석한 것이라고 비판받고 있다. IgE 현상이 기생충과 관련이 있다는 사실을 설명하기 위한 다른 대안들, 이를 테면 기생충이 자기 자신의 이득을 취하기 위해 (국소적인 혈류량을 증가시킴으로써) IgE 반응을 촉발시킬 가능성 등은 아직 충분히 검토되지 않았다.

IgE 체계가 가질 법한 기능으로 또 하나가 제안되었다. 독소의 징후와 증상을 논의한 장에 소개된 마지 프라핏의 최근 가설이다. 프라핏은 IgE 체계가 독소에 대한 예비적인 방어로서 진화했다고 제안했다. 6장에서 언급했듯이 우리의 환경은 언제나 온갖 독소들로 가득차 있으며 지금도 마찬가지다. 들이마신 꽃가루, 피부에 닿은 잎사귀, 뱃속에 넣은 식물성 및 동물성 물질 등은 모두 잠재적으로 위험한 성분을 갖고 있다. 대부분 이러한 독소들은 식물이 기생충이나 곤충, 또는 다른 초식동물로부터 자신을 보호하기 위해 만든 것들이다.

우리는 이러한 화학물질에 대한 방어들을 몇 가지 가지고 있다. 우선 가능한 한 그런 물질을 피한다. 또 호흡계와 소화계의 내벽에는 독소를 포착하는 IgA 항체나 해독 효소들이 있어 여러 가지 화학적 구조들을 무력화시킨다. 흡수성 표면과 피부 또는 다른 흡수성 표면의 구조와 점액 분비에 의한 기계적인 방어 역시 중요한 역할을 한다. 이런 일차 저지선을 통과한 독소는 간과 신장에 배치된 효소 방어선의 집중 포화를 받게 된다.

하지만 모든 적응들이 그럴 수 있듯이 이 모든 방어들이 전부 수포로 돌아가는 상황을 가정해 보자. 프라핏은 그 경우에 예비 방어선, 즉 알러지 반응을 일으켜 독소들을 한꺼번에 밖으로 몰아낸다고 설명한다. 눈물은 눈에서 독소를 씻어낸다. 점액을 분비하고 재채기를 하고 기침을 해서 독소를 호흡관에서 몰아낸다. 구토는 독소를 위장에서 게워낸다. 설사를 해서 독소를 위장 아래의 소화계 부위에서 밀어낸다. 신속한 알러지 반응을 일으켜 외부에서 침입한 물질들을 소탕한다. 그 반응 속도는 독소가 해를 끼치는 만큼 빠르다. 정원에 핀 아름다운 디지탈리스를 한 입만 먹어도 구급차를 요청한 전화 수화기를 내려놓기도 전에 목숨을 잃을 수 있다. 프라핏의 이론대로, 우리의 면역계 중 순식간에 반응하는 유일한 체계는 알러지를 일으키는 체계밖에 없다. 프라핏은 자신의 이론을 뒷받침하는 또 다른 증거로 알러지의 여타 측면들을 언급했다. 신체 조직에 영구적으로 부착되는 독액이나 다른 독소들에 즉각적으로 반응하는 성향, 알러지에 따른 염증이 있는 동안 항응고제가 분비되어 혈액 응고성 독액을 무력화시키는 현상, 특정한 물질들에 대해 일관성 없이 발현되는 알러지들이 그의 이론을 지지한다.

이 시점에서 잠시 숨을 가다듬고 우리가 맞춰야 할 표적들을 일렬로 세워 한 눈에 들어오게끔 하자. 아직 그것들을 어떻게 맞출지는 모르지만 말이다. 이미 지적했듯이 가장 시급하고 중요한 질문은 〈IgE 체계의 정상적인 기능은 과연 무엇인가〉이다. 두번째 질문은 〈왜 어떤 사람들은 유독 알러지를 심하게 일으키는데 다른 사람들은 그렇지 않는가〉이다. 세번째 질문은 〈알러지에 민감한 사람이 어떤 물질에는 알러지를 일으키면서 다른 물질에는 일으키지 않는, 예컨대 우유에는 일으키지만 꽃가루에는 반응하지 않는 이유는 무엇인가〉이다. 네번째 질문은 〈왜 알러지의 발생률이 최근 들어 급속히 증가하는 것처럼 보이는가〉이다.

아토피

알러지를 특히 잘 일으키는 사람들을 일컬어 〈아토피성〉이라고 한다. 아토피 Atopy는 가족 단위로 유전된다. 대부분의 사람들이 임상적으로 심각한 알러지에 걸릴 위험은 약 10%이지만, 양친 중 한 명이 아토피성이면 25%, 양친 모두 아토피성이면 그 위험도가 50%에 달한다. 여기에 관여하는 유전자는 아직 확실치 않지만, 11번 염색체상의 어떤 우성 유전자가 중요한 역할을 하는 듯하다. 알러지에 잘 걸리게 하는 유전자가 발견된다면 왜 그들이 존재하는지 밝혀야 할 필요가 있다. 겸상적혈구 유전자가 그렇듯이, 어떤 환경 조건하에서 이익을 주거나 특정한 감염으로부터 보호해 주는 것은 아닌가? 아니면 어떤 특정한 유전자와 결합했을 때는 이익을 주지만 그 밖의 경우에는 불이익을 끼치는가? 아니면 현대의 환경을 접하기 전에는 전혀 문제되지 않았던 〈급변〉인가?

그렇지만 유전자가 이야기의 전부는 아니다. 일란성 쌍둥이를 연구한 결과, 절반 가량은 쌍둥이 중 한 명만 알러지를 갖고 있었다. 따라서 유전자 외의 다른 요인도 틀림없이 중요한 것 같다. 심지어 아토피 환자들 사이에서도 어떤 이는 돼지풀에 알러지를 일으키고 다른 이는 새우에 알러지를 일으킨다. 도대체 왜 그런가? 이 질문에 답하기 위해 우리는 두 가지 가능성을 제시한다. 하나는 앞에서 말했듯이, 엄청난 재앙을 피하기 위해 사소한 실수를 저지르는 방어 장치가 일종의 적응으로 형성되었다는 것이다(화재경보기 원리). 다른 하나는 효소의 변이성으로서 최근 들어 생물학 책에서 빈번하게 등장하는 논제이다.

인간이든 혹은 다른 종이든, 같은 종에 속하는 개체들끼리도 굉장히 다를 수 있다. 유전 암호가 99% 동일하더라도 유전 암호상의 아주 작은 차이가 신체 구조와 화학적 특성을 전혀 딴판으로 만들 수 있다. 게다가 똑같은 유전 암호라도 〈A이면 X, 그렇지 않으면 Y〉 같은 형태의 지시문이 포함된 경우라면 다른 내용을 지시할 수도 있다. 돌이켜보면 개체간의 변이는 늘 광범위하게 존재했었다. 많은 종의 암컷과 수컷들이 몸의 크기, 해부학적 구조, 번식 과정, 행동, 먹이, 서식지, 기타 다른 특성들에서 얼마나 큰 차이를 보이는지 생각해 보라. 이러한 차이는 테스토스테론이 일정한 역치 이상의 농도로 존재할 때만 발현되는 유전자에 의해 생겨났을 것이다. 인간의 경우 그런 변이성의 대표적인 예는 약물에 대한 반응 정도의 차이다. 투여한 약물의 체내 함량을 절반 정도로 떨어뜨리기까지 어떤 사람은 다른 사람들보다 열 배 이상의 시간이 필요하다. 이 말의 진정한 의미를 파악하기 위해 당신과 친구가 같은 양의 키니네 주사를 맞는다고 가정하자. 당신이 주사량의 반을 해독시키는 데 한 시간이 걸리지만, 친구는 열 배나 빨리 이 일을 해냈다고 하자. 한 시간이 지난 뒤 당신 몸속의 주사량은 아직도 처음값의 절반이나 되지만, 친구 몸속의 주사량은 처음의 천 분의 1 이하로 떨어졌다. 수술하는 동안 근육을 이완시키기 위해, 콜린에스테라아제 cholinesterase라는 효소의 기능을 차단하는 콜린에스테라아제 억제제 cholinesterase inhibitor를 투여한다면, 수술 후 다른 환자들은 벌써 다 깨어 돌아다닐 때에도 당신은 느린 대사 속도 때문에 계속 마비된 채로 한 시간 이상 숨도 못 쉴 것이다. 다행스럽게도 마취과 의사들은 이런 특이 체질 환자들을 빈틈없이 살핀다.

프라핏의 이론이 맞다면 사람들은 자신이 각별히 공격받기 쉬운 특정 독소에 대해 알러지를 일으킬 것이다. 클린턴 대통령은 고양이에 대한 알러지가 있다. 이 알러지가 그를 어떤 위험한 독소로부터 구해 주고 있는 것일까? 피토후이 pitohui라는 새는 깃털에 독을 갖고 있다(6장). 고양이가 비슷한 종류의 적응을 보이는 것 같지는 않지만 가능성을 고려해 보자. 친척들은 모두 멀쩡한데 왜 클린턴만 고양이에 맥을 못추는 걸까? 아마도 그가 어떤 효소를 만드는 유전자에 결함이 있는 채로 물려받았는데, 이 효소가 어떤 종류의 고양이 독소를 중화시키는 데 꼭 필요하기 때문일지도 모른다. 클린턴이 고양이 털을 만지거나 털 속의 미세한 성분을 들이마시면 독소가 세포 내로 들어가서 위험한 농도까지 축적되겠지만, 그 효소를 정상적으로 갖고 있는 사람은 독소를 재빨리 파괴시켜 버릴 것이다. 다행히도 클린턴에게는 비만세포뿐만 아니라 IgE를 만드는 T 세포가 있으므로 독소에 맞서서 재채기 같은 방어 반응을 할 수 있다. 그러다 보니 국가의 존망이 걸린 협상 중에도 주머니 속의 손수건을 꺼내느라 어쩔 수 없이 발언이 중단되기도 하지만, 그 재채기가 예비 방어 기구로서 클린턴을 중병에서 구해 주고 있는지도 모른다. 클린턴 대통령의 고양이 알러지에 대한 이런 식의 설명에 동의하는가? 사실 우리는 수긍하지 않지만, 이런 말을 먼저 꺼낸 것에 변명의 여지는 충분히 있다. 지금으로서는 이 설명이 틀렸다는 증거가 없다는 것이다. IgE 체계가 무엇을 위해 존재하는지 모르는 한, 그것이 저지르는 잘못과 정상적인 임무를 구별하기는 대단히 어려울 것이다.

알러지는 독소에 대한 예비 방어라는 프라핏의 이론을 지지하면서, 고양이 알러지는 아무 이득 없이 귀찮기만 한 일이라고 이야기를 바꿀 수도 있다. 클린턴의 알러지는 화재경보기 원리의 또 다른 예에 불과할지도 모른다. 그가 어린 시절에 호흡기 감염을 겪는 동안 어떤 세균성 독소에 노출되었고 IgE 체계가 즉각 활동을 개시하여 이를 내쫓아버린 후, 그 위험물질뿐만 아니라 어떤 무해한 〈방관자〉 분자(프라핏이 붙인 용어)에 대해서까지 알러지를 일으키게 되었다는 것이다. 몇몇 IgE 합성 세포들이 고양이 털 속의 무해한 어떤 성분을 골치 아픈 독소로 잘못 인식하거나, 적어도 이 독소가 나타났다는 것을 알려주는 경보로 착각했을 것이다. 외부 물질과 반응하는 면역세포는 분열을 거듭하여 그 수가 막대하게 늘어난다. 이렇게 엄청나게 불어난 항고양이 세포들은 다음에 그런 사태가 또 생기면 즉시 출동할 태세를 갖추고 있다. 클린턴의 알러지에 대해 이 설명이 더 낫다고 생각하는가? 우리는 그렇게 보지만 장담하고 싶지는 않다. 정확한 결정을 내리기에는 정보가 부족하기 때문이다.

만약 당신이 대통령 주치의라면 어떤 치료를 권할 것인가? 알러지 반응을 억제하는 약을 처방할 것인가? 그 답은 알러지가 유용한가 아닌가에 달려 있다. 알러지는 그대로 놔둘 수 없는 위험한 독소를 효과적으로 막아주는 방어인가, 아니면 거짓 경보에 지나지 않는가? 당신이라면 어떻게 할 것인가? 지금으로서는 판단을 내릴 만한 확고한 근거가 없다. 항히스타민제로 인한 위험은 아직 보고된 바 없으므로 이를 투여해서 알러지 반응을 억제하고자 할 수도 있겠지만, 프라핏의 이론에서 암시하는 것 같은 종류의 위험을 탐지할 정도로 치밀하게 계획된 항히스타민 연구는 아직껏 없다.

우리는 알러지의 증상을 억제해서 손해볼 가능성에 특히 관심이 있는데, 그것은 알러지가 암으로부터 우리를 보호해 줄지도 모른다는 여러 연구 결과들이 있기 때문이다. 프라핏에 따르면 22개의 역학 연구 중 16개의 연구들이 알러지를 가진 사람은 암에 잘 안 걸리며 특히 알러지 반응을 나타내는 조직들이 암에 더 강하다는 사실을 밝혔다. 한편 세 개의 연구에서는 뚜렷한 상관관계를 찾지 못했으며, 잘 계획된 대규모 집단에 행해진 연구를 포함한 또 다른 세 개의 연구들은 어떤 알러지들이 오히려 암을 유발시킬 가능성을 증가시키는 쪽으로 상관관계가 나타난다고 밝혔다. 여기서 내릴 수 있는 결론은 무엇인가? 알러지가 암을 예방한다고 결론짓는 것은 분명히 성급한 일이다. 그러나 알러지 반응을 억제하는 약물 치료를 장기간 복용하여 생기는 위험을 탐구하는 일은 결코 성급하지 않을 것이다. 불행하게도 약물을 쓰지 않는 치료는 아주 불편하거나 그리 효과적이지 않다. 당신이 고초열로 고생할 때 의사가 가능한 한 밀폐된 실내에서만 지내고 외출할 때는 꽃가루를 막아주는 마스크를 쓰고, 안 좋은 시기에는 아예 다른 곳에 가 있으라고 충고한다 한들 전적으로 그 말을 따르기는 힘들 것이다. 알약을 복용하는 편이 훨씬 더 편하다.

알러지를 독소에 대한 방어로 보는 이론이 옳다면, 의학 연구에 확실한 함의를 지닌다. 가장 이상적인 충고는 간단하다. 꽃가루, 고양이털, 해산물, 기타 등등에 들어 있으며 알러지를 일으키는 독소가 무엇인지 찾아내어 그들을 비활성화하는 방법을 고안하라. 이러한 독소들은 알러지 반응을 자극하는 항원과는 다를 것이다. 돼지풀 꽃가루 속의 무엇이 위험한 물질인지 정확히 알아낸다면, 독소와 항원 모두 화학적으로 무력화시키는 점비제(點鼻劑)나 흡입기를 사람들에게 마련해 줄 수 있을 것이다. 알러지를 일으키는 음식물에 대해서도 마찬가지로 대처할 수 있을 것이다. 독소를 제거하는 능력이 이미 충분하여 알러지를 일으킬 필요가 없는 환자들이 누구인지 알 수 있다면, 마음놓고 알러지 증상을 억제시킬 수 있을 것이다.

이로운 알러지와 해로운 알러지를 구별할 수 없다면 그러한 연구는 큰 도움이 되지 못한다. 계란에 대한 알러지는 언제나 비적응적이라는 프라핏의 추론이 옳다면, 이 알러지는 소화관의 암으로부터 우리를 보호해 주지 말아야 하며 오히려 알러지에 의해 생기는 염증이 암에 걸릴 위험성을 더 높일지도 모른다. 그러나 새우에 대한 알러지는, 새우가 먹는 식물성 플랑크톤 속에 들어 있는 어떤 특정한 유독물질들을 해독하지 못하는 사람에게는 암에 걸릴 위험성을 낮춰줄 것으로 추측할 수 있다. 프라핏의 이론은 과연 어떤 경우에 알러지가 암을 차단해 줄 것이며, 어떤 경우에 암과 무관하고 심지어 암에 걸릴 위험성을 높이기까지 할 것인지 예측할 수 있는 토대를 마련해 준다. 이 이론이 아주 새로운 것이라는 점을 강조해야겠다. 알러지 전문의들 중 이 이론을 들어본 사람은 거의 없으며, 절대 다수가 기생충에 대한 방어 이론을 믿고 있다. 그러나 두 이론이 경합하는 편이 아무 이론도 없는 편보다는 낫다. 토머스 헉슬리 Thomas Huxley가 말했듯이 애매모호함보다는 오류에서 진실이 얻어지기 마련이다.

IgE 체계의 또 다른 기능으로 고려해 볼 만한 것이 진드기, 모래벼룩, 옴, 이, 벼룩, 빈대 같은 체외기생충들로부터의 방어 기능이다. 현대 사회의 대다수 사람들에게는 별로 큰 문제가 되지 않지만, 체외 기생충들은 인간의 진화에서 거의 전 기간 동안 귀찮은 불청객이었을 뿐만 아니라 수많은 질병들의 매개자였다. 때려잡기, 긁기, 서로 잡아주기 등등은 기껏해야 부분적인 방어 수단일 뿐이었다. 소는 목이 굵기 때문에 기생충을 자기가 직접 잡지 못하므로, 몸에 달라붙은 이나 진드기의 수가 쉽게 늘어난다. 그러다가 소의 면역계가 기생충들에 반응하여 염증을 일으키면, 체외기생충들이 더 이상 피를 빨아먹을 수 없게 되어 어느날 갑자기 깨끗이 박멸된다. IgE 체계가 체외기생충들이 만연하는 것을 막아주는 기능을 한다고 보면 IgE 체계의 많은 면들, 특히 체표면에 집중된 비만세포의 농도, 즉각적인 대규모 반응, 가려움증의 유발 등을 설명할 수 있다. 진드기에 대항해서 소가 일으키는 면역 반응이 실제로 IgE 체계에 근거하고 있는지, 체외기생충에 감염된 사람들의 IgE 반응을 조사함으로써 이 이론을 검증할 수 있을 것이다.

다른 형질들과 마찬가지로 IgE 체계는 하나의 기능만을 갖지는 않을 것이다. 위에서 열거한 기능들이 조합을 이룬다거나, 언급되지 않은 또 다른 설명이 있을 수도 있다. 어떤 형질의 기능을 결정하는 가장 좋은 방법 중 하나는 그 형질이 결핍된 사람들에게 어떤 문제가 발생하는지 관찰하는 것이다. 눈이 없는 사람이 어떤 곤란을 겪게 될지는 너무나 뻔하고, 신장이 없는 사람이 겪을 어려움도 곧 드러나지만, 대다수 형질들은 그 기능을 알아차리기가 어렵다. 예컨대 자동차 사고를 당하면 때때로 비장이 파열되는데, 이 경우 흔히 수술로 제거한다. 이런 환자는 뚜렷한 기능 장애를 보이지 않지만, 폐렴에 걸리면 혈액에서 감염성 입자를 걸러내 줄 비장이 없기 때문에 이내 죽어버린다.

정상적으로 IgE를 만들지 못하는 사람에게는 어떤 일이 일어날까? IgE를 극소량만 가지고 있어도 어떤 사람들은 건강한 반면, 다른 사람들은 폐와 부비동 sinuses이 빈번하게 감염되거나 폐섬유증에 시달린다. 이러한 현상들은 독소에 노출된 결과이거나 IgE 결핍으로 인한 또 다른 요인의 2차 결과라고 추정되고, 한편으로는 IgE 외의 면역글로불린을 만들지 못하는 사람에게는 황색포도상구균 *Staphylococcus aureus*에 대항하는 특정한 IgE 항체가 있다는 증거도 있다. 기관지 천식에 걸린 190명의 환자들을 대상으로 한 연구에서, 55명은 폐렴연쇄상구균 *Streptococcus pneumoniae*이나 헤모필루스 인플루엔자 *Haemophilus influenzae* 같은 세균들 속에 포함된 물질에 대한 IgE 항체를 갖고 있었다. 게다가 비만세포가 방출하는 물질은 다른 면역 방어 세포들을 격전장으로 끌어들여 침입자들과 맞서 싸우게 해주는 기능도 갖고 있다. 이들 모두를 종합해 볼 때 IgE 체계가 일상적인 세균이나 바이러스로부터 직접 또는 간접으로 우리를 보호해 준다고 추론할 수 있다. 복합적이고 상호 보완적으로 기능하는 면역계는 너무나 복잡하여 IgE 체계가 주는 이익이 정확히 무엇인지 밝혀내기는 그만큼 더 어렵다. 정교하게 설계된 연구를 끈기 있게 수행하는 것만이 아직껏 답을 찾지 못한 이 중요한 질문 〈IgE 체계는 무엇을 위해서인가?〉에 답하는 지름길이 될 것이다.

가장 걱정스러운 질문

알러지, 특히 호흡기 계통의 알러지가 왜 최근에야 중요한 의학 문제로 등장했는지는 또 하나의 수수께끼이다. 1819년 영국 왕립협회에서 존 보스톡 John Bostock은 자신이 걸린 고초열의 증상을 최초로 기술했고 나중에 영국 전역에 걸쳐 5천 명의 환자들을 조사한 결과 단 28명만이 그 증세를 보였다고 보고했다. 문헌에 따르면 고초열은 1830년 이전의 영국과 1850년 이전의 북미에서는 전혀 알려지지 않은 질병이었다. 1950년대까지는 일본에서 고초열 발병률이 무시되도 좋을 정도였지만, 오늘날에는 일본 국민의 10분의 1이 이 병을 앓고 있다. 환자의 수를 잘못 기록한 것이 아니고 정말로 발병률이 증가한 것이라면, 이 심상치 않은 현상을 설명해 줄 만한 지난 일이백 년간의 새로운 환경 요인은 과연 무엇이란 말인가?

한 가지 단서를 알러지에 걸리기 쉬운 사람들을 실제로 알러젠에 민감하게 만든다고 생각되는 요인을 연구하면서 얻었다. 이 요인은 생후 두 살이 되기 전에 알러젠에 노출되는 것이었다. 출생시 IgE의 함유 수준을 근거로 알러지에 걸리기 쉽다고 판정된 120명의 유아에 대한 연구에서, 62명은 어떤 간섭도 가하지 않은 채 대조군으로 길러졌고, 실험군이 된 나머지 58명은 어머니들에게 알러젠이 없게끔 집안을 청결히 유지하는 법, 진드기를 예방하는 법, 유아에게 알러지를 일으킬지도 모를 음식을 미리 골라내는 법 등을 가르쳤다. 생후 10개월 무렵 대조군의 40%가 알러지를 일으킨 반면 실험군에서는 겨우 13%만 발생했다. 최근 들어 알러지가 급증한 원인 중 하나는 커튼이 길게 드리워져 있고 카펫이 깔린 실내에서 생활하는 습관이 집먼지 진드기가 번식할 장소를 마련해 주기 때문이다.

국립 알러지 및 전염병 연구소 National Institute of Allergy and Infectious Disease의 임상기생충학 부서의 책임자인 에릭 오티슨 Eric Ottesen이 1973년 남태평양의 산호섬인 마우키 Mauke에 사는 주민 600명을 대상으로 연구했을 때는 단 3%만이 알러지를 나타냈다. 1992년에 그 비율은 15%까지 증가했다. 오티슨은 이 기간 동안에 기생충 박멸을 위해 각종 의료 시설을 건립한 결과, IgE 체계가 맞서 싸울 표적이 자취를 감춘 바람에 IgE 체계를 낮은 수준으로 제어하는 기구가 작동하지 않아 결국 IgE가 무해한 항원까지 공격하게 된 것이라고 했다.

모유를 먹이면 알러지 발병률이 낮아지는 것으로 미루어보아 아기에게 우유를 먹이는 습관도 알러지를 빈번하게 만든 요인일 것이다. 모체에서 유래한 항체가 없는 아기들은 자기 힘으로 항원과 맞서 싸우는 과정에서 더 많은 면역 실수를 저지를 것이다. 또한 인구가 밀집되고 이주가 잦은 현대 사회에서 유아들은 가지각색의 바이러스성 호흡기 질병에 무방비로 노출되기 때문에 온갖 잡다한 알러젠에 시달리게 된다. 대기 중에 떠다니는 오염물질들이 더더욱 많고 다양해짐에 따라 유익한 알러지(그런 것이 있다면)와 해로운 알러지가 모두 증가했을 것이다. 호흡기 점막에 대한 화학적 손상으로 몸 밖에 있어야 할 항원이 몸속으로 쉽게 들어오기 때문이다. 음식물 알러지도 그 증가 추세는 뚜렷하지 않지만, 우리가 실제로 무엇을 먹고 있는지 거의 통제 불가능한 실정이기 때문에 점차 심각한 문제가 되고 있다. 계란, 밀, 콩 및 그 밖의 음식물 알러젠들은 상업적으로 가공된 식품 속에 대량으로 포함되어 있어 자기가 그런 음식물에 알러지가 있다는 것을 알고 있는 사람이라고 해도 빠져나갈 재간이 없다.

오늘날 우리가 하는 일 중 100년 전에 우리가 하던 것과 달라진 일은 무엇이며, 우리를 그토록 다양한 알러지들에 걸리기 쉽게 만든 요인은 무엇인가? 우리는 그 정답을 반드시 찾아야 한다. 1840년의 공업사회에는 인구의 1% 미만이 호흡기 알러지에 걸렸다. 150년이 흐른 지금 그 비율은 10%에 달한다. 우리가 지금처럼 아무것도 모르고 있다면 우리의 미래는 과연 어떤 모습일까?

12 암

1992년 3월 5일 유명한 여배우 샌디 데니스Sandy Dennis가 향년 54세의 나이에 암으로 사망했다는 부고 기사가 ≪뉴욕 타임즈≫에 실렸다. 바로 그날 83세의 여배우 캐서린 헵번Katharine Hepburn은 자기 자서전이 연 25주째 ≪뉴욕 타임즈≫ 베스트셀러 목록에 올라 있는 것을 보고 기쁨을 감추지 못했다. 당연히 〈왜 샌디 데니스만 암에 걸린 걸까, 왜 그녀는 동료 여배우처럼 장수하지 못했을까〉라는 의문이 생긴다.

이 당연한 질문은 도덕적으로 그리고 의학적으로 나무랄 데 없지만 거기에는 좀더 심오한 생물학적 질문이 담겨 있다. 어떻게 하면 우리 모두가 암으로 죽는 일 없이 몇 십 년을 살 수 있을까? 암세포는 그저 자기가 할 일, 즉 성장과 증식을 하는 세포일 뿐이다. 어떻게 그처럼 많은 세포들이 수십 년 동안 자신의 성장을 억제하는 비정상적인 일을 할 수 있을까? 그렇지 않으면 모든 사람들이 어려서 암으로 죽을 것이다. 물론 이것은 궁극적 설명이다. 어떤 이유로든지 어릴 때 죽을 가능성이 낮은 사람이 그만큼 오래 살아서 자식을 낳을 가능성이 더 크며, 그 결과 암을 늦추는 적응이 다음 세대에 널리 퍼지게 된다. 이런 식의 진화적인 설명은 암을 막아주는 우리의 적응이 어떻게 기원하여 작동하고 있는지, 그것이 이룩하는 업적이 얼마나 위대한 것인지를 이해하는 데 도움이 된다.

공자는 이렇게 말했다. 〈소인은 특이한 일에 놀라고 군자는 평범한 일에 놀란다.〉 암에 걸리지 않는 평범한 일과 그것을 가능하게 하는 메커니즘들에 놀라는 것이 우리로 하여금 어떻게 하면 암에 덜 걸리게 할 수 있을지에 대한 열쇠를 쥐고 있다.

문제

암을 피한다는 문제가 얼마나 중요한지는 우리 몸속의 아무 세포나 골라서 그 역사를 되짚어보면 쉽게 짐작할 수 있다. 할리우드 스타의 간이 정상적으로 기능하는 데 일익을 담당하는 세포는 이미 존재하고 있던 다른 세포가 성장하고 분열한 결과로 생겨났으며, 이 딸세포는 십중팔구 처음의 세포와 무척이나 닮았을 것이다. 어미세포 역시 다른 세포에서 생겨났고, 또 그 어미세포도 마찬가지다. 간세포의 가계를 따라 올라가면 간세포와 거의 닮지 않았으며 미분화된 배아세포 embryonic cells에 가까운 세포를 만난다. 가계를 몇 십 년 정도 올라가면 몸 전체가 유래한 한 개의 수정란에 도달한다.

수정란 세포도 역사가 있다. 여러 난모세포와 난원세포들을 거쳐, 마침내 그 할리우드 스타의 어머니의 배아세포까지 거슬러 올라간다. 마찬가지로 이 배아세포를 수정시킨 정자도 여러 정모세포와 정원세포들을 거쳐 그 스타의 아버지의 배아세포까지 올라간다. 그 다음에 어머니와 아버지를 각기 만들어낸 원래의 접합자들은 조부모 세대로 거슬러 올라가고, 이렇게 항상 분열하는 배아 및 생식 세포들의 역사는 끝없이 되풀이된다. 십억 년 전후에 최초의 세포가 출현한 이래,

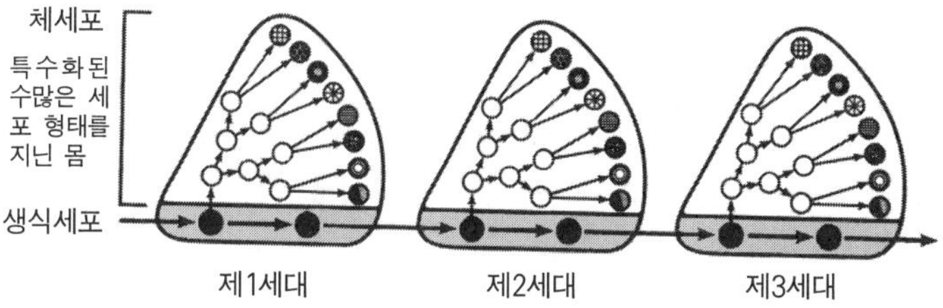

그림 12.1 바이스만의 생식질 개념. 생식세포의 영구적인 흐름이 한정된 수명을 가진 각 개체들의 몸을 만들어낸다. 그림 속의 개체는 암수 중 어느 성이든 될 수 있다.

이 세포 분열의 기나긴 행진 중 분열하지 않은 세포는 단 하나도 없었으며, 이 가계 어디에서도 간세포처럼 생긴 세포는 존재한 적이 없었다.

이러한 생명의 기본적인 본질을 이해하는 데 도움을 주고자 그림 12.1을 제시한다. 우리의 조상들은 모두 간이 있었지만, 이 간을 구성했던 간세포들 중 우리의 간세포나 우리 몸속의 그 어떤 세포를 만들어낸 간세포는 단 하나도 없다. 우리는 끊임없이 증식하는 생식세포들을 통해 머리끝에서 발끝까지 만들어졌다. 영구적인 생식질 germ plasm이 개체들의 정교한 체세포들 somata을 만들어내는데 이들은 모두 막다른 길로 들어선 세포들이다. 이 이론은 19세기의 다윈주의자 아우구스트 바이스만 August Weismann에 의해 처음으로 제안되었다.

이 끝없이 이어지는 삶의 연장선에서 그리고 하나의 세포로부터 성체가 나오기까지 요구되는 수십 회의 세포 분열을 거친 후 비로소 우리는 수많은 세포들로 된 개체의 삶에서 어떤 특정한 역할을 수행해야 하는 세포, 예를 들어 간세포를 만난다. 이 간세포는 그 조상들이 꿈도 꾸지 못했던 무언가를 해내야 한다. 즉, 분열을 멈춰야 한다. 만일 간이 손상을 입으면 그 세포는 다시 분열하라는 명령을 받는다. 이러한 성장과 분열은 정상적인 간 기능을 수행하기 위해 요구되는 수량과 패턴을 정확히 지켜야만 하며 요구가 충족되자마자 즉시 중단되어야 한다. 만에 하나 수십억 개의 간세포 중 단 하나라도 뜻하지 않게 성장과 분열을 계속하고 아무런 제재도 받지 않으면, 결국 종양으로 발전하여 생리적 기능이 치명적으로 손상된다.

이러한 시각에서 보면 삶은 매우 불안한 것이다. 우리가 정말로 뛰어난 항암 메커니즘을 갖고 있어야만 한다는 뜻이기 때문이다. 미국의 해양 생물학자 조지 라일즈George Liles는 이렇게 말했다. 〈생명을 가능하게 해주는 세포와 기관들은 좀더 잘 설계되었어야 했다. 산다는 일은 참으로 끔찍하기 때문이다. 식물과 동물, 세균과 점균류 및 균류 등 모든 살아 숨쉬는 존재들은 세상에서 가장 창의적인 설계자조차도 어려워하는 무수한 문제들에 늘 직면한다.〉 그는 바닷물이 홍합의 먹이 섭취 기구를 출입하는 최적 경로를 찾는 비교적 간단한 문제를 놓고 씨름하다 이런 문구를 남기게 되었다. 인간을 구성하는 100조 개의 세포 무리가 수십 년 동안 암을 일으키지 말아야 한다는 난제는 그에 비하면 얼마나 더 엄청난 일인가!

현대 생물학자들은 우리 같은 다세포 생물들이 기능적으로 서로 독립적이었던 원생동물이 모여 만들어졌다는 견해에 대체로 동의한다. 대부분의 그런 세포들은 한 세포가 갈라져서 새로운 세포 두 개를 만드는 무성 생식을 하였다. 오늘날의 원생동물 중에는 이렇게 새로 생긴 두 개체가 완전히 분리되지 않고 서로 달라붙어 있는 것들도 있다. 다른 종에서는 분열한 자손들이 얇은 실이나 판으로 함께 결합되어 있는데, 이를 군체라 한다. 몇몇 경우에는 그림 12.1에서 보듯이 군체가 체세포와 생식세포로 분화하기도 한다. 이는 옛날에는 독립적이던 세포들 중 스스로 번식을 포기하고 막다른 길로 들어선 세포들이 있다는 뜻이다. 그들은 자신의 온몸을 바쳐 유성 생식에 참여하는 극소수의 생식세포들을 먹여 살리고 보호해 준다. 많이 연구된 군체형 원생동물 볼복스 카테리*Volvox carteri*에서 관찰되는 바와 같은 어떤 순차적인 발생 과정이 모든 다세포 동물의 먼 조상에서도 틀림없이 존재했을 것이다.

이처럼 번식을 포기하고 노예의 삶을 택하는 행동이 과연 자연선택에 의해 설명될 수 있는가? 만일 자연선택이 세포들 중 살아남아 번식할 능력이 가장 뛰어난 세포를 골라내는 과정이라면, 대답은 두 말할 것 없이 아니오다. 반면에 자연선택이 유전자들 중 자기 자신을 다음 세대에 가장 널리 퍼뜨리는 유전자를 골라내는 과정이라면, 대답은 예이다. 볼복스 군체의 생식세포들과 체세포들이 서로 동일한 유전자를 갖고 있는 이상, 어떤 세포가 실제로 번식하고 어떤 세포가 불임이 되는지는 전혀 중요하지 않다. 정작 중요한 문제는 불임세포들이 정자나 난자가 되겠다고 나서기보다는 오직 체세포의 역할만 묵묵히 수행함으로써, 불임세포의 유전자와 똑같은 유전자를 번식시키려는 군체의 시도를 보다 성공적으로 이끈다는 점이다. 열 개의 생식세포와 백 개의 불임세포로 된 군체가 열한 개의 생식세포와 아흔아홉 개의 불임세포로 구성된 군체보다 더 성공적으로 번식한다면, 군체의 대다수 세포들이 희생적인 체세포가 되는 경향은 계속 심화될 것이다.

하나의 어미세포에서 단시간 내에 분열한 백여 개의 세포들로 된 군체는 모두 비슷하게 건강하고 활기가 넘치며, 거의 틀림없이 동일한 유전자형을 지닐 것이다. 하나의 세포에서 백 개의 세포를 만들기 위해 필요한 자원은 모두 똑같이 나눠가졌을 것이고, 모든 세포는 유전물질이 손상되거나 변질되지 않게 보호해 주는 정교한 메커니즘을 갖고 있다. 하지만 세포 수가 천 개나 만 개면 어떨까? 그렇게 큰 군체는 어딘가 문제가 있지 않을까? 이따금 돌연변이가 일어나서 세포가 군체 전체의 이익을 극대화하기보다는 다른 방향으로 행동하도록 만들지나 않을까? 예를 들어, 설사 군체에게는 전혀 득이 되지 않는다 해도 그런 돌연변이 세포가 자기를 유지하는 데 필요한 양 이상으로 영양분을 독식한 다음 멋대로 성장해서 번식하지 않으리라는 보장이 있는가? 그렇게 큰 군체라면 수많은 구성 세포들간의 기강을 세우기 위한 특별한 적응이 당연히 필요할 것이다.

해답

어른 몸 크기의 군체에서는 무슨 일이 벌어질까? 십조 개의 세포들 사이에도 엄격하게 기강을 세울 수 있는 특별한 적응은 도대체 어떤 부류일까? 공학적인 시각으로 본다면 과연 어떤 품질 관리 시스템이 이런 일을 해낼 수 있을지 상상하기조차 어렵다. 자동차 공장주에게 단 한 대도 큰 결함 없이 만 대의 자동차를 만들어내라고 하면, 그는 차라리 공장문을 닫는 쪽을 택할 것이다. 세포는 그 어떤 자동차와도 비교할 수 없을 만큼 복잡하다.

100개의 세포들로 이루어진 배아 하나가 직면한 문제를 생각해 보자. 100개의 세포들이 저마다 1,000개의 세포를 만들고 이들은 또다시 각각 1,000개의 세포를 만들어 결국 십조 개에 달하는 성인의 세포 전체를 만든다. 이 세포들 대부분은 죽거나 다른 세포로 대체될 것이다. 이들은 모두 자기가 분열하는 데 필수적인 생산물을 만들어내는 유전자들을 갖고 있으며, 어떤 유전자는 국소적인 환경 조건을 감안한 결과 조직이 다 성숙하여 현재 세포들이 더 이상 필요하지 않다고 판단되면 생산물을 만드는 것을 중지시킨다. 만약 이러한 유전자들 중 하나가 우연히 변형되어 국소적인 환경 조건을 인식하지 못하고 계속 생산물을 만들면, DNA를 교정하거나 수리하는 메커니즘이 개입하여 잘못을 바로잡는다. 적어도 고쳐주리라고 기대할 수는 있다. 200여 명 중 한 명은 결장암에 걸릴 가능성을 크게 증가시키는 유전자를 갖고 있다. 처음에는 암을 유발하는 유전자가 따로 있다고 생각했지만, 현재는 비정상적인 DNA 구조를 탐지하여 수정시키는 기능을 하는 정상 유전자가 손상되기 때문에 암이 유발된다고 생각한다. 그 유전자가 제대로 기능하지 못하면 DNA의 이상이 계속 축적되어 암에 걸릴 가능성이 높아지는 것이다.

부적절한 생산물을 계속 만들어내는 이러한 결함들 중 실제로 우리 눈에까지 관찰되는 것은 거의 없다. 대체 얼마나 드물까? 자기 분열을 촉진하는 생산물을 만들어서는 안 될 상황에서 만들어내는 유전자가 만 개의 세포들 중 단 하나에만 들어 있다고 생각해 보자. 십조 개의 세포에서 출발하면 암으로 성장할 우려를 품은 채 신체 곳곳에 흩어져 있는 변형된 세포가 십억 개라고 가정할 수 있다. 결코 안심할 만한 숫자가 아니다. 하지만 각 세포에는 또 다른 종류의 유전적 안전 장치가 있다. 분열이 더 이상 필요 없는 상황이면, 세포 분열에 필수적인 물질을 만드는 유전자의 생산물을 파괴함으로써 세포의 성장을 적극적으로 억압하는 종양 억제 유전자가 있다. 이 안전 장치가 너무 훌륭해서 하루에 실패하는 횟수가 세포 만 개당 겨우 한 번꼴이라고 가정해 보자. 이제 우리는 하루에 겨우 십만 개의 암이 새로 발생한다고 가정할 수 있다. 능력이 똑같은 안전 장치가 세 개 있고 비정상적인 세포 분열이 3번 모두 실패하지 않는 한 일어날 수 없다고 하면, 매일 새로 만들어지는 암세포는 열 개에 불과하다. 아직까지도 결코 안심할 수 없다.

이 상황은 마치 핵 미사일의 지휘 통제에 관한 문제와 유사하다. 미사일을 잘못 발사해서 초래되는 파국이 너무나 크기 때문에, 핵 미사일 발사 체계는 발사 사고를 예방하는 것을 최우선적으로 고려하여 설계되는데 때때로 이 과정에서 정작 필요할 때 발사하지 못할 위험성은 상관하지 않는다. 앞에서 방어 반응을 설명하면서 제시한 화재경보기 원리와는 완전히 반대되는 경우이다. 세포 분열을 통제하는 메커니즘은 〈다중 안전 장치〉의 원리에 근거한다고 할 수 있다. 미사일 발사대에서 근무하는 요원은 비밀 암호 없이 미사일을 발사할 수 없다. 암호가 있어도 수많은 절차들을 순서대로 차근차근 밟아야 하며, 그 절차 중에는 실내에 마련된 두 곳의 열쇠 구멍 안에 두 사람이 동시에 열쇠를 집어 넣고 돌려야 하는 단계도 있다. 이렇듯 핵미사일 발사 체계는 우발적 사건으로 인해 미사일이 발사되는 일이 없도록 설계되어 있다. 마찬가지로 신체의 세포도 다중 안전 장치 메커니즘을 가지고 있다. 만일 이 메커니즘이 고장났다고 감지되면, 다른 기구들이 세포의 성장을 중단시킨다. 이 모든 안전 장치들에도 불구하고 어떤 세포가 비정상적인 속도로 마구 자라나면 또 다른 메커니즘들이 궤도에서 벗어난 세포들을 자폭하도록 만든다.

최근에 발견된 p53 유전자가 그 대표적인 예다. p53 유전자는 다른 유전자들의 발현을 조절하여 암을 막아주는 단백질을 만든다. 이 단백질은 어떤 상황에서는 세포의 성장을 봉쇄시킬 수도 있고 세포가 자폭하게 할 수도 있다. 어떤 사람이 이 단백질을 만드는 유전자의 복사본 중 하나를 불량품으로 갖고 있다면, 나머지 정상적인 복사본에 어떠한 문제가 발생하더라도 이내 파국이 초래될 수 있다. p53 유전자는 인간에서 관찰되는 51가지의 종양에서 비정상적으로 존재하며, 여기에는 결장암의 70%, 폐암의 50%, 유방암의 40% 등이 포함된다. 그러나 존 투비 John Tooby와 리다 커스미디즈 Leda Cosmides가 지적했듯이, 그러한 유전 이상이 반드시 종양에만 존재한다고 볼 수는 없다. 세포들을 수년간 살게 하면서 연구하기 위해 조직 배양 기법을 쓰는데, 이 기법으로 인해 세포의 분열 속도를 증가시키는 유전 이상이 인위적으로 선택되었을 수도 있기 때문이다.

세포 내에서 작동하는 이러한 여러 항암 메커니즘들뿐만 아니라 세포들 사이에 작동하는 메커니즘도 있다. 이 메커니즘들은 이웃한 세포의 비행을 탐지한 뒤 이웃이 올바르게 행동하도록 이끌어주는 물질을 분비한다. 또 우리 면역계는 정상 조직과 비정상 조직 간의 차이를 탐지하자마자 대규모의 무기들을 동원하여 막 싹튼 비적응적인 종양을 짓밟아버린다. 실제로 인간에게 관찰되는 암은 이렇게 겹겹이 포진한 방어망을 다 뚫은 거의 불가능한 업적을 달성한 전사이다. 기생충이나 전염성 세균과는 달리 암은 숙주의 방어에 대항하여 자신을 지켜줄 방어 메커니즘을 축적할 만큼 오랜 시간적인 여유가 없다. 암이 가진 주무기는 이 엄청난 불리함에도 불구하고 천문학적으로 많은 기회를 갖고 있다는 것이다.

암의 예방과 치료

암에 걸리는 것을 피하기 위해 당신이 바랄 수 있는 것은 우선 부모를 잘 만나는 것이다. 다른 많은 질병들처럼 암에 걸릴 가능성은 유전적이다. 이 말은 일반적인 암은 물론 어떤 특별한 형태, 즉 소아암이나 유방암 및 결장암 같은 몇몇 희귀한 암에도 적용된다. 그런 암이 빈번히 발생했던 가족의 구성원들은 암이 없었던 가족의 구성원들에 비해 암에 걸릴 가능성이 20배에서 30배까지 높다. 가족 구성원들은 모두 비슷한 환경 조건 속에서 산다는 것을 감안하더라도 특정한 종류의 암에 걸리는 유전적 소인이 있다는 증거는 분명하다. 생쥐를 실험실에서 교배시키면 어떤 특정한 암에 대한 방어 메커니즘이 완전히 없어진 혈통을 만들 수 있다. 이렇게 하면 한 가지 혹은 그 이상의 암에 걸릴 가능성이 비약적으로 높아진다. 인간에서도 어떤 암들은 유사한 방식으로 유전된다.

암에 걸릴 가능성을 낮추는 또 다른 것으로 위험천만하게 사는 것이 있다. 일찍 죽어라, 그러면 암에 잘 걸리지 않을 것이다. 나이가 들면 노쇠한다는 사실의 의미는 세포를 둘러싼 환경과 세포의 조절 능력이 점차 악화된다는 것이다. 다른 모든 적응적인 작용들이 그렇듯이 세포의 성장과 증식을 호르몬에 의해 국소적으로 조절하는 과정도 성인기의 최종 단계에 다다르면 점점 그 효과가 떨어진다. 세포 자체도 늙을 뿐더러 심장 혈관계, 소화계, 배설계가 저하되면서 영양분이나 기타 필수 요소들을 제대로 공급받지 못하고 노폐물도 잘 제거하지 못하게 된다. 그 결과 성장과 세포 분열을 수행하는 기능이 잘 조절되지 못한다. 비적응적 성장이 점점 더 자주 일어나게 되고 아무런 제약도 받지 않은 채 퍼져나간다.

나이를 먹음에 따라 암의 발병률이 증가하는 현상은 중요한 진화적 원리를 깨우쳐준다. 적응은 그것이 진화해 온 환경하에서 가장 잘 기능한다. 암을 통제하는 적응을 비롯해 그 밖의 중대한 다른 기능들은 여든 살 노인이 잘 살 수 있도록 하기 위해 진화한 것이 아니다. 그처럼 늙은 육체는 인간의 유전자와 그 산물들에게는 지극히 비정상적인 환경이자 석기 시대에는 거의 없었던 환경이다. 좀더 일반적으로 말해 10장에서 서술했듯이 현대 환경의 거의 모든 악영향들이 암의 발병률을 증가시키리라 생각된다. X선과 기타 전리 방사선, 새로운 독소, 니코틴이나 알코올 같은 자연 독소에 대한 과다 노출, 비정상적인 식단, 그리고 그 밖의 생활 양식상 요인들이 바로 그것이다.

신체 어느 부위가 상처를 입거나 감염되면 문제가 일어난 그곳뿐만 아니라 멀리 떨어진 다른 부위에 있는 암 통제 메커니즘까지 피해를 입을 수 있다. 세균도 감염된 조직의 암 발생률을 높일 수 있지만 바이러스가 훨씬 더 암을 잘 일으킨다. 그 한 가지 이유는 바이러스가 인간 세포 안의 유전자와 크게 다르지 않은 탓에 염색체 안에 원래 살고 있던 것처럼 자리를 차지할 수 있기 때문이다. 이렇게 들어앉은 바이러스는 세포의 정상 기구를 쉽게 파괴할 수 있다. 바이러스, 특히 HIV는 면역계를 공격하기 때문에 면역계가 암을 공격하는 능력을 부수적으로 손상시킨다. 세균이나 기생충처럼 바이러스도 세포 조절 메커니즘을 약화시키는 독소를 만들 수 있다.

환경 요인과 특정한 암 사이의 인과관계는 때때로 쉽게 알 수 있다. 염분이나 알코올을 지나치게 많이 함유하고 있거나 고기를 훈제 또는 바싹 구운 탓에 발암물질이 잔뜩 들어 있는 음식은 위장세포에 달라붙어 위암에 걸릴 위험성을 높인다. 담배 연기에 들어 있는 화학물질도 같은 식으로 폐세포에 직접 작용한다. 햇빛은 피부세포의 유전자들을 손상시켜 흑색종을 일으킨다. 고지방 식단이 유방암이나 전립선암을 유발하는 메커니즘은 음식물 속의 어떤 물질과 그냥 접촉하는 방식에 비해 훨씬 더 미세하고 포착하기 힘든 경로를 거칠 것이다. 흡연과 방광암 사이의 연관에 대해서도 같은 말을 할 수 있다.

마침내 종양이 탐지되고 경보 증상들이 울리고 난 뒤에도, 면역 인자들 같은 자연 통제 메커니즘은 여전히 작동된다. 아직 그들은 암과의 전쟁에서 이길 수 있으며, 적어도 비정상적인 성장을 늦추거나 암이 다른 기관으로 전파되는 것을 막을 수도 있다. 전혀 치료를 못 받았어도 어떤 암이 환자를 앓아눕게 만드는 데 몇 년씩 걸리기도 한다. 아주 드문 경우로 누가 봐도 치료 불가능한 암이 어느날 갑자기 사라지기도 한다.

암과 환자 사이의 경합은 병원체와 숙주 사이의 경합과 유사한 점이 많기 때문에, 암-성장 적응이나 이에 대한 진압 활동 같은 기능적 범주들을 밝히는 일이 시급히 필요하다. 암은 신체라는 국가에 대항하여 혁명을 일으킨 반역자 세포이므로 숙주에 맞서 오로지 자기 이익만 추구하는 하나의 기생체로 간주할 수 있다. 감염성 병원체와 달리 암의 성공은 절대로 오래 가지 못한다. 암은 다른 숙주로 옮겨갈 방도가 없는지라 숙주가 죽으면 암 자신도 죽어야 하기 때문이다. 이 말은 암이 처음 시작된 정상 세포에도 똑같이 적용된다. 숙주가 죽었을 때 유일하게 살아남는 유전자는 숙주가 이미 다음 세대로 전달한 생식세포 속에 들어 있는 유전자뿐일 것이다.

암이란 모든 종류의 비적응적이고 통제 불가능한 조직 성장을 통틀어 일컫는 말이다. 암은 성장과 분열 능력을 잃지 않은 어떠한 세포에서도 일어날 수 있으며, 각 세포의 암은 갖가지 개시 요인들과 억제 메커니즘의 실패 등에 의해 일어난다. 암이 의학으로 정복되기 힘들다는 보고도 별로 놀랍지 않으며 보편적인 단일 치료법이 발견될 것 같지도 않다. 암을 반역자 세포와 숙주 사이의 경합으로 정확히 이해한다면 그에 대한 의학적 진보도 훨씬 더 빨라질 것이다.

여성 생식 기관의 암

상호연관된 암들 중 다원주의적 접근법의 진가를 드러내주는 가장 훌륭한 예는 유방, 자궁 및 난소에 발생하는 암으로 이들은 모두 최근 들어 매우 빈번하게 발병하고 있다. 의학 및 인류학에서 탁월한 기여를 한 미국인 학자 보이드 이튼Boyd Eaton은 동료들과의 공동 연구를 통해 왜 이러한 암들이 오늘날의 어떤 인구 집단에는 그토록 만연해 있고 다른 집단에는 그렇지 않은가에 대해 의미있는 논문을 발표했다. 발전된 산업 사회에 사는 여성들이 새로운 생식 패턴을 갖게 된 것이 이 현대 역병을 횡행하게 만든 부분적인 요인임을 뒷받침하는 증거들이 많이 있다.

이러한 암 발생의 급증은 나이든 사람일수록 쉽게 걸리기 때문에 나타난 현상인데, 현대에는 점점 더 많은 여성들이 오래 산다는 애석한 사실에서 일부 유래한다. 보다 흥미로운 연구 결과는 어떤 연령에서든 여성 생식 기관의 암 발병률은 이 여성이 그때까지 경험한 월경 주기의 횟수에 직접적으로 비례한다는 것이다. 생식 기관의 암에 가장 잘 걸리기 쉬운 사람은 일찍 초경을 했으면서 폐경은 늦게 되고 월경 주기가 임신이나 수유에 의해 한 번도 중단된 적이 없는 여성이다.

역사적인 시각에서 볼 때 이는 참으로 비정상적인 생식 패턴이다. 현대의 수렵 채취 사회 여성들과 마찬가지로 석기 시대의 여성들은 전혀 다른 형태의 생식 생활을 했다. 그들은 훨씬 늦은 나이에 성숙했고 일찍 폐경이 되었는데, 아마도 부분적으로는 현대 여성들에 비해 잘 먹지도 못하고 기생체에도 더 많이 시달렸기 때문일 것이다. 석기 시대의 소녀는 15세나 그후에 초경을 경험했을 것이고, 몇 년 지나지 않아 임신을 했을 것이다. 만일 유산이 되더라도 곧바로 또 임신했을 것이다. 출산을 하면 적어도 2년, 길게는 4년 동안 아기에게 젖을 물렸을 테고 그 동안 월경 주기는 멈췄을 것이다. 젖을 떼자마자(혹은 유아가 죽어버리면), 월경 주기가 다시 시작되어 곧 임신을 했을 것이다. 이것이 여성이 죽거나 47세를 전후하여 폐경이 될 때까지 이어지는 생식 패턴이었다. 약 30년에 걸친 이 기간 동안 여자는 네 번이나 다섯 번, 많게는 여섯 번까지 임신하고 이 기간의 절반 이상을 젖을 물리며 보낸다. 따라서 여자가 경험하는 월경 주기의 총수는 150회를 넘기기가 어렵다. 현대의 여성은 아이를 두세 명 가진 사람이라도 이 횟수의 두 배 내지 세 배를 경험한다.

월경 주기는 호르몬 농도가 폭넓게 주기적으로 변동함으로써 이루어지고, 이에 따라 난소나 자궁 혹은 유방 조직의 세포 반응을 일으킨다. 이러한 조직 반응은 생식적인 적응이며 다른 적응들과 마찬가지로 대가가 따르는데 이 경우에는 암에 걸릴 위험성이 높아진다. 이러한 손실은 월경 주기가 임신과 수유에 의해 중단되는 기간 동안 일어나는 복구 과정에 의해 대개 최소한으로 억제된다. 만일 이렇게 숨을 돌릴 기간이 주어지지 않으면 손상에 대한 복구가 아예 일어나지 않거나 아주 불충분하게 일어나서 손실은 계속 쌓여만 간다. 물론 이것은 단지 추측이지만 이와 비슷한 일들이 실제로 일어나고 있을 개연성은 매우 높다. 결코 부정할 수 없는 사실은 월경 주기를 많이 경험할수록 생식 기관이 암에 걸릴 가능성이 더욱 높아진다는 것이다. 좀더 일반적인 원리는 어떠한 적응 메커니즘에 대해서도 그것이 진화해 온 환경이 아닌 환경 조건은 역효과를 낳기 쉽다는 것이다. 여성들이 3백에서 4백 회의 월경 주기를 경험하는 현대 환경은 의심할 바 없이 좋은 예이다. 이러한 진화적 시각이 암에 잘 걸리는 나이가 된 현대 여성들을 암으로부터 크게 보호해 주지는 못할 것이다. 그들을 위해서 우리가 해줄 수 있는 일은 환경적 위험 요인들, 이를테면 니코틴과 기타 독소들, 자연 방사선과 인공 방사선, 그리고 가장 중요한 사항으로 지방이 아주 많은 음식물을 피하라고 충고하는 것밖에 없다.

장기적인 안목에서의 통찰은 좀더 흥미롭고 희망적이다. 물론 소녀들에게 극도로 빈약한 식단을 강요함으로써 이들이 자라서 어른이 되는 것을 최대한 늦추고 초경을 하자마자 임신하게 한 다음 그뒤에도 가능한 한 자주 임신하게 하며, 통틀어 약 이십 년을 아기에게 젖을 먹이는 데만 보내라고 충고하는 것은 분명히 비윤리적이고 어리석은 일이다. 이튼과 그의 공동 연구자들은 보다 합리적인 제안을 했다. 우리가 정작 해야 하는 일은 주의깊게 연구하여 어떻게 역사적으로 정상이었던 생활 패턴이 생식 기관의 암을 효과적으로 차단시키는지 알아내는 것이다. 암의 발병률을 수렵 채취 사회의 여성에게는 지극히 당연하게 받아들여졌던 미미한 수준까지 끌어내려 주는 인공적인 수단을 젊은 연구자들이 찾아내주길 희망한다.

그 인공적인 수단은 호르몬 조작의 형태를 띠지 않을까 짐작해 본다. 많은 여성들이 이미 경구용 피임제를 쓰고 있는데, 이 약은 자연 호르몬이 하듯이 조직에 인공적인 영향을 미친다. 갖가지 피임약들이 각기 다른 방식으로 임신을 막는 작용을 하며, 이것들은 또 여러 가지 부작용을 낳는다. 자연 호르몬과 인공 호르몬의 생리적 작용에 대해 아주 세세한 내용까지 알아낸다면, 석기 시대의 생활 패턴이 주는 이로운 효과를 인공적으로 모방할 길을 보다 쉽게 찾을 수 있을 것이다. 이 말은 언뜻 보기와 달리 결코 비현실적이거나 공상적인 이야기가 아니다. 이튼과 다른 연구자들은 어떤 경구용 피임제가 유방암을 제외한 자궁암이나 난소암의 발병률을 감소시킬 수 있다는 놀라운 증거들을 제시한 바 있다. 유방암도 감소시켜 주는 또 다른 호르몬 치료가 곧 개발되리라 기대한다. 지금껏 진행한 논의 중 그 어느것도 암을 유발하는 환경과 유전 요인들에 대한 연구를 당장 중지시켜야 한다는 뜻으로 받아들여져서는 곤란하다. 오히려 정반대다! 인류가 이 무서운 재앙과 싸우는 데 도움이 될 만한 지식은 어떤 것이든지 필요하다.

13 성과 번식

번식은 적응도에 결정적으로 중요하기 때문에 자연선택이 성과 번식 사이의 길, 즉 사춘기에 처음 꿈꾸는 낭만적 소망에서부터 사랑, 결혼, 성교, 임신, 출산, 육아에 이르는 길을 아주 매끄럽게 닦아놓았을 것이라고 생각할 수 있다. 애석하게도 우리는 진실을 너무나도 잘 알고 있다. 짝사랑에서부터 연인들의 말다툼, 조루, 발기 불능, 오르가즘 결핍, 월경상의 문제, 출산 합병증, 유아들이 병에 잘 걸리는 성향과 부모가 느끼는 부담감, 부모와 자식간의, 또 부모들간의 피할 수 없는 갈등에 이르기까지 번식이란 투쟁과 고통의 연속이다. 왜 번식에는 그토록 많은 갈등과 고난이 따르는 것일까? 번식이 진화적 적응도에 결정적으로 중요하기 때문이다. 번식은 치열한 경쟁의 한복판에 놓여 있으며 수많은 문제들을 일으킨다.

이 책의 주된 관심사는 진화적인 사고로 어떻게 구체적인 의학적 질병들을 설명하고 치료하며 예방하는 데 도움을 줄 것인가인데, 이 장과 다음 장에서는 시야를 넓혀 의학적 질병으로 간주될 수도 있고 아닐 수도 있는 여러 감정적 또는 행동적 문제까지 다루도록 하겠다.

번식에 직접 연관된 어떤 문제들, 이를 테면 임신성 당뇨나 영아돌연사증후군 sudden infant death syndrome 등은 의심할 여지없이 질병이지만 질투, 아동 학대, 성적 문제 등은 행동과 감정을 연루시킨다. 우리가 그것들을 어떻게 분류하든지 간에 그것들은 분명 우리에게 많은 고통을 주며 진화의 관점으로 볼 때 훨씬 그 의미가 명확해진다. 다윈주의의 도움은 의학적인 면과 사회 혹은 교육적인 면 사이의 접점에 머물지 않는다. 다윈주의는 의학은 물론이거니와 인간 삶의 모든 측면에 적용될 수 있다.

성은 왜 존재하는가?

아주 근본적인 수수께끼에서 시작해 보자. 진화적인 시각에서 생명을 바라보기 전에는 쉽게 넘겨버리기 십상인 참으로 경탄스러운 질문들 중 하나에서부터. 도대체 성은 왜 존재하는가? 성은 적응도에 막대한 손실을 끼치며, 사실 많은 생물들이 성 없이도 잘 살고 있다. 그들은 아메바처럼 분열하여 번식하거나 진딧물처럼 암컷이 낳은 알이 수정되지 않은 채 정상적으로 발생하여 번식한다. 이러한 생물들은 유성생식을 하는 생물에 비해 단기적으로 엄청난 적응도상의 이익을 얻는다. 만약 어떤 개똥지빠귀 암컷에게 돌연변이가 일어나서 다른 모든 점은 완전히 정상이나 수컷의 유전자를 단 하나도 갖지 않고 전부 암컷의 유전자만 갖는 알을 낳아 수정될 필요도 없이 정상적으로 발생한다면 어떤 일이 벌어질지 상상해 보라. 어느 세대에서든지 자손들은 유전적으로 동일한 암컷들이 될 것이다. 자기 유전자들의 겨우 절반만을 자식들에게 물려주며 암수의 자손들을 반반씩 낳는 정상적인 암컷에 비해 이 돌연변이 가계는 두 배나 빨리 증가할 것이다.

그러면 왜 먼 옛날에 단성생식 parthenogenesis을 하는 여성이 나타나서 세상을 그녀의 자손들로 채우고 우리같이 성을 지닌 존재들을 휩쓸어버리지 않았을까? 성은 무엇 때문에 진화하기 시작했을까? 놀랍게도 생물학자들은 아직 이 질문에 대해 완전한 결론에 도달하지 못했다. 대다수 학자들은 성의 기능이 자손들에게 변이를 부여하는 것이라고 믿지만, 어떻게 이러한 변이가 유성생식에 따르는 막대한 진화적 손실들을 상쇄시킬 만큼 유익할 수 있는지 설명하기는 여전히 어렵다. 또한 생물학자들은 장기적으로 보면 유성생식 중에 일어나는 유전자 재조합이 해로운 돌연변이들의 축적을 막아준다는 사실을 알게 되었지만, 이것은 왜 무성생식이 단기적으로 계속 증가하지 않는가에 대한 해답이 되지 못한다.

최근 몇몇 과학자들은 유성생식이 병원체와의 군비 경쟁이라는 선택력에 의해 유지되어 왔다고 제안했다. 다른 수많은 개체들과 유전적으로 동일한 개체는 그들을 숙주로 이용해 먹을 방법을 찾은 병원체에게 속수무책이다. 만일 단성생식을 하는 유전적으로 동일한 여성 1만 명이 모두 인플루엔자에 걸리기 쉽다면, 다음 전염병이 돌 때 전부 다 죽을 테지만, 유전적으로 다양한 다른 사람들은 아주 일부만 희생될 것이다. 기생체가 거의 없는 종이나 서식처에서 무성생식이 더 자주 나타난다고 보고한 몇몇 연구들을 비롯하여 이 가설을 지지하는 증거들이 점점 늘어나고 있다.

남성과 여성의 본질

세포들이 변이를 만들기 위해 서로 유전물질을 교환하기 시작했지만 뚜렷하게 정자나 난자를 만들어내지 못했던 수억 년 전의 어느 시점을 상상해 보자. 그런 사뭇 혼란스러운 유전물질의 교환에는 많은 이해관계가 얽혀 있다. 다른 많은 세포들에게 자기를 줄 수 있는 유전자는 적응하는 데 커다란 이점을 얻게 되지만 다른 세포에서 온 유전자에 밀려난 유전자들은 엄청난 불이익을 당한다. 성공적인 유전자란 새로운 세포 속에 자기 자신을 집어 넣을 수 있어야 하며 새로 들어오는 유전자에게 밀려나지 않아야 한다. 박테리아 이상의 모든 생물체에 다른 개체로부터 온 유전자가 들어와 자리를 잡기란 매우 어렵다. 대신 새로운 개체를 생성하는 데 필요한 유전자의 절반을 전달하도록 특별히 고안된 성세포(배우자 gametes)를 만들면 유전자 재조합이 가능하다. 이러한 성세포가 서로 만나 결합하면 각각의 부모로부터 동등한 양의 유전물질을 전해 받은 새로운 개체가 탄생하는 것이다.

배우자들은 두 가지 어려움에 부딪치는데, 첫째는 그들이 서로 만나서 배아를 발생시키는 데 필요한 충분한 에너지를 저장하고 있어야 한다는 것이고, 둘째는 서로 만나야 한다는 것이다. 큰 배우자들은 충분한 에너지를 저장할 수 있지만 비용이 많이 든다. 작은 배우자들은 그리 큰 에너지를 들이지 않고도 엄청나게 많이 만들 수 있다. 하지만 그들은 그리 오래 살아남지 못하며 배아에 영양을 공급할 만큼 여분의 에너지를 갖고 있지 않다. 중간 크기의 배우자는 에너지의 양을 늘이기 위해 수를 줄이지만 여전히 충분한 영양을 공급하지 못하기 때문에 자연선택에 의해 제거될 것이다. 그리하여 다세포 생물들은 난자라고 부르는 거대 배우자와 정자라고 부르는 소형 배우자를 만들게 되었다.

인간의 성을 이해하는 데 있어 다음으로 어려운 점은 왜 단 두 종류의 배우자와 두 가지 성밖에 없는가 하는 점이다. 달리 말하면 왜 정자를 만드는 남성과 난자를 만드는 여성밖에 없으며 그 양쪽 모두를 만들 수 있는 자웅동체형 hermaphrodite은 없는가 하는 것이다. 많은 동물과 대부분의 식물은 자웅동체로서 한 개체가 알과 정자를 모두 만들어낸다. 생물학자들은 자웅동체가 동일한 적응이 양쪽 성의 기능을 함께 감당할 수 있을 경우에만 생겨날 수 있다는 점에 동의한다. 예를 들어 꽃이 가지고 있는 크고 밝은 꽃잎은 꽃가루를 가져와 그 식물의 씨를 수정시켜 주고 동시에 그 식물의 꽃가루를 가져가 다른 식물의 씨를 수정시켜 주는 곤충을 끌어들인다. 예상한 대로 대부분의 현화식물 flowering plants은 자웅동체이다. 포유류에는 이렇게 동시 작업에 적응된 경우가 없다. 음경은 물론 뿔과 같은 이차적인 성적 특성들은 오로지 남성적 기능만을 가지고 있다. 자궁과 유선은 단지 여성적 기능만 수행한다. 어떤 개체가 자신의 제한된 자원을 남성과 여성의 전략 모두에 투자한다면 그 어느 쪽도 제대로 해내지 못할 것이다. 포유류에는 자웅동체를 이루고 있는 종이 하나도 없다.

알을 만드는 데 필요한 암컷의 에너지 투자는 정자를 만드는 수컷의 투자보다 몇 배나 크다. 인간의 경우 난자는 현미경으로나 볼 수 있을 만큼 작지만 정자보다는 수천 배나 더 크며, 한 번 사정할 때마다 2억 개에 달하는 정자들이 하나의 난자를 수정시키기 위해 경쟁한다. 이 같은 배우자 생성의 근본적인 비용 차이는 점점 더 커진다. 만들어진 난자의 대부분이 수정된다면 그 안에 들어 있는 영양분의 대부분은 자식에게 전해질 것이다. 그러나 그 많은 정자의 대부분이 난자를 수정시키지 못하고 죽어버린다면 정자 안의 영양분들은 자손에게 거의 이익이 되지 못한다. 정자에 필요 이상의 영양분을 넣으면 오히려 난자를 향해 헤엄쳐가는 속력을 떨어뜨리고 제한된 수의 난자를 놓고 경쟁하는 입장에서는 장애 요인이 된다.

물 속에 알을 낳는 동물들의 경우 암컷은 모든 조건이 양호하고 근처에 정자가 풍부하게 있을 때 산란을 해야 유리하다. 만일 이 암컷이 특정한 수컷을 고를 수 있을 때까지 기다릴 수 있다면 더 더욱 좋은 일일 것이다. 튼튼하고 건강한 수컷에서 온 정자들은 새끼들에게 이익이 된다. 암컷이 수컷들에게 자신을 두고 싸우게 하거나 다른 식으로 용감성을 과시하도록 만들 수 있다면 최상의 짝을 고를 확률이 높아질 것이다. 수정되기 전까지 알을 암컷 자신의 몸속에 보관함으로써 누구에게 그것들을 수정시킬 것인가를 최대한으로 조절할 수 있고 수정되지 않고 버려지는 알의 수를 최소화할 수 있으며 수정 후 더 오랜 발생 과정 동안 알을 보호할 수 있다. 많은 사람들은 그저 막연히 체내 수정 internal fertilization이란 암컷의 체내에서 일어나는 것이라고 생각하지만 논리적으로는 꼭 그럴 필요가 없다. 해마의 암컷은 교미할 때 알을 수컷의 육아낭 brood pouch에 낳는다. 육아낭은 포유류의 자궁과 같아서 어린 새끼들이 그곳에서 자란다. 그러나 이런 식으로 수컷의 몸속에서 발생하는 경우는 동물 세계에서 매우 보기 드문 현상이다. 정자는 크기도 작고 운동성이 크기 때문에 수컷에 난자가 들어오는 것보다는 정자가 암컷을 찾아가는 적응이 진화되기 더 쉬운 것이다.

인간의 난자는 일단 수정되면 모체 내부에 착상되기 때문에 여자가 차후의 발생에 대한 책임을 맡게 된다. 그러나 이로 인해 여성은 자신의 난자를 어떤 남성으로 수정시킬 것인가를 조절할 수 있다. 다른 종의 암컷들과 마찬가지로 여성들이 자신의 번식을 위해 건강과 정력을 확실히 나타내 주는 증거를 갖고 있는 남성들에게 관심을 보이는 일은 당연하다. 만일 암컷들이 크고 화려한 공작의 깃털이나 아일랜드큰뿔사슴의 커다란 뿔과 같은 특성들을 선택하기 시작한다면 그런 방향으로 빠르게 탈주선택 runaway selection 과정이 일어날 것이다. 그런 특성을 가지고 있는 수컷은 암컷이 선택한다는 단순한 이유 때문에 적응 이득을 얻을 것이고 암컷은 다음 세대의 암컷이 선호할 그런 형질을 가진 아들을 낳기 위해 또 그런 수컷을 선택함으로써 그 형질은 계속 선택되고 그런 형질을 갖춘 수컷들은 더욱 많은 이득을 얻으며 암컷으로부터 더 큰 호감을 얻는다. 이러한 양성 되먹임고리에 의해 수컷은 일상적 기능에 심각한 장애를 주는 수준까지 형질을 발전시킨다. 불쌍한 공작 수컷들은 잘 날지도 못하게 되었고 아일랜드큰뿔사슴의 뿔은 너무 무겁고 거대해져 그 종을 절멸시킨 주된 원인으로 간주될 정도이다. 이는 어떻게 자연선택이 개체나 종에게는 전혀 쓸모가 없어도 개체의 유전자에게는 유용한 형질들을 만들어내는가를 보여주는 좋은 예이다. 헬레나 크러닌 Helena Cronin은 자신의 책 『개미와 공작 *The Ants and the Peacock*』에서 이러한 생각들뿐 아니라 암컷의 선택이 갖는 힘과 그것이 수컷에게 미치는 중대한 영향을 받아들이기

꺼려하는 남성 과학자들의 오랜 관행에 대해 서술하고 있다.

체내에서 수정이 일어난다면 최적의 시기에 아기를 낳을 수 있을 것이다. 그러나 누구에게 최적이란 말인가? 산모? 아기? 아버지? 정확히 얼마나 오랫동안 태아를 몸속에 간직하느냐 하는 것은 자연선택에 달려 있는 생활사적 특징이다. 9개월에 달하는 인간의 임신 기간 동안 태아는 미세한 진드기 크기에서 수킬로그램이나 되는 아기로 자란다. 산모가 아기에게 투자하는 노력과 에너지는 아버지에 비해 엄청나게 크다. 산모는 아기가 분명히 자기 자식임을 확신할 수 있지만 아버지는 그다지 명확하게 확신할 수 없다. 이러한 불확실성은 곧 남성이 자식을 돌보는 데 들이는 시간과 에너지의 투자 효과가 여성에 비해 일반적으로 더 모호함을 의미한다. 정자와 난자를 만드는 데 드는 에너지 비용의 작은 차이가 인간의 번식에 관련된 생리 과정을 거치면서 엄청나게 확대된다. 앞으로 보게 되겠지만 결국에는 남성과 여성이 서로 다른 번식 전략을 취하게 만든다.

우리가 2장에서 설명한 것과 마찬가지로 어느 한쪽 성별을 가진 개체가 지나치게 많이 태어나면 평균적으로 낮은 번식성공도를 나타내기 때문에 남자 아이들이나 여자 아이들이 거의 비슷한 수로 태어난다. 따라서 선택은 상대적으로 적은 개체수를 나타낸 성별의 자식을 가진 부모가 유리하도록 끊임없이 작용하며 결국에는 성비를 거의 같은 수준으로 맞춘다. 그러나 집단 전체의 번식을 극대화하려는 입장에서 보면 이런 현상은 비효율적인 것이다. 다수의 여성들이 그들의 번식성공도를 극대화하는 데에는 불과 몇 명의 남자만 필요할 뿐이다. 이것을 통해 알 수 있는 사실은 개체군이나 종 수준에 작용하는 자연선택에 비해 개체 수준에 작용하는 자연선택이 가지는 중요성이 더 크다는 것이다. 만일 집단 수준에서 일어나는 자연선택이 중요하다면 성비는 여성 쪽으로 기울게 될 것이다.

이것은 단지 학문적 관심사만은 아니다. 인도에서는 남아선호의 문화 때문에 사람들이 초음파 장치로 태아의 성을 감별하여 성비를 심각하게 왜곡시키고 있다. 인도에서 행해지는 유산 중 90% 이상이 여자 아이로, 성비는 이미 심한 불균형을 보이고 있다. 마찬가지로 중국의 많은 지역에서도 산아제한 운동으로 한 쌍의 부부당 1명만 낳도록 제한하고 있는데 현재 그 아이들 중 60% 이상이 남자 아이들이다. 장기적으로 보면 그러한 불균형은 자연선택에 의해 조절될 것이다. 하지만 다가오는 세대에서 그런 현상의 결과로 어떠한 정치적, 사회적 변화가 일어날지는 예측하기 어렵다. 우리는 과도하게 많아진 남성들간의 경쟁이 날로 심화될 것이고 상대적으로 희귀해진 여성들은 빠른 속도로 사회적 권력을 갖게 될 것이라고 예측한다.

성간의 갈등과 협동

성간의 갈등은 연속적으로 일어나지 않는다. 남성과 여성은 며칠 동안 혹은 몇 주일 동안은 서로 잘 지낼 수 있다. 하지만 이러한 조화는 번식에 대한 서로 다른 관심과 전략 때문에 불가피하게 생기는 갈등으로 깨지고 만다. 작은 정자와 큰 난자 간의 근원적인 차이에서 시작하여 상반된 전략들이 나타나 우리의 삶을 위협한다. 드물게나마 20명까지 낳았다는 기록이 있지만 여자들은 대부분 넷에서 여섯 정도로 제한된 수의 아기만 낳을 수 있다. 하지만 남자는 수백 명의 아이를 만들 수 있다. 여러 문화권에서 대부분의 남자들이 한 명의 여자도 갖지 못하는 데 비해 수백 명의 여자들을 처첩으로 거느릴 수 있는 사회적 계급과 충분한 물자를 가지고 있는 남자들도 있다. 이러한 예외는 자식의 수가 여성보다는 남성에서 그 변화의 폭이 크다는 원칙을 보여주는 극단적인 예이다. 이러한 차이가 생기는 이유는 단 몇 분간의 노력과 한 번의 사정에 들이는 남성의 작은 비용에 비해 여성들은 한 아이를 돌보는 데 어쩔 수 없이 많은 시간과 열량을 소모해야 하기 때문이다.

이런 차이점들이 의미하는 것은 남성과 여성이 각각의 진화 적응도를 극대화하기 위해 서로 다른 전략을 채택할 수 있고 실제로 그렇게 하고 있다는 것이다. 여성의 입장에서는 자신과 자신의 아이를 좀더 잘 돌봐주고 물질적으로도 많은 것을 제공해 주며 다른 여자에게 관심을 기울이지 않는 남성을 찾아 붙잡아둠으로써 다음 세대에 전달하는 자신의 유전자 수를 극대화할 수 있다. 남성의 경우도 이와 비슷한데, 임신을 잘 하고 아이를 잘 돌보며 다른 남자와 다시 짝짓기를 할 가능성이 낮은 여자를 고르고 붙잡아두는 전략을 채택한다. 또한 남성은 여성이 할 수 없는 다른 전략을 가지고 있다. 가능한 한 많은 여성들을 임신시킨 후 그 여성과 아이들에게 최소한의 도움만 주거나 아예 모르는 척하는 방법이다. 이런 사실이 남성이나 여성이 상대를 고를 때 번식성공도를 극대화하기 위해 상황을 분석하여 의식적인 전략을 채택한다는 뜻은 아니며, 실제로 우리가 어떻게 행동해야 하는가에 대하여 말하는 것도 결코 아니다. 그럼에도 불구하고 자연선택은 우리의 번식을 지금 현재 또는 최소한 석기 시대 상황에서라도 극대화하는 방향으로 우리의 감정 구조를 다듬어왔다.

배우자 선호

이러한 다양한 전략에서 생긴 문제들은 짝짓기 과정에서 명확하게 드러난다. 모든 종의 암컷들은 좋은 유전자와 풍부한 물질적 지원을 해 줄 수컷을 찾기 위해 최선을 다한다. 암컷이 선택할 수 있는 경우 사슴이나 양의 수컷들이 서로 머리를 부딪히며 싸우고 수개구리가 숨을 크게 들이마셔 턱밑의 주머니를 부풀리는 것처럼 다양한 형태로 자신의 능력을 나타내려 경쟁한다. 다른 종에서는 암컷들이 가장 큰 혼인 선물을 가져오는 수컷과 짝짓기를 한다. 혼인 선물은 곤충이나 다른 단백질 덩어리, 심지어는 사마귀처럼 수컷이 짝짓기를 하고 있는 동안 암컷에게 자신을 먹게 하는 등 매우 다양하다. 수사마귀는 그래도 탈출하려고 노력하겠지만 더 이상 다른 짝을 찾을 가능성이 없기 때문에 차라리 암컷에게 자기 몸에 있는 단백질을 주어 암컷이 자식들에게 더 많은 영양을 공급하게 함으로써 자신의 번식성공도를 극대화하는 것이다.

남자들은 여자들에 비해 훨씬 덜 선택적이기는 하지만 나름대로 강한 선호도를 가지고 있다. 남자는 자신의 번식성공도를 극대화하기 위해 건강하고 성공적이며(좋은 유전자를 가졌음을 나타내는) 번식력이 왕성하고(생식적으로 최고의 정점에 있음을 나타내는) 임신 전력이 없고(이미 자식을 갖고 있지 않은) 모성을 발휘하는 데 충분한 능력과 동기를 가진 여자와 짝짓기를 하려 한다. 미시건 대학의 심리학자인 데이비드 버스 David Buss는 다음과 같이 말했다.

> 남자들이 인간이라는 종을 구별할 뿐 자기 짝을 고를 능력이 없으며 닥치는 대로 아무 여자와 짝짓기를 한다고 상상해 보자. 이러한 상황에서 이미 생식 가능한 나이가 지난 여자와 짝짓기를 한 남자들은 자식을 남기지 못한다. 반대로 최고의 번식 연령에 있는 여자와 우연히 짝짓기를 한 남자는 상대적으로 높은 번식성공도를 성취할 것이다. 수천 세대를 거치는 동안 이러한 선택압은 어떤 인위적인 제한이 없다면 남자들에게 생식 능력이 낮은 여자보다는 높은 여자와 짝짓기를 하도록 하는 심리적 기구를 발달시켰을 것이다.

그리하여 양쪽 성 모두가 조심스럽게 상대를 구함으로써 서로의 적응도를 높일 수 있다. 하지만 그들은 서로 다른 형질들을 선택한다. 남성은 상대적으로 임신 가능성이나 성적 충절에 더 많은 관심을 두며 여성은 좋은 유전 형질과 물질 자원에 관심을 둔다. 버스는 서로 다른 문화와 종교를 가지고 있는 37개국의 10,047명을 대상으로 한 연구를 통해 이러한 성향이 일반화되어 있음을 발견했다. 돈을 벌어오는 능력에 대해서는 남자보다 여자들이 더 큰 가치를 두었다. 이는 37개국의 조사 자료들 중 단 하나의 예외를 제외한 모든 경우에 해당했다. 젊음과 외모는 남성에게 더 중요한 선택 기준이었으며 37개의 표본 중 23개에서 이 항목에 남성이 여성보다 더 높은 비중을 두었다. 그 반대의 경향을 보인 경우는 하나도 없었다.

배우자를 선택하는 일은 부모가 계속해서 함께 짝을 이루고 함께 아이를 기르는 인간에게는 특히 복잡하다. 이런 상황들이 의미하는 것은 버림받을 위험성은 여자들에게 더 크다는 사실과 따라서 여자들은 배우자를 선택할 때 현재의 상태만 보는 것이 아니라 자기 곁에 머무를 의향이나 장래의 능력, 자신과 아이들에게 얼마나 물질적으로 투자할 것인가 하는 가능성까지 고려해야 한다는 사실이다. 남자가 영구적으로 한 여자와 한 가정에만 계속적으로 투자한다는 사실은 대부분의 다른 유인원들에 비해 인간에게는 여자가 바람을 피울 수 있다는 위험 요소가 더 크다는 것을 의미한다. 따라서 남자는 장래 신부감을 고를 때 다른 남자와 바람을 필 가능성이 있는지, 그리하여 다른 남자의 아기를 가진 여자에게 잘못 투자할 가능성이 있는지, 나중에 남의 자식을 기르는 일이 생길 것인지를 가늠해야만 한다.

이런 선택에 성공하기 위해서는 자기 배우자의 장래 행동을 예측할 수 있어야 한다. 하지만 그것은 매우 어려운 일이다. 어느 성이든 자식에게 성실하고 기꺼이 투자하겠다는 의지를 상대 성에서 찾으려 한다. 이스라엘의 생물학자 아모츠 자하비 Amotz Zahavi는 일찍이 〈결속의 시험 testing of the bond〉이라는 메커니즘으로 불가사의한 이 갈등관계를 설명할 수 있다고 했다. 그는 장래 배우자가 될 상대를 자극하여 앞으로 닥칠지도 모르는 시련에 얼마나 성실할지, 기꺼이 물질적 투자와 충절을 보일 수 있을지를 가늠한다고 말했다. 연인들이 정말 서로를 시험하기 위해 승강이를 벌이는 것일까? 자하비는 새들의 짝짓기를 예로 들며 자신의 이론을 설명했다. 예를 들어 홍관조 cardinal 암컷은 구애하는 수컷을 쪼아 쫓아버리는 등 오랫동안 괴롭힌 후에야 비로소 교미를 허락한다. 그 결과 맺어진 결합은 계절이 몇 번씩 바뀌어도 지속된다. 하지만 어느 누구도 사람이 그와 같은 일을 하는지를 알기 위해 인간의 짝짓기 과정을 자세히 들여다본 일은 없다.

이제 다시 버스의 연구 중 가장 뚜렷한 결과로 돌아가보자. 남자와 여자 간의 차이에도 불구하고 여러 문화권에서 똑같이 나타나는 두 가지 짝짓기 특징이 있다. 첫번째는 친절과 이해심이며 두번째는 지적 능력이다. 왜 남자나 여자나 할 것 없이 무엇보다도 다정하고 능력 있는 짝을 원하는 것일까? 여기에 답하기 위해서는 왜 결혼이라는 관례가 존재하는지에 대해 이해할 필요가 있다. 왜 모든 문화권의 남자와 여자는 장기간 지속되는 성관계와 부모 자식이라는 관계를 형성하는가? 다른 영장류들은 대부분 인간과는 아주 다른 짝짓기 방식을 가지고 있다. 이 질문에는 뚜렷한 대답이 없다. 하지만 음식을 구하고 아이를 기르는 인간의 독특한 방식은 분명히 이 질문에 대한 답을 찾는데 중요한 요인이다. 자연 환경에서 인간은 혼자서 아이를 기르기 어렵다. 먹을 것을 찾아 오랫동안 여행해야 하는 조건에서 아이들은 오랜 동안 스스로 아무것도 못하며 안고 다니기에도 너무 무겁다. 그리하여 문화적인 수단으로 규정은 물론 집단의 서열을 정하는 데 도움이 필요하게 되었다. 간단히 말해 아이 하나를 키우는 데도 부모 중 하나만으로는 어려운 일이다. 부부가 자기 자식들만 키울 경우에는 별다른 갈등이 없을 수도 있다. 친척들에 대한 의무 때문에 발생하는 갈등을 제외하면 말이다. 배우자의 친인척들과의 문제는 충분히 예측할 수 있다. 왜냐하면 배우자의 친인척을 돕는 일은 자기 자신의 유전자가 아니라 배우자의 유전자에게만 이익이 되는 일이기 때문이다.

속임수 짝짓기 전략들

자식을 돌보지 않고 짝짓기만 하는 것은 여자보다는 남자의 번식에 더 이익이 되는 일이다. 이는 인간의 성적 행동의 여러 가지 다른 측면과도 일치한다. 첫째, 매춘은 주로 여성의 직업이다. 성적 쾌락은 양쪽 성 모두에게 가능한 것이지만 어느 문화권이건 남자는 돈을 내고라도 섹스를 구하려 하는 데 반해 여자는 섹스 파트너를 구하는 데 전혀 어려움 없이 수요와 공급의 균형이 잡혀 있다. 둘째, 독신자 술집에서 벌어지는 전략들이 이해가 될 것이다. 여자를 침대로 끌어들이기 위해 남자들은 영원히 사랑할 것을 맹세하면서 자신의 위업을 과장되게 떠들어대고 가짜 롤렉스 시계를 휘두르며 자신의 보호 능력과 물질 제공 능력을 자랑한다. 경험이 있는 여자라면 이런 속임수에 완전히 넘어가지 않지만 이런 식으로 남자가 여자를 속이는 일은 그런대로 성공을 거둔다. 남자들은 종종 성적 관심을 보이며 비싼 선물을 받은 다음 어떻게 자기를 〈그렇고 그런 여자〉로 생각했느냐고 펄쩍 뛰는 여자들에게 역으로 속임수를 썼다고 비난한다. 수천 년 동안 의사들은 이런 종류의 감정적 행동 양식을 〈히스테리아 hysteria〉라고 불렀다. 보통 복통이나 신경마비같이 흔히 나타나는 신체적 증상은 자궁이 몸속 이곳 저곳을 움직여다닌 탓에 생긴 것이라고 생각했기 때문에 붙여진 이름이다. 의사들이 여자들이었다면 결코 〈히스테리아〉 같은 모호한 진단을 내리지 않았을 것이다. 대신 남자들의 기만적인 짝짓기 전략을 본 여의사들은 아마도 이런 비열한 특징이 전립선이 지나치게 활동적이어서 생긴 것이라고 판단하여 그것을 〈프로스테이트테리아 prostateteria〉라 불렀을 것이다.

생식계의 해부학적 및 생리적 특징

여성의 생식 주기는 다른 영장류의 생식 주기와 매우 다르다. 많은 영장류 암컷들이 냄새를 내거나 피부에 홍조를 띠거나 행동을 변화시켜서 임신 가능한 시기에 있음을 광고한다. 이 광고는 암컷이 번식할 수 있는 기간 동안 수컷들간에 극심한 경쟁과 구애 행동을 유도하고 그 외의 시기에는 수컷이 암컷을 괴롭히는 것을 막아주는 유익한 의사소통이다. 그런데 여성은 배란을 광고하지 않을 뿐만 아니라 애써 감추는 것처럼 보일 정도다. 배란의 시간표도 다른 영장류와 다른데, 인간은 배란이 약 28일 주기로 정기적으로 반복되지만 대다수 영장류들은 일 년에 겨우 한두 번 배란하며 대개 함께 무리지어 사는 다른 암컷들과 같은 때 배란한다. 생식 주기가 끝날 즈음 임신이 되지 않으면 여성은 생리혈의 형태로 상당한 양의 피를 잃는다. 인간의 성행위는 짧은 배란기에 국한되어 있지 않고 번식 주기 내내 이루어지며, 이처럼 잦은 성교 때문에 대단히 많은 시간과 에너지가 소모된다. 대부분의 영장류 암컷은 오르가즘이 없거나 아주 짧고 미약하지만 인간에게는 흔한 일이며 강도도 높다.

세부 사항들에 대해서는 지금도 활발히 논의되고 있지만, 이 모든 사실들이 서로 아귀가 잘 들어맞는다는 것에는 합의가 이루어져 있다. 그 핵심은 여자와 그 배우자가 몇 주일 혹은 몇 달간 떨어져 있기보다는 거의 항상 붙어 있는 편이 양쪽 모두에게 이득이라는 것이다. 여자의 번식 주기가 빤히 보인다면 남자는 여자가 임신 가능한 때에만 관계를 가짐으로써 번식을 극대화할 수 있겠지만, 남자는 여자가 언제 임신 가능한지 알 수 없기 때문에 항상 여자 곁에 있으면서 빈번하게 성교를 해야만 한다. 초기의 석기 시대 여성들이 향상된 지적 능력을 바탕으로 자신이 언제 임신 가능한지 알고 더불어 성관계가 출산의 고통을 초래한다는 것까지 알 수 있었다면, 배란기에는 배우자를 피함으로써 결국 번식성공도를 스스로 감소시켰을 것이다. 조류학자 낸시 벌리 Nancy Burley가 처음으로 제안한 이 가설은 무언가를 모르는 편이 자신의 적응도에는 더 유리할 수도 있음을 암시한다. 또한 배란을 감춘 여성은 자기 배우자보다 더 강한 남성이 자신을 강제로 임신시킬지도 모른다는 걱정에서 어느 정도 해방된다. 남자는 여자가 언제 임신 가능한지 알 방도가 없으므로 배란기에만 여자에게 신경을 쏟을 수 없다.

인간은 평균 사흘에 한 번 성관계를 갖는데, 이 빈도는 일단 배란이 되면 거의 틀림없이 임신까지 이어질 정도로 높은 수치다. 그러나 앞서 지적했듯이 이처럼 끊임없는 성행위는 한편으로 세균이나 바이러스가 여성의 생식관 깊숙이 침투할 수 있음을 뜻하기도 한다. 그러한 감염에 대한 하나의 방어로, 자궁 경부가 한 달에 2-3일의 배란기를 뺀 나머지 기간에는 경부를 거슬러 올라오는 정자를 틀어막는 점액을 분비한다. 배란기에는 점액 내의 섬유들이 나란히 정렬되어 정자가 자궁까지 쉽게 헤엄쳐 올라갈 수 있게 널찍한 통로를 만든다. 마지 프라핏이 제안한 바와 같이 월경은 병원체를 죽이고 감염된 지 얼마 안 된 세포들을 일찌감치 쓸어내버리는 또 하나의 방어일 것이다(3장 참조). 물론 자연 환경에서는 대다수 여성들이 월경 주기를 지금보다 훨씬 더 적게 경험했을 것이다. 긴 시간이 소요되는 임신이나 수유 기간에는 월경을 하지 않기 때문이다. 생리혈을 흘리기 때문에 생기는 빈혈은 독신주의나 강력한 피임법 같은 현대의 새로운 환경 요인들이 초래한 수많은 문제점들 중 하나이다.

남성 역시 고환을 늘 몸 밖에 있는 음낭에 보관한다는 점에서 몇몇 다른 포유류 수컷들과 구별된다. 그토록 중요한 기관을 두기에는 너무나 위험한 장소이므로, 틀림없이 여기에는 어떤 합당한 이유가 있을 것이다. 꽉 끼는 속옷을 입은 남자들은 고환의 온도가 높아져 불임을 초래하기 쉽다는 사실에서 한 가지 단서를 얻을 수 있다. 해부학적으로 조사한 결과 고환에서 나와 몸속으로 들어가는 정맥들이 동맥을 칭칭 둘러싸서 고환의 온도를 낮추어주는 역류 열교환 메커니즘을 갖고 있음이 밝혀졌다. 왜 정상적인 체온에서는 정자가 만들어지지 못하는가는 아직 풀리지 않은 미스터리로 남아 있다. 남성은 고환을 항상 서늘하게 유지하고 언제나 잘 작동하게끔 해야 한다. 임신시킬 수 있는 여성이 언제나 주위에 있기 때문이다.

여러 영장류에서 고환의 크기가 저마다 큰 차이가 있는데, 이러한 변이의 상당 부분은 짝짓기 패턴의 차이로 설명할 수 있다. 침팬지 암컷은 여러 수컷들과 교미하지만, 고릴라와 오랑우탄의 암컷은 단 한 마리의 수컷과 교미한다. 침팬지 수컷의 번식성공도는 성교한 암컷들의 수뿐만 아니라 자신의 정자가 다른 수컷의 정자들과 경쟁에서 이겨 난자를 수정시키는 능력에도 의존하기 때문에, 자연선택은 침팬지 수컷의 고환의 크기뿐만 아니라 그가 만드는 정자의 수량도 증가시켰다. 고릴라는 그 큰 덩치와 흉칙한 외모에도 불구하고 고환의 무게가 보통 침팬지에 비해 1/4 정도밖에 되지 않는다. 일반적으로 고환의 무게는 암컷이 여러 수컷들과 자주 교미하는 종에서는 무겁고 정자 경쟁이 거의 없는 종에서는 가볍다. 인간은 어디에 위치하는가? 그 사이에 있지만 정자 경쟁이 덜한 쪽으로 약간 더 기운다. 그러나 인간의 진화 과정에서 여러 남성들과의 성교가 아주 빈번히 행해지는 바람에 완전한 일부일처제 짝짓기 패턴을 보이는 종보다 약간 큰 고환이 선택된 것 또한 분명하다.

두 영국인 동물학자 로빈 베이커Robin Baker와 로버트 벨리스Robert Bellis가 이 정자 경쟁이라는 주제에 깊이 파고들었다. 그들은 남자가 한 번 사정한 정액 속에 들어 있는 정자에는 몇 가지 다른 종류들이 있고, 그 중 어떤 정자는 난자를 수정시킬 능력이 없다는 사실에 주목하였다. 그들에 따르면 이 중 상당수가 다른 남자에서 온 정자를 찾아서 파괴하게끔 특별히 설계되어 있다. 그들은 또한 보통 부부의 콘돔에서 채취한 정액의 양이 지난번에 사정한 이후 경과된 시간뿐만 아니라 부부가 떨어져 지낸 시간에도 비례함을 입증하였다. 이 결과는 다른 남자로부터 온 정자와 경쟁을 벌여야 할지도 모를 때는 사정하는 정자의 양을 늘리는 적응이 존재함을 암시한다. 이 가설이 확증된다면 자연선택은 우리의 성적 메커니즘들이 다양한 측면에서 그리고 아주 가까이서 서로 경쟁하게끔 설계했다는 사실이 입증된 셈이다.

질투

자연선택의 이론에 의해서든 직감에 의해서든 질투심은 충분히 이해가 가는 감정이다. 이 감정은 재론할 필요조차 없이 동서고금의 수많은 비극을 초래한 주원인이었다. 헬렌이 아가멤논을 버리고 파리스를 따르는 바람에 고개를 쳐든 증오심과 피비린내 나는 복수극을 호머 Homer가 묘사한 그대로 받아들일 필요는 없겠지만, 겨우 질투심 때문에 그런 엄청난 사건이 일어났다는 설명이 결코 허튼 소리로 들리지는 않는다. 캐나다 심리학자 마틴 데일리 Martin Daly와 마고 윌슨 Margo Wilson은 여성에 대한 살인 사건의 상당수가 남성이 품은 질투심에서 비롯됨을 설득력 있게 증명했다. 오델로의 미칠 듯한 격분과 데스데모나의 비참한 죽음은 우리의 실생활과 비슷한 점이 너무 많다. 질투 때문에 부부 싸움을 하고 살인까지는 못 미쳐도 결국 파경에 이르게 하여 정신적 상처는 물론 다른 모든 비극적인 사태를 초래한다. 어떤 사람들은 자기 배우자가 부정하다는 잘못된 믿음과 질투심에 극도로 사로잡혀 있는데, 임상에서는 이들이 병적 질투를 앓고 있다고 진단한다. 이 모든 사항을 명확히 밝히기 위해서는 성적 질투를 일으키는 메커니즘이 갖는 기능과 진화적인 기원을 먼저 이해해야 한다.

아기의 어머니가 누구인가는 확실하지만 아버지가 누구인가는 언제나 논란의 대상이다. 남자는 다른 남자의 아이를 거느린 여자를 몇 년 동안 부양하거나 자기 자식이 아닌 아기를 자기도 모르게 키우는 위험을 늘 안고 살지만, 반대로 여자는 항상 자기 자식이 누군지 안다. 질투할 줄 모르는 남자는 부정한 아내를 짊어질 위험이 아주 높을 것이며, 결과적으로 번식성공도 또한 낮아진다. 아내와 바람을 피울지도 모를 남자를 은근히 위협하고, 외간남자와 동침하지 못하게끔 아내를 단속하는 남자는 진화적인 이점을 누린다. 따라서 남성의 성적 질투심을 일으키는 유전자는 유전자 풀 내에 계속 유지된다.

여성은 똑같은 위험에 부딪히지는 않지만, 그 대신 다른 위험에 직면한다. 남편의 분방한 애정 행각은 응당 아내에게 가야 할 자원과 시간을 새나가게 할 수도 있고, 남편을 다른 여자에게 빼앗길 수도 있으며, 성병을 옮길 수도 있다. 비교문화적 연구 결과 성에 대한 사회적 관습은 혼외정사를 인정하는 문화권에서 어떠한 부정도 사형으로 처벌하는 문화권까지 그야말로 천차만별임이 확인되었다. 그러나 성적 질투는 일관적으로 여성보다 남성에서 더 심한 것으로 보고되고 있다.

성적 질투는 인간의 삶에 매우 큰 영향을 끼치므로 거의 모든 사회에서 관습 혹은 성문법으로 제도화되어 조절된다. 기술문명이 발달한 서구 사회에서도 남자는 종종 여자를 소유물로 취급하며 여자의 성적 관심을 통제하려 하는데, 많은 전통 사회에서 이같은 통제는 더욱 노골적이며 아예 제도화되어 있기도 하다. 지중해의 몇몇 사회에서는 첫날밤 신부가 침대 시트에 피를 흘려 자기의 처녀성을 증명해야 하고, 이후 집안에 속박되어 남편 외에 어떤 남자도 만날 수 없게 된다. 몇몇 이슬람 사회에서는 여자가 외출할 때는 남자들이 자기를 알아보지 못하도록 긴 옷을 두르고 얼굴을 베일로 가려야 한다. 중국에서는 여자의 발을 아주 어릴 때부터 묶어놓아서 잘 못 돌아다니게 했다. 아프리카의 많은 곳에서는 사춘기 소녀들의 음핵을 절제해서 음순을 꿰매어 막는 수술이 아직도 일상적으로 시행된다. 어디에서나 남자는 여자의 성을 통제하는 사회적 장치를 만들어낸다.

지금 우리 사회에서 자기 성생활의 90%에 해당하는 시간은 남편에게 충실하고 나머지 10%의 시간은 다른 남자를 만나는 데 쓰는 아내가 있다면 이 여자에 대한 태도는 과연 어떨까? 그녀의 남편 입장에서는 자신이 그녀가 낳은 자식의 진짜 아버지일 확률이 90%이므로, 엄격한 진화적 시각에서 보면 그녀가 자기에게 완벽히 충실한 아내일 때 아기에게 쏟아줄 정성의 90%를 실제로 베푸는 아버지가 될 것이다. 그렇지만 많은 문화권에서는 아내가 단 한 번이라도 간통하면 결혼 자체를 완전히 무효화하거나 아내가 낳은 아이들을 남편이 모두 방기해도 되는 사유로 법에 의해 정당화된다. 많은 이들은 문화가 생물학적 경향을 억제한다고 생각하지만, 질투에 관한 한 문화와 법체계가 생물학적 경향을 오히려 부채질하고 있다. 법이 우리의 보다 파괴적인 생물학적 경향을 저지해야만 한다고 생각하는 사람은 아마도 배우자의 부정을 구실로 쉽게 이혼하지 못하게끔 사회 체제를 변화시키려고 할 것이다. 질투심을 치료해 주는 알약이 개발된다면 세상이 어떻게 될까?

성장애

사람들은 누구나 자신의 성생활이 얼마나 우수한지에 큰 관심을 가지고 있다. 이는 궁극적으로 번식을 증가시키는 유전자가 선택된 반면, 사람들을 성에 초연하게 만드는 유전자는 제거되었기 때문이다. 하지만 바로 이 지점에서 성은 더욱 더 큰 골칫거리가 된다. 성에 따른 문제들이 곳곳에 널려 있다는 사실은 어느 서점에 가더라도 쉽게 알 수 있다. 성에 대한 치료법을 서술한 책들을 모아놓은 코너가 따로 있다는 것 자체가 불행한 진실을 대변한다. 성은 어떤 시대에 소수의 사람들이 겪는 문제가 아니라 모든 시대에 수많은 사람들이 겪는 문제다. 그 책들은 이 문제가 유전적인 결함이나 비정상적인 환경의 결과가 아니라 진화의 직접적인 산물임을 강력하게 암시해 준다. 그 책들은 모두 남자의 조루를 한 장에 걸쳐 다루고 있으며 여자의 오르가즘 지체 내지 결핍에 대해서도 독립된 한 장을 할애하고 있다. 여자의 너무 빠른 오르가즘이나 남자의 너무 느린 오르가즘을 다루는 장은 아무리 책을 뒤져봐도 없으며, 왜 남자와 여자는 이런 면에서 다른가에 대한 설명 역시 어디에도 나와 있지 않다. 여자들이 쓰는 물건에 도착적으로 집착하는 남자에 대한 장은 있지만 유사한 문제를 겪는 여자에 대한 장은 없으며, 왜 성에 따라 이런 차이가 나타나는지에 대한 설명도 없다. 어떤 어려움들은 두 성 모두에서 나타난다. 양쪽 모두 때때로 성적 욕망이 안 생기거나 성적으로 잘 흥분되지 않아 어려움을 겪는다. 또한 두 성 모두(그러나 특히 남자에서) 늘 똑같은 상대와 관계를 가지면 이내 식상함을 느낀다. 번식의 심장부인 이곳에서 우리는 되는 대로 만들어놨다고밖에 할 수 없는 생물학적 체계를 만난다. 왜 남자와 여자는 서로 다른 불만들을 그토록 많이 늘어놓는 것일까?

최소한 우리는 남자와 여자의 오르가즘을 서로 일치시켜 주는 조절 메커니즘이 진화했으리라고 기대할 수 있다. 그러나 두 오르가즘은 서로 맞지 않을 뿐만 아니라 여자보다 남자가 일반적으로 좀더 일찍 오르가즘을 경험한다. 이러한 불일치는 자연선택이 우리들의 만족감보다는 오직 번식을 극대화하도록 만들었다는 원리를 보여주는 실례 중의 하나이다. 오르가즘에 너무 늦게 도달하는 남자의 번식성공도를 추정해 보자. 상대를 즐겁게 해줄 수는 있겠지만 성행위가 도중에 끊기거나 상대가 이미 만족해서 더 이상 계속하기를 원하지 않는다면, 때때로 정자가 그의 유전자들에게 공헌할 수 있는 곳까지 다다르지 못할 것이다. 같은 선택압이 여자의 성적 반응의 타이밍도 결정했다. 오르가즘에 단 한 번 재빨리 도달하고 끝나는 여자는 때때로 남자가 미처 사정하기도 전에 성교가 끝날 것이므로, 좀더 은근하게 성적 반응을 보이는 여자보다 자식 수가 더 적을 것이다.

주의깊게 검토해 보면 남자의 성적 타이밍을 특정한 상황에 맞춰 조절하는 장치도 존재함을 알 수 있다. 조루는 주로 나이 어린 남자들에서 흔히 나타나며, 특히 불안감이 증폭된 상황에서 심하다. 수렵 채취 문화를 연구하는 인류학자들에 따르면 청소년 사이의 밀회는 보통 금지된 것이어서 연장자들에게 들키면 적지 않은 위험이 따르게 된다. 그런 상황에서는 성행위를 빨리 해치우는 편이 특히 적응적이었을 것이다. 지금은 이런 생각이 억측에 불과할지 모르지만 진지하게 고려해 볼 만하다.

임신

아마도 임신은 어떤 목표(갈등으로부터의 안식처, 산모와 태아 간에 목적의 완벽한 일치)를 공유하는 최상의 형태로 느껴질 것이다. 산모와 태아의 관계는 세상 그 어떤 관계보다 더 친밀하며 서로를 필요로 한다. 그럼에도 불구하고 산모와 태아는 유전자의 절반만 공유하기 때문에 갈등이 빈번히 나타난다.* 무엇이든지 태아에게 돌아가는 이익은 태아의 유전자 전부를 돕는다.** 태아가 자신의 적응도를 극대화하는 길은 산모로부터 받을 수 있는 자원은 무엇이든지 받되 뒷날까지 자신을 길러줄 능력이나 자기의 형제자매나 이복 동기들(태아와 유전자를 공유하지 않는 정도인 1/2과 3/4만큼 삭감하여 계산됨)을 길러줄 능력은 위태롭게 하지 않도록 잘 신경쓰는 것이다.

산모의 관점에서는 태아에게 돌아가는 이익이 자신의 유전자의 절반만을 도와주기 때문에*** 산모가 생각하는 최적 공급량은 태아가 고집하는 최적 공급량보다 적다. 또 산모는 너무 큰 아기를 낳을 경우 상처를 입거나 심지어 죽게 될 위험성도 고려해야 한다. 따라서 적응도를 둘러싼 산모와 태아의 이해관계가 서로 일치하지 않는다는 사실에서 태아는 산모가 더 많은 영양분을 공급하도록 조정하는 메커니즘을 가질 것이며 산모는 이에 대항하는 메커니즘을 갖고 있으리라 예

---

* 태아의 유전자들 중 절반은 엄마와 같고 나머지 절반은 아빠와 같다는 식으로 오해할 소지가 있으므로, 유전자의 관점에서 설명을 하는 것이 좋을 듯하다. 태아에게 도움을 주는 행동을 일으키는 유전자가 보기에는 태아의 몸속에 자기의 복제본이 있을 확률이 1/2이라는 뜻이다(옮긴이).

** 태아의 몸속에 있는 유전자의 입장에서는 태아에게 이익을 주는 산모의 몸속에 자신과 동일한 복제본이 있든 말든 이익을 받기는 마찬가지라는 뜻이다. 즉, 태아를 돌보는 유전자를 G라 하고 그 대립 유전자를 g라 할 때 산모 몸속의 G가 태아에게도 있을지에 대해서는 50%밖에 확신할 수 없지만, 태아 속의 유전자는, 그것이 G든 g든 산모가 주는 양육의 이득을 똑같이 받는다는 것이다(옮긴이).

*** 마찬가지로 G가 태아의 몸속에도 있을 확률은 50%에 불과하다는 뜻이다(옮긴이).

측할 수 있다.

산모에게 손실을 끼치면서 태아에게 이득을 주는 유전자에게 진화적 순이익이란 있을 수 없다고 반론을 제기하는 이들이 간혹 있다. 생애 초기에 얻은 이득이 후기에 입는 손실에 의해 모두 상쇄된다는 논리다. 하지만 실제 상황은 다르다. 산모와 태아의 이해관계가 똑같이 충족되는 집단에서 산모에게 아주 조금 손실을 끼치면서 태아가 얻는 영양분을 약간 늘려주는 유전자가 새로이 나타났다고 하자. 그 이득을 누린 태아가 나중에 어른이 되었을 때 실제로 감수하는 손실은 절반에 지나지 않는다. 그가 낳는 자식들 중 겨우 절반만 그 유전자를 물려받기 때문이다. 또한 누구나 알 수 있다시피 그가 여성일 때만 손실을 감수할 여지가 있다. 따라서 다음 세대에 이루어지는 임신 중 고작 25%에서만 그 유전자로 인한 대가가 치러질 뿐이다. 여기에는 또 다른 복잡한 요인들이 관여하지만 이 책에서는 다루지 않으려 한다. 어쨌든 그러한 정량적 측면들을 빠짐없이 검토한 결과 하버드 대학의 생물학자 데이비드 헤이그David Haig는 산모의 시각에서는 이상적 공급량이 태아가 생각하는 이상적인 수준에 아주 조금이라도 못미치면 반드시 부모와 자식 간에 갈등이 일어난다고 예측했다.

불행한 것은 이처럼 미미한 차이가 극심한 갈등을 일으킬 수 있다는 점이다. 태아는 산모로부터 받는 영양분 중 단 몇 퍼센트라도 더 받아내려고 악착같이 애쓰고 산모 역시 태아의 이런 행동에 똑같이 단호하게 대처한다. 어느 한쪽의 노력이 눈에 띄게 줄어들어 힘의 균형이 깨지면 그때부터 의학적 문제가 발생한다. 그 예로 태아는 인간 태반성락토젠human placental lactogen(hPL)이라는 물질을 분비하는데 이는 모체의 인슐린과 결합하여 혈당량을 증가시켜 태아에게 포도당이 더 많이 공급되도록 만든다. 산모가 태아의 행동에 맞서 인슐린을 더 많이 분비하면, 태아도 질세라 hPL을 더 많이 분비한다. 이 호르몬은 모든 신체에 일반적으로 들어 있지만, 임산부에서는 정상 수치보다 무려 천 배 가까이 들어 있다. 헤이그가 지적했듯이 이처럼 호르몬 수준이 높아진 것은 마치 언성을 높이는 것처럼 갈등을 뜻하는 신호이다.

불행하게도 산모가 인슐린을 충분히 만들지 못하는 사람이라면 임신성당뇨병에 걸릴 수 있는데, 이 병은 산모에게 치명적이므로 결국 포도당에 목말라하는 태아 자신에게도 치명적이다. 태아에게 hPL의 분비를 어떤 시점에서 중단해야 할지 누가 알려준다면 참 좋겠지만, 실제로 태아가 할 수 있는 일은 항상 산모보다 한 술 더 뜨는 것밖에 없다. 대다수의 산모들은 태아의 hPL이 넘쳐 흐르는 경우에도 당뇨 정도는 충분히 피할 수 있을 만큼 인슐린을 충분히 만들 능력을 갖고 있다.

부모와 자식 간의 갈등의 진화적 이론은 이미 오래전에 로버트 트리버즈가 정립했지만, 1993년에 이르러서야 데이비드 헤이그가 인간의 임신에 그 이론을 적용시킨 것이다. 또한 최근 들어 전혀 예기치 못했지만 아주 깊이 관련된 유전적 현상이 빛을 보게 되었다. 주로 쥐를 대상으로 한 실험에서, 태아의 발달에 특별한 이익을 주는 유전자가 나중에 그 태아가 어른이 되었을 때 손실을 끼치지 않기 위해 꼭 유성생식에만 의존할 필요는 없다는 것이 밝혀졌다. 이른바 유전적 각인 genetic imprinting이라 불리는 이 과정에서 어떤 유전자가 자식의 몸에서 즉각 활동을 개시할지 혹은 보류할지는 그 유전자가 몸담았던 부모에 의해 결정된다. 아버지에서 태아로 전해진 유전자는 어머니와의 갈등에서 태아의 역성을 들도록 각인될 것이다. 그와 동일한 유전자가 어머니에서 태아로 전해졌을 때는 그러한 효과를 일으키지 않도록 어머니에 각인될 것이다. 유전적 각인이 인간의 임신에도 관련되어 있는가는 좀더 두고봐야 할 문제지만, 적어도 쥐에서는 수컷에 각인된 유전자는 태아 성장 인자를 만들고 암컷에 각인된 다른 유전자들은 이 성장 인자를 파괴하는 메커니즘을 만든다. 이러한 증거들로 미루어 보면 자궁을 유전자들이 우리의 건강을 희생시키면서 오직 자신의 이익을 위해 충돌하는 격전장으로 이해한다고 해도 크게 억지스러운 주장은 아닐 것이다.

당뇨병 외에도 임신의 고통으로 고혈압을 들 수 있다. 고혈압으로 말미암아 신장이 손상되어 단백질이 소변으로 흘러나갈 만큼 심해지는 증상을 자간전증(子癎前症, preeclampsia)이라고 한다. 헤이그는 이 증상 또한 산모와 태아 사이의 갈등에서 비롯된다고 제안했다. 임신 초기에 태반세포는 혈류량을 조절하는 자궁신경과 세동맥 근육들을 파괴하여 산모가 태반으로 들어가는 혈류량을 줄이지 못하게 만든다. 만약 산모 몸속의 다른 동맥들이 어떤 요인에 의해 수축되면 산모의 혈압이 치솟아 더 많은 혈액이 태반으로 들어가게 된다. 태반은 산모의 몸 어디에서든 동맥을 수축시킬 수 있는 몇 가지 물질들을 만들어낸다. 태아가 산모로부터 받는 영양분이 너무 적다고 감지하면 태반은 이 물질들을 산모의 순환계 내로 방출한다. 이 물질들이 산모의 신체 조직을 손상시킬 수 있지만, 자연선택은 태아에게 산모의 건강을 희생하는 한이 있더라도 자신의 이득을 위해 이정도 위험쯤은 감수하는 메커니즘을 부여했을 것이다. 수천 건의 임신 사례들을 조사한 결과, 산모의 혈압이 적당히 상승한 경우 태아의 사망률은 오히려 낮았으며 원래 고혈압 증세가 있던 산모가 더 큰 아기를 낳는 경향이 있음이 밝혀졌다. 좀더 상세한 연구에 의하면 자간전증은 태아에게 공급되는 혈류량이 부족했을 때 흔하게 나타나고, 이때 산모의 고혈압 증세는 심장의 펌프 작용이 증가해서가 아니라 동맥에 대한 수축 정도가 심해져서 나타난다는 것이 밝혀졌다.

저자들은 똑같은 메커니즘이 일부 성인들의 고혈압까지 조장하고 있는 게 아닐까 의심하고 있다. 출생시 몸무게가 적게 나갔던 아기들은 어른이 되어서도 몸무게가 가벼운 경향이 매우 뚜렷하다. 만약 산모의 혈압을 높이는 물질을 만들도록 태아 시절에 발현된 유전자가 계속해서 활성 상태로 있다면, 성인이 되어 고혈압을 일으킬지도 모른다.

전통적인 의학적 시각에서는 임신중의 당뇨와 고혈압에 대한 이러한 설명들이 가히 혁명적이고 아직 검증되지 않은 추론이지만, 우리는 곧 그 타당성이 확증되리라고 믿는다. 그렇게 된다면 생명을 유전자의 관점에서 바라보는 방식이 얼마나 강력한지, 이해관계가 어긋나서 생기는 생물학적 갈등이 얼마나 도처에 만연해 있는지, 질병에 대한 적응주의적 접근이 실제로 얼마나 유용한지를 말해 주는 확고부동한 증거가 얻어질 것이다.

인간융모성성선자극호르몬human chorionic gonadotropin(hCG)은 태아가 만들어 산모의 혈류 속으로 분비하는 또 다른 호르몬이다. 이것은 산모의 황체형성호르몬luteinizing hormone 수용체와 결합하여 산모의 난소에서 프로제스테론progesterone이 계속 분비되도록 자극한다. 이 호르몬은 월경을 막아 태아의 착상을 계속 유지시켜 준다. hCG는 임신을 지속시켜야 할지 아니면 중단시켜야 할지를 두고 산모와 태아 사이에 벌어진 다툼에서 나온 것 같다. 수정란 가운데 78%는 아예 착상되지 않거나 임신 아주 초기에 자연 유산된다. 이렇게 유산된 배아의 대다수는 염색체에 이상이 있다. 산모에게는 비정상적인 배아를 탐지하여 유산시키는 메커니즘이 있는 것 같다. 이같은 적응은 어차피 일찍 죽게 될 아기나 어른이 되어 성공적으로 경쟁할 능력이 없는 아기에게 불필요한 투자를 계속하지 않게 해준다. 산모에게는 비정상적인 배아를 솎아내는 과정에서 몇몇 정상적인 배아까지 제거하는 실수도 하지만, 어쨌든 손해를 가능한 한 빨리 끝내고 새로 시작하는 편이 이롭다. 그와 대조적으로 태아는 착상되어 계속 태반에 머물러 있기 위해서라면 무슨 짓이든 가리지 않는다. 태아가 hCG를 만드는 일은 이 목표를 달성하는 데 아주 중요한 초기 전략이다.

산모의 신체는 hCG 수치가 높다는 것을 어떻게든 감지하여 이를 건강한 태아를 뜻하는 신호로 해석하는 것 같다. 태아가 hCG를 충분히 만들 수 있으면 정상일 것이다. 그래서 배아는 자신의 건강을 산모에게 증명하기 위해 다량의 hCG를 즉시 만들어내야 한다. 있는 힘껏 〈나는 우량아가 될 소질이 있어요!〉라고 외치는 것이다. 헤이그가 지적했듯이, 이처럼 아주 높아진 hCG 수치가 임신중의 헛구역질과 구토를 유발하는 원인이 된다고 추측해 볼 수 있다. 이 가설이 6장에서 살펴본 프라핏의 입덧 이론을 대신할 수 있다고 생각하는가? 근접 원인과 궁극적 원인 간의 차이를 이해했다면 답은 〈대신할 수 없다〉이다(2장). hCG 효과는 독소를 섭취하는 것을 막아주는 적응적 기구의 일부일지 모른다. 거꾸로 독소를 거부하는 것이 높은 hCG 수치로 인한 부수적인 효과일 수도 있다. 면밀히 설계된 연구 조사를 통해서만 이 문제를 풀 수 있을 것이다.

출산

인간의 큰 두뇌와 작은 골반 출구 때문에 인간의 출산은 유별나게 긴장되고 위험스러운 일이 된다. 9장에서 논의했듯이, 제왕절개 수술에서 하는 것처럼 아기가 복벽에 난 출구로 태어날 수 있다면 훨씬 더 수월하겠지만, 역사적 구속 때문에 이는 불가능하고 아기는 아직도 골반의 좁은 통로를 비집고 나와야만 한다. 다른 영장류 새끼에 비해 인간의 아기가 미숙하고 무기력한 까닭은 세상에 태어날 수 있을 만큼 작아지기 위해 그 대가를 치렀기 때문이지만, 어쨌든 그에 따른 위험은 산모와 아기 모두에게 남는다.

뉴멕시코 주립 대학의 인류학자 웬다 트레버선Wenda Trevathan은 다른 영장류들은 한적한 곳에서 혼자 아기를 낳지만 인간의 산모는 가까이서 도와줄 사람을 찾는다는 것에 주목했다. 그녀는 이 현상을 인간의 아기가 비정상적으로 태어난다는 사실로 설명할 수 있다고 제안했다. 다른 영장류 새끼들과 달리 인간의 아기는 머리부터 나오기 때문에 산모 혼자서 무리하게 아기를 출산하면 아기에게 큰 상처를 입힐 수 있다. 출산시 누군가 도와준다면 이 위험성은 크게 줄어든다. 현대 사회에서조차 아기를 낳을 때 옆에서 도와주는 여자가 그냥 있는 것만으로도 제왕절개를 한 비율이 66%나 낮아졌고 집게로 뽑아낸 비율도 82%나 줄어들었다. 출산 후 6주가 되었을 때 조력자의 도움을 받아 출산한 산모는 혼자서 낳은 산모보다 훨씬 불안감도 덜하고 아기에게 더 쉽게 젖을 물렸다.

아기가 태어난 후 현대의 산부인과 의사나 조산원은 태반 적출을 도와주고 출혈을 최소화하려 애쓴다. 옥시토신 oxytocin은 모유를 먹이면 나오는 호르몬인데 출산시 자궁혈관을 수축시켜 주기 때문에 인위적으로 더 주사하면 과도한 출혈을 막아준다. 지금껏 수천 명의 사람들이 이러한 방법으로 목숨을 구했다. 의사는 누가 과다하게 피를 흘릴지 항상 알 수는 없기 때문에 이제는 옥시토신 투여가 일상적인 분만의 한 단계가 되었다. 하지만 옥시토신 투여가 다른 메커니즘들을 망칠 가능성에 대해서는 거의 연구된 바 없다.

몇몇 종들, 특히 양에서는 제왕절개로 낳은 새끼를 어미가 자기 자식으로 받아들이지 않는 일이 흔히 일어난다. 정상적인 출산의 경우 어미의 질 벽에 가해지는 압력이 옥시토신의 분비를 자극하고, 결과적으로 어미가 보는 최초의 새끼 양과 끈끈한 정을 맺게 하는 두뇌 메커니즘을 활성화한다. 옥시토신을 한 번만 주사해 주면 어미양은 제왕절개해서 낳은 새끼 양과도 정상적으로 유대감을 형성한다. 옥시토신이 인간의 유대감 형성에도 비슷한 역할을 하는지는 아직 모른다. 인간 어머니는 제왕절개해서 낳은 아기와도 아무 문제없이 유대감을 맺기 때문에 옥시토신이 인간 어머니의 유대감 형성에는 필요 없는 것 같다. 이 말은 위와 같은 사실들을 알아봤자 별로 도움이 되지 않는다는 뜻일까? 이 문제는 상당히 중요하다. 제왕절개 수술을 자주 하고 있고 추가로 다량의 옥시토신을 투여하는 일이 일상적으로 이루어지고 있기 때문에, 옥시토신 호르몬이 나타내는 긍정적 혹은 부정적 효과에 대한 심도 있는 연구가 더욱 필요하다.

유아기

아기가 처음으로 어머니의 품안에서 젖을 빨 때 어머니는 젖이 아니라 초유 colostrum, 즉 감염으로부터 아기를 지켜주는 물질들이 가득 찬 물 같은 액체를 분비한다. 며칠 후에 진짜 젖이 나오는데, 여기에는 그 어느 유아식에 들어 있는 성분보다 아기를 훨씬 더 잘 보호해 주는 온갖 물질들이 들어 있다. 모유를 먹이는 것이 얼마나 이로운지에 대해서는 많은 사람들이 강조해 왔으므로 여기서 다시 거론하지 않겠다. 그러나 현대 환경에서 인간의 행동이 과연 어디까지 철저하게 비적응적일 수 있는지 하나의 삽화를 들어 지적하고자 한다. 예컨대 모차르트의 아이들 여섯 명 중 네 명이 세 살을 채 넘기지 못하고 죽었다. 참으로 비극적이지만 그 아이들이 주로 설탕물을 먹으며 자라났다는 걸 알면 놀랄 일이 아니다.

오늘날 많은 아기들이 황달을 치료하기 위해 병원에서 며칠 더 머무른다. 황달의 누런 색은 헤모글로빈이 파괴되어 생기는 부산물인 빌리루빈 bilirubin의 수치가 높아진 탓이다. 아기가 태어났을 때 태아의 헤모글로빈은 자궁 내의 환경에 적합하게 되어 있기 때문에, 자궁 밖에서 생활하는 데 알맞은 성인형 헤모글로빈으로 대치된다. 간이 무수히 쏟아지는 헤모글로빈 유도체들을 미처 다 처리하지 못하면 어느 정도 황달이 나타나는 것은 충분히 수긍이 가는 일이며 호들갑을 떨 필요도 없다.

혈구 속에 Rh 항원이 있는 아기들은 이 항원에 반응한 산모의 항체들로부터 공격받게 되는데, 내과의사들은 이런 아기들의 빌리루빈 수치가 높으면 정말 위험하다고 밝혔다. 혈구가 급속도로 파괴되어 빌리루빈 수치가 높아지면 종종 영구적인 뇌손상을 일으키기도 한다. 오늘날에는 산모가 Rh 항체를 만들지 못하도록 방해하는 물질을 투여하거나 태어나자마자 아기를 교환 수혈시켜 이러한 불상사를 쉽게 예방한다. 하지만 Rh 항원이 없는 아기들도 출산시에 황달을 나타내는 경우가 있다. 뇌손상을 입을 가능성을 미연에 방지하기 위해 이런 아기들은 종종 밝은 빛을 비춰주어 치료한다. 밝은 빛이 피부 속의 빌리루빈을 배출 가능한 오줌의 형태로 바꾸어 황달이 빨리 없어지게 한다.

지금까지 출생시의 높은 빌리루빈 수치는 일상적인 의학적 치료로 극복할 수 있는 어떤 메커니즘의 사소한 흠으로 간주되어 왔다. 샌프란시스코 캘리포니아 대학의 존 브렛John Brett과 덴버 아동 병원의 수전 니어마이어Susan Niermeyer는 이 문제에 대해 좀더 세심하게 진화적으로 접근했다. 그들은 헤모글로빈의 일차 분해 산물이 조류, 양서류, 파충류에서는 직접 배출되는 수용성 화학물질인 빌리버딘biliverdin이라는 사실에 주목했다. 그러나 포유류에서는 빌리버딘이 빌리루빈으로 바뀐 다음 혈액 단백질인 알부민과 결합하여 온몸을 돌아다닌다. 게다가 출생시의 빌리루빈 수치는 부분적으로 유전자의 통제를 받기 때문에 이득만 된다면 충분히 자연선택에 의해 그 수치가 낮아질 수 있었다. 이런 사항들을 토대로 브렛과 니어마이어는 출생시의 빌리루빈 수치가 적응적일 것이라고 추정했다. 그들은 이렇게 말했다. 〈생후 첫 주 동안에는 모든 아기들의 빌리루빈 수치가 성인의 빌리루빈 수치보다 더 높고 그 중 반 이상은 눈에 띄게 황달 증세를 나타냄을 감안한다면, 이 아기들 모두가 잘못되었다고 생각하기는 힘들 것 같다.〉 계속된 연구 결과 빌리루빈이 신체의 조직을 산화시켜 손상시키는 자유 라디칼들을 쓸어내는 청소부 노릇을 한다는 사실이 밝혀졌다. 태어나자마자 아기들은 즉시 혼자서 숨을 쉬어야 하기 때문에 동맥 속의 산소 농도가 세 배 가까이 상승하게 되어 그만큼 자유 라디칼이 피해를 줄 가능성도 증가한다. 자유 라디칼을 성인 수준으로 막아내는 능력은 생후 첫주 동안 아주 서서히 갖추어지며 빌리루빈 수치의 하락과 보조를 맞추어 진행된다. 브렛과 니어마이어가 옳다면 신생아에 대한 황달 치료를 재고할 필요가 있으며, 불필요한 치료에 투자되는 수백만 달러의 비용을 절감할 수 있을 것이다.

광 치료의 위험성에 대해서는 아직껏 제대로 연구되지 않았지만,

생후 며칠 동안 밝은 빛을 계속 비춰주면 색맹이 생길 수 있다는 것은 잘 알고 있다. 우리는 브렛과 니어마이어의 적응적 해석이 현재 널리 받아들여지고 있지 않다는 것과 의사들이 그 치료가 필요하다고 생각하는 경우에도 부모들이 자신의 아기를 밝은 불빛에 노출시키지 않겠다고 만들 수 있는 강력한 주의사항은 되지 못한다는 사실을 명확히 밝히고자 한다. 하지만 부모들이 질문을 하여 다른 의견을 얻어내며 과학자들이 결정적인 해답을 제공해 줄 수 있는 연구를 시작한다면 충분히 가치 있는 일이라고 생각한다.

울음과 배앓이

이제 아기가 집에 왔다. 하지만 밤낮을 가리지 않고 울어대는 아기 때문에 기쁨도 잠깐이다. 울음이 아기에게 어떻게 이득이 되는지 이해하는 것은 쉬운 일이다. 배고프거나 목마르거나 덥거나 춥거나 놀랐거나 아픔을 느낄 때 아기가 울면 부모가 달려와 요구를 들어준다. 울지 못하는 아기는 무관심 속에 버려지기 십상이다. 아기의 울음이 어떻게 부모를 움직이는가? 간단히 말해 부모의 신경을 건드린다. 부모는 밤낮을 막론하고 아기의 울음을 그치게 하기 위해 무엇이든지 다 한다. 부모로 하여금 아기 울음소리를 못 견디게 만드는 유전자와 똑같은 유전자가 아기의 몸속에도 들어 있기 때문에 그 유전자는 선택된다. 아기는 고통에 못 이긴 부모로부터 도움을 받는 이득을 누린다. 부모는 괴롭지만 아기 안에 있는 그 유전자는 이득을 얻는다. 이것은 혈연선택의 작용을 보여주는 훌륭한 예이다.*

* 사회적 행동을 일으키는 유전자의 관점에서 봤을 때, 수혜자의 몸속에 나(유전자)와 동일한 유전자 복사본이 들어 있으리라고 확신할 수 있는 정도(혈연계수 r)를 고려하여, 수혜자가 얻는 이득(B)이 행위자가 얻는 손실(C)을 능가하면 그 유전자는 선택된다. 즉 $rB-C>0$면 선택된다. 아기의 울음소리에 특히 괴로워하는

아기가 울지 않으면 안 될 이유가 있어서 우는 것이라면 양편 모두에게 좋다. 하지만 언제나 아기 울음소리가 꼭 필요한 도움을 요청하는 소리일까? 아무리 살펴봐도 아기가 도대체 왜 우는지 모르겠는 데도 막무가내로 울어대는 바람에 부모는 발만 동동 구르는 때가 종종 있다. 이것이 새내기 엄마들이 소아과 의사를 찾는 가장 흔한 이유이다. 소아과 의사들은 엄마들에게 〈배앓이〉라고 진단하지만, 위장에 정말로 어떤 문제가 있어서 배를 아프게 한다는 증거는 없다. 맥길 대학의 소아과 의사 로널드 바 Ronald Barr는 유아들의 울음을 집중적으로 연구했다. 그는 배앓이를 한다는 아기들이 남보다 더 오래 울거나 특정한 시간에 우는 게 아니라 단지 한 번 울면 더 오래 운다는 것을 발견했다. 이 관찰 결과를 근거로 아기의 심한 울음은 정상적이며 단지 젖을 먹이는 시간 간격이 늘어난 것과 같은 현대적 습관으로 인해 좀 더 오래 울게 되었으리라고 제안했다. 아프리카의 쿵 !Kung 족 여성들은 아기를 항상 데리고 다니면서 아기가 울 때마다 젖을 먹이는데, 한 시간에 적어도 한 번에서 많게는 서너 번씩 각각 약 2분 동안 젖을 먹인다. 대조적으로 미국의 어머니들은 두 달된 아기에게 세 시간에 한 번씩 하룻동안 약 일곱 번 젖을 먹인다. 어떤 실험에서 바는 어머니들에게 하루에 적어도 세 시간은 아기를 데리고 다니게 했다. 이 어머니들은 어떤 지침도 받지 않은 어머니들에 비해 아기가 한 번에 우는 시간이 절반밖에 되지 않았다고 보고했다.

바는 빈번한 울음이 아기의 적응도를 높여준다고 제안했는데, 그 까닭은 걸핏하면 울음을 터뜨려 어머니와의 유대감을 강화하고 자주 젖을 받아먹음으로써, 결과적으로 수유 기간을 계속 유지하여 아기를 또 임신하지 못하게끔 막기 때문이라고 하였다. 마지막 문구는 다시

행동을 일으키는 유전자는 부모의 몸속에 들어 있다. 그리고 그와 동일한 유전자가 아기에게도 들어 있을 확률은 1/2이다. 아기가 꼭 필요할 때 부모의 도움을 얻는 이득(B)이 부모가 아기 울음소리에 괴로워하는 손실(C)의 두 배는 당연히 넘을 것이므로, 이 유전자는 선택될 것이다[$(1/2)\times B - C > 0$](옮긴이).

한 번 부모와 자식 간의 서로 다른 이해관계에 따른 갈등을 보여준다. 아기가 자주 토하는 현상 역시 아기가 어머니를 조정하는 또 다른 경우이며 이때는 어머니가 바라는 수준보다 더 많이 젖을 만들게 하는 게 목적이다. 또 〈토하기〉는 부자연스러울 정도로 많은 양의 젖을 한꺼번에 먹이는 습관의 결과로도 설명할 수 있다. 수렵 채취 사회에서 아기의 토하기를 조사하면 그 답을 구할 수 있을 것이며, 이는 인류학자들이 일상적으로 내놓는 답변과 전혀 다른 성격일 것이다.

유아돌연사증후군

많은 부모들이 가장 두려워하는 재앙은 아기를 깨우러 가보니 요람 속의 아기가 죽어 있는 일이다. 유아돌연사증후군 Sudden Infant Death Syndrome(SIDS)은 사고를 제외하고 아기의 목숨을 앗아가는 가장 큰 원인이다. 아기 1천 명당 1.5명꼴이며 미국 내에서만 연간 5천 명 이상의 아기들의 목숨을 앗아간다. 그러나 그 원인은 아직 미궁 속에 있다. 포모나 대학의 인류학자 제임스 매키나 James McKenna는 진화와 비교 문화적 시각에서 SIDS를 연구하여 요람 속의 죽음이 부족 사회에서보다 현대 사회에서 몇 배 더 흔하다는 사실을 발견했다. SIDS 발생률은 부모가 아기와 한 잠자리에서 자는 문화권에서보다 아기를 따로 재우는 문화권에서 열 배 이상 높았다. 매키나는 자고 있는 어머니와 아기의 운동과 뇌파를 동시에 측정한 실험 결과, 함께 잠자는 어머니와 아기의 수면 주기에는 긴밀한 연관이 있음을 발견했다. 그는 이러한 일치 덕분에 부모가 SIDS에 걸리기 쉬운 아기를 밤새 간간이 깨워줌으로써 아기가 숨을 멈춰 죽는 사고가 예방된다고 제안했다. 보다 근본적인 문제인 자다가 호흡이 중단되는 것은 인간 유아의 신경계가 극도로 미성숙하다는 사실과 밀접한 관계가 있다. 두개골이 너무 큰 아기가 좁은 골반을 빠져나올 때 겪게 될 위험을 줄이느라 이러한 대가를 치른 것이다. 이 말은 절대로 SIDS가 정상적이라는 뜻이 아니다. 다만 어머니가 아기와 함께 자는 자연 환경에서는 SIDS에 잘 걸리는 일부 아기들이 훨씬 덜 위험한 상황에 놓일 것이다.

이유기와 그후

마침내 어머니가 젖을 떼기 시작한다. 산업 사회에서는 생후 일 년 안에 젖을 떼지만, 수렵 채취 문화권에서는 보통 서너 살까지 젖을 먹인다. 출산 간격은 번식을 극대화하는 데 결정적으로 중요하다. 너무 짧으면 첫 아이가 젖과 보살핌을 계속 필요로 하기 때문에 둘째 아기가 살아남지 못한다. 어머니가 너무 오래 시간을 끌면 자신의 번식 잠재력을 낭비하는 셈이다. 앞서 논의한 부모와 자식 간의 갈등에서 유추할 수 있듯이 젖떼기는 어머니와 아기의 이해가 상반되는 또 다른 경우이다. 어머니 입장에서는 또 다른 아기를 갖는 편이 유전적으로 더 이득이지만, 두 살에서 네 살 사이의 아기 입장에서는 계속 젖을 빨면서 엄마가 동생을 갖는 걸 막는 편이 더 이득일 수 있다. 이것이 바로 이유기 갈등으로 생물학자 로버트 트리버즈가 그의 유명한 논문에서 부모와 자식 간에 이해관계가 갈라짐을 처음으로 지적하면서 하나의 실례로 든 것이다. 그는 이유기 갈등이 자연스런 종결점을 가진다고 역설했다. 언젠가는 아기도 딱딱한 음식물과 조금은 소홀해진 보살핌으로도 능히 잘 살아갈 수 있는 때를 맞이하며, 그때가 되면 아기로서도 엄마를 계속 독점하기보다는 남동생이나 여동생(자신과 유전자의 절반을 공유함)을 얻는 편이 더 이득이 된다.

이유기 갈등이 벌어지는 동안에 어떻게 아기는 어머니를 조정하여 계속 젖을 물리게 만들까? 여기서 트리버즈의 눈부신 식견이 또 한번 빛을 발한다. 아기는 엄마를 강제로 젖을 물리게 만들 힘이 없기 때문에 속임수를 쓸 수밖에 없다. 그리고 최고의 속임수는 젖을 계속 물려서 가장 이득을 보는 사람은 다름 아닌 엄마라고 확신시키는 것이다. 아기가 어떻게 하면 이 일을 해낼 수 있을까? 그냥 실제보다 더 어리고 무기력하게 행동하면 된다. 심리학자들은 이러한 성향을 이미 오래전에 발견해서 퇴행 regression이라 명명했지만, 우리는 트리버즈가 그 성향에 담긴 함의에 진화적 설명을 최초로 제시했다고 믿는다. 그리고 그 함의는 이제 막 연구되기 시작했다.

부모와 자식 간의 갈등은 이유기에서 끝나지 않는다. 모습만 바꾸어 계속된다. 길고 긴 아동기를 거치면서 갈등은 비교적 가볍고 틀에 박힌 형태를 띠지만, 청소년기에 이르면 정말 지옥이 따로 없게 된다. 십대는 모든 것을 자기 멋대로 하려 하고 어떠한 도움도 필요없다고 고집부린다. 그러면서도 조금만 어려움에 부딪치면 즉시 퇴행 단계로 되돌아가서 언뜻 보기에 몹시 무기력하며 궁핍한 몰골을 하고 부모가 주고자 하는 정도보다 더 많은 도움을 요청한다. 사실 이는 그리 놀랄 일이 아니다. 발달이라는 긴 드라마에서 연출된 부모와 자식 간의 갈등이 마침내 끝이 나는 마지막 회일 따름이다. 몇 년 후에 청소년은 명실상부하게 독립적인 어른이 되어 함께 가정을 꾸릴 배우자를 찾아 나설 것이며, 이제 그들은 유성생식이라는 후속 드라마에서 갈등과 협동을 적응적으로 조율하며 그 첫회를 시작할 것이다.

14 정신장애는 질병인가

나는 종종 한 반은 죄라고 생각한다
내가 느끼는 고통을 말로 표현한다는 것이
말은 자연처럼 반은 내보이나
나머지 반은 영혼 속에 묻어두니 말이다.

하지만 부산한 심장과 두뇌에는
계산된 말은 거짓을 말하고,
불쌍한 기계적 훈련만이
흐릿한 마약마냥 고통을 어루만진다.

— 알프레드 테니슨 경 「기억 속에서 In Memoriam」 중 제5편

얼마 전 미시건 대학 불안장애 진료소를 찾아온 어떤 젊은 여자가 있었다. 그 여자는 지난 열 달 동안 매주 몇 차례씩 갑작스럽게 우울한 기분을 느꼈고 그때마다 엄청난 공포가 자신을 엄습해 왔다고 호소했다. 이렇게 공포가 엄습하는 동안에는 갑자기 심장 박동이 빨라지고 호흡이 가빠오며 정신이 혼미해지는 느낌을 받고 두려워지며 곧 죽을 것 같은 절망감이 자신을 짓누른다고 말했다. 몇 년 전만 하더라도 그런 사람들은 대개 자기가 심장질환을 갖고 있다고 믿었다. 하지만 요즘 들어 병원을 찾아오는 이런 부류의 사람들은 자신의 증상에 대해 책을 읽어 잘 알고 있으며 자기들이 공황장애 panic disorder의 전형적 증상을 보이고 있다는 사실을 알고 있다. 증상을 분석하는 과정에서 그 여자가 처음 그런 공황발작을 경험한 시기가 바람을 피우기 시작한 때와 일치한다는 사실을 알 수 있었다. 의사가 거기에 어떤 연관이 있을지도 모른다고 말했을 때 그 여자는 〈나는 그것이 서로 어떤 관계를 가지고 있을 거라고 생각하지 않아요. 내가 읽은 책들에서는 모두 공황장애가 유전자와 뇌의 비정상적

인 화학물질 때문에 생기는 것이라고 씌어져 있었어요. 나는 단지 내 두뇌의 화학물질을 정상적으로 만들어 이 공황발작을 멈추게 해줄 약이 필요한 것뿐이에요. 그게 전부입니다〉라고 말했다.

시대가 얼마나 많이 변했는가! 불과 20년 전만 해도 자신의 불안이 〈육체적〉인 것이라고 주장하던 사람들은 그들이 고통스러운 무의식적인 기억들을 피하기 위해 진실을 부정하고 있는 것이라는 말을 종종 들어야 했다. 오늘날 많은 정신과 의사들은 이미 우울증이나 불안 심리가 약물 치료를 요하는 뇌의 비정상 때문에 생기는 생물학적 질병일 수 있음을 인정하고 있다. 위에서 말한 것과 같은 사람들은 이러한 견해를 지나치게 받아들인 나머지 정신과 의사들이 자신의 정서 생활에 주목해야 한다고 말하면 불쾌하게 여기기까지 한다. 어느 영향력 있는 종합 논문의 도입부는 아래와 같이 이러한 변화를 요약하고 있다.

> 정신의학 분야는 최근 몇 년 동안 근본적인 변화를 겪었다. 연구의 초점은 마음에서 두뇌로 옮아갔다…… 동시에 정신과 의사라는 직업 역시 비적응적인 정신 과정에 근거한 정신질환의 모델로부터 내과질환이라는 가정에 근거한 정신질환의 모델로 옮겨가게 되었다.

정신의학 분야에서 정신질환에 〈내과적 모형 medical model〉을 적용시킨 강력한 계기가 있었다. 이러한 변화는 1950-60년대에 우울증, 불안, 정신분열증 schizophrenia의 증상에 대한 효과적인 약물 치료법이 발견되면서 시작되었다. 이런 발견으로 정부와 제약회사들은 정신질환의 유전적 및 생리적 연관성을 찾는 연구에 더 많은 투자를 하게 되었다. 이런 질환들의 정의를 내리기 위해 실시된 여러 연구 결과들이 비교되었고 정신과적 요소, 과거의 사건, 삶이 처한 상황 등으로 생기는 지속적인 감정의 변화가 아니라 현재 나타나 있는 증상들을 묶어 그 영역을 설정하는 정신병 진단의 새로운 접근 방법이 개발되었다. 학문적인 정신과 의사들은 정신질환을 일으키는 신경생리학적 원인으로 점차 그들의 관심의 범위를 넓혀나갔다. 그들의 관점은 교육 중인 수련의들과 대학원 교육을 통해 개업의들에게 퍼져나갔다. 결국 최근 10여 년 간 미국에서는 의료보험에 대한 투자가 늘어나고 일반 의료 혜택에 대한 연방정부의 투자 가능성이 늘어남에 따라 정신과 의사협회는 정신질환이 다른 질환들과 마찬가지로 내과적 질병이며 따라서 동등한 보험 혜택을 받아야 한다고 주장하게 되었다.

그러면 정말로 공황장애나 우울증, 정신분열증도 폐렴, 백혈병, 울혈성심부전congestive heart failure과 같은 내과적 질환인가? 우리 입장에서는 정신장애가 분명히 내과적 장애이지만 그렇다고 그것이 모든 다른 질병들처럼 식별 가능한 뚜렷한 물리적 원인을 가지고 있거나 약물에 의해서만 가장 잘 치유된다는 뜻은 아니다. 반면 정신장애는 진화적 관점에서 볼 때 분명히 내과적 장애로 취급될 수 있다. 의학의 다른 분야에서와 마찬가지로 많은 정신병리적 증상들은 그 자체로는 질병이 아니지만 열이나 기침과 같은 방어 작용의 역할을 한다고 말할 수 있다. 게다가 정신장애를 일으키기 쉬운 유전자들은 다른 적응적 이득을 가지고 있을 가능성이 크고 정신장애를 유발하는 많은 환경 요인들 또한 현대인의 삶에 새롭게 등장한 것들이다. 더욱 불행한 것은 인간의 심리적 특성의 많은 면이 단순한 결함이라기보다는 설계상의 타협의 결과인 경우가 많다는 사실이다.

감정

불쾌한 감정은 통증이나 구역질과 같은 성질의 방어 메커니즘이라고 생각할 수 있다. 물리적 통증을 느낄 수 있는 능력이 당장 혹은 잠재적 위험으로부터 스스로를 방어하도록 진화해 온 것처럼, 걱정할 수 있는 능력 역시 우리를 해칠지 모르는 위험 또는 위협들로부터 우리를 보호하도록 진화한 것이다. 피로를 느끼는 능력이 우리를 과로로부터 보호하도록 진화했듯이, 슬픈 감정도 우리를 더 큰 손실로부터 보호하도록 진화했을지도 모른다. 극도의 불안, 슬픔, 또는 그 밖의 감정 상태들도 그들의 진화적 기원과 정상적인 적응 기능을 파악하고 나면 이해할 수 있을 것이다. 이 같은 감정을 일으키고 조절하는 심리적이고 신경생리적인 메커니즘에 대한 설명을 함께 찾아야 한다. 만일 불안하거나 슬픈 감정을 느끼는 사람들의 두뇌에서 어떤 비정상적인 것을 발견한다고 하더라도 단순히 이런 두뇌의 변화가 심리장애를 일으키는 원인이라고는 말할 수 없다. 슬픔이나 불안과 연관된 두뇌의 변화는 그저 정상적인 메커니즘의 정상적인 작동을 반영할 뿐이다.

다른 의학 분야에 생리학이 기여하는 것과 마찬가지로 감정의 정상적인 기능에 대한 지식은 정신의학에 많은 기여를 할 것이다. 대부분의 정신장애는 정서장애이며, 따라서 정신과 의사들이 그것과 연관된 과학적 연구에도 정통하리라고 생각하겠지만 실제로 정신과 의사 훈련 과정에는 감정의 심리학을 체계적으로 가르치지 않는다. 그렇지만 이는 생각보다 그렇게 불행한 일이 아니다. 왜냐하면 지금까지 감정에 대한 연구도 정신의학처럼 지나치게 세분화되거나 혼란스러웠기 때문이다. 하지만 지금도 진행되고 있는 기술적인 논쟁들 속에 상당수의 감정연구자들이 〈우리의 감정이란 자연선택에 의해 형성된 적응 현상이다〉라는 핵심적인 사항에는 합의했다. 이 원리는 정신의학에 큰 희망을 안겨준다. 만일 우리의 감정이 정신을 구성하는 하부 구조라면 다른 생물학적 특성들이 그러하듯 그 기능에 따라 분석할 수 있을 것이다. 내과 의사들은 기침과 구토, 간과 신장의 기능을 이해하려 노력한다. 정신의학자들이 감정의 진화적 기원과 기능을 분석하는 작업은 그와 비슷한 일이다.

많은 과학자들이 감정의 기능에 대해 연구했다. 특히 캘리포니아 대학의 심리학자인 폴 에크만Paul Ekman 같은 사람은 의사소통의 측면을 강조했는데, 그는 인간의 얼굴 표정 연구를 통해 감정 표현에는 문화권을 초월한 보편성이 있음을 보여주었다. 또 다른 이들은 감정의 동기적 측면의 기능과 기타 내적인 조절 기능을 강조했으나, 감정은 하나 또는 단순히 몇 개의 특정한 기능을 하도록 만들어진 것이 아니다. 개별적인 하나의 감정이란 모두 인식과 생리 작용, 주관적 체험, 행동 등을 동시에 조절하는 특수한 상태라서 생명체가 어떤 상황이든 효과적으로 대처할 수 있게 한다. 이런 의미에서 감정이란 여러 종류의 상황에서 발생하는 각종 도전에 효과적으로 대처하도록 기계적인 모든 면을 조절하는 컴퓨터 프로그램과도 같다. 캘리포니아 대학의 심리학자인 리다 커스미디즈 Leda Cosmides와 존 투비 John Tooby는 감정이란 〈마음의 다윈적 알고리듬 Darwinian algorithm of the mind이다〉라고 적절하게 표현했다.

감정을 느끼는 능력은 진화 과정을 통해 반복적으로 일어났으며 진화적 적응도에 아주 중요했던 상황들에 의해 만들어졌을 것이다. 포식자에게 공격을 당하거나 자기 집단으로부터 쫓겨날 위험에 처하거나 짝짓기를 할 기회를 포착하는 일 등은 공황이나 사회적 공포, 성적 흥분과 같은 특별한 대응 형태를 만들어야 할 만큼 자주 일어났으며 또 중요한 일이었다. 피하는 것이 최선의 방법인 상황은 혐오감을 만들어 내고 기회를 제공하는 상황은 긍정적 감정을 만들어냈을 것이다. 우리 조상들은 기회보다는 위협과 같은 종류의 상황에 더 많이 직면했던 것 같다. 이는 긍정적 감정에 비해 부정적 감정을 표현하는 단어가 두 배 이상 많다는 사실에서 알 수 있다. 이런 견해가 고통에서 해방된 삶이 〈정상적인〉 삶이라는 현대적 개념을 싹트게 했다. 감정적인 고통이란 불가피할 뿐만 아니라 정상적이며 또한 유용한 것일 수도 있다. 윌슨 E. O. Wilson은 다음과 같이 말했다.

> 사랑은 증오, 공격성은 고통, 적극성은 소극성 등등으로 연결되어 있다. 이들은 함께 개인의 행복과 생존을 증진시키기 위해 설계된 것이 아니라 이들을 통제하는 유전자들이 자신들을 다음 세대로 최대한 전파할 수 있도록 설계되었다.

하지만 많은 감정적 고통은 유용한 것이 아니다. 어떤 불필요한 불안과 우울함은 정상적인 두뇌 메커니즘으로 인해 발생하지만, 또 다른 것들은 두뇌의 비정상적인 상태에서 비롯된다. 중요한 유전적 요인들이 불안장애, 우울증, 정신분열증의 원인으로 작용하고 있다. 향후 십 년 동안 몇몇 심리장애를 유발하는 데 관련된 특정 유전자들이 발견될 것이다. 이런 장애들의 전부가 생리적 작용에 관계되어 있다는 것이 밝혀졌고 신경생리학자들은 그것에 대한 근접 메커니즘을 밝히려고 노력하고 있다. 그 결과로 얻은 지식들은 이미 약물 치료의 효용성을 증가시켰고 예방의 가능성도 열어주었다. 정신의학자들과 정신질환을 갖고 있는 사람들에게는 희망적인 시대가 온 것이다. 약물 치료의 진보는 많은 사람들이 그 안전성과 효과에 대해 미처 알지 못할 정도로 빨리 진행되었다. 오늘날 치료의 효과는 30년 전에 진료를 시작한 정신과 의사들이 가졌던 기대를 훨씬 능가하는 것이다.

진보에 따라 많은 혼돈도 나타났다. 대부분의 나쁜 감정들을 유전자나 호르몬 또는 심리적, 사회적 사건에 떠넘기려는 식으로 문제를 지나치게 단순화하는 경향이 생겼다. 진실은 복잡하고 혼돈스러운 것이다. 대부분의 심리 문제들은 유전적인 결함 가능성, 어렸을 때의 경험들, 약물과 기타 두뇌에 영향을 주는 물리적 요인들, 현재의 인간관계, 삶이 처한 상황, 인식 습관, 기타 심리 작용의 복합적 상호작용의 결과이다. 역설적으로 오늘날에는 많은 정신장애를 이해하는 것보다 치료하는 일이 더 쉬워졌다.

면역 체계가 각각 특정한 외부 유입 물질에 대해 우리의 몸을 지켜주는 몇 가지 구성 요소들로 이루어져 있는 것과 마찬가지로 여러 종류의 특정한 위협으로부터 우리를 지켜주는 감정에도 여러 하부 단계들이 있다. 면역 체계가 그 조절 메커니즘의 오류에 의해서가 아니라 대체로 좋은 동기에 의해 가동되는 것과 마찬가지로 불안과 슬픔을 느끼게 하는 대부분의 경우들도 비록 그것이 무엇인지는 우리가 알지 못하더라도 어떤 특별한 이유에 의해 발생하는 것이라고 예측할 수 있다. 그런가 하면 면역 메커니즘의 조절은 때로 비정상적으로 작동할 수 있다. 면역계는 지나치게 활동적인 탓에 공격해서는 안 될 조직까지 공격하여 류마티스성관절염과 같은 자기면역장애를 일으키기도 한다. 불안을 일으키는 체계에도 이와 유사한 비정상적인 작용이 존재하여 때로는 불안장애를 일으키기도 한다. 면역 체계는 그것이 작동해야 하는 시기에도 작동하지 않아서 면역 기능 결핍을 일으킬 수도 있다. 그렇다면 지나치게 불안감이 적은 결과로 일어나는 불안장애 현상도 있을 수 있는가?

불안

누구나 불안이 유용할 수 있으리라는 것을 알고 있다. 우리는 산딸기를 따는 사람이 회색곰을 보고도 도망치지 않는다거나 어부가 혼자서 겨울 폭풍이 몰아치는 바다로 배를 타고 나간다거나 학생이 기말 보고서의 제출 마감 시간이 다가오는 데도 서둘러 보고서를 작성하지 않을 때 어떤 일이 생길지 잘 알고 있다. 위협에 직면했을 때 불안감은 우리의 생각, 행동, 생리적 기능을 스스로에게 유리한 방향으로 변화시킨다. 수코끼리가 바로 앞까지 달려오는 급박한 상황처럼 위협이 긴박한 것이라면 전혀 개의치 않고 잡담이나 하고 있는 사람보다는 잽싸게 도망가는 사람이 다칠 가능성이 더 적다. 도망치고 있는 중에는 심장박동이 빨라지고 숨이 가빠지며 땀이 나고 혈당량과 에피네프린 epinephrine 함량이 치솟는 것을 경험한다. 생리학자 월터 캐넌 Walter Cannon은 이미 1929년에 〈싸움과 도망침 fight or flight〉 반응의 요소들에 관한 기능을 정확히 묘사한 바 있다. 그의 적응주의 관점이 다른 종류의 불안감을 이해하는 데까지 확대되지 않은 것이 신기할 따름이다.

불안감에 유용한 점이 있는 것은 사실이나 대부분 지나치거나 불필요해 보인다. 우리는 돌아오는 유월 결혼식날 비가 오지나 않을까 미리 걱정하며, 시험 중 집중하지 못하고, 비행기를 타지 않으며, 대중 앞에서 말할 때 떨거나 말을 더듬기도 한다. 미국인 중 15%가 불안장애로 치료를 받았다. 그 나머지 사람들의 대부분도 신경과민이다. 이렇게 불안감이 지나칠 정도로 많이 나타나는 것을 어떻게 설명해야 하는가? 불안감이 언제 유용하며 언제 그렇지 않은가를 결정하기 위해서는 불안감을 조절하는 메커니즘이 어떻게 자연선택되었는가를 알아야 할 필요가 있다.

불안감이 유용한 것일 수 있기 때문에 우리가 늘 불안하도록 그 메커니즘을 조절하는 것이 적절하리라 여겨질지도 모른다. 별로 기분 좋은 일은 아니지만 자연선택은 우리 기분이 아니라 적응도에만 신경을 쓸 뿐이다. 우리가 가끔 평온을 유지할 수 있는 것은 불쾌함이 비적응적이어서가 아니라 불안감이 우리에게 과도한 열량을 소모시켜 많은 일상 활동에 장애를 가져다주며 조직을 손상시키기 때문이다. 왜 스트레스가 조직에 위험한가? 위험에 대해 방어 메커니즘을 나타내는 신체의 반응 장치를 상상해 보자. 그것이 값싸고 안전한 것이라면 계속적으로 발현되어 있을 수 있지만, 비싸고 위험한 것이라면 그럴 수 없을 것이다. 따라서 그것을 사용하여 얻을 수 있는 이득이 손실을 능가할 때에만 작동하도록 구급상자 안에 포장해 두었다. 어떤 구성 요소들은 신체적 위해를 가할 수 있기 때문에 반드시 구급상자 안에 넣어두어야 한다. 따라서 만성적 스트레스에 관련된 위험들은 놀랄 것도 못 되며 생명체의 설계를 탓할 것도 못 된다. 사실 스트레스 호르몬인 코르티졸cortisol은 외부의 위험 요소로부터 우리를 방어하는 것이 아니라 스트레스 반응을 보이는 다른 부위들의 영향으로부터 신체를 보호하는 기능을 할지도 모른다는 것이 최근의 연구들을 통해 제안되었다.

만일 불안감이 유지비도 많이 들고 위험한 것이라면 왜 위험이 실제로 있을 때에만 한정되어 나타나도록 조절 메커니즘이 조율되지 않았을까? 불행하게도 많은 경우 언제 불안감이 필요한지 알 수가 없다. 앞서 말한 대로 화재경보장치의 원리가 여기에도 잘 적용된다. 말하자면 수백 번의 오경보를 감수하는 비용에 비해 죽는 것은 비록 단 한 번이지만 엄청나게 비싼 비용이다. 이는 거피 guppies라는 물고기를 가지고 실시한 실험을 통해 잘 밝혀진 사실이다. 작은입농어 small-mouth bass가 나타났을 때 보이는 반응, 즉 숨거나 멀리 헤엄쳐 달아나거나 침입자를 힐끗힐끗 쳐다보는 등의 동작들을 기준으로 거피들을 겁많은 집단, 정상적 집단, 대담한 집단 등 세 종류의 무리로 나눌 수 있다. 서로 다른 무리의 거피들을 농어와 함께 수조에 넣어보았더니 약 여섯 시간 후에는 겁많은 집단의 40%, 정상 집단의 15%가 살아남은 반면 대담한 집단의 개체들은 한 마리도 살아남지 못했다.

정신과 의사가 불안감을 조절하는 메커니즘이 어떻게 자연선택되었는가를 이해하려고 시도하는 것은 개념적으로 전기기술자가 잡음이 많은 전화선의 신호가 정보인지 잡음인지를 결정하려는 것과 같다. 신호감지 이론은 그러한 상황에서 분석해 낼 수 있는 방법을 제시한다. 전기 신호의 경우 감지된 음이 신호인지 잡음인지를 판단하는 기준은 다음의 네 가지이다. (1) 신호음의 크기, (2) 신호음과 잡음의 비율, (3) 잡음을 진짜 신호음으로 잘못 판단할 경우 발생하는 손실, (4) 신호를 잡음으로 잘못 판단할 경우 발생하는 손실이다.

당신이 만일 혼자 밀림 속에 있을 때 등 뒤의 덤불 속에서 작은 나뭇가지가 부러지는 소리가 들렸다고 상상해 보라. 호랑이일 수도 있고 원숭이일 수도 있다. 당신은 도망칠 수도 있고 그냥 거기 계속 서 있을 수도 있다. 최선의 행동 방침을 결정하려면 다음과 같은 사항을 알고 있어야 한다. (1) 소리의 크기로 보아 호랑이가 냈을 가능성(마찬가지로 원숭이가 냈을 가능성), (2) 그 지역에 호랑이나 원숭이가 출몰하는 상대적 빈도, (3) 도망치면 생기게 될 손해(오경보의 대가), (4) 진짜 호랑이었을 경우 도망치지 않았을 때 치러야 할 대가(잘못된 부정 반응의 대가)이다. 당신이 뒤에서 중간 크기의 나뭇가지가 부러지는 소리를 들었다면 어떻게 할 것인가? 직관적으로 신속하고 정확하게 신호를 탐지하고 분석하는 능력이 있어 불안감의 정도를 조절할 수 있는 사람이라면 생존 이득을 얻을 수 있을 것이다.

면역장애와 마찬가지로 전혀 불안감을 느끼지 못하는 장애, 즉 불안 결핍에 걸린 사람들이 있을 수 있다. 런던 대학의 불안전문가인 아이작 막스 Issac Marks는 그런 사람들을 〈불안 불감증 hypophobics〉에 걸린 사람들이라 부른다. 그런 사람들은 불평하지도 않고 정신과 의사의 치료를 받으려 하지도 않는다. 대신 응급실에서 죽거나 직장에서 해고될 뿐이다. 정신과 의사들이 부작용이 거의 없는 항불안성 약제를 처방함에 따라 우리는 어쩌면 그런 상황을 만들고 있는지도 모른다. 예를 들어 그런 항불안 치료를 시작한 지 얼마되지 않은 어떤 여자 환자를 생각해 보자. 그 여자는 충동적으로 남편에게 헤어지자고 말했다. 남편은 매우 놀랐지만 그렇게 했다. 일주일이 지난 뒤에 그 여자는 세 명의 자식이 있고 저당잡힌 채무가 있는 데다가 자신은 수입이나 도와줄 친척도 없다는 것을 깨닫는다. 조금만 더 불안감이 있었더라면 그런 성급한 행동은 막을 수 있었을 것이다. 물론 이렇게 단순한 경우는 없다. 그 여자는 이미 오랫동안 결혼 생활에 만족하지 못했고, 길게 보면 자신의 감정을 그렇게 폭발시킴으로써 더 좋아진 것인지도 모른다. 코넬 대학의 경제학자 로버트 프랭크 Robert Frank가 말한 것처럼 열정은 충동적으로 보이는 행동을 유발하지만 실제로 오랜 시간이 지난 후에는 이득이 될 수도 있다.

새로운 위험들

외상에 관해 논의한 장에서 우리는 뱀에 대한 원숭이의 공포가 어떻게 만들어지는가를 보여주는 실험에 대해 말한 적이 있다. 우리의 과도한 공포심의 대부분은 오래전에 경험한 위험에 의해 만들어진 공포와 연관되어 있다. 어둠, 집에서 멀리 떠나 있는 것, 남들이 주목하는 대상이 되는 것 등은 한때 위험과 연관된 것들이었지만 오늘날에는 원치 않는 공포감을 유발시킬 뿐이다. 집에서 멀리 떨어져 있는 것에 대한 공포인 광장공포증agoraphobia은 공황 발작을 반복적으로 겪는 사람들 중 절반이 경험한다. 옛날 환경에서 공황을 조성했던 대부분의 사건들이 포식자나 기타 위험한 사람들과 부딪쳐서 생겨났다는 것을 깨달을 때까지는 집에 머문다는 것이 아무 의미가 없는 일 같다. 몇 차례 그런 경우를 당하고 나면 현명한 사람은 가능한 한 집에 머물러 있으려 하며 누군가와 함께가 아니면 집 밖으로 나가려 하지 않을 것이고 조그만 자극에도 공황을 일으켜 즉각 도망갈 준비를 갖춘다. 광장공포증의 전형적인 증상이다.

다른 많은 질병들처럼 불안장애도 예전 환경에서는 볼 수 없었던 새로운 자극에 의해 생겨난 것인가? 대부분이 그런 것은 아니다. 새로운 위험 요소인 총, 마약, 방사선, 고지방 음식들은 공포감을 너무 많이 일으킨 것이 아니라 오히려 지나치게 없애버렸다. 이런 의미에서 우리 모두는 비정상적인 불안 불감증을 가지고 있는 셈이다. 그러나 우리들 중 공포심을 증가시키는 치료를 받으려고 정신과 의사를 찾는 사람은 없다. 몇 가지 새로운 상황, 특히 비행이나 운전 같은 것들은 종종 기피증을 일으키기도 한다. 이 두 가지 경우에 대한 공포심은 오랫동안 다른 위험에 의해 생겨난 것이다. 비행 공포는 고소 공포, 추락 공포, 소음 공포, 폐소 공포 등에 의해 만들어졌다. 시속 60마일의 속도로 달리는 차 속에서 느끼는 자극은 새로운 것이지만 예전의 위험들 중 포식자의 공격같은 급작스런 운동에 대한 공포에서 그 기원을 찾을 수 있을 것이다. 자동차 사고는 워낙 빈번하고 위험하여 운전에 대한 공포가 유익한 것인지 위험한 것인지 말하기 어렵다.

불안장애의 유전적 연관성은 매우 크다. 공황장애가 있는 사람들은 대부분 같은 장애를 가진 사람들끼리 혈족인 경우가 많고 이미 해당 유전자를 찾는 연구가 진행 중이다. 이러한 유전자는 완전히 제거되지 않는 돌연변이 유전자라고 결론이 날 것인가? 혹은 그것이 또 다른 유익한 점을 갖고 있다고 판명될 것인가? 혹은 공황에 걸리기 쉬운 유전적 특성이 감기가 들었을 때 고열이 나는 경향이나 즉각 구토를 하려는 경향처럼 정규 분포의 한쪽 끝에 불과하다는 사실이 발견될 것인가? 공황이나 기타 불안장애에 연관된 유전자를 발견하게 되더라도 여전히 왜 이런 유전자가 존재하며 유지되는가를 밝혀야 할 과제가 남는다.

슬픔과 우울증

우울증은 종종 현대적 역병인 듯싶다. 자살은 북미 지역의 젊은이에게 교통사고 다음으로 높은 사망 원인이다. 미국 젊은이의 거의 10%에 달하는 수가 심한 우울증에 걸린 경험을 갖고 있다. 게다가 지난 수년간 그 비율은 꾸준히 상승했으며 많은 다른 산업국가에서도 10년마다 두 배로 증가하고 있다.

우울증은 완전히 쓸모없는 것으로 보일 수도 있다. 자살의 동기가 된다는 점을 배제하더라도 종일 자리에 앉아 침울한 표정으로 벽만 바라보고 있는 것이 이로울 수는 없다. 심각한 우울증에 걸린 사람은 전형적으로 모든 일에 흥미를 잃어버린다. 일, 친구, 음식 심지어는 섹스까지도. 마치 즐거움이나 진취성에 대한 바람이나 그것을 느낄 수 있는 능력을 상실한 것처럼 보인다. 어떤 사람들은 무심결에 우는가 하면 또 어떤 사람들은 눈물조차 흘리지 못한다. 어떤 사람들은 매일 아침 네 시만 되면 잠에서 깨어 다시 잠들지 못한다. 어떤 사람들은 매일 12시간 혹은 14시간 동안 잔다. 어떤 사람들은 자신이 비참해지거나 어리석거나 추해보이거나 암으로 죽는 것 같은 환상에 사로잡힌다. 거의 모든 사람들이 자신을 평가 절하한다. 그러한 증상들에서 어떤 적응적인 면이 보여진다고 생각하는 것조차 제대로 된 일 같지 않다. 하지만 우울증은 아주 흔하고 정상적인 슬픔과도 밀접한 관계가 있기 때문에 반드시 그것이 어떤 기본적인 비정상으로부터 생겨난 것인지 아니면 정상 기능의 조절 장애로부터 생겨난 것인지를 알아보는 것에서 시작해야만 한다.

슬픔을 느끼는 작용이 적응된 특성이라는 생각에는 많은 증거들이 있다. 어떤 특정한 신호 자극, 특히 상실을 의미하는 신호 자극으로 인해 주로 일어나는 보편적인 반응이다. 슬픔의 특성들은 비교적 다양한 문화권에서 대체로 비슷하게 나타난다. 그런데 어떻게 이런 특성들이 유용할 수 있는가를 밝혀내는 일은 쉽지 않다. 행복의 기능을 이해하기는 어렵지 않다. 행복은 우리를 활기차게 하고 독창성과 인내심을 가져다준다. 하지만 슬픔은 어떤가? 그것 없이도 더 일이 잘 풀릴 것 같지 않은가? 슬픔을 느끼지 못하는 사람들이 어떤 불이익을 받게 되는지를 조사하는 실험을 할 수는 있을 것이다. 혹은 연구자가 정상적인 슬픔을 억제하는 약물을 투여하는 경우도 있을 수 있겠는데 이런 실험이 얼마 지나지 않아 엄청난 수의 사람들에게 새로운 심리 활성 약제를 부주의하게 사용하게 만드는 원인이 될까 두렵다. 이런 실험의 결과가 나오기까지는 슬픔의 특성과 그것을 유발하는 상황들이 슬픔의 기능을 밝히는 데 도움이 될 단서들을 제공한다.

슬픔을 유발하는 상실이란 번식 자원의 상실을 말한다. 돈이나 배우자, 평판, 건강, 친지, 친구 등을 잃었을 경우의 손실이란 인간의 진화사를 통해 볼 때 언제나 번식성공도를 증대시킨 자원들의 손실이다. 어떻게 이런 상실이 적응적 도전이 될 수 있으며 특별한 감정을 일으켜 이득을 줄 수 있는 상황이 될 수 있는가? 상실의 느낌은 당신이 무언가 비적응적인 일을 하고 있다는 것을 알려준다. 만일 슬픔이 어느 정도 우리의 행동을 변화시켜 더 이상의 상실을 막고 앞으로 닥칠 상실을 예방하도록 해준다면 이는 실질적인 도움이 된다.

어떤 손실을 입고 난 뒤 사람들은 어떤 식으로 다르게 행동하여 적응도를 증가시키는가? 첫째, 지금 하고 있는 일을 중지한다. 마치 뜨거운 감자를 깨물었을 때 통증 때문에 감자를 뱉는 것처럼 슬픔 때문에 우리는 손실을 입힌 그 일을 그만둔다. 둘째, 인간의 보편적인 낙관적 태도를 잠시 보류하는 것이 현명하다. 최근의 연구에 따르면 우리들 대부분은 언제나 우리의 능력과 영향력을 과대 평가하고 있다. 이런 낙관적 태도는 우리로 하여금 허세가 만연한 사회에서 경쟁에 이기도록 도와주며 별로 필요가 없을 때조차 중요한 전략을 추구하고 상호관계를 맺게 만든다. 하지만 손실이 생기면 목적과 전략을 좀더 효과적으로 만들기 위해 낙관적인 견해를 버려야만 한다.

갑작스런 상실 외에도 많은 지출 및 최선의 계획과 노력에도 불구하고 필수적인 자원조차 없는 경우도 있다. 일자리도 없어지고 우정도 시들고 결혼 생활에도 금이 가며 목표도 포기해야만 한다. 어느 시점에서는 다른 일을 새로 시작하기 위해 중요한 인생 계획을 포기해야만 할 때도 있다. 그런 포기는 가볍게 결정해서는 안 된다. 직장을 포기하는 것을 충동적으로 해서는 안 된다. 왜냐하면 다른 계급 구조에서 바닥부터 시작하거나 재교육을 받는 일은 엄청난 대가가 요구되기 때문이다. 마찬가지로 이미 많은 투자가 되어 있는 중요한 인간관계나 인생의 목표를 포기하는 일은 어리석은 일이다. 따라서 우리는 언제나 중요한 인생의 진로 변경을 쉽게 해서는 안 된다. 〈침체된 기분〉은 우리가 현재 겪고 있는 어려움을 벗어나기 위해 갑작스럽게 도망치는 일을 막아준다. 대신 어려움이 계속되고 점점 커지면 삶의 원기는 점차 고갈되어 이런 감정은 더 이상 희망 없는 사업에서 손을 떼게 만들어 대안을 찾게끔 해준다. 우리는 대부분의 우울증이 오랫동안 가졌던 목표를 끝내 포기하고 다른 방향으로 힘을 쏟기 시작하고 나서야 사라진다는 것을 오래전부터 알고 있었다.

고양된 기분이나 침체된 기분을 느끼는 능력은 현재 갖고 있는 기회가 얼마나 좋은 것인가에 따라 가용한 자원의 분배를 적절히 조절하는 메커니즘인 것처럼 생각된다. 투자를 해봐야 별 볼일이 없다고 판단되는 경우에는 에너지를 낭비하는 것보다 자제하는 것이 이익일 것이다. 경제가 하강 국면에 있는 시기에 부동산 중개업을 시작하는 사람은 실수를 하는 것이다. 어떤 과목에 실패했다고 판단한 학생은 그 과목을 일찌감치 포기하고 다른 과목을 찾는 것이 더 나을 것이다. 가뭄인데도 밭에다 씨를 뿌린 농부는 파산할 것이다. 대조적으로 만일 기회가 짧은 기간 동안만 주어진다면 위험을 무릅쓰고라도 큰 몫을 얻기 위해 본격적으로 강도 높은 경주를 하는 것이 최선일지도 모른다. 디트로이트 거리에서 백만 달러의 현금을 싣고 가던 무장 수송차가 전복되는 사고가 났다면 강력하고 신속한 노력을 들인 몇몇 사람들이 횡재할 것이다.

슬픔의 기능에 대해 더 잘 이해하는 것이 필요하다. 우리는 우리 자신이 선택한 스스로의 기분을 적절히 조절하는 능력에 대해 점점 더 많은 것을 터득하고 있다. 새로 개발되는 심리치료제들은 별다른 부작용 없이 점점 더 강력해지고 특정화되고 있다. 십 년 전만 하더라도 올더스 헉슬리의 소설 『멋진 신세계 *Brave New World*』에서 사람들이 지루하고 억눌린 삶을 살도록 하는 가상의 약 〈소마 soma〉가 악명을 떨친 적이 있었다. 이제 그런 약의 존재가 현실로 다가왔음에도 사람들은 이상하리만치 조용하다. 사람들은 이 기차가 얼마나 빠르게 움직이고 있는지 알고나 있을까? 우리는 분명히 인간을 고통에서 구하기 위해 노력해야 한다. 그렇다고 정상적인 우울한 기분까지 없애버리려는 것이 과연 현명한 일일까? 많은 사람들이 기분을 인위적으로 바꾸기 위해 약을 사용하는 것이 옳지 않은 일이라고 직관적으로 깨닫고 있지만, 부작용도 거의 없고 중독성도 없는 약을 사용하는 일에 반대하기란 쉽지 않을 것이다. 그러한 약을 사용하지 못하도록 하는 유일한 의학적 이유는 그런 약이 어떤 유용한 능력까지 간섭하게 될 수도 있기 때문이다. 아주 가까운 미래에 사람들은 슬픔이 언제 유용하고 언제 유용하지 않은지를 알고 싶어할 것이다. 진화적 접근은 이 질문에 대해 근본적인 해답을 제공해 줄 것이다.

우리는 이 분석이 지나치게 단순화된 것이라는 것을 알고 있다. 사람들이 노골적으로 번식성공도만을 극대화하도록 자극하는 체내 계산기에 의해 통제당하고 있는 것은 아니다. 대신 사랑과 미움을 경험하고 평생토록 남는 깊은 감정적 애착을 갖는다. 사람들은 스스로의 행동을 통제하는 종교적 신념을 가지고 있을 뿐 아니라 각자 나름대로의 목표와 야망을 가지고 있다. 또한 친구들과 친지들로 얽힌 유대관계를 가지고 있다. 인간의 번식 자원은 다람쥐가 모아놓은 도토리 창고 같은 것이 아니다. 대신 인간에게는 끊임없이 변화하는 복잡한 사회 구조가 자원이다. 이런 모든 복잡함들이 우리의 단순한 논의를 하찮게 만드는 것은 아니다. 적응주의 프로그램이 하루 빨리 인간 감정의 기능을 밝히는 데 선구적인 역할을 할 수 있도록 만들어주어야 함을 강조하고 있을 뿐이다.

어떤 종류의 우울함은 정상일 수 있지만 또 다른 종류는 분명히 병리적인 것이다. 이러한 병리적 우울증의 원인은 복합적이다. 심각한 우울증으로부터 공격적인 쾌감까지 기분이 큰 폭으로 변하는 이른바 조울병장애 manic-depressive disorder에는 유전적 요인이 중요한 결정요소로 작용한다. 부모 중 한 명이 조울장애를 앓고 있는 사람은 위험 가능성이 다섯 배나 되고, 부모 모두에게 조울장애가 있는 경우라면 위험 가능성이 열 배나 증가하여 거의 30%의 발병 가능성을 나타낸다. 이 유전자는 드문 편이 아니다. 실제로 인구 2백 명당 1명꼴로 나타난다. 이제는 퍽 익숙해져 있을 다음 질문, 즉 왜 이러한 유전자들이 유전자 풀에서 계속 유지되고 있느냐 하는 것을 묻고자 한다. 거기에 대한 대답 역시 익숙한 것이다. 그것들은 아마도 어떤 환경이나 다른 유전자들과의 조합을 통해 그 보유자에게 어떤 이득을 주고 있을 것이다. 아이오와 대학의 정신과 교수인 낸시 앤드리어슨 Nancy Andreasen의 연구에 따르면, 유명한 아이오와 작가 연수회 Iowa Writer's Workshop의 교수들 중 80%가 각종 정서장애를 경험한 적이 있다고 한다. 창조성이 우울증을 유발하는 유전자가 제공해 주는 이득인가? 이 질병이 어떤 사람들에게는 개인의 인생을 파괴하기도 하지만, 그 유전자로 인해 장애가 나타나는 사람이든 유전자는 지니고 있으나 장애를 겪지 않으며 오히려 다른 이득을 보는 사람이든 상관없이 어떤 적응적 이

점을 제공해 주는 것 같다.

뉴욕 주립 대학의 진화학자인 존 하텅 John Hartung은 윗사람을 위협하는 사람들에게 우울증이 많이 나타난다고 주장했다. 만일 어떤 사람이 자신의 지위 이상의 능력을 펼쳐보인다면 상관의 공격을 받을 가능성이 높아진다. 하텅이 제안한 최상의 방어책은 자기의 능력을 숨기고 자신의 야망을 감출 수 있도록 자기 자신을 속이는 것이다. 이것은 성공한 사람들에게 나타나는 이상하리만치 심한 자기 비하도 설명할 수 있게 해준다. 하텅의 이론은 우리에게 인간 감정의 복잡성을 다시 한번 생각하게 만든다.

인간의 기분이 사회적 지위의 계층 구조에 어떤 기능을 한다고 주장하는 영국의 정신과 의사 존 프라이스 John Price의 이론을 탐구하는 여러 학자들이 인간 감정을 연구하고 있다. 그들의 논의에 따르면 계급 투쟁에서 승리할 수 없으나 더 강한 이들에게 굴복하기를 거부하는 사람들에게 종종 우울증이 일어난다고 한다. 그들은 우울증이 우월한 자에 의해 공격받을 가능성을 낮추기 위한 패자의 비자발적인 신호라고 주장한다. 여러 사례 연구를 통해 그들은 어떻게 자발적인 복종이 우울증을 끝내게 해주는가를 보여준다.

로스앤젤레스에 있는 캘리포니아 주립대학의 연구자 마이클 랠리 Michael Raleigh와 마이클 맥과이어 Micahel McGuire는 감정과 사회적 지위를 연결하고 있는 두뇌의 메커니즘을 발견했다. 그들은 버빗원숭이 vervet monkeys 연구를 통해 높은 지위를 차지하고 있는 수컷(알파 수컷 alpha male)에는 신경전달물질인 세로토닌 serotonin의 함량이 다른 수컷에 비해 두 배나 높다는 사실을 알아냈다. 이런 알파 수컷이 그 지위를 상실하게 되면 세로토닌의 함량이 즉시 감소하여 우울증에 걸린 사람처럼 구석에 쭈그리고 앉아 있거나 비틀거리거나 먹이를 거부하는 행동을 보인다. 이런 행동은 세토로닌 함량을 증가시켜주는 프로잭 Prozac과 같은 항우울제를 투여함으로써 예방할 수 있다. 더욱 놀라운 것은 만일 연구자들이 알파 수컷을 집단에서 격리시키고 다른 수컷 하나를 무작위로 골라 항우울제를 투여해 본 결과 이 수컷이 언제나 새로운 알파 수컷이 되었다는 사실이다. 이러한 연구는 곧 세로토닌의 신경학적 체계가 부분적으로는 지위 계급을 조절하는 데 기능하고 있으며 우울함이란 정상적인 계급 투쟁의 일부라는 주장을 지지한다. 만일 사실이 그렇다면 우울증에 걸린 피고용인들 중 점점 더 많은 사람들이 항우울제를 사용하기 시작한 큰 회사에 앞으로 어떤 일이 일어날지 걱정하지 않을 수 없다.

우울증을 이해하는 또 다른 접근 방법은 가을에 일조량이 감소하면서 우울증이 증가한다는 데 기초를 두고 있다. 많은 사람들이 이러한 계절 민감성 장애 seasonal affective disorder(SAD)에 걸리며, 이 장애와 추운 날씨 간에 밀접한 관계가 있다는 사실 때문에 많은 연구자들은 우울증이 조상들이 갖고 있던 동면 반응의 변형 혹은 잔영이라고 주장했다. 또 여성들이 SAD에 걸리는 비율이 압도적으로 높다는 사실 때문에 이 반응이 어떤 식으로든 번식을 조절하고 있을 것이라고 생각했다.

우울증이나 자살 충동을 일으키는 현대 환경의 새로운 측면이 있는가? 어느 세대나 다 현재 자신들이 과거처럼 행복하지 않다고 믿는데, 최근에 보고된 몇몇 증거들에 의하면 현 세대는 실제로 우울증 증상을 보이고 있는 것 같다. 전세계의 서로 다른 다섯 지역에서 실시된 아홉 가지 연구에 응한 3만 9천명의 조사 대상자에 관한 자료를 면밀히 검토한 어떤 연구팀은 각 나라의 젊은이들이 이전 세대에 비해 심각한 우울증에 걸릴 가능성이 훨씬 더 높다는 것을 밝혀냈다. 게다가 경제 성장의 정도가 높은 사회일수록 우울증에 걸리는 비율이 높았다. 이런 발견에는 아직도 더 많은 연구가 필요하지만, 우울증의 극적인 증가에 기여하는 현대 인생의 새로운 국면에 대한 치밀한 연구의 필요성을 정당화한다. 우리는 그것들 중에 두 가지, 즉 대중매체와 공동체 붕괴만을 언급하고자 한다.

대중매체, 특히 텔레비전과 영화는 매우 효과적으로 우리 모두를 거대한 경쟁 집단으로 만들고 있으며 친밀한 사회적 관계들을 파괴하고 있다. 경쟁은 더 이상 쉰 명 혹은 백 명 정도의 친척이나 그 밖의 아는 사람들 사이에서 일어나는 일이 아니다. 대신 오십억 명 사이에서 일어나는 일이 되었다. 당신은 당신이 속해 있는 소규모 클럽에서는 제일의 테니스 선수일 수 있다. 하지만 당신이 살고 있는 시에서는 제일이 아닐지도 모른다. 게다가 당신의 나라나 또는 지구 전체를 통털어보았을 때는 거의 확실히 제일이 아닐 것이다. 사람들은 거의 모든 행동을 경쟁에 붙인다. 달리기일 수도 있고, 글쓰기일 수도 있고, 낚시질일 수도 있고, 항해술일 수도 있고, 남을 유혹하는 일일 수도 있고, 그림 그리기일 수도 있고, 심지어는 새 관찰일 수도 있다. 조상들에게는 그당시 어떤 일의 제일이 될 가능성이 많았을 것이다. 설사 제일이 아니었을지라도 집단에서 당신의 기술을 가치 있게 생각해 주었을 것이다. 하지만 현대에는 우리 모두가 전세계 제일의 실력자들과 경쟁하고 있다.

이런 성공한 사람들을 텔레비전에서 보는 일은 우리들에게 부러움을 불러일으킨다. 부러워하는 것은 조상들에게 있어서 다른 사람이 얻을 수 있는 것을 자기도 쟁취하고자 하는 동기가 되었을 것이다. 오늘날에는 부러움 때문에 목표를 달성할 수 있는 사람은 거의 없다. 게다가 텔레비전에서 볼 수 있는 환상적 인생을 살 수 있는 사람도 없다. 우리는 늘 멋지고 아름답고 부유하고 친절하고 사랑스럽고 똑똑하고 현명하고 창조적이며 능력 있는 화려한 영웅을 화면에서 보고 있지만, 그런 영웅은 결코 현실 세계의 사람이 아니다. 실제로 우리들의 아내나 남편, 어머니나 아버지, 아들과 딸은 그들과 비교하면 근본적으로 부적절한 사람들처럼 보일 것이다. 그리하여 우리는 그들에 대해 실망하고 심지어는 우리 자신에게도 실망한다. 심리학자인 더글라스 켄릭 Douglas Kenrick의 연구에 따르면, 상상 속의 바람직한 이성에 관한 사진이나 이야기를 접한 사람은 현재의 이성 상대를 낮게 평가한다고 한다.

우리의 새로운 기술은 서로 돕는 사회 집단을 말살하고 있다. 사회성 동물인 인간에게 고립 또는 격리처럼 혹독한 징벌이 없건만, 현대의 많은 익명 집단들은 옛날보다 나을 바가 없다. 익명 집단은 대개의 경우 경쟁자들로 구성되어 있거나 가끔 동업자들로 구성될 뿐 혈육과는 전혀 상관이 없다. 각자 자신의 경제적 목표를 추구하기 위해 흩어지는 바람에 대가족들은 분열되고 만다. 사회적 안정의 마지막 잔영인 핵가족 제도도 사라질 운명처럼 보인다. 모든 결혼의 절반 혹은 전부가 이혼으로 끝나며 점점 더 많은 아이들이 아버지 없이 홀어머니로부터 태어나고 있다.

인간은 서로 의지할 수 있는 집단 속의 안전한 장소에 대한 근본적인 욕구를 가지고 있다. 가족이 아니라면 우리는 다른 곳에서라도 이 욕구를 충족시켜야만 한다. 점점 더 많은 사람들이 자신의 사회적 토대를 친구들의 집단이나 알코올 중독 환자 갱생회와 같은 열두 단계 프로그램들이나 온갖 종류의 지지자 모임이 아니면 정신과 치료에서 찾으려 하고 있다. 어떤 이들은 사라져가고 있지만 보호해야 할 삶의 방식을 보존하려는 희망에서 〈가정의 중요성 family values〉을 부르짖고 있다. 대부분의 사람들은 우리가 그들에게 무언가를 해줄 수 있어서가 아니라 우리 자신을 있는 그대로 받아들이는 사람들에 의해 사랑받기를 원하고 있다. 그러나 대부분의 경우 그런 바람은 씁쓸하고 아무런 성과 없이 끝나고 만다.

애정 결핍

진화론 이전의 이론들, 말하자면 정신분석학이나 행동주의적 이론들은 어머니와 아기의 유대감을 보살핌과 수유의 결과로 해석했다. 영장류학자인 해리 할로우 Harry Harlow는 1950년대 초반 위스컨신 대학에서 원숭이를 연구하며 이러한 이론들에 도전하기 시작했다. 새끼

원숭이들을 어미들로부터 떼어놓고 두 종류의 인공 어미 대용물을 주었다. 하나는 우유를 가득 채운 젖병을 장치한 철사 어미였고 다른 하나는 젖병이 없는 부드러운 천으로 만든 어미 모형이었다. 새끼 원숭이는 철사로 만든 대용 어미한테서 젖을 빨아 먹었지만 끌어안고 지낸 것은 천으로 만든 어미였고, 천으로 만든 대용물을 치우면 꽥꽥 소리를 질러댔다. 할로우는 어미와 새끼 간의 유대를 촉진하도록 진화된 어떤 특별한 메커니즘이 있는 것이 틀림없다는 결론을 내렸다. 고아원에서 자란 아이들의 사회 부적응에 대하여 연구한 르네 스피츠 Rene Spitz의 연구에 영감을 얻은 할로우는 이번에는 원숭이 새끼를 격리시켜 키워보았다. 원숭이 새끼는 결코 정상적으로 자라지 못했다. 원숭이 새끼는 다른 원숭이 새끼들과 잘 어울리지 못했고, 짝짓기에 심각한 애로를 겪었으며 설사 새끼를 낳았다 하더라도 거들떠보지 않거나 공격을 하기도 했다.

영국의 정신과 의사인 존 보울비 John Bowlby는 1951년 생물학자인 줄리안 헉슬리 Julian Huxley와 함께 강연에 참석하여 노벨상을 수상한 동물행동학자 콘라트 로렌츠 Konrad Lorenz의 각인 imprinting 실험에 대한 논문을 읽고 크게 감명을 받았다. 새끼 거위는 생애 초기의 매우 특별하고 결정적인 시기 동안 제 어미나 혹은 다른 적당한 크기의 움직이는 물체와 처음 마주치면 그것에 각인된다. 로렌츠의 장화는 어미 거위와 크기가 비슷했고, 로렌츠가 걸어가는 뒤로 새끼 거위 무리가 줄을 지어 따라가는 사진은 흔히 볼 수 있는 것이다. 보울비는 자기 환자의 대다수가 겪는 장애가 어린 시절의 애정 문제와 관련된 후유증이 아닐까 의심했다. 그는 환자들의 첫 인간관계를 들여다보기 시작하면서 문제가 매우 다양함을 알 수 있었다. 어떤 사람들은 어머니가 그들을 전혀 원하지 않았고, 또 어떤 사람들의 어머니는 지나치게 우울해하던 사람이어서 아기들에게 전혀 웃어주거나 부드럽게 말을 걸어주지 않았다. 많은 사람들이 자기 어머니들로부터 죽여버리겠다는 위협을 받으며 공포 속에서 성장했다. 사람들이 어려서 겪은 장애는 대부분 성인이 되어 경험하는 문제점들과 일치했다. 그들은 다른 사람을 믿지 않았으며, 항상 자신이 남들에게 거부되리라고 생각했고, 다른 사람에게 항상 미안한 감정을 가져야만 한다고 생각했으며 결국 다른 사람들에게 따돌림을 당하리라고 생각했다. 보울비는 버려진 아기들이 사람들에게 달라붙거나 멀리 도망치려고 하는 행동들이 자기 어머니와 연관된 적응적인 행동임을 깨달았다. 그는 자기 환자들을 〈의존적〉이라고 비난하는 대신 환자들이 격리의 공포로부터 자신들을 지키려고 노력하는 것임을 알게 되었다.

심리학자인 매리 에인즈워스Mary Ainsworth와 그의 동료들은 잘 계획된 연구들을 통해 보울비의 이론을 심리학의 주류로 만들었다. 그는 어린 아이들을 한 방에 넣고 어머니가 방을 떠났다가 나중에 다시 돌아왔을 때 아이들의 행동이 어떻게 변하는가를 관찰했다. 이러한 〈낯선 상황〉 실험에 근거하여 그는 아이들을 확실한 사랑을 받는 부류와 걱정스러운 사랑을 받거나 혹은 다시 어머니가 돌아왔을 때 어머니를 피하는 두 부류로 나누었다. 아이들이 어느 부류에 속하는가 하는 것은 몇 년 후 조사해 본 단체 놀이 행동 패턴에서 성격에 이르는 여러 특성들과 분명하게 연관되어 있었다. 어린 시절의 애정 문제와 성인 시절의 정신병리학 사이에 어떤 상관관계가 있으며, 그것이 또 어떻게 유전적 요인들과 관련되어 있는가를 결정하기 위해서는 여전히 많은 일들이 남아 있다. 정신과 의사들은 어머니가 아이들에게 초기의 경험을 제공해 줄 뿐만 아니라 유전자도 제공해 준다는 사실을 잊어서는 안 된다. 여기서 우리는 성인이 되어 다른 사람들과의 관계 속에서 갖는 많은 문제들의 기원이 어린 시절에 경험했던 애정 문제와 연관이 있다는 사실을 뒷받침하는 충분한 근거를 갖게 되었다.

아동 학대

아동 학대는 요즘 대단히 만연되어 있는 것 같다. 어떻게 이런 일이 있을 수 있는가? 왜 우리가 우리 자신의 번식성공도의 매체인 아이들을 공격하는 것인가? 다른 사람들에 비해 특별히 자기 아이들을 학대할 가능성이 높은 부모들이 따로 있는 것인가? 캐나다의 심리학자인 마틴 데일리 Martin Daly와 마고 윌슨 Margo Wilson은 진화적 입장에서 부모와 자식 간에 혈연관계가 있느냐 없느냐 하는 점이 아동 학대의 가능성을 예견할 수 있는 지표가 되리라고 추측했다. 아동 학대에 관한 조사 보고서에 나온 기이한 행동들은 워낙 다양하기 때문에, 그들은 가장 쉽게 측정할 수 있고 감추기 어려운 일인 부모가 자기 아이들을 살해하는 경우에 주목하였다. 상관관계는 그들이 상상한 것보다 훨씬 밀접했다. 아이들의 생명까지 위협할 정도로 치명적인 아동 학대의 위험은 부모 한쪽이 친부모가 아닌 경우가 양쪽 모두 친부모와 사는 아이들의 경우보다 일곱 배나 높았다. 이러한 발견은 양부모로 구성된 가족에서 알코올중독이나 가난, 기타 정신장애의 비율이 더 높다는 경향만으로는 설명되지 않는다. 연구가 수십 년간 계속되는 동안 아동 학대를 예상할 수 있는 다른 강력한 요인들은 어디에서도 발견되지 않았다. 수십 년에 걸쳐 아동 학대를 연구해 온 많은 사람들은 친족성의 중요성에 대해 주의를 기울이지 않았으나 진화학자들에게 있어서 친족성이란 명백한 혐의가 있는 대상이었다.

데일리와 윌슨은 캘리포니아의 인류학자 새라 허디 Sarah Hrdy와 그의 동료들이 연구한 동물들의 새끼 살해에 관한 연구를 통해 영감을 얻었다. 허디가 1977년 랑구어원숭이 languar monkey 수컷이 일상적으로 같은 집단 내에 있는 다른 수컷이 낳은 새끼를 죽이려한다고 보고했을 때 아무도 그 주장을 믿으려 하지 않았다. 허디는 어미 원숭이가 새끼를 보호하려고 하지만 보호하지 못하는 경우가 종종 있다고 보고했다. 새끼가 죽으면 수유가 중단되고 다시 배란이 시작되어 자기 새끼를 죽인 수컷과 즉시 짝짓기를 하게 된다. 허디는 기존의 새끼를 죽이는 수컷은 결국 그 어미의 수유를 중단시키고 그 결과 배란을 촉진시켜 자신의 새끼를 다시 임신할 수 있게 함으로써 자신의 번식성공도를 증가시킬 수 있다고 지적했다.

계속된 야외 연구를 통해 허디의 발견이 명백하게 입증되었으며 다른 여러 동물종으로까지 확대되었다. 수사자도 새로운 암컷을 만나면 그 암컷이 기르고 있는 기존의 새끼들을 물어 죽인다. 쥐는 낯선 수컷의 냄새를 조금이라도 맡게 되면 유산을 한다. 이는 명백히 어차피 죽을 가능성이 높은 새끼들에게 불필요한 투자를 하지 않으려는 적응행동으로 보인다. 비록 그 행동 자체는 기괴하게 보일지라도 유전자의 성공을 증가시키는 데 도움이 되는 것이라면 동물은 어떤 일이라도 할 수 있도록 만들어졌다.

수컷이 다른 수컷의 새끼를 죽이는 경향은 어떤 환경에 있어서는 진화된 적응 행동이다. 인간에게 있어서 아동 학대도 이와 어떤 연관이 있는 것은 아닐까? 그렇다고 생각하지는 않는다. 왜냐하면 인간의 남성은 대개의 경우 아이를 기르고 있는 생식 가능한 여자들을 차지하게 되는 것이 아니며 많은 양아버지들이 자신의 친자식이 아니더라도 그 아이들을 끔찍이 위해 주는 경우가 많기 때문이다. 우리는 아동학대가 어떤 진화적으로 적응된 이유 때문이 아니라 부모 중 어느 한쪽이 아이들과 정상적인 애정관계를 이루기에는 너무 늦게 접촉을 가진 탓에 정상적으로 적응된 행동을 갖추는 데 실패해서 일어나는 게 아닌가 생각하고 있다. 하지만 트리니다드 대학의 인류학자 마크 플린 Mark Flinn의 연구에 따르면 아이와 초기에 얼마나 많이 접촉했는가와 무관하게 역시 양부모가 자기의 의붓 자식들을 친자식보다는 거칠게 대하고 있다는 사실을 알 수 있다. 인간의 경우 애정이 형성되는 데에는 단지 얼마나 많은 시간을 함께 보냈느냐 하는 사실 이상의 무엇이 관련되어 있다. 생물학과 문화의 이런 어두운 교차점을 이해하기 위해서는 더욱 더 많은 연구가 필요하다.

정신분열증

불안이나 우울증의 증상과는 달리 정신분열증 schizophrenia의 증상은 정상적 기능의 일부가 아니다. 헛소리가 들리고 다른 사람들이 자신의 마음을 읽고 있다고 생각하고, 감정적으로 무감각해지며 기괴한 믿음을 가지고 사회적으로 고립되어 편집증적 행동을 보이는 것이 모두 어우러져 복합적인 증상으로 나타난다. 이러한 것들은 진화된 방어 메커니즘의 일부가 아니다. 아마도 뇌에 생긴 어떤 종류의 손상이 많은 부적절한 행동을 한꺼번에 유발하고 있는 것일 가능성이 많으며, 그것은 마치 심장질환이 호흡을 짧게 하고 가슴에 통증을 느끼게 하며 팔목을 붓게 하는 증상들을 모두 유발시키는 것과 같다. 정신분열증은 지각-인식-감정-동기 체계를 무너뜨린다. 이는 결국 우리가 여전히 높은 수준의 두뇌 기능이 어떻게 이루어지는가에 대해 아는 바가 많지 않다는 것을 다시 한번 확인해 준다.

정신분열증은 전세계 여러 사회에서 인구의 1% 정도의 사람들에게 나타나고 있다. 그것이 문명의 질병이라는 식의 인식은 잘못된 것 같다. 물론 그것이 현대 사회에서 질병으로 더욱 악화되어 왔다는 주장이 최근 많이 나오고 있지만 말이다. 정신분열증에 걸리기 쉬운 성향이 어떤 유전자들에게 책임이 있다는 강력한 증거가 있다. 이 병에 걸린 친척이 있는 사람들은 입양되어 정신분열증 병력이 없는 가정에서 길러진 경우라도 원래 그런 친척이 없는 다른 사람들보다 이 병에 걸릴 가능성이 몇 배나 더 높다. 만일 일란성 쌍둥이 중 한 명이 정신분열증에 걸렸다면 나머지 한 명도 이 병에 걸릴 확률이 50%에 달한다. 일란성 쌍둥이가 아닌 경우의 위험 부담은 25%이다. 또한 특히 남성에게 정신분열증이 번식성공도를 감소시키는 영향을 끼친다는 증거들도 있다.

이러한 관찰 결과 우리는 또 한번 전형적 질문에 이르게 된다. 적응도를 낮출 수 있는 이런 유전자들이 이렇게 높은 빈도로 나타나는 것을 어떻게 설명할 수 있는가? 정신분열증을 일으키는 유전자들을 제거하려는 선택은 충분히 강력하기 때문에 만일 그런 유전자들이 자연선택에 의해 조절되는 돌연변이에 의해 만들어진 것이라면 그것들은 보통 수준 이하로 떨어져야만 할 것이다. 또 비교적 일정한 정신분열증의 발병 비율로 미루어보아 그 유전자들은 최근에 새로 나타난 것이 아니라 수천 년 동안 계속 유지되어 온 것임을 알 수 있다. 정신분열증을 유발하는 유전자들도 역시 어떤 방법으로든 심각한 대가와 균형을 이룰 만큼 충분한 이익을 함께 제공하는 것 같다.

가장 그럴듯한 가능성은 이러한 유전자들이 다른 어떤 유전자들과 함께 작용하여 이득을 주거나 어떤 환경에 놓여 있을 때 이익이 될 수 있는 것인데, 둘이 모이면 겸상적혈구빈혈을 유발하지만 홀로 있으면 오히려 이득이 되는 유전자처럼 특수한 환경에 처했을 때 이득을 주는 경우이다. 아니면 이 유전자들이 비록 소수의 사람들에게는 정신분열증을 일으키지만 이를 가진 사람들 대부분에게는 작으나마 이득을 주고 있을 수도 있다. 많은 전문가들은 정신분열증에 민감한 유전자를 가진 사람들이 어떤 형태로든 이득을 얻고 있다고 추론한다. 창조성이 증가되거나 다른 사람이 무엇을 생각하고 있는가에 대한 직관이 증가되는지도 모른다. 어쩌면 어떤 질병을 막아주고 있는지도 모른다. 어떤 이들은 무언가를 의심하는 경향이 정신분열증의 불이익을 어느 정도 보상해 주고 있는 것인지도 모른다고 주장하기도 했다. 이런 생각에 대한 증거들은 아직 적지만 탐구해 볼 만한 가치는 충분하다. 이 병에 걸린 친척이 있으면서도 자신은 이 병에 걸리지 않은 사람들 중 사회적으로 성공한 사람들에 대한 증거들이 이를 지지하고 있다. 하지만 이 모든 영역은 이제 막 연구되기 시작한 것이다.

수면 장애

다른 많은 신체적 능력과 마찬가지로 수면은 장애가 생길 때만 우리의 관심을 끌게 된다. 수면 장애는 여러 방식으로 많은 사람들에게 고통을 주고 있다. 다른 많은 문제들과 마찬가지로 수면에 있어서도 가장 결정적인 요인은 바로 타이밍이다. 수면과 관계된 대부분의 문제는 적절한 시각에 잠들지 못하는 것이나 잘 때가 아닌데 자려는 경향이다. 불면증은 전 인구의 30% 이상의 사람들에게 영향을 미치고 있으며 손쉽게 살 수 있는 수면제에서부터 특수 의료 기관의 치료에 이르기까지 하나의 거대 산업을 형성하고 있다. 낮시간에 잠이 오는 경험을 해본 사람들은 종종 밤에 잠을 이루지 못하는 사람들이다. 졸음은 사람들이 저녁에 뭔가 읽어보려고 할 때 방해가 되고 아침에 자명종이 한참 울린 뒤에도 일어나지 못하게 하며 자동차를 운전할 때 사고를 일으킨다.

게다가 수면에는 꿈이 따라오고 꿈에는 또 그 나름의 장애인 악몽 nightmare과 야경증 night terror이 있다. 어떤 사람들은 수면에 관련된 여러 면들간의 부조화를 경험하며 여전히 자신이 꿈을 꾸고 있다는 것을 알면서도 움직이지 못하는 공포스러운 체험을 하기도 한다. 수면발작 narcolepsy의 증세가 있는 사람은 낮에 일상적인 활동을 하다가도 갑작스럽게 꿈을 꾸는 수면 상태로 빠져드는 경우가 있는데, 때로는 너무나 갑작스러워 넘어지거나 상처를 입기도 한다. 또한 수면성무호흡 sleep apnea에 걸린 사람들은 잠을 자는 동안에 간헐적으로 호흡이 멈추기 때문에 밤에 잠을 못 이루고 따라서 낮에도 피곤하며 심한 경우 뇌에 손상을 입기도 한다. 이러한 문제들을 이해하려면 먼저 정상적 수면의 기원과 기능에 대해 알아야 한다.

수면은 자연선택에 의해 형성된 특성인가? 그렇게 생각할 만한 여러 가지 이유가 있다. 첫째, 수면은 동물, 아마도 척추동물 전반에 걸쳐 나타나는 특성이다. 돌고래 같은 동물들은 잠을 자지 않는 것처럼 보이지만, 실제로 뇌의 절반 부분은 다른 부분이 깨어 있는 동안에 잠을 자고 있다. 아마도 돌고래들은 항상 반복적으로 수면 위로 올라와 숨을 쉬어야 하기 때문일 것이다. 둘째, 모든 척추동물은 동일한 수면 조절 메커니즘을 가지고 있는 것 같다. 모든 척추동물의 뇌 안에는 진화적으로 오래된 부분이 있는데, 그곳에 꿈을 동반한 수면을 조절하는 중추가 있는 것으로 생각된다. 셋째, 빠른 안구 운동과 빠른 뇌파를 보이는 포유동물 고유의 수면 양식 또한 공룡 시대 이전에 포유류에서 분리되어 독립적으로 진화한 조류에서도 나타난다. 넷째, 서로 밀접한 관계를 갖고 있는 포유류의 여러 종들 사이에서조차 실제로 나타나는 수면 형태는 매우 다양하다. 이는 우리들의 가까운 공통 조상들이 어떤 방식으로 잠을 잤던 간에 각각의 종에 특정한 생태적 지위에 맞도록 빠른 속도로 진화했음을 의미한다. 마지막으로 수면 부족의 경우 모든 동물의 기능이 저하된다.

수면에 관련된 곤란한 점을 좀더 잘 이해하기 위해 우선 수면을 취하는 능력과 수면의 기능이 어떻게 적응도를 높이는가에 대해 분석해 보기로 하자. 이 문제에 대한 중요한 해결안으로 1975년에 영국의 생물학자 레이 메디스Ray Meddis가 발표한 연구가 있다. 그는 인간 수면의 양과 시기는 밤과 낮의 주기 중 번식을 위한 활동 가능성에 따라 결정된다고 주장했다. 메디스의 책에 대한 서평을 쓴 어떤 사람의 말대로 인간이 밤에 잠을 자려고 하는 동기는 길거리에서 벗어나 쉬고자 하는 욕망에서 비롯되었다고 말했다. 만일 어둠 속에 머무는 것이 특별한 위험을 수반하며 어떤 긍정적인 성취도 이룰 가능성이 거의 없는 일이었다면, 그 시간에는 쉬는 것이 더 나은 일이었을 것이다. 이 사실은 왜 사람이나 다른 동물들이 하루를 주기로 생활하는 것이 유리한가를 설명해 준다. 하지만 그것이 왜 인간이 밤에 깨어 있는 채로 조용히 있으면서 혹시 닥칠지도 모를 기회나 위험에 대비하지 않는지를 설명해 주지는 못한다. 또한 왜 인간이 그토록 잠을 필요로 하며 잠을 자지 못하면 거의 활동을 하지 못하는가를 설명해 주지도 않는다.

잠의 진화적 기원에 관한 그럴듯한 관점이 하나 있다. 먼 옛날 우리 조상 중 잠이 필요없는 개체들이 있었다고 상상해 보자. 그들의 후손 중 어떤 무리는 밤과 낮 주기의 한쪽(얘기를 쉽게 하기 위해 밤이라고 하자)에서 상당한 위험을 감수해야 하고 낮에는 반대로 좋은 기회를 갖게 되었다고 하자. 그렇다면 각 개체들 중 밤에 덜 활동하는 사람들이 좀더 큰 적응적인 이득을 얻었을 것이다. 이 종의 개체들이 점차적으로 주간의 활동을 좀더 세밀하고 정교하게 가꾸어감에 따라 야간의 정적 역시 점점 더 지속적이고 근본적인 것이 되어 결국에는 매일 밤의 몇 시간은 확실히 아무 행동도 하지 않고 지내게 되었을 것이다.

그렇게 확실히 하루 중 어느 한 시기에 비활동적으로 시간을 보내게 되었다면 또 다른 진화적 요인들이 작동하게 될 것이다. 어떤 동물이 깨어 있든 잠들어 있든 간에 모든 필요한 세포의 자기 유지 기능들이 언제나 동등한 효율로 움직이는 것은 아닐 것이다. 만일 두뇌의 어떤 기능이 일상적인 임무에서 해방되었을 때 더욱 효과적으로 작동한다면, 자연선택은 그 기능을 깨어 있는 동안에는 멈춰 있고 밤에만 작동하게 하여 우리가 잠이라고 인식하는 상태가 발달하도록 만들었을 것이다. 에든버러 대학의 이언 오스월드 Ian Oswald가 1969년에 제안한 것처럼, 어떤 두뇌 유지 과정이 이러한 방식으로 점점 더 잠의 형태로 변해갔을 것이고 그에 따라 인간도 점차 잠에 의존하게 되었을 것이다. 물론 이 기간 동안에는 개인이 매우 안전한 환경에서 잘 수 있는 것이 필수적인 조건이었을 것이며, 그렇지 않았다면 잠이란 쉽게 도태되었을 것이다. 우리는 비타민 C를 오로지 음식물을 통해서만 확실히 그리고 충분히 얻을 수 있는 것처럼, 안전한 휴식 시간을 점진적으로 확보하는 것도 필요한 일이었다. 왜냐하면 어떤 신체적 유지 기능은 자고 있는 동안에만 이루어질 수 있기 때문이다. 이것은 잠 자체나 혹은 잠자고 있는 동안에 더 빠른 속도로 일어나는 대사 과정에 대한 연구를 통해 왜 인간에게 잠이 필요한가에 대한 새로운 관점을 제공했다. 두뇌를 조사해 본 결과 꿈을 꾸지 않고 자고 있는 동안에 단백질 합성이 가장 왕성하게 일어난다는 것이 알려졌으며, 어떤 신경전달물질의 합성도 낮시간 동안 뇌를 사용하는 도중에는 결코 충분히 원상 복구되지 않고 밤에만 왕성하게 일어난다는 것이 밝혀졌다. 게다가 세포 분열 또한 자고 있는 동안에 모든 생체 조직에서 가장 빠른 속도로 일어난다.

일단 잠이 생리적 보수 기능을 하게 되면서 자연선택은 다른 기능들도 이 시간에 몰아 넣었다. 그런 것들 중 기억 조절 기능을 자주 이야기한다. 앨런 홉슨 Allan Hobson과 로버트 맥칼리 Robert McCarley는 꿈을 꾸면서 자는 잠이 배운 것을 종합하고 견고히 하는 생리적 과정을 포함하고 있다고 주장했다. 반면 프랜시스 크릭 Francis Crick과 그레엄 미치슨 Graeme Mitchison은 꿈을 꾸며 자는 잠이 불필요한 기억을 지우는 기능을 한다는 그들의 주장에 대한 증거를 제시하며 그것은 마치 우리가 정기적으로 컴퓨터에서 필요 없는 파일을 지우는 것과 유사하다고 주장했다. 우리는 이러한 주장에 대해서까지 상세히 논의할 생각은 없지만 한 가지만 지적하고자 한다. 이러한 것들은 반드시 상호 배타적인 주장일 이유가 없으며 잠이 조직의 재생 및 복구의 시기로 진화해 왔다는 오스웰드의 생각과 상반되는 것도 아니다. 이러한 것들은 잠이 동물의 생태적 특성에 따라 활동하는 시기를 조절하는 기능을 한다는 메디스의 관찰과도 모순되지 않는다. 다른 특성들과 마찬가지로 잠은 분명히 많은 중요한 기능들을 가지고 있다. 각각의 이론적인 기능들은 검증되어야 하지만 어떤 한 가지 주장만을 지지하며 다른 주장에 대해 반대하는 것은 오직 그 두 가지 기능이 서로 양립할 수 없을 때에만 가능하다. 여러 다른 동물종들의 생활 양식과 상호간의 진화적 유연관계에 따른 수면 형태에 관한 연구는 유용한 증거들을 많이 제공할 것이다.

인간은 더 이상 호랑이처럼 밤중에 나타나는 포식자에 대해 위협을 느끼지 않는다. 또한 이제는 인공 조명 덕분에 밤에도 생산적인 일을 할 수 있게 되었고 정시에 자는 일은 오히려 불편한 일이 되었다. 특히 지구를 가로질러 비행기를 타고 여행하는 경우 우리의 신체는 애당초 출발한 지역의 시간대에 따라 살 것을 고집한다. 우리가 잠의 기능에 대해 연구하면 현재의 생활 여건에 더 잘 적응하는 데 필요한 지식을 얻을 수 있다. 아니면 최소한 저녁 시간에 졸지 않고 무언가 읽을 수 있으며 내일 닥칠 위기에 대해 걱정하지 않고 푹 잘 수 있으려면 어떻게 해야 하는가에 대한 지식 정도는 알려줄 수 있을 것이다.

꿈꾸기

꿈은 역사의 여명기 이래 줄곧 인간의 관심사였다. 물론 역사 이전의 시대에도 그랬을 것이다. 최근 들어 꿈의 기능에 대한 많은 이론들이 등장했다. 꿈이 잠재된 욕망의 발현이라는 프로이트의 이론에서부터 꿈이 기억을 지우고 재조직하는 기능을 가지고 있다는 프랜시스 크릭의 이론에 이르기까지 다양하게 등장했다. 하지만 논쟁에 대한 결론이 아직 뚜렷하게 내려지지 않았기 때문에 하버드 대학의 앨런 홉슨을 비롯한 많은 전문가들은 꿈이란 특정한 기능을 가지고 있는 것이 아니라 뇌 활동의 부산물일 뿐이라고 주장한다. 그러나 꿈을 꾸지 못하는 잠을 자면 심각한 정신병에 걸리는 것을 보기만 해도 이러한 이론은 그다지 옳은 생각이 아니라는 것을 알 수 있다. 예를 들어 수영장 한복판에 만든 작은 섬에 놓아둔 고양이들은 잠을 이룰 수는 있었지만 꿈을 꾸며 자는 잠과 관련된 근육 상태를 유지하지 못해 종종 물에 빠져 잠에서 깨곤 했다. 이렇게 꿈을 꾸지 못하는 고양이들은 점점 더 거칠어지고 성욕도 지나치게 발현되어 결국에는 수명이 단축되었다.

꿈의 기능에 대해 구체적으로 알지 못하더라도 진화적인 접근에 의해 좀더 잘 이해할 수 있을 것이다. 산타바바라에 있는 캘리포니아 대학의 진화인류학자 도널드 시먼즈Donald Symons는 최근 우리가 꿈속에서 경험하는 자극에는 진화적으로 중요한 제한 요소가 있다고 주장했다. 잠을 자면서 하는 행동 양상에는 개인별로 엄청난 차이가 있지만, 우리는 꿈속에서 자신의 움직임이나 장면에 관해 많은 것을 경험하는 반면 소리나 냄새나 기타 물리적 자극에 대해서는 거의 느끼지 못한다. 인간은 실제로 움직임이 없이도 무언가 일을 하는 꿈을 꿀 수 있다. 그것은 우리가 꿈을 꾸며 잠을 자는 경우 우리의 운동신경이 마비되기 때문이다. 우리는 꿈속에서 사람들이 어떻게 보이며 그들이 자신에게 무엇을 말하는지를 잘 기억할 수 있지만 사람들의 소리가 어떻게 들렸는지는 쉽게 기억해 낼 수 없다. 우리는 꿈속에서 포도주를 한 잔 마실 수는 있지만 그 향기는 대개 기억해 내지 못한다. 다른 사람이 우리를 때리는 꿈을 꿀 수는 있지만 그 느낌이 어땠는가를 기억하지는 못한다.

시먼즈는 꿈이 이 같은 제한 요소들을 갖고 있는 까닭은 그것이 석기 시대의 현실에 필요한 것들이었기 때문이라고 주장한다. 눈을 감으면 어차피 너무 어두워서 본다는 것이 불가능하고 불필요하므로 시각적 환상을 경험할 수 있다. 그와는 대조적으로 위험을 알리는 외침이나 호랑이의 냄새, 또는 아이가 놀라서 꽉 잡는 것 따위들은 청각, 후각, 촉각과 같은 우리의 감각들을 완벽한 각성 상태로 유지하는 데 반드시 필요한 중요한 신호자극들이다. 어떤 동물들은 자면서도 눈을 뜨고 있지만 우리는 귀를 열어놓고 있다. 즉 우리는 꿈 때문에 중요한 소리를 못 듣지는 않는다. 시먼즈의 이론은 꿈이 가지고 있는 독특한 어떤 면을 설명하고 있다(또 미처 우리가 발견하지 못한 것들이 있음을 예측하기도 한다). 이 이론의 성패는 그 이론의 예측들이 실제로 꿈을 구성하고 있는 감각에 대한 사실들에 얼마나 부합하는가에 따라 결정될 것이다. 지금까지는 우리가 갖고 있는 대부분의 증거들과 잘 맞아떨어지는 것 같다.

정신의학의 미래

최근 들어 정신의학은 다소 임의적인 면이 있긴 해도 대단히 명확한 진단 분야들과 증상을 평가하는 믿을 만한 방법, 그리고 실험 계획이나 자료 분석에 필요한 기본 요건들을 고안하며 다른 의학 분야들을 끌어들이고 있다. 정신의학의 연구는 오늘날 다른 의학 분야들에서처럼 매우 정량적인 방법을 사용하고 있다. 이러한 뚜렷하고 엄격한 태도가 정신의학을 다른 의학 전문 분야들, 즉 신경학, 심장학, 내분비학과 같은 분야들과 마찬가지로 인정받게 할 수 있을까? 불가능할 것이다. 연구의 결과는 명확하지만 논리 정연한 이론이 없다. 정신의학에서 질병의 분자적 메커니즘에 대해 연구하여 다른 의학 연구를 모방하려는 시도는 역설적이게도 다른 의학 연구 분야들에게는 암암리에 좋은 기반을 제공해 왔던 개념들을 스스로 잃게 만들었다. 어떤 메커니즘의 정상적 기능에 대한 이해도 없이 질병을 일으키는 잘못된 원인을 찾으려 한다면 정신의학은 마차를 말 앞에 놓는 꼴이 되고 말 것이다.

불안장애에 대한 연구가 이 문제의 좋은 예이다. 오늘날 정신과 의사들은 불안장애를 아홉 개의 하부 구조로 나눈다. 또한 많은 연구자들이 각각을 별도의 질병으로 취급하여 각각의 역학, 유전학, 뇌화학, 치료에 대한 반응 등을 조사하고 있다. 물론 어려운 점은 불안 그 자체가 질병이 아니라 어떤 방어 메커니즘이라는 데 있다. 문제점을 올바로 평가하기 위해 내과 의사가 현대 정신과 의사들이 불안장애를 연구하는 방식으로 감기를 연구한다면 어떤 일이 생길 것인가 상상해 보자. 첫째, 내과 전문의는 〈기침장애〉를 정의하려 할 것이고 진단을 위한 객관적 기준표를 작성할 것이다. 그 기준표에 따르면 당신이 이틀에 걸쳐 시간당 두 번 이상의 기침을 하거나 2분 이상 계속해서 기침을 했다면 당신은 기침장애에 걸렸다고 진단받을 것이다. 그러면 연구자는 병리학적 특성, 유전학, 역학, 치료에 대한 반응 등에 대한 요인 분석법에 근거하여 분류한 기침장애의 여러 하부 단계들을 조사할 것이다. 그들은 콧물이 계속 흐르는 중간 정도의 기침, 알러지나 꽃가루 노출과 관련된 기침, 흡연과 관련된 기침, 항상 죽음으로 이어질 기침 등의 기침장애의 특정한 하부 단계들을 발견할지도 모른다. 다음으로 그들은 기침장애를 가지고 있는 사람들의 신경 메커니즘의 비정상성에 대한 연구를 토대로 이러한 기침장애의 하부 단계의 원인에 대한 연구를 시작할 것이다. 가슴근육을 수축시키는 신경의 활동이 증가된 탓에 기침이 생긴 것임을 발견하게 되면, 이러한 신경을 과도하게 활성화시킨 신경생리학적 메커니즘이 무엇인가에 대한 많은 가설들이 세워질 것이다. 뇌의 기침 통제 중추를 발견하면 어떻게 이 중추의 비정상성이 기침을 유발하는가에 대한 또 다른 이론들이 나타날 것이다. 진통제인 코데인 codeine이 기침을 멈추게 한다는 것을 알게 되면, 다른 과학자들은 몸속에 있어야 할 코데인 유사물질이 결핍되어 기침을 하게 될 가능성에 대해 연구할 것이다.

이러한 연구 계획은 명백히 어이없는 일이다. 하지만 우리는 기침이 유용하다는 것을 알고 있기 때문에 그것이 어리석은 일이라는 것을 안다. 기침이 방어 메커니즘이라는 것을 알기 때문에 그 원인을 신경이나 근육 혹은 두뇌의 메커니즘에서 찾으려 하기보다는 방어적 기침 반응을 정상적으로 일으키는 상황이나 자극에서 찾으려 한다. 비록 아주 드문 몇 가지 경우에서 기침이 기침 조절 메커니즘의 비정상 상태에서 유래하기도 하지만 대부분의 경우에 기침은 호흡 경로로부터 외부 물질을 밀어내려는 적응 메커니즘이다. 그러한 자연적 자극에 대한 연구를 한 후에야 내과 의사는 기침 조절 메커니즘 자체에 어떤 고장이 있을 가능성을 고려하게 된다.

많은 정신과 의사들은 평생 공황이나 긴장, 공포, 불면증 등을 겪고 있는 많은 사람들을 돕기 위해 불안장애에 대한 민감성이 사람마다 어떤 차이가 있는가를 연구해 왔다. 그럼에도 불구하고 이러한 접근 방법은 많은 혼란을 초래했다. 만일 기침에 관한 연구가 일생 동안 약간의 자극에도 기침을 하는 사람들에게 초점이 맞추어져 있다면 어떨까? 그러한 사람들에게는 기침장애가 있다는 진단이 내려질 것이다. 그리고 이러한 기침 조절 메커니즘의 비정상 상태를 유발하는 유전자를 찾기 위해 기침장애에 걸리기 쉬운 사람들을 구분해 내려는 조사가 대대적으로 실시될 것이다. 분명히 쉽게 기침을 하는 유전적 특성을 갖고 있는 사람들이 나타날 것이다. 하지만 그들을 연구한다고 해서 대부분의 기침을 유발하는 원인을 밝히는 데는 별로 도움이 되지 않을 것이다.

이러한 비유에는 한계가 있다. 불안은 기침보다 엄청나게 복잡하다. 그 기능도 기침에 비해 명확하지 않으며 개인별로 많은 차이가 있다. 더 중요한 것은 불안을 일으키는 신호자극이 기침을 일으키는 신호자극에 비해 훨씬 불분명하다는 사실이다. 기침은 호흡 경로에 들어온 외부 물질에 의해 유발되지만, 불안은 알 수 없는 경로로 마음의 작용에 영향을 끼치는 다양한 신호에 의해 유발된다. 가장 뚜렷한 불안의 신호는 고통이나 기타 다른 해로운 자극과 결부된 위험 대상물 혹은 자극의 이미지이다. 하지만 의학적으로 문제시되는 대부분의 불안감은 우리의 정신에 의해 불가사의하게 분석되는 복잡한 신호자극들에 의해 유발된다. 예를 들어 사장이 당신을 반기지 않거나 회의에 초대받지 못했다거나 해고 통지가 나오는 날 동료들이 당신을 피한다면 아마도 당신은 심각한 근심에 빠질 것이다. 하지만 그날이 마침 당신의 생일이었다면 당신은 깜짝 파티가 준비되고 있을 것이라고 생각할 수도 있을 것이다. 이같이 동일한 자극도 매우 다른 반응을 보일 수 있다. 이 사례는 불안을 조절하는 심리 체계가 얼마나 복잡한지 보여주기 시작할 따름이다. 많은 욕망과 감정은 결코 의식적으로 느낄 수 있는 것은 아니지만 그러한 것들도 불안을 유발할 수 있다. 앞에서 언급했던 바람을 피기 시작하면서 공황의 공포 증세가 나타났다는 여자는 이 두 가지 일이 무관하다고 주장했다. 불안을 유발하는 자극을 구분해 내는 것이 어렵다고 해서 그 자극이 없다는 것을 의미하지는 않는다. 또한 분명히 그것이 유발하는 불안이 불필요한 것이거나 비정상적인 두뇌 메커니즘의 산물이라는 의미도 아니다.

반대로 많은 불안감이 정상이라는 이유가 그것이 유용하다는 것을 의미하는 것도 아니다. 많은 불안장애는 유전적 취약성 때문에 생긴다. 아직도 우리는 유전적 결함 때문인지 정상적 기능의 변이 때문인지에 대한 정확한 이해를 갖고 있지 않다. 다양한 위협들의 종류나 위험 정도는 분명히 세대에 따라 엄청나게 다르며, 그렇기 때문에 불안 조절 메커니즘에는 엄청난 유전적 변이가 유지되는 것이다.

만일 정신의학이 현재 상태에 계속 머문다면 장래에는 일상적으로 겪는 고통이나 통증은 다른 의학 분야로 넘기고 단지 겉으로 드러나는 두뇌의 결함에 의해 발생하는 장애만을 치료하게 될 것이다. 이러한 전망은 정신과 의사뿐만 아니라 환자들에게도 불행한 일이다. 의학의 다른 분야들은 정상적인 방어 반응들을 다루고 있다. 왜 정신의학은 그렇게 하지 않는가? 다른 것과 마찬가지로 진화적 관점은 정신의학이 다른 의학 분야들과 진정한 통합을 이루게 할 것이다. 감정의 기능에 대해 이해하려는 치열한 노력과 어떻게 그것이 정상적으로 조절되는가에 대한 연구는 다른 의학 분야들에게 생리학이 제공하는 것만큼의 무언가를 정신의학에 제공해 줄 수 있을 것이다. 그것은 병태심리학 pathopsychology이 제대로 연구될 수 있는 기초 골격을 마련해 줄 것이다. 따라서 우리는 신체의 체계가 정상적으로 기능하고 있을 때 무엇이 잘못되었는가에 대해 이해할 수 있을 것이다. 진화적 연구 방법이 감정적 문제에 대한 조잡한 〈내과적 모형〉에 의해서가 아니라 다른 의학 분야에서 유용하게 쓰이고 있는 것과 같은 다원주의적 접근에 의해 정신질환에 대한 연구를 다시금 의학 분야에서 할 수 있을 것으로 기대한다.

15 의학의 진화

진화의 관점을 떠나서는 생물학의 어떤 것도 의미를 갖지 못한다.
— 테오도시우스 도브잔스키(1973)

당신은 지금 사람들이 많이 다닌 길을 따라 들판을 가로지르고 있다. 좀 오래된 듯한 오솔길에 무언가가 이른 아침의 햇살에 반짝이며 놓여 있다. 그 빛을 따라가 그것을 집어들고 먼지를 털어보니 금으로 된 구식 회중 시계였다. 아마도 그것은 사람들이 지난 두 세기 동안 일상적으로 보아왔던 것과 같은 시계일 것이다. 그러나 그러한 시계를 볼 때 사람들은 몇 가지 세부적인 것들을 간과해 왔다.

시계의 완벽성은 여전히 경이를 자아낸다. 케이스의 이음새는 거의 보이지 않는다. 유리 덮개는 대칭을 유지하며 빛나고 있다. 시계줄은 놀라울 정도로 정교하게 만들어진 소형 금고리로 되어 있다. 표면에는 〈평생 시계 회사〉라는 회사 이름 주위로 숫자들이 세밀하게 음각되어 있다. 시계공의 기술에 감탄하고 있는데, 빛 때문에 몇 가지 불완전한 부위들이 드러났다. 유리 덮개는 미세하게 뒤틀려 있다. 시계줄은 아름답고 유연하기는 하지만 가늘고 끊어져 있다. 마치 이 시계가 주머니에 들어 있지 않고 여기 떨어져 있는 이유를 말해 주는 듯 말이다.

이음새의 틈은 압정 하나가 들어갈 만큼 벌어져 있고, 먼지나 물이 들어가기에 넉넉할 정도로 넓었다. 좀 의아스러운 결함들이다. 뒤쪽의 뚜껑을 열자 정교한 기계들의 움직임에 다시 한번 경이로움을 느낀다. 실제로 만든 것은 고사하고라도 이처럼 완벽하게 깎은 녹슬지 않는 수많은 놋쇠 톱니바퀴들, 머리카락같이 가는 쇠로 만든 용수철, 작디작은 보석들에 매달린 평형바퀴를 어느 누가 설계할 수 있었을까? 그러나 시간을 맞추려고 할 때 비로소 당신은 태엽이 너무 작아 쥐기 어렵고 열두 번을 돌려야 바늘이 겨우 한 시간 정도 움직인다는 사실을 알게 될 것이다. 또 시계를 흔들어보았더니 5초 정도 가다가 금속 용수철의 녹 때문에 멈추고 말았다. 무슨 기계가 이 모양인가? 여러 가지 면에서 그렇게도 완벽한데, 다른 면으로는 이 따위라니. 어떻게 달인의 경지에 있는 시계공이 그렇게 많은 오류들을 만들어 놓았는가? 케이스의 안쪽을 보니 작은 글씨로 무언가가 새겨져 있다. 돋보기를 꺼내 읽어보니 다음과 같았다.

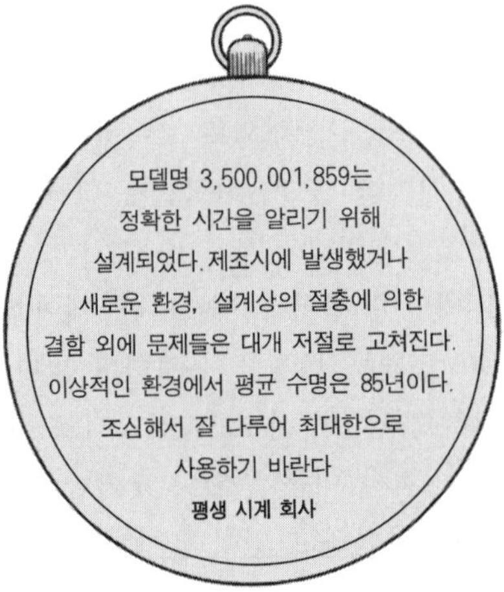

질병의 원인에 대한 개괄

이제 다시 처음으로 돌아가서 의학의 핵심에 자리잡고 있는 부조화에 대해 살펴보기로 하자. 인간의 신체는 탁월하게 설계되었지만 매우 조잡한 결함들을 가지고 있다. 여러 겹의 방어 메커니즘으로 감싸여 있지만 취약한 곳이 수없이 많다. 빠르고 정확한 복구 능력을 가지고 있는데도 우리의 몸은 필연적으로 악화되어 결국에는 쇠잔하고 만다. 다윈 이전 시대의 의사들은 이러한 부조화에 대해 그저 의아해할 뿐이었다. 우리의 몸은 경이로운 신의 뜻에 포함되어 있을 것이라는 희망 또는 우주의 결함에 지나지 않을 것이라는 의심을 갖는 정도였다. 다윈의 등장 이후에는 이러한 부조화가 자연선택의 무기력이나 변덕스러움 때문이라고 오해되기도 했다. 그러나 현대 다윈주의의 관점에서 보면, 이러한 부조화는 하나의 질병에 대한 서로 다른 원인들이 이루어내는, 무늬가 뚜렷한 융단의 모양을 지닌다.

우리 몸은 왜 좀더 믿을 만하게 만들어지지 않았을까? 질병은 도대체 왜 존재하는가? 우리가 지금까지 보아온 것처럼 그 이유는 놀랄 정도로 적다. 첫째, 인간을 질병에 걸리기 쉽도록 만드는 유전자들이 있다. 생각보다는 훨씬 적지만 새로운 돌연변이를 통해 지속적으로 생겨나는 결함들 중 어떤 것들은 자연선택에 의해 드물게나마 살아남는다. 다른 유전자들은 적응도에 영향을 끼치기에는 너무 늦은 나이에 나타나기 때문에 제거할 수 없다. 제거해 봐야 별로 유리한 것이 없기 때문이다.

그러나 다분히 파괴적인 대부분의 유전적 결함들은 겉으로 잘 드러나지 않지만 손실을 능가하는 이득이 있기 때문에 자연선택에 의해 유지된다. 이 유전자들 중 어떤 것은 이형접합자가 갖는 이득 때문에 유지된다. 또 다른 것들은 사람에게는 불이익을 주지만 자기 자신의 빈도를 높이는 능력이 있기 때문에 유지된다. 그 밖의 것들 중에는 새로운 환경 요인과 반응할 때만 나쁜 영향을 나타내는 이른바 유전적 급변들도 있다.

둘째, 과거에는 존재하지 않았던 새로운 환경 요인에 노출된 결과로 나타나는 질병이 있다. 시간만 충분하면 아마도 우리 몸은 거의 모든 조건에 적응할 수 있을 것이다. 하지만 문명의 역사가 1만 년 정도밖에 되지 않았기 때문에 우리는 고통을 겪고 있는 것이다. 전염원들이 워낙 빨리 진화하기 때문에 우리의 방어 능력은 언제나 한발 늦게 마련이다.

셋째, 설계상의 절충에 의해 생기는 질병이 있다. 예를 들면, 인간이 직립 보행을 하기 때문에 생겨난 척추 관련 질병들을 들 수 있다.

넷째, 인간만이 자연선택에 적응하여 스스로를 유지하고 있는 유일한 종은 아니다. 따라서 자연선택이 병원체들로 하여금 인간을 잠식하기 어렵게 하는 것만큼 우리가 그들을 물리치는 일도 어려운 법이다. 야구 경기처럼 이러한 개체들간의 갈등에서 언제나 인간이 완승을 거둘 수는 없다.

마지막으로 불운한 역사적 유산 때문에 생겨난 질병들이 있다. 만일 생물체가 늘 커다란 변화를 통해 새롭게 설계될 수 있다면 많은 질병을 예방할 수 있는 좋은 방법들이 있을 것이다. 그러나 애석하게도 인간의 신체는 모든 세대에서 제대로 기능해야 하며 결코 이전으로 되돌아가거나 완전히 새로 시작할 수는 없다.

인간의 신체는 손상되기 쉬우면서도 강인하다. 다른 모든 진화의 산물과 마찬가지로 우리 몸도 때로는 이롭고 때로는 질병에 대한 취약성을 보여주는 수많은 타협들의 결과물이다. 이러한 취약성은 자연선택이 오래 지속된다 하더라도 절대 없어지지 않는다. 왜냐하면 자연선택이 바로 그것을 만들어낸 힘이기 때문이다.

연구

많은 의문들이 이 나이 어린 학문인 다윈 의학 앞에 놓여 있다. 다윈 의학의 장기적 목표는 무엇인가? 어떻게 진화적 관점에서 질병을 분석할 것인가? 어떻게 가설들이 설정되고 검증되어야 하는가? 누가 연구비를 댈 것인가? 어느 학과 또는 기관에 속한 사람들이 연구를 할 것인가? 왜 이 학문이 태어날 때까지 그토록 오랜 시간이 필요했는가?

장기적 목표에 대해 먼저 이야기해 보자. 질병에 대한 진화적 연구가 제대로 수행된다면 의학 교과서의 모습은 어떻게 변할 것인가? 현재의 의학 교과서들은 전통적인 주제들인 질병의 징후와 증상, 검사 소견, 감별 진단, 질병의 경과, 합병증, 역학, 병인, 병태생리학, 치료, 예후 등에 속하는 여러 가지 장애에 대해 우리가 알고 있는 지식을 요약해 놓았다. 하지만 그러한 기술 범주에는 한 가지가 빠져 있다. 질병에 대해 이야기할 때, 그것을 올바르게 이해하려면 반드시 진화적인 설명이 있어야 한다. 현재 사용되는 교과서들 중에는, 예를 들어 겸상적혈구 유전자의 이점이나 기침과 열의 이점 등에 대한 설명이 한두 가지 추가되어 있지만 그러한 질병을 일으키는 유전자에 작용하는 진화적인 힘이나 질병의 원인이 되는 새로운 환경 요인, 또는 숙주-기생자 사이에서 벌어지는 군비 경쟁의 세부 사항 등을 체계적으로 기술한 것은 하나도 없다. 우리는 질병에 관한 기술에 반드시 진화적 측면을 소개하는 별도의 단락들이 포함되어야 한다고 생각한다. 그 단락에는 아래와 같은 질문들이 기술되어야 한다.

1 증후군의 어떤 양상이 질병의 직접적 결과물이고, 어떤 것이 방어 메커니즘인가?
2 만일 질병이 유전 성분을 갖고 있다면, 왜 이런 유전자들이 지속되는가?
3 새로운 환경 요인이 질병에 작용하고 있는가?

4 질병이 감염에 관계되어 있다면 질병의 여러 양상 중에서 어떤 것이 숙주에게 이로운 것이고, 어떤 것이 병원체에게 이로우며, 어떤 것이 어느 쪽에도 이득을 주지 않는 것인가? 병원체가 우리의 방어 메커니즘을 넘어서기 위해 사용하는 전략은 무엇이고, 이러한 전략에 대항하는 인간의 특별한 방어 메커니즘은 무엇인가?

5 이러한 질병에 대해 인간이 취약하게 된 인체 설계상의 절충이나 역사적 유산은 무엇인가?

이러한 질문들은 중요했지만 그동안 거의 다루어지지 않았던 연구들을 촉진할 것이다. 평범하기 이를 데 없는 감기에 대해서도 연구할 것들이 많이 있다. 아스피린을 복용했을 때와 복용하지 않았을 때의 효과는 어떻게 다른가? 코 흡입기나 혈관 수축제를 사용하면 어떤 효과가 있나? 콧물은 바이러스가 자신을 퍼뜨리기 위해 사용하는 수단인가, 아니면 방어 메커니즘의 결과인가, 아니면 둘 다인가? 대부분의 경우에는 이러한 연구가 개념적으로도 간단하고 뚜렷한 유용성이 있는데도 전혀 실시되지 않았다.

발바닥근막염 plantar fasciitis 같은 만성적이며 복잡한 질병을 살펴보자. 보통 발뒤꿈치돌기 heel spurs라고 알려진 이 흔한 질환은 발뒤꿈치 안쪽에 심한 통증을 일으킨다. 이 통증은 특히 아침에 일어날 때 더 심해진다. 이는 족궁을 지지하고 있는 발바닥의 근막, 즉 활시위처럼 발의 앞과 뒤를 연결하는 단단한 조직에 생기는 염증이다. 하루에도 몇천 번씩 발을 뻗을 때마다 온몸의 체중이 실려 조직이 늘어난다. 왜 이 근막은 그렇게 쉽게 못 쓰게 되는 것인가? 가장 간단한 대답은 자연선택이 그 조직을 역할에 어울릴 만큼 튼튼하게 만들지 못했다는 것이다. 하지만 이 설명에는 의문의 여지가 많다. 좀더 그럴 듯한 설명은 인간이 두 발로 걷게 된 것이 너무 최근의 일이기 때문에 자연선택이 근막을 충분히 강화시킬 만한 시간이 부족했다는 것이다. 이러한 설명이 지닌 문제점은 발바닥근막염이 흔하면서도 치명적이라는 사실이다. 근시의 경우처럼 근막염도 자연환경에서는 엄청나게 적응도를 낮추기 때문에 결국 강력한 선택의 결과로 사라졌을 것이다. 몇몇 전문가들은 발가락 끝으로 걷는 버릇이 있는 사람들의 경우, 근막조직에 지속적으로 부담을 주기 때문에 근막염이 자주 나타난다고 주장한다. 그렇다면 우리는 왜 그런 식으로 걷게 되었을까? 신발을 신는 현대식 습관 때문인가? 하지만 신발을 신어본 적이 없는 많은 사람들도 발가락 끝으로 걷는다.

근막염이 새로운 환경의 결과로 생겨난 것임을 지지하는 두 가지 증거가 있다. 첫째, 발바닥의 근막을 뻗는 연습을 하면 근막이 늘어나고 유연성이 늘어나 근막염을 해소하는 데 도움이 된다. 둘째, 많은 현대인들은 수렵 채취인들이 하지 않던 일을 하고 산다. 하루의 대부분을 의자에 앉아서 보낸다. 대부분의 수렵 채취인들은 운동으로 에어로빅을 하는 게 아니라 매일 몇 시간씩 걸어다녀야 했다. 그들은 걷지 않을 때도 의자를 이용하지 않고 계속 근막을 뻗고 있는 상태인 쪼그려 앉기 자세로 쉬었다. 발바닥근막염이나 그에 대한 물리 치료를 행하지도 않았다. 단지 하루에 몇 시간씩 걷거나 쪼그려 앉는 것이 전부였다. 근막염은 앉아 있는 시간이 길어짐에 따라 근막이 수축되어 발생하며 쪼그려 앉거나 근막을 뻗는 다른 일을 하면 치유되거나 예방된다는 가설은 역학 자료를 검증해 보거나 직접 치료 연구를 실시해 보면 쉽게 검증할 수 있다.

비타민 C, 비타민 E, 베타캐로틴beta-carotene과 같은 항산화제를 먹는 것이 현명한가를 둘러싼 최근의 논란은 다윈 의학에 대한 또 하나의 좋은 도전이다. 민간 요법에 따르면, 이와 같은 약물들이 심장질환이나 암뿐만 아니라 노화까지도 예방시켜 준다고 한다. 그러나 1994년에 실시된 한 연구에서는 어떤 사람들에게 베타케로틴이 암의 발병 위험을 증가시키는 경향이 있다는 결과가 나온 바 있다. 특히 이 물질들이 아테롬성동맥경화증을 예방해 준다는 것은 너무나 많은 실험들이 증명하고 있다. 그러나 의사들은 이 물질들이 여전히 논란의 대상이며, 좀더 광범위한 연구를 통해 이 물질들의 성질이 올바르게 평가될 때까지는 복용을 삼가야 한다고 권고한다. 우리는 물론 약물을 주의해서 사용해야 한다는 이러한 보수적인 입장에 동의한다. 그러나 진화적 관점이 이 같은 과정을 더 가속화하기를 기대한다. 이미 이 책의 앞부분에서 우리는 자연선택을 통해 인간의 신체가 가지고 있는 자체 항산화제 중 몇 가지가 증가했음을 보여주었다. 비록 그것이 때로는 질병을 유발하기도 했지만 말이다. 요산의 함량은 수명이 긴 종일수록 높으며, 인간의 경우, 그 수치가 지나치게 높아 통풍(痛風)에 걸릴 위험도 함께 높아졌다. 체내에 요산이나 과산화돌연변이억제효소 superoxide dismutase를 비롯해 빌리루빈 등과 같은 물질들의 함량이 증가한 것은 다 자연선택의 결과로 보인다. 왜냐하면 이 물질들은 불과 몇십만 년 동안에 몇몇 노화 효과를 지연하여 인간의 수명을 놀랄 만큼 연장시킨 산화억제제에 속하기 때문이다.

그렇다면 신체의 산화억제제 함량은 왜 미리 최적화되지 않았을까? 그것은 신체의 노화 억제 메커니즘들이 최근의 인간 수명 증가 현상을 따라잡지 못했기 때문인지도 모른다. 아니면 신체 내 산화억제제의 함량이 높아지면 감염 또는 유해물질에 대한 신체의 저항성이 감소하므로 석기 시대인의 평균 연령인 서른에서 마흔 살 정도에 적합한 함량을 유지하고 있기 때문인지도 모른다. 이러한 가능성들은 산화억제제를 음식에 첨가하는 것이 그것이 끼칠 손해보다 더 큰 이득을 가져다 줄지도 모른다는 추측을 불러일으킨다. 진화론적 관점은 대부분 신체에 대한 과도한 간섭에 반대하고 있지만, 이 경우에는 노화의 몇 가지 효과를 억제할 수 있는 전략들을 추구하도록 권할 수 있다.

따라서 이에 관한 연구는 무엇보다도 체내에 있는 다른 산화억제제들을 찾아내고, 그것들이 신체에 미치는 영향에 대한 대차대조표를 작성하는 일이 되어야 할 것이다. 체내에 요산 함량이 높은 사람은 통풍 외에도 다른 대가를 치러야 하는지를 관찰하거나 다른 사람에 비해 노화의 징후를 덜 나타내는지를 관찰하는 것은 매우 흥미 있는 일이다. 또 인간과 가까운 영장류들에서도 요산이 그와 비슷한 작용을 하는지를 알아보는 것도 중요한 일이다. 이런 지식이 축적되면 누가 산화억제제를 복용하면 이익이 되고, 그 부작용은 어떤 것일까를 결정하는 데 좀더 유리할 것이다.

이 책에는 여러 가지 연구 제안들이 들어 있다. 그 중 많은 것은 박사 학위 논문의 연구 주제로 적절하고, 몇몇은 평생 도전해 볼 만한 가치가 있다고 생각한다. 그러나 실제로 그런 연구를 수행하는 것은 어려운 일이다. 왜냐하면 현재는 그런 연구를 지원해 줄 정부 기관이 없기 때문이다. 기존의 연구 기금 위원회는 특정한 질병에 대한 근접 메커니즘의 연구와 치료에만 연구비를 지원하도록 권한을 위임받았기 때문이다. 게다가 그 위원회의 구성원들은 진화적 개념을 수립하고 검증하는 것에 대해서 거의 아는 바가 없는데다 몇몇은 진화적 가설의 과학적 위치에 대해 근본적으로 잘못된 개념에 기초하여 그릇된 평가를 내릴 가능성도 있다. 연구에 대한 우선 순위를 결정하는 현재의 운영 체제는 새로운 관점을 이해할 능력이 없는 소수의 위원들이 연구비 지급 기회를 원천적으로 봉쇄할 수 있도록 만들어져 있다.

생화학자나 병역학자에게 진화적 가설을 검증하기 위한 연구 계획을 검토하라는 것은 무기화학자에게 대륙 이동설에 대한 연구 계획을 검토해 달라고 하는 것과 같다. 다윈 의학이 발전하려면 진화생물학의 개념과 방법을 잘 알고 있는 전문가들로 구성된 독자적인 기금 결정 기구가 필요하다. 물론 짧은 시일 내에 정부 기관이 다윈 의학을 위한 연구 기금을 댈 가능성은 거의 없다. 다윈 의학의 빠른 성장을 위해 바랄 수 있는 최선의 희망은 전문 연구소를 설립할 수 있도록 독지가들과 지원 기관들의 신념이 있어야 한다. 생화학과 유전학 연구에 대한 초기의 작은 투자가 오늘날 우리의 삶을 크게 변화시킨 것과 마찬가지로 이에 관한 지원이 웬만큼만 있어도 의학 발전의 방향을 바꿀 수 있다. 1965년 르네 듀보스René Dubos는 다음과 같이 말했다.

여러 가지 면에서 오늘날 개체생물학, 특히 환경의학이 놓인 상황은 1900년경 의학과 관련하여 물리화학이 처한 상황과 매우 유사하다. 당시 미국에서는 물리화학적 생물학 연구가 끼여들 여지가 전혀 없었으며, 이 분야에 관심을 가진 학자들은 의사 사회에서 이류 시민처럼 취급되었다. 다행히 몇몇 자선가들이 이러한 상황을 깨닫고 그런 경향을 뒤바꿀 만한 새로운 연구 환경을 제공했다. 록펠러 재단의 투자는 의학에 대한 물리화학적 지식의 기초를 마련하려는 시도 중에서 가장 지각 있고 성공적인 예가 될 것이다. (중략) 오늘날 개체생물학, 특히 환경의학은 오십여 년 전의 물리화학적 생물학에 비해 전혀 나을 바 없는 불모지나 다름없다. 학문적으로 인정받을 수 있도록, 또 그러한 탐구를 위한 적절한 환경이 제공하려는 조직적인 노력이 없는 한 발달할 수 없을 것이다.

왜 그토록 오랜 시간이 걸렸을까?

다윈의 이론이 체계적으로 질병에 적용될 때까지 왜 백 년 이상의 시간이 걸렸는가? 언젠가는 과학사학자들이 이에 대한 답을 찾겠지만 나름대로 몇 가지 설명이 가능할 것 같다. 질병에 대한 진화적 가설을 수립하고 검증하는 데 따르는 어려움, 진화생물학이 최근에 이르러서야 발달했다는 점, 의학 분야의 독특한 성향 등이 그것이다.

생물학자들은 오랫동안 생명체의 특성에 대한 진화적 기원과 기능을 밝히려고 노력해 왔지만, 이러한 작업이 생명체의 구조와 메커니즘을 밝히는 일과 근본적으로 다른 일이라는 것을 깨달을 때까지 많은 시간이 흘렀다. 하버드 대학의 생물학자 에른스트 마이어 Ernst Mayr는 『생물학적 사고의 성장 *The Growth of Biological Thoughts*』이라는 저서에서 두 가지 종류의 생물학이 평행선을 그리며 발전해 온 역사를 추적했다. 근접 생물학 proximate biology의 최전선에 서 있는 의학은 진화적 의문을 설명하는 데 이상하리만큼 뒤늦었다. 이는 부분적으로

나마 분명히 질문과 목표가 달랐기 때문이었다. 의학의 역사에서 〈왜 개개인이 특정한 질병에 걸렸는가〉라는 물음에서 〈종의 어떤 특성이 구성원들로 하여금 그 질병에 잘 걸리도록 하는가〉라는 물음으로 전환한 것은 엄청난 일이다. 지금까지는 어떻게 질병과 같은 비적응적인 현상이 자연선택에 의해 다듬어질 수 있었는가를 묻는 것 자체가 이상한 일이었다. 거기다가 의학은 진료 활동이 주를 이루는 실용 분야이기 때문에 진화론적인 설명이 질병을 예방하고 치료하는 일에 도움이 된다고 생각하기란 쉽지 않았을 것이다. 이 책이 사람들에게 질병에 대한 진화적 설명을 탐구하는 일이 충분히 가능하며 실용적 가치도 가지고 있다는 사실을 확신시켜 줄 수 있기 바란다.

의학이 진화생물학의 아이디어를 이용하는 데 게을렀다는 비난을 하려면 진화생물학자들도 그에 못지 않은 책임이 있음을 인정해야 한다. 진화생물학자들은 너무나 오랜 시간을 허비했다. 다윈과 월리스를 포함한 19세기 중반의 진화학자들이 가졌던 뛰어난 통찰력과 20세기 초반에 일어난 멘델 유전학의 혁명에도 불구하고, 〈왜 매년 거의 같은 숫자의 남녀가 태어나는가〉와 같은 문제에 대해서조차 1930년대에 피셔 Fisher의 논저가 나올 때까지 이렇다 할 생각을 하지 않은 이유는 무엇인가? 1950년대에 이르러 메다워 Medawar가 노화를 이야기할 때까지 아무도 그런 일을 한 사람이 없었던 이유는 무엇인가? 1964년에 해밀튼 Hamilton이 친족성 kinship의 진화적 중요성을 지적하기 전까지는 아무도 그것을 알지 못했던 이유는 무엇인가? 1970년대와 1980년대에 이르러서야 기생자와 숙주, 식물과 초식동물이 진화에 상호 영향을 주고 있다는 사실을 통찰하기 시작한 이유는 무엇인가? 우리는 이러한 종류의 문제들에 대한 해답을 진화적 사고 전반에 대한, 또 더 구체적으로는 적응과 자연선택에 대한 지속적인 반감(몇몇 생물학자들조차 이런 반감을 가지고 있다)에서 찾을 수 있다고 생각한다. 따라서 의학자들이 다른 분야의 과학자들도 미처 발전시키지 못한 과학 분야에 대한 생각들을 이용하지 못했다는 것을 비난할 수는 없을 것이다.

또 의학자들은 실험 방법에 대한 특유의 강령 때문에 어떤 문제에 대해 기능적 가설을 고려하는 일을 주저하는 경향이 있다. 의사들 대부분은 확고하게(그리고 그릇되게) 과학은 오직 실험적 방법을 통해서만 이루어진다고 배웠다. 그렇지만 많은 경우 과학의 진보는 이론과 더불어 시작되었고, 가설에 대한 검증 또한 실험적 방법에 의존하지 않고 실시되었다. 예를 들어 지질학은 지구의 역사를 되풀이할 수 없더라도 어떻게 분지와 산맥들이 형성되었는가를 확실하게 알 수 있다. 진화적 가설들 역시 지질학적 가설과 마찬가지로 현존하는 기록에 나타난 이용 가능한 증거들을 설명하고 미처 발견하지 못한 기록들에 대한 새로운 발견을 예견함으로써 검증된다.

마지막으로 다른 과학 분야들과 마찬가지로 의학 역시 최근에 와서는 오류로 판명된 과거의 관념들에 대해 특별히 과민한 반응을 보이고 있다. 오랫동안 의학은 생명체 자체가 어떤 신비로운 〈생명력 life force〉을 지니고 있다는 생기론(生氣論, vitalism)을 물리치려고 노력해 왔는데, 그러한 노력이 오류로 판명된 지금에 와서도 그와 유사한 것은 무조건 받아들이지 않으려고 한다. 마찬가지로 의학자들은 계속해서 나타나고 있는 소박하고 오류투성이인 합목적주의 teleology 역시 마땅히 사라져야 한다고 생각한다. 많은 사람들이 대학 1학년 철학 수업 시간에 목표나 동기로 현상을 설명하려는 합목적주의의 오류에 대해 배운 것을 기억할 것이다. 이 논증은 미래의 상황이 현재에 영향을 미칠 수 없다는 것을 깨닫게 해준다는 점에서 현명한 것이다. 그러나 미래에 대한 현재의 계획이 현재의 과정과 그에 따른 미래의 상황에 아무 영향도 미칠 수 없다고 주장한다면 그것은 현명하지 않다. 현재의 계획이란 케이크를 만들기 위한 요리법이나 새의 알에 들어 있는 DNA 정보를 포함한다. 생물학의 기능적 설명은 미래가 현재에 영향을 미칠 수 있다는 것을 뜻하지는 않지만 번식과 자연선택의 연장선상에서는 그것이 가능하다는 것을 뜻한다. 알 속에서 새의 배아는 이미 날개를 어느 정도 발달시킨다. 그것을 발달시키지 못한 새들은 자손을 남기지 못했기 때문이다. 같은 이유로 어미새들은 날개가 어느 정도 발달한 배아를 갖는 알을 낳는다. 이러한 의미에서 볼 때, 새 배아의 날개는 미래에 대한 준비인 동시에 과거의 역사에 의해 만들어진 것이다. 어떤 형질의 기능에 관한 진화적 설명은 진화가 인지 능력을 가지고 있다거나 계획을 세운다거나 목표를 향한 방향성을 가지고 있음을 뜻하는 것이 아니다. 의학은 합목적주의의 오류에 빠지지 않으려고 하다가 도리어 현대 진화학이 이루어 놓은 확고한 진보의 이득을 얻지 못하게 막는 결과를 초래하고 있다. 의학은 뒤쳐지지 않으려는 노력 때문에 오히려 발전하지 못한 것이다.

의학 교육

과거의 실수를 되풀이하지 않으려는 노력 때문에 의학 교육 역시 비슷한 문제를 겪고 있다. 현재 의학은 과거에 의학이 겪은 특정한 문제를 해결하기 위해 마련한 방법 때문에 곤경에 처해 있다. 20세기 초에 에이브러햄 플렉스너 Abraham Flexner가 의학 교육 문제에 대한 폭넓은 연구를 제안했을 때 카네기 재단은 그를 적극적으로 지원했다. 그는 미국 전역을 여행하면서 의사들이 조수를 채용해 의학을 가르치는 다분히 비조직적인 의학 도제 제도에 관하여 조사했다. 기초 과학에 근거한 정규 의학 교육은 드물었고, 도제들이 알고 있는 해부학과 생리학의 기초 지식은 서로 달랐다. 1910년에 나온 플렉스너 보고서는 예비 의사들에게 가르칠 기초 과학의 양에 대해 새로운 의과대학 인가 기준을 만드는 데 기반이 되었다.

이 점에서 의과대학들은 플렉스너의 기대를 훨씬 넘어섰다. 플렉스너가 현대 의과대학의 교육 과정을 본다면 뭐라고 말 할 것인지 궁금하다. 오늘날 의과대학생들은 기초 과학에 대해 배울 뿐만 아니라 기초 과학을 부전공으로 하고 있는 교수들의 연구 성과에 대해서도 너무 많이 교육받고 있다. 모든 의과대학의 교과 과정 선정 회의에 가보면 학생들의 시간과 정신을 차지하기 위한 전쟁이 벌어진다. 미생물학자들이 좀더 많은 실험 시간을 요구하는가 하면 해부학자들도 마찬가지다. 병리학자들은 그들이 가르쳐야 할 내용을 단 40시간의 강의를 통해 전달하는 것은 불가능하다고 생각한다. 약리학자들은 학생들이 새로 등장하는 모든 약물들을 다룰 수 있게 될 때까지는 학생들의 30%를 계속 낙제시킬 수밖에 없다고 말한다. 병역학자, 생화학자, 생리학자, 정신의학자, 신경과학자들 모두 좀더 많은 시간을 요구한다. 물론 유전학의 최근 발달을 따라가는 것도 포함된다. 게다가 연구 논문을 읽는 데 지장이 없을 만큼 과학적 방법론과 통계학도 충분히 배워두어야 한다. 그러고 나면 그들이 실제 병실에서 일을 하기 전에 어떻게 환자와 대화를 해야 하는지, 어떻게 물리 치료를 하는지, 어떻게 환자 기록을 작성하는지, 어떻게 피를 뽑고 조직 배양을 하고 척수 천자를 하고 도말 표본을 얻고 안압을 측정하고 혈액과 소변 검사를 하는지 등에 대해 배워야 한다. 지식의 양과 할 일들은 질릴 정도로 많지만 모든 것이 의과대학 본과의 첫 2년 동안에 완전히 끝나야 한다.

어떻게 이 모든 일을 다 해낼 수 있을까? 물론 불가능하다. 그렇다면 왜 불가능한 기대를 하고 있는 것인가? 우리는 부분적으로 의사들은 무엇이든 다 알고 있을 것이라고 기대하기 때문이다. 하지만 다른 이유는 총괄하는 사람이 아무도 없기 때문이다. 위원회에서 학교의 교과 과정을 결정하고 모든 기초 과학 분야가 좀더 많은 시간이 필요하다고 말할 때 결론은 교과목의 총 시간을 증가시키는 것뿐이라고 생각한다. 매주 30시간 또는 그 이상으로 학과 수업을 하는 것이 그리 이상하지 않다. 학과 시간이 끝나면 학생들은 집으로 돌아가 교과서와 자기 노트를 가지고 공부한다.

혹자는 학생들의 불평 불만으로 결국 교과목 편성을 재조정하리라고 생각할지도 모르지만 몇 십 년에 걸친 불평에도 불구하고 변한 것은 거의 없다. 어느 정도 변화를 만든 것은 복사 기술의 발달이었다.

학생들은 수업에 들어가 강의를 듣는 대신 강의 시간마다 필기를 전담할 사람을 한 명씩 고용한 후 그들로부터 모든 복사본을 챙겼다. 결국 강의에 들어가는 것보다 집에 앉아서 그런 필기 복사본을 가지고 공부하는 것이 더 현명한 생존 전략이 되었다. 2백 명이 들어와야 할 강의에 단 스무 명의 학생만 출석하는 지경에 이르자 교수들이 분노했고 결국 교과 과정 개편이 이루어졌다. 몇몇 학장들의 강력한 지도력에 힘입어 의과대학들은 수업 시간을 줄이고 총 과목수를 삭감하며 대신 의학을 교육할 새로운 방법을 모색하고 있다. 만일 이러한 노력이 결실을 맺게 된다면 참으로 대단한 일이 될 것이다.

비록 아직까지 다윈 의학을 정식 교과목에 포함시킬 것을 주장하는 진화의학과Department of Evolutionary Medicine나 이 분야를 잘 알고 가르치고자 하는 의학 교수가 있는 것은 아니지만 이러한 노력을 계속하면 다윈 의학이 설 땅이 마련될지도 모른다. 의과대학 교과 과정에 진화에 대한 기초 과학과 의학적 응용을 포함시키기 위해서는 여전히 많은 시간과 의과대학장들의 혜안이 필요하다. 진화학이 포함되면 학생들은 질병에 대한 새로운 시각을 얻게 될 뿐만 아니라 서로 관련이 없어보이는 수많은 사실들을 한데 묶는 통합적 구성 체제를 얻게 될 것이다. 다윈 의학은 의학 교육의 무질서한 체제에 지적 일관성을 제공해 줄 것이다.

임상에 미치는 영향

진화적인 관점이 실제로 임상에 어떤 영향을 줄 지는 좀더 연구되어야 하지만 그 중 몇 가지는 지금 당장이라도 질병에 대한 환자와 의사들의 시각을 바꿀 수 있다. 진화적 시각을 가지기 전의 의사와 가진 후의 의사가 통풍에 대해 환자와 대화하는 것을 들어보자.

「선생님, 제 엄지발가락에 염증이 통풍이란 말입니까? 그러면 도대체 통풍이 생기는 이유가 뭐지요?」

「통풍은 관절액에 있는 요산이 결정화되어 생기는 겁니다. 모래알 같은 결정들이 얼마나 관절을 아프게 할 수 있는지를 당신은 잘 알고 있으리라 생각합니다」

「그렇다면 왜 저는 통풍을 앓고 선생님은 앓지 않습니까?」

「사람에 따라서 몸속에 원래 요산의 함량이 많은 사람이 있습니다. 아마 유전자와 식생활들이 함께 관련되어 있을 겁니다」

「그렇다면 왜 우리 몸은 좀더 좋게 설계되지 않은 겁니까? 선생님께서는 애당초 요산의 수준을 낮출 수 있는 어떤 몸의 체계가 있을 수 있다고 생각하지 않으십니까?」

「글쎄요, 지금까지는 우리가 인간의 신체가 완전해지리라고 생각할 수 없지 않겠습니까?」

이 점에서 우리의 전다윈주의 pre-Darwinian 의사는 과학을 포기하고 질문을 회피했다. 이렇게 〈왜〉라는 질문에 대해서는 심각하게 대답할 필요가 없다고 생각한다. 대부분이 그렇듯이 의사들은 진화적 설명과 근접 설명 간의 차이를 인식하지 못하며 질병에 대해 진화적으로 설명하는 일이 얼마나 중요하고 타당한 것인지에 대해 언급하지 않는다.

다윈주의 의사는 환자가 원하는 것에 더 가깝고 충분히 설득력이 있는 대답을 할 것이다.

「아주 좋은 질문입니다. 인간이 가지고 있는 요산의 함량은 다른 영장류들에 비해 상당히 높습니다. 요산의 함량과 수명은 서로 연관되어 있는 것 같습니다. 수명이 긴 종일수록 요산을 많이 지니고 있습니다. 요산이 노화의 중요한 요인인 산화 작용으로부터 우리의 세포들을 보호해 주고 있는지도 모릅니다. 그래서 자연선택이 우리 조상들 중 어떤 사람들은 통풍에 걸리는 결과가 생기더라도 요산의 함량을 높게 선택했으리라 생각합니다. 왜냐하면 그렇게 높은 수준의 요산은, 특히 인간처럼 오래 사는 종에게는 더욱 유리하기 때문이지요」

「그렇다면 높은 요산 함량이 노화를 억제한다는 건가요?」

「기본적으로는 그렇게 보는 것이 옳습니다. 하지만 지금까지 요산 수준이 높은 사람이 특히 오래 살았다는 증거는 없습니다. 어쨌든 당신이 발가락을 그렇게 놔두기를 원하지는 않을 테니 우선 우리가 해야 할 일은 당신의 요산 수준을 정상 수준까지 낮춰서 통풍 증상을 조절하는 겁니다」

「아주 현명하신 말씀입니다, 선생님」

이것만이 유일한 예는 아니다. 진화적인 관점은 이미 많은 의학적 상황을 다루는 데 기여하고 있다. 패혈증성인후염 strep throat을 예로 들어보자.

다윈주의 의사가 말한다. 「패혈증성인후염이군요, 일주일 동안 페니실린을 복용해야 합니다」

환자가 쉰 목소리로 말한다. 「그러면 좀더 빨리 낫는 겁니까?」

「아마 그럴 겁니다. 그리고 당신의 몸이 세균을 공격하는 면역물질을 만들어내기 때문에 발생하는 류마티스열도 억제될 것입니다」

「그런데 왜 내 몸이 스스로 심장을 공격하는 물질을 만드는 것이 좋지 않다는 걸 모르는 겁니까?」

「글쎄요, 연쇄상구균은 수백만 년에 걸쳐서 인간과 함께 진화해 왔습니다. 이 균은 속임수를 써서 인간의 세포가 가지고 있는 암호를 모방하지요. 그래서 이 균을 직접 공격하는 항체를 우리 몸이 만들면 그 항체들이 우리 신체의 조직까지 함께 공격합니다. 인간은 사실 이 균과 함께 경쟁하고 있는 것과 다름 없습니다. 하지만 균이 우리보다 훨씬 빠르게 진화하기 때문에 절대 이길 수는 없습니다. 균은 새로운 세대를 만드는 데 한 시간이면 충분하지만 우리는 20년 이상이 걸립니다. 하지만 다행히도 우리는 균을 항생물질로 죽일 수 있게 되었습니다. 물론 일시적인 승리이긴 하지만요. 따라서 당신은 상태가 나아진 후에도 당신 자신과 다른 사람들을 위해 항생제를 계속 복용해야 합니다. 왜냐하면 그렇게 하지 않으면 잠깐 동안 항생물질에 노출된 다음 계속 살아남는 균의 변이종들에게 더 좋은 여건을 제공해 주기 때문이지요. 그리고 그렇게 항생물질에 내성을 가진 균들은 결국 우리 모두를 더 살기 힘들게 만듭니다」

「아, 이제야 왜 한 병을 다 먹어야 하는지 알겠습니다. 그렇게 하지요」

이번에는 심장병을 앓고 있는 환자 얘기를 해보자.

「선생님, 제가 만약 유전자 때문에 높은 콜레스테롤 수치를 가진 것이라면 식생활을 바꾼들 무슨 이득이 있습니까?」

「음, 그런 유전자들은 인간이 진화해 온 정상 환경에서는 전혀 해롭지 않았습니다. 만약 당신이 매일 먹을 것을 찾아서 여섯 시간 내지 여덟 시간 정도를 걸어다닌다거나 당신이 먹는 음식물의 대부분이 복합 녹말로 되어 있다거나 야생 동물과 같은 기름기 없는 고기를 먹었다면 심장병에 걸리지 않았을 겁니다」

「하지만 저는 왜 선생님이 먹어서는 안 된다고 말하는 그런 음식만 먹고 싶은 걸까요? 감자 튀김, 아이스크림, 치즈, 스테이크는 먹지 말아야 한단 말입니까? 당신 같은 의사 선생님들은 도대체 맛있는 음식들을 전부 없애버리고 싶은 건가요?」

「불행히도 인간은 아프리카의 사바나 지역에 살던 시절 필수적으로 소량이 필요하지만 흔하지 않았던 그런 음식물들을 찾도록 신경계가 만들어져 있습니다. 조상들이 소금이나 설탕 혹은 지방질이 풍부한 음식물을 찾았다면 가능한 한 많이 먹어두는 것이 현명한 일이었을 겁니다. 이제는 식료품점에서 손수레에 담기만 하면 소금, 설탕, 지방 등을 원하는 만큼 마음껏 먹을 수 있습니다. 우리 대부분은 조상들보다 두 배 이상의 지방질과 더 많은 소금, 그리고 설탕을 먹고 있습니다. 당신이 한 말, 아주 잔인한 농담이지만 맞는 말입니다. 인간들은 바로 우리에게 해로운 것들을 원하고 있습니다. 현대의 환경에서 건강에 좋은 식생활을 한다는 것은 결코 자연스레 되는 일이 아닙니다. 사람은 자신의 원초적인 갈망을 이겨내도록 머리와 의지를 사용해야 합니다」

「음, 아직 저는 제가 좋아하는 음식들을 마다하고 싶지는 않지만 적어도 무슨 말씀인지 이해는 가네요」

이 외에도 수백 가지의 예가 있다. 감기나 설사에 걸린 환자에게 해줄 수 있는 충고, 노화에 대한 설명, 임신 기간 중에 겪는 입덧의 중요성, 알러지의 유용성 등등. 대부분의 의학적 문제들은 아직까지 진화적 관점에서 연구되지 않았지만 다윈 의학은 임상에 곧바로 유용하게 쓰일 수 있다.

여기서 필히 경고해 둘 것이 있다. 다른 사람들과 마찬가지로 의사나 환자들도 이론을 지나치게 확대하려는 경향이 있다. 많은 기자들은 〈그렇다면 당신은 열을 내리기 위해 아스피린을 먹는 일을 삼가라는 말입니까〉라고 질문한다. 그런 말은 아니다! 약의 처방에 대한 의료 원칙은 의료 연구를 통해 만들어져야지 이론에 의해 만들어져서는 안된다. 열이 이로울 수도 있다는 것을 안다고 해서 아스피린을 먹지 않는 것은 잘못이다. 또한 임신 중의 입덧이나 알러지, 그리고 불안감 때문에 생기는 여러 불쾌한 증상들을 치료하지 않는 것도 실수다. 각각의 경우는 따로 연구되어야 하며 개별적으로 취급되어야 한다. 하지만 진화적 시각으로 접근하면 그러한 처방들이 불필요하거나 위험하다는 사실을 알게 될 것이고 과연 이득이 손해를 능가할지 연구해야 한다.

공공 정책에 대한 함의

이미 앞에서 말했지만 여기서 다시 한번 도덕적 기준을 생물학적 사실에서 추론할 수 없다는 것을 밝혀두고자 한다. 예를 들어 노화와 죽음이 피할 수 없는 사실이라는 것을 아는 것이 우리가 노인들에게 의료 비용 중 얼마를 할당해야 하는가 하는 문제에 대한 직접적인 의미를 가지는 것은 아니다. 하지만 사실에 의거한 지식은 우리가 얻고자 하는 목표가 무엇이든지 그것을 성취하도록 도와줄 수는 있다. 오늘날 미국은 의료 정책의 경비와 조직상의 위기를 맞고 있는데, 거기에는 새로운 연구비 관리 제도, 새로운 기술 및 기타 경제적 변화는 물론 의료 서비스 질의 심각한 차이에 대한 비난의 목소리가 높아지는 새로운 사회적 가치 등 여러 원인들이 있다. 이처럼 복잡한 체제로는 어떤 일반 정책도 모두를 만족시킬 수 없으며 정치 권력의 문제 때문에 실행 가능한 최선의 정책을 실천하는 일조차 쉽지 않다.

어떤 해결책을 제시할 수 있다고 말하는 것은 아니지만 우리는 이러한 논쟁에 참여하고 있는 많은 사람들이 기본적으로 질병이 무엇이냐 하는 것조차 합의를 보지 못했다고 생각한다. 그들은 질병이 나쁜 것이라는 사실은 알고 있지만 질병이 처음에 어디서 생겨났는지 그리고 어떤 질병을 예방하거나 치료할 수 있는지에 대해서는 아주 다른 견해들을 가지고 있다. 누구는 결함을 가진 유전자를 탓하고 또 누구는 질병에 걸린 운 없는 사람들이 가지고 있는, 특히 불량한 음식이나 약물 남용과 같은 편향된 습성을 탓한다. 최근 발간된 권위 있는 논문에 따르면 미국의 발병률과 사망률의 70% 이상이 예방할 수 있는 것들이라고 한다. 이 논문은 특히 질병 예방에 많은 투자를 하도록 강력하게 주장하는데, 왜냐하면 결국 질병을 예방하면 의료보험에 지불하는 비용을 절감시킬 수 있기 때문이다. 인류의 건강을 증진시키기 위해 제안된 새롭고 실천적인 일이 결국 돈을 절약하기 위한 방법으로 얘기되어야만 하는 이 현실이 얼마나 끔찍한 역설이고 놀라운 조짐인가! 하지만 역사적으로 보면 이러한 접근 방법은 이해할 수 있는 것이다. 저명한 의사들과 연구자들이 토론석상에서 항상 치료 대신 예방을 중요시해야 한다고 주장했다. 최근 들어 예방 의학 분야는 공공 정책의 일환으로 어느 정도 지원을 받고 있지만 사람들은 여전히 의사들로부터 어떻게 하면 건강하게 살 수 있는가에 대해 믿을 만한 조언을 얻지 못하고 있다. 다원 의학의 원칙들에 근거하여 의료 체계를 새롭게 조직하면 결국 의료 자원의 상당 부분을 건강을 유지하는 데 할당하도록 만드는 자극제가 될 것이다.

개인적, 철학적 함의

우리에게 건강만큼 중요한 것은 또 없다. 우리는 서로에게 인사말로 〈어떻게 지내세요〉라고 묻지만 그러한 관습은 아직도 그 내용의 심각성을 완전하게 담고 있는 것은 아니다. 모든 것을 다 잃은 사람도 〈그래도 나에게는 아직 건강이 있습니다〉라고 말한다. 건강은 절대적으로 중요하다. 건강이 없으면 다른 어떤 것도 중요하지 않다. 우리는 모두 건강을 지키고 향상시키기 위해 질병의 원인이 무엇인가를 알고 싶어한다.

효과적 치료법이 알려지기 훨씬 전에는 의사들이 병에 대한 진단과 소망, 그리고 무엇보다도 그 의미에 대해 말해 주었다. 어떤 엄청난 일이 일어났을 때, 즉 심각한 질병이 발생했을 때 사람들은 그 이유가 무엇인지 알고 싶어한다. 범신론의 세계에서는 그 이유에 대한 설명이 간단했다. 어떤 신은 병을 주고 어떤 신은 그것을 치유했다. 그러나 사람들이 오직 유일한 신 하느님을 섬기며 살게 된 이래 질병과 악마를 설명하는 일이 좀 어려워졌다. 신학자들은 대대로 악의 존재를 신의 섭리라고 주장하는 이른바 신정설 theodicy과 씨름해 왔다. 어떻게 그 좋은 하느님이 선량한 사람들에게 그렇게 나쁜 일이 일어나도록 하실 수가 있을까?

다윈 의학은 그러한 질문에 대한 근본적인 대답을 제시할 수는 없다. 또 다윈 의학은 개인의 질병이 그 사람의 사악함을 반영한다는 식으로 말할 수도 없고 세상 만사가 다 신의 계획에 의해 행해지는 것도 아니다. 단지 왜 인간이 현재 이 모습으로 되었는가, 왜 인간이 어떤 질병에 걸리기 쉬운 것인가 하는 것에 대해 보여주고자 할 뿐이다. 의학에 대한 다윈주의적 견해는 동시에 질병을 다소 의미 있는 것으로 만들어주기도 한다. 질병은 단지 무작위적이고 잘못 진화된 어떤 힘에 의해 생겨난 것이 아니다. 질병은 궁극적으로 과거의 자연선택에 의해 생겨났다. 역설적이지만 우리를 질병에 취약하게 하는 메커니즘이 때로는 우리에게 이득을 주기도 한다. 고통을 겪는 일도 유용한 방어 작용일 수 있다. 자가면역 질환은 인체가 외부 침입자를 공격하는 탁월한 능력을 갖고 있는 것에 대한 대가이다. 암은 자기 스스로를 복구할 수 있는 조직들에 대한 대가이다. 폐경은 이미 태어난 아이들 몸속에 들어 있는 우리 유전자들의 이득을 보호한다. 노화나 죽음조차도 그저 어쩌다 생겨난 것이 아니라 유전자를 최대한 후세에 전파시키기 위한 목적에 맞도록 자연선택에 의해 타협된 결과이다. 그러한 역설적인 이점에 대해 혹자는 적지 않은 만족감 또는 적어도 도브잔스키Dobzhansky가 깨달았던 종류의 의미까지 찾을 수 있을지도 모른다. 결국 진화의 관점을 떠나서는 의학의 어떤 것도 의미를 갖지 못한다.

주석

1 질병의 미스터리

25-27쪽

근접 원인 proximate causation과 궁극적 원인 ultimate causation(진화적 원인 evolutionary causation)에 대한 좀더 깊은 논의는 Ernst Mayr의 저서 *The Growth of Biological Thought* (Cambridge, Mass.: Belknap Press, 1982)와 *American Naturalist* 121: 324-334(1983)에 게재된 그의 논문 "How to Carry Out the Adaptationist Program"에 기술되어 있다. 적응 현상을 인식하거나 확인하는 작업에 대해서는 George Williams의 저서 *Natural Selection* (New York: Oxford Univ. Press, 1992) 38-45쪽을 참조하라. 용어에 대한 재정리는 *Animal Behaviour* 36: 616-619(1988)에 게재된 Paul W. Sherman의 논문에서 찾을 수 있다.

32-33쪽

다윈주의에 대한 사회사상과 다윈주의적 비유의 정치적 사용의 역사는 Carl N. Degler의 저서 *In Search of Human Nature: The Decline and Revival of Darwinism in American Social Thought* (New York: Oxford Univ. Press, 1991)를 참조하라. 새라낵 호숫가의 동상에 새겨진 글은 René Dubos의 저서 *Man Adapting* (New Haven: Yale Univ. Press, 1980)에서 인용했다.

2 자연선택에 의한 진화

35쪽

아리스토텔레스의 말은 A. L. Peck의 역서 *Aristotle: Parts of Animals* (Cambridge, Mass.: Harvard Univ. Press, 1955)에서 인용했다. 최근에 출간된 두 권의 책이 진화적 적응의 현대적인 개념을 잘 설명하고 있다. Helena Cronin의 *The Ant and the Peacock* (New York: Cambridge Univ. Press, 1991)과 Matt Ridley의 *The Red Queen* (London, New York: Viking-Penguin, 1993)이 그 책들이다. Cronin의

저서는 Darwin, Wallace 등의 말들을 인용한 다분히 역사적인 고찰이다. 두 책 모두 전문 생물학자들은 물론 아마추어 자연학자들에게도 많은 도움이 될 것이다.

35-36쪽

배경색이 검어짐에 따라 검은 색을 띠도록 진화한 나방 개체군에 대한 이야기는 많은 진화생물학 관련 저서들에 소개되어 있다. 예를 들어 D. J. Futuyma의 *Evolutionary Biology*, 2nd ed. (Sunderland, Mass. : Sinauer, 1986) 58쪽을 참조하라.

36-37쪽

번식을 위한 노력이 증가함에 따라 사망률 또는 다른 비용도 함께 증가하는 예들은 S. C. Stearns의 저서 *The Evolution of Life Histories* (New York : Oxford Univ. Press, 1992) 28-29쪽과 188-193쪽에 요약되어 있다.

39-40쪽

W. D. Hamilton의 유명한 논문은 *Journal of Theoretical Biology* 7: 1-52 (1964)에 게재되었다. 최근에 나온 진화생물학이나 동물행동학 저서들은 모두 Hamilton의 이론을 설명하고 있다. Richard Dawkins의 저서 *The Selfish Gene, new edition* (Oxford : Oxford Univ. Press, 1989)은 특히 훌륭한 소개서이다. 상호호혜 reciprocity 이론은 *Quarterly Review of Biology* 46: 35-57(1971)에 실린 R. L. Trivers의 논문과 R. M. Axelrod의 저서 *The Evolution of Cooperation* (New York : Basic Books, 1984)에 잘 소개되어 있다. 이 연구는 John Alcock의 *Animal Behavior : An Evolutionary Approach*, 4th ed. (Sunderland, Mass. : Sinauer, 1989)과 같은 동물행동학 저서들에 잘 서술되어 있다.

40쪽

E. O. Wilson의 저서 *Sociobiology* (Cambridge, Mass. : Harvard Univ. Press, 1975)와 *On Human Nature* (Cambridge, Mass. : Harvard Univ. Press, 1978) 및 Richard Alexander의 *Darwinism and Human Affairs* (Seattle : University of Washington Press, 1979)와 *The Biology of Moral Systems* (New York : Aldine de Gruyter, 1987)를 참조하라.

41쪽

생명의 역사에 관한 영화를 재방영하는 생각은 S. J. Gould의 저서 *Wonderful Life : The Burgess Shale and the Nature of History* (New York : Norton, 1989)에서 온 것이다.

42-43쪽

폭풍 때문에 사망한 새들의 날개 길이에 관한 권위 있는 연구는 많은 근저들에 소개되어 있다. 예를 들어 John Maynard Smith의 저서 *Evolutionary Genetics* (New York : Oxford Univ. Press, 1989)는 평균값을 선호하는 선택(정규화선택 normalizing selection)에 대한 일반적인 주제들을 다루고 있다. 최적화 개념에 관해서는 *Nature* 348: 27-33(1990)에 실린 G. A. Parker와 John Maynard Smith의 논문과 John Dupré의 편저 *The Latest on the Best : Essays on Evolution and Optimality* (Cambridge, Mass. : MIT Press, 1987)를 참조하라.

46-47쪽

적응주의 프로그램 adaptationist program이라는 용어는 *Proceedings of the Royal Society of London* B205: 581-598(1979)에 실린 S. J. Gould와 R. C. Lewontin의 논문 "The Spandrels of San Marco and the Panglossian Paradigm : A Critique of the Adaptationist Programme"에서 비판적인 의미로 처음 사용되었다.

47-48쪽

Gary Belovsky의 연구 결과는 *American Midland Naturalist* 111: 209-222 (1984)에 게재되었다.

48-49쪽

한 배 내의 알 수에 대한 논고와 최근 연구는 *Bulletin of Mathematical Biology* 54: 445-464(1992)에 게재된 Jin Yoshimura와 William Shield의 논문에 소개되어 있다.

49-50쪽

Darwin과 그의 추종자들은 독신남 춤파티나 독신자 술집에 가본 경험이 없었던 것 같다. 수적으로 열세인 성 sex이 갖는 너무나 명백한 이득을 그들은 1930년 R. A. Fisher가 저서 *The Genetical Theory of Natural Selection* (New York : Dover, 1958판) 159쪽에서 설명하기 전까지는 이해하지 못했다.

50-51쪽

질병에 대해 진화학적 관점을 가진 최근 연구로는 G. A. S. Harrison의 편저 *Human Adaptation* (Oxford : Oxford Univ. Press, 1993)과 C. Mascie-Taylor의 저서 *The Anthropology of Disease* (Oxford : Oxford Univ. Press, 1994)를 들 수 있다.

3 감염성 질환의 징후와 증상

53-57쪽

감염을 조절하는 고열의 역할에 대한 최근 분석은 P. A. MacKowiac의 편저 *Fever :*

Basic Measurement and Management (New York : Raven Press, 1990)에 게재된 M. J. Kluger의 논문에 논의되어 있다. 좀 오래되었기는 하나 아직도 대단히 유용한 그의 저서로는 *Fever, Its Biology, Evolution, and Function* (Princeton, N. J. : Princeton Univ. Press, 1979)가 있다. 수두 chickenpox에 미치는 아세트아미노펜의 효과에 대한 자료는 T. F. Doran과 동료들이 *Journal of Pediatrics* 114: 1045-1048(1989)에 게재한 논문에 정리되어 있다. 열의 경감과 감기의 진행 상황에 관한 실험 결과들은 N. M. Graham과 동료들이 *Journal of Infectious Disease* 162: 1277-1282(1990)에 게재한 논문에 기술되어 있다. 28쪽의 인용문은 *Family Practice News* 23: 1, 16(1993)에 게재된 Joan Stephenson의 논문에서 가져왔다.

57-60쪽

세균성 병원체에 대한 방어로서 철분을 격리하는 현상은 *Physiological Reviews* 64: 65-102(1984)에 게재된 E. D. Weinberg의 논문에 논의되어 있다. 철분 킬레이트 화합물로 말라리아를 치료하는 것은 *The New England Journal of Medicine* 327: 1473-1477(1992)에 게재된 V. Gordeuk 등의 논문에 보고되었다.

60-62쪽

미생물학에 진화의 개념을 도입하는 과정에 관한 폭넓은 분석은 C. A. Toft 등이 편집한 *Parasite-Host Associations : Coexistence or Conflict* (New York : Oxford Univ. Press, 1991)에서 찾아볼 수 있다. 숙주와 기생 생물 간의 공진화에 대한 가치 있는 저서는 P. W. Price의 *Evolutionary Biology of Parasites* (Princeton, N. J. : Princeton Univ. Press, 1980)이다.

62-66쪽

기생 생물의 방어 행동은 *Neuroscience and Biobehavioral Reviews* 14: 273-294 (1990)에 게재된 B. L. Hart의 논문에 논의되어 있다. 고통의 기능과 고통을 느끼지 못하는 사람들의 수명이 짧다는 연구 결과는 Ronald Melzack의 저서 *The Puzzle of Pain* (New York : Basic Books, 1973)에 기술되어 있다.

66쪽

눈물의 살균 작용은 *Allergie et Immunologie* 25: 98-100(1993)에 게재된 S. Hassoun의 논문에, 침의 살균 작용은 *Critical Reviews of Oral Biology and Medicine* 4: 335-341(1993)에 게재된 D. J. Smith와 M. A. Taubman의 논문에 논의되어 있다.

66-67쪽

코흡입제에 관련된 논문은 R. Dockhorn과 동료들이 *Journal of Allergy and*

Clinical Immunology 90: 1076-1082(1992)에 발표했다.

67-68쪽

음식 혐오와 그에 관련된 방어 현상의 심리학에 관한 주요 논문으로는 *Psychological Review* 77: 406-418(1970)에 게재된 M. E. P. Seligman의 논문과 *Communications in Behavioral Biology* (A)1: 389-415(1968)에 게재된 John Garcia와 F. R. Ervin의 논문을 들 수 있다.

68-69쪽

설사에 관한 논문은 H. L. Dupont과 R. B. Hornick이 *Journal of the American Medical Association* 226: 1525-1528(1973)에 게재한 것이다.

69-70쪽

Profet의 이론은 *Quarterly Review of Biology* 68: 335-386(1993)에 소개되었다. Strassman의 논문은 1994년 Human Behavior and Evolution Society에서 발표되었다.

71-72쪽

W. K. Purves, G. H. Orians, H. C. Heller의 *The Science of Biology*, 3rd ed. (Sunderland, Mass. : Sinauer, 1992)의 16장이 면역학 입문으로 훌륭하다.

72-73쪽

기생체에 의한 질병들의 참상은 Michael Katz 등의 저서 *Parasitic Diseases*, 2nd ed. (New York : Springer, 1989)에 그림과 함께 기술되어 있다.

73-74쪽

폐 기능의 저하를 보상하기 위해 헤모글로빈이 증가한다는 연구 결과는 A. J. Vander 등의 저서 *Human Physiology : The Mechanisms of Body Function*, 5th ed. (New York : McGraw-Hill, 1990)에 기술되어 있다.

74-77쪽

Ursula W. Goodenough는 *American Scientist* 79: 344-355(1991)에 병원체들의 속임수에 대한 권위 있고 읽을 만한 논문을 게재했다. 특별히 말라리아에 대한 전략은 Nature 357: 689-692(1992)에 게재된 D. J. Roberts 등의 논문을 참조하라. N. R. Rose와 I. R. Mackay의 편저 *The Autoimmune Diseases*, vol. 2 (San Diego : Academic Press, 1992)에는 자가면역질환 autoimmune disease에 관한 많은 자료들이 실려 있다. Rose와 Mackay의 서론이 특히 유용하다. 강박장애 obsessive-compulsive disorder와 시데남무도병 Sydenham's chorea 간의 관계는 *Scientific American* (March

1989)에 게재된 Judith Rapaport의 논문 83-89쪽에 논의되어 있다.

77-78쪽

박테리아 독소에 대한 반응 및 과민 반응은 *Journal of the American Veterinary Medical Association* 197: 454-456(1990)에 게재된 E. K. LeGrand의 논문에 논의되어 있다.

78쪽

P. W. Ewald의 저서 *Evolution of Infectious Disease* (New York : Oxford Univ. Press, 1993)는 AIDS에 관한 가장 훌륭한 진화학적 분석을 제공한다. P. A. Distler의 편저 *AIDS, the Modern Plague* (Blacksburg, Va.: Presidential Symposium, Virginia Polytechnic Institute and State University, 1993)의 B. R. Levins의 논문 101-111쪽도 참조하라.

78-81쪽

바이러스가 숙주세포의 구조를 변형시키는 현상은 Science 246: 377-379 (1989)에 게재된 Samuel Wolf 등의 논문에 논의되어 있다. 균류에 의해 식물이 거세되는 예들은 *Trends in Ecology and Evolution* 6: 162-166(1991)에 게재된 Keith Clay의 논문에 정리되어 있다. 광견병 바이러스에 의한 행동 조작은 G. M. Baer의 저서 *The Natural History of Rabies* (New York : Academic Press, 1973)에 기술되어 있다. 기생 생물들이 숙주의 행동을 조절하는 현상에 대한 폭넓은 분석은 *Quarterly Review of Biology* 63: 139-165(1988)에 게재된 A. P. Dobson의 논문에서 찾을 수 있다. 의학적으로 중요한 숙주 조작의 예들은 H. Van den Bossche의 편저 *The Host-Invader Interplay* (Amsterdam : Elsevier/North Holland, 1980)에 게재된 Heven의 논문에 정리되어 있다.

81-82쪽

머리말에도 언급되었었고 표 3.1의 근거를 제공한 Ewald의 논문은 "Evolutionary Biology and the Treatment of Signs and Symptoms of Infectious Disease," *Journal of Theoretical Biology* 86: 169-176이다. 의학에 대한 진화학적 접근을 다룬 학회들로는 1993년 Boston에서 개최된 American Association for the Advancement of Science 학회와 1993년 6월 London School of Economics에서 열린 학회를 들 수 있다.

4 끝없는 군비 경쟁

83-84쪽

생물학적 군비경쟁에 관한 권위 있는 논문은 *Proceedings of the Royal Society of London* B105: 489-511에 게재된 Richard Dawkins와 J. L. Krebs의 논문이다. 앨리스가 붉은 여왕과 함께 달리는 이야기는 Lewis Carroll의 *Through the Looking Glass* 2장에 나온다.

84-85쪽

Coolidge 대통령 아들의 죽음과 그로 인한 정신적 또는 정치적 영향에 대한 이야기는 *Politics and the Life Sciences* 12: 3-17(1993)에 게재된 R. S. Robins와 M. Dorn의 논문을 참조했다.

85쪽

Richard Dawkins의 저서 *The Blind Watchmaker* (New York : W. W. Norton, 1986)는 자연선택의 특성과 힘에 대해 일반 대중이 읽을 수 있는 훌륭한 책이다.

87쪽

외부로부터 들어온 질병에 의해 고유 개체군이 몰락한 사례들은 R. M. Anderson과 R. M. May의 저서 *Infectious Diseases of Humans* (New York : Oxford Univ. Press, 1991)와 *Science* 258: 1739-1740(1992)에 게재된 F. L. Black의 논문에 정리되어 있다.

88-93쪽

인용문은 *Science* 257: 1050-1055(1992)에 게재된 M. L. Cohen의 논문에서 가져왔다. 항생제에 대한 박테리아의 내성에 관한 최근 종합 논저들로는 R. J. Berry 등의 편저 *Genes in Ecology* (Boston: Blackwell Scientific, 1991)에 게재된 J. P. W. Young과 B. R. Levin의 논문과 S. B. Levy의 저서 *The Antibiotic Paradox: How Miracle Drugs Are Destroying the Miracle* (New York : Plenum, 1992)를 들 수 있다. *Science* 255: 148-150에 게재된 Rick Weiss의 논문도 참조하라. 가축에 사용하는 항생제는 *The New England Journal of Medicine* 323: 335-337(1990)에 게재된 S. B. Levy의 논문에 논의되어 있다. 결핵에 관한 자료들은 대부분 *Science* 257: 1055-1064(1992)에 게재된 B. R. Bloom과 C. J. L. Murray의 논문에서 가져온 것이다. 미국 공중위생국장관의 1969년 발언은 Bloom의 논문에서 인용했다. H. C. Neu의 논문은 *Science* 257 : 1064-1073(1992)에 게재되었다. Ridley와 Low의 논문은 *The Atlantic Monthly* 272(3): 76-86(September 1993)에 실렸다.

93-95쪽

독성 저하의 필연적인 진화에 관한 권위 있는 세 발언들은 P. W. Ewald의 저서 *Evolution of Infectious Disease* (New York : Oxford Univ. Press, 1993) 1장의 제사에 적혀 있다. Ewald가 인용하지 않은 하나는 저명한 집단유전학자 Theodosius Dobzhansky가 그의 저서 *Genetics and the Origin of Species*, 3rd ed. (New York : Columbia Univ. Press, 1951, p. 285)에서 기생 parasitism은 〈진화의 관점에서 보아 불안정한 관계이며…… 궁극적으로는 점차 사라져 협동 cooperation과 상리공생 mutualism으로 변할 것이다〉라고 한 발언이다. 한 숙주 내에서 나타나는 HIV의 유전적 다양성은 *Science* 254: 941, 963-969(1991)과 255: 1134-1137(1992)에 게재된 여러 논문에 기술되어 있다. 한 숙주 내에 서식하는 기생 편형동물 helminth 개체군의 유전적 다양성은 *Evolution* 45 : 1628-1640(1991)에 게재된 M. Mulvey 등의 논문에 기술되어 있다. 무화과 기생벌의 흡충 감염에 관한 자료는 *Science* 259 : 1442-1445 (1993)에 게재된 E. A. Herre의 논문에 분석되어 있다.

95-97쪽

개체군 내 또는 개체군간에 일어나는 자연선택의 여러 효과들을 논의한 논문들은 많다. 기생 생물들에게 일어나는 숙주 내 또는 숙주간의 특수한 자연선택에 대한 이론적 모형은 R. M. Anderson과 R. M. May의 저서 *Infectious Diseases of Humans* (New York : Oxford Univ. Press, 1991)에 소개되어 있다. 자신의 진화 적응도가 숙주로부터 분리되어 있는 바이러스에서는 그 독성이 증가한다는 사실을 실험적으로 입증한 자료는 *Evolution* 46: 882-895(1992)에 게재된 J. J. Bull과 I. J. Molineux의 논문에 기술되어 있다. 다른 중요한 논문으로는 *Journal of Theoretical Biology* 122: 19-24(1986)에 게재된 R. B. Johnson의 논문과 *Proceedings of the Royal Society of London* B259 : 195-197(1992)에 게재된 S. A. Frank의 논문을 들 수 있다.

97-98쪽

우리가 좋아하는 Semmelweis의 이야기는 William J. Sinclair의 고전 *Semmelweis, His Life and His Doctrine* (Manchester : The University Press, 1909)에 기술되어 있다.

100-101쪽

R. I. Vane-Wright와 P. R. Ackery의 편저 *The Biology of Butterflies* (London and Orlando : Academic Press, 1984, pp. 141-161)에 게재된 J. R. G. Turner의 논문은 의태 mimicry에 관한 훌륭한 입문서이다. 분자적 의태 molecular mimicry와 그에 관련된 현상들은 이미 76-77쪽에서 논의한 바 있다.

101-103쪽

새로운 환경이 감염에 끼치는 영향에 관한 대부분의 자료는 *Science* 257: 1073-

1078(1992)에 게재된 R. M. Krause의 논문에서 발췌했다. 에볼라 바이러스에 관한 상세한 자료는 Reviews of Infectious Diseases 11(4): 790s-793s(1989)에 게재된 P. H. Sureau의 논문에 기술되어 있다.

5 외상

105쪽

이 장 첫머리의 인용문은 Mark Twain의 *The Adventures of Huckleberry Finn*의 6장에서 가져온 것이다.

107-108쪽

F. R. Ervin과 John Garcia의 권위 있는 연구는 *Communications in Behavioral Biology* (A)1: 389-415(1968)에 게재되었다.

108-109쪽

뱀에 대한 원숭이의 조건화된 공포에 관한 연구는 *Animal Learning and Behavior* 8: 653-663(1980)에 게재된 Susan Mineka와 그의 동료들의 논문에 소개되어 있다.

110쪽

기계적인 손상의 복구는 *American Scientist* 79: 222-235에 게재된 P. L. McNeil의 논문과 *The New York Times* (November 9, 1993, pp. C1, C14)에 실린 Natalie Angier의 기사에 논의되어 있다.

111-112쪽

화상 복구의 여러 면들은 R. L. Richard와 M. J. Staley의 편저 *Burn Care and Rehabilitation : Principles and Practice* (Philadelphia : F. A. Davis, 1994)에 소개되어 있다. 그 중에서도 특히 5장 D. G. Greenhalgh와 M. J. Staley의 논문을 권한다.

113-114쪽

송어 양식장 이야기와 태양 광선에 의한 손상에 대한 일반적인 논의는 *Science* 133: 1081-1082(1961)에 게재된 Alfred Perlmutter의 논문에 기술되어 있다.

114-117쪽

Langerhans 세포에 끼치는 UV-B의 효과는 *Journal of Investigative Dermatology* 97: 729-734(1991)에 게재된 M. Vermeer 등의 논문에 논의되어 있다. 흑색종 melanoma 발병률의 증가에 관한 역학 연구 결과는 *International Journal of Epidemiology*

19: 801-810(1990)에 게재된 J. M. Elwood와 동료들의 논문에 기술되어 있다. 면역학적인 면을 강조하며 덜 전문적인 논의는 *New Scientist* 134: 23-28(1991)에 게재된 David Concal의 논문에서 찾을 수 있다. Langerhans 세포들과 신경계 간의 상호작용은 *Nature* 159-163(1993)에 게재된 J. Hosoi 등의 논문에 논의되어 있다. 햇빛차단로션이 오히려 우리를 UV-A에 과다하게 노출시킨다는 논의는 *The Lancet* 1(8635): 429-431(1989)에 게재된 P. M. Farr와 B. L. Diffey의 논문에 기술되어 있다. 태양 광선에 의한 눈의 손상은 *Optometry Clinics* 1(2): 28-34(1991)에 게재된 L. Semes의 논문에 논의되어 있다. 햇빛차단로션의 이로운 효과는 *The New England Journal of Medicine* 329: 1147-1151(1993)에 게재된 S. C. Thompson의 논문에서 보고되었다.

117-118쪽

Journal of Theoretical Biology 159: 241-260에 게재된 R. J. Goss의 논문은 재생 능력의 진화에 대한 문헌과 쟁점들을 잘 소개하고 있다.

6 독소: 새로운 것, 오래된 것, 그리고 어디에나 있는 것

119-120쪽

American Scientist 79: 222-235에 게재된 P. L. McNeil의 논문과 *The New York Times* (November 9, 1993, pp. C1, C14)에 실린 Natalie Angier의 기사는 위스키가 Don Birnham의 위장에 끼친 손상에 대한 논의에도 유용하다.

120-124쪽

Bruce Ames 등의 연구에 대한 소개는 *Science* 251: 607-608에 발표했던 Ames와 L. S. Gold의 연구 결과를 비평한 논문에 대한 그들의 답변을 참조한 것이다. Timothy Johns의 저서 *With Bitter Herbs They Shall Eat It* (Tucson: Univ. of Arizona Press, 1990)는 식물 독소에 관련된 인간 생태학의 여러 면모를 기술하고 있다. 이 책은 또 감자와 그 안에 들어 있는 독소들을 다루어온 인류의 흥미진진한 역사는 물론 식물 독소의 의학적 응용에 대해서도 상세히 적고 있다. 보다 전문적인 논저로는 A. D. Kinghorn의 편저 *Toxic Plants* (New York : Columbia Univ. Press, 1979)를 들 수 있다. 조금 오래되긴 했어도 절지동물의 화학적 방어에 관한 탁월한 논문은 Ernest Sondheimer와 J. B. Simeone의 편저 *Chemical Ecology* (New York : Academic Press, 1970) 157-217쪽에 게재된 Thomas Eisner의 논문이다. *American Naturalist* 108: 581-592(1974)에 게재된 G. H. Orians와 D. H. Janzen의 논문은 발생 속도와 같은 특성과 화학 방어 간의 균형에 관한 최초의 본격적인 분석이었다. 전기 자극과 신속한 적응 과정에 관한 상세한 설명과 더불어 식물의 방어를 훌륭하게 분석한 논저로는 Paul Simon의 저서 *The Action Plant* (Boston : Blackwell, 1992)를 들 수 있다. 이 책에는 아스피린과 유사한 식물 호르몬의 기능에 대한 논의도 포함되어 있다.

123쪽

꽃꿀 nectar의 독소에 대한 우리의 해석은 *American Naturalist* 117: 798-803 (1981)에 게재된 D. F. Rhoades와 J. C. Bergdahl의 논문에 기초한다.

125쪽

균류의 독소가 인류의 삶에 미친 영향에 관하여는 Mary K. Matossian의 저서 *Poisons of the Past : Molds, Epidemics, and History* (New Haven : Yale Univ. Press, 1989)를 참조하라.

126-128쪽

페루의 안데스 산악 지방에 PTC를 맛볼 수 있는 사람들이 특별히 많다는 사실은 *Human Biology* 47: 193-199(1975)에 게재된 R. M. Barruto 등의 논문에 보고되어 있다. 신장결석증에 관한 연구는 *The New England Journal of Medicine* 328: 833-838 (1993)에 게재된 G. C. Curhan 등의 논문에 기술되어 있다. 신장결석증에 관한 우리의 논의는 또한 *American Journal of Clinical Nutrition* 54: 281s-287s에 게재된 S. B. Eaton과 D. A. Nelson의 논문 "Calcium in Evolutionary Perspective"를 참조했다. 화학적 및 다른 방어 메커니즘의 진화에 관한 폭넓은 분석은 C. R. Townsend와 Peter Calow의 편저 *Physiological Ecology : An Evolutionary Approach to Resource Use* (Oxford : Blackwell, 1981) 145-164쪽에 게재된 D. H. Janzen의 논문에서 찾아볼 수 있다.

128-129쪽

옥수수 가공은 *Science* 184: 765-773(1973)에 게재된 S. H. Katz 등의 논문에 기술되어 있다.

129쪽

도토리의 탄닌과 요리에 의한 아룸 *arum*속 식물의 독성 제거에 관한 정보는 Timothy Johns의 저서 *With Bitter Herbs They Shall Eat It* (Tucson : Univ. of Arizona Press, 1990) 63-65쪽에 기술되어 있다.

130쪽

질병에 대한 내성이 강한 감자의 독성 역시 Timothy Johns의 저서 *With Bitter Herbs They Shall Eat It* (Tucson : Univ. of Arizona Press, 1990) 106-159쪽에 설명되어 있다.

132쪽
치아 충전을 받은 사람들의 항생제 내성에 관하여는 *Antimicrobial Agents and Chemotherapy* 37: 825-834(1993)에 게재된 A. O. Summers 등의 논문에 기술되어 있다. 환경 독소에 대한 비현실적인 논의들은 Jeremy Rifkin의 *Biosphere Politics* (New York : Crown, 1991)와 그 밖의 다른 저서들에서 찾아볼 수 있다.

134-136쪽
입덧이 기형 발생을 막아준다는 학설은 J. H. Barkow 등의 편저 *The Adapted Mind* (New York : Oxford Univ. Press, 1992) 327-365쪽에 게재된 Margie Profet의 논문에 소개되어 있다.

136쪽
태아의 민감성을 고려하지 않으려 했던 관리 기관의 이야기는 *Science* 254: 225 (1991)에 게재된 Ann Gibbons의 글에 들어 있다.

7 유전자와 질병 : 결손, 급변, 그리고 타협

140-143쪽
T. D. Gelehrter와 F. S. Collins의 *Principles of Medical Genetics* (Baltimore : Williams & Wilkins, 1990)는 의학유전학 전반을 다룬 최신 서적이다. 1992년과 1993년에 출간된 *Science* (256: 773-813, 258: 744-745, 260 : 926-32)에는 유전병에 대한 연구의 발전을 논의한 좋은 논문들이 실려 있다. 현대 의학유전학의 발달에 관한 다분히 개인적인 견해와 그 의미에 대한 사려 깊은 논평으로 James Neel의 저서 *Physician to the Genome* (New York : Wiley, 1994)을 권한다. 유전 상담에 관련된 윤리적인 문제들을 심도 있게 다룬 논저로는 Aubrey Milunsky의 편저 *Genetic Disorders and the Fetus* (Baltimore : Johns Hopkins Univ. Press, 1992)를 들 수 있다. 특히 J. C. Fletcher와 D. C. Wertz의 논문을 주의 깊게 읽기 바란다.

145-150쪽
불리한 유전자에 대한 선택압과 그에 따른 소실 속도, 개체군 내에서의 평형 빈도와 그 밖의 다른 정량적인 특성들은 산술적으로 서로 연관되어 있다. 이러한 문제는 J. Maynard Smith의 *Evolutionary Genetics* (New York : Oxford Univ. Press, 1989)를 비롯한 많은 집단유전학 교재에 설명되어 있다. 이 장에서 우리의 논의는 지극히 단순화된 것이다. P. S. Harper의 편저 *Huntington's Disease* (London : Saunders, 1991)는 그 병의 역사와 역학에 관한 훌륭한 요약문이다. 거의 모든 현대 유전학 또는 진화생물학 교재는 다 겸상적혈구 유전자 sickle-cell gene에 대해 논의하고 있다.

그 중에서도 우리가 가장 선호하는 논문은 *Natural History* (June 1988) 10-13쪽에 게재된 Jared Diamond의 논문이다.

150-152쪽

G6PD 결핍에 대한 정보는 *The New England Journal of Medicine* 324: 169-174 (1991)에 게재된 Ernest Beutler의 논문에서 가져 왔다. F. S. Collins의 인용문은 그의 *Science* 774(1992) 논문에서 발췌했다. 낭포성섬유증 cystic fibrosis 유전의 복합적인 문제들은 *The New York Times* (November 16, 1993, pp. C1, C3)에 실린 Gina Kolata의 기사에 정리되어 있고, 그와 관련된 진화적 문제들은 *The New York Times* (June 1, 1994, p. B9)에 실린 Natalie Angier의 기사에 기술되어 있다. Tay-Sachs disease에 대한 연구 성과는 *Nature* 331: 666(1989)에 게재된 B. Spyropoulos와 Jared Diamond의 논문, *Current Biology* 1: 209-211(1991)에 게재된 S. J. O'Brien의 논문, M. M. Kaback의 편저 *Palm Springs International Conference on Tay-Sachs Disease* (New York : Liss, 1977)에 게재된 N. C. Myrianthopoulos와 Michael Melnick의 논문 *Tay-Sachs Disease : Screening and Prevention* 등에 기술되어 있다. 남성염색체허약증후군 human fragile-X syndrome에 관한 정보는 *Human Genetics* 86: 25-32(1990)에 게재된 F. Vogel 등의 논문에 기술되어 있다. Jared Diamond는 질병을 일으키는 유전자들의 숨겨진 이득에 대해 논리적인 논문들을 여러 편 발표했다. *Discover* (November 1989, pp. 72-78)와 *Natural History* (June 1988, pp. 10-13; February 1990, pp. 26-30)에 게재된 논문들이 대표적인 것들이다. 그 밖에도 *American Journal of Human Genetics* 21: 321-342(1985)에 게재된 Teresa Costa 등의 논문과 *American Journal of Physical Anthropology* 62(1)(1983)에 게재된 유전병의 인류학적 측면에 관한 5편의 논문들도 비중 있는 논문들이다.

152-153쪽

PKU가 유산율에 미치는 영향은 *Annals of Human Genetics* 38: 461-469(1975)에 게재된 L. I. Woolf 등의 논문에 논의되어 있다. 생명체란 유전자가 더 많은 유전자를 얻기 위해 만들어낸 매체라는 Richard Dawkins의 최근 생각은 그의 *The Selfish Gene* (New York : Oxford Univ. Press, 1989) 신판에 소개되었다.

153쪽

쥐의 T-locus의 적응적 효과는 *Behavioral Ecology and Sociobiology* 18: 395-404 (1986)에 게재된 Patricia Franks와 Sarah Lenington의 논문에 서술되어 있다. Mitochondrial DNA의 의학적 의미는 *Journal of Medical Genetics* 27: 451-456(1990)에 게재된 Angus Clarke의 논문에 기술되어 있다. 유전자들간의 갈등에 관한 일반적인 논의는 *Journal of Theoretical Biology* 89: 83-129(1981)에 게재된 Leda Cosmides의 중요한 논문과 역시 *Journal of Theoretical Biology* 153: 531-558(1991)에 게재된

David Haig와 Alan Grafen의 논문을 참조하라.

154쪽

가족 관계와 환경이 심장질환에 끼치는 영향은 M. P. Stern의 편저 *Genetic Epidemiology of Coronary Heart Disease: Past, Present, and Future* (New York: Liss, 1984) 93-104쪽에 게재된 M. P. Stern의 논문에 논의되어 있다.

154-157쪽

안경 없이는 살 수 없는 Piggy의 어려움과 다른 아이들이 악질적으로 안경을 훔쳐 망가뜨린 불행한 이야기는 William Golding의 *Lord of the Flies* 10장과 11장에 묘사되어 있다. 도시화된 에스키모 집단의 아이들에게 근시가 갑자기 많이 발생하게 된 일은 *American Journal of Ophthalmology* 46: 676-685 (1969)에 게재된 F. A. Young 등의 논문에 소개되어 있다. 근시의 유전학과 병인학 etiology에 관한 일반적인 논의는 *The New England Journal of Medicine* 312: 1609-1615(1985)에 게재된 Elio Raviola와 T. N. Wiesel의 논문, B. J. Curtin의 저서 *The Myopias* (Philadelphia: Harper & Row, 1988), *Myopia and the Control of Eye Growth* (Chichester, New York: Wiley, 1990)에 게재된 G. R. Bock와 Kate Widdows의 논문 등에서 찾을 수 있다. *The New York Times* (June 1, 1994, p. C10)에 실린 Jane E. Brody의 기사는 최근 연구들을 간략하게 정리해 주고 있다.

157-158쪽

알코올중독의 유전학적 지식은 *Journal of the American Medical Association* (1985)에 게재된 M. A. Schickit의 논문, *Journal of Abnormal Psychology* 97: 153-167(1988)에 게재된 J. S. Searles의 논문, 그리고 *British Journal of Addictions* 84: 1433-1440 (1989)에 게재된 M. Mullen의 논문에 정리되어 있다.

158-159쪽

인용문들은 Melvin Konner의 저서 *The Tangled Wing: Biological Constraints on the Human Spirit* (New York: Harper Colophon, 1983)의 89-90쪽과 Richard Dawkins의 저서 *The Selfish Gene* (New York: Oxford Univ. Press, 1976)의 215쪽에서 가져왔다.

8 청춘의 샘, 노화

161쪽

아일랜드 민요는 *100 Irish Ballads* (Dublin: Walton's, 1985)의 103쪽에서 인용했

다. *Natural History* (February 1992)에 실린 여러 논문들과 *The Sciences* (March-April 1991)에 게재된 R. Sapolsky와 Caleb Finch의 논문은 일반 독자들을 위해 노화의 진화 전반에 대해 잘 설명하고 있다. 좀더 전문적인 최근의 연구들은 *Theoretical Population Biology* 28 : 342-358(1984)에 게재된 M. R. Rose의 논문과 저서 *Evolutionary Biology of Aging* (New York : Oxford Univ. Press, 1991), 그리고 Caleb Finch의 저서 *Longevity, Senescence, and the Genome* (Chicago : Univ. of Chicago Press, 1991)에 정리되어 있다.

163-164쪽
미국의 사망률에 관한 정보는 *Vital Statistics in the United States*, 1989 (Washington, D.C. : U.S. National Center for Health Statistics, 1992)에서 추출했다. J. F. Fries와 L. M. Crapo의 저서 *Vitality and Aging* (San Francisco : Freeman, 1981)은 노화의 인구학적 측면을 잘 분석했다.

163쪽
그림 8.1은 *Vitality and Aging*의 그림 3.2를 사용해도 좋다는 허가를 받고 다시 그린 것이다.

164쪽
그림 8.2 역시 *Vitality and Aging*의 그림 9.2를 사용해도 좋다는 허가를 받고 다시 그린 것이다.

167쪽
호랑이를 피해 달아나는 사람들의 이야기는 Helena Cronin의 저서 *The Ant and the Peacock* (New York : Cambridge Univ. Press, 1992)에서 가져왔다. Oliver Wendell Holmes의 "one-hoss shay" 시 구절은 *The Complete Poetical Works of Oliver Wendell Holmes* (Boston : Houghton Mifflin, 1908)의 158-160쪽에 나오는 "The Deacon's Masterpiece"에서 인용했다. 노화 효과들의 명백한 조정 현상은 Science 132: 14-21(1960)에 게재된 B. L. Strehler와 A. S. Mildvan의 논문에 논의되어 있다.

168-169쪽
August Weismann의 인용문은 E. B. Poulton 등의 편저 *A. Weismann : Essays upon Heredity and Kindred Biological Problems* (Oxford : Clarendon Press, 1891-1)에 게재된 논문 "The Duration of Life"에서 가져왔다. G. C. Williams의 논문은 *Evolution* 11: 398-411(1957)에 게재되었다.

169–170쪽

J. B. S. Haldane의 이론은 *New Paths in Genetics* (New York : Harper, 1942)에 소개되어 있다. P. B. Medawar의 인용문은 그의 저서 *The Uniqueness of the Individual* (London : Methuen, 1957)에 재발행된 그의 논문 "Old Age and Natural Death"에서 가져왔다. 그의 저서 *An Unsolved Problem in Biology* (London : M. K. Lewis, 1952)도 참고하라. 이 주제에 대한 가장 권위 있는 이론적 논의는 *Journal of Theoretical Biology* 12: 12–45(1968)에 게재된 W. D. Hamilton의 논문에서 찾을 수 있다.

170–171쪽

폐경의 진화에 대한 중요한 최근 논의들로는 *Evolutionary Ecology* 7: 406–420에 게재된 A. R. Rogers의 논문, *Human Nature* 2: 313–350(1991)에 게재된 Kim Hill과 A. M. Hurtado의 논문, *Experimental Gerontology* 29: 255–263 (1994)에 게재된 S. N. Austad의 논문들을 들 수 있다. Alex Comfort의 저서는 *The Biology of Senescence* (New York : Elsevier, 1979, 3rd ed.)이다.

166–172쪽

그림 8.3은 *Experimental Gerontology* 23: 445–453(1988)에 게재된 R. M. Nesse의 논문에서 가져왔다. R. L. Albin의 논문은 *Ethology and Sociobiology* 9: 371–382(1988)에 게재되었다. 혈색증 hemochromatosis는 *New England Journal of Medicine* 328: 1616–1620(1993)에 게재된 J. F. Desforges의 논문에 논의되어 있다.

172–173쪽

Proceedings of the National Academy of Sciences (U.S.) 90: 1977–1981(1993)에 게재된 W. Strittmatter 등의 논문에는 알츠하이머병 Alzheimer's disease의 유전학에 관한 최근 연구들이 정리되어 있다. S. I. Rapoport의 논문은 *Medical Hypotheses* 29: 147–150에 게재되었다.

173쪽

노쇠에서 다면성 유전자 pleiotropic genes의 역할에 관한 R. R. Sokal과 그 밖의 다른 연구자들의 실험은 M. R. Rose의 저서 *Evolutionary Biology of Aging* (New York : Oxford Univ. Press, 1991)에 잘 정리되어 있다. 특히 50–56쪽과 179–180쪽을 주의깊게 보기 바란다.

174쪽

음식물 제한에 관한 연구들은 *Growth, Development, and Aging* 53(1–2): 4–6 (1989)에 게재된 J. P. Phelan과 S. N. Austad의 논문에 정리되어 있다. *American*

Journal of Clinical Nutrition 53: 373s-379s(1991)에 게재된 R. G. Cutler의 논문은 산화방지제의 이점과 메커니즘에 대한 증거들을 제시한다. 통풍에 관한 인용문은 Lubert Stryer의 *Biochemistry* (New York : Freeman, 1988, 3rd ed.) 622쪽에서 가져왔다. 노화 과정이 종에 따라 다를 것이라는 S. N. Austad의 논리는 *Aging* 5: 259-267(1994)에 기술되어 있다. 그의 주머니쥐 opossum 연구는 *Journal of Zoology* 229: 695-708(1994)에 발표되었다.

179쪽
E. T. Whittaker의 불가능의 공리 postulates of impotence에 관한 논의는 그의 저서 *From Euclid to Eddington. A Study of Conceptions of the External World* (New York : Dover, 1958) 58-60쪽에 기술되어 있다.

9 진화적 역사의 유산

인류의 진화에 대한 권위 있고 손쉬운 논저로는 Roger Lewin의 저서 *In the Age of Mankind : A Smithsonian Book of Human Evolution* (Washington, D.C. : Smithsonian Books, 1988)과 Jared Diamond의 저서 *The Third Chimpanzee* (New York : Harper Collins, 1992)를 권한다. Marjorie Shostak의 저서 *Nisa : The Life and Words of a !Kung Woman* (New York : Vantage Books, 1983)은 현대판 수렵 채취 사회 여인의 일대기를 서술하고 있다.

184쪽
다윈의 인용문은 *The Origin of Species* (London : John Murray, 1859, 1st ed.) 191쪽에서 가져왔다.

184-185쪽
인간의 발성 적응이 목에서 벌어지는 교통 혼란에 미치는 불행한 영향에 관한 좀 더 극적인 논의는 Elaine Morgan의 저서 *The Scars of Evolution* (London : Penguin, 1990) 10장에 있다. 보다 상세한 전문적인 정보는 Philip Lieberman과 Sheila E. Blumstein의 저서 *Speech Physiology, Speech Perception, and Acoustic Phonetics* (Cambridge, England : Cambridge Univ. Press, 1988)에서 찾을 수 있다.

189-190쪽
George Estabrooks의 저서 *Man, The Mechanical Misfit* (New York : Macmillan, 1941)은 본래의 취지와는 조금 다르게 쓰였다. 이 책은 인간 신체의 여러 설계상 결함을 기술하고 있으나 그 주제는 현대적 상황에서의 용도와 설계 간의 불일치에 관한 것이다. 다분히 우생학적 접근이다.

195쪽

〈추월선상의 석기 시대인들 Stone Agers in the Fast Lane〉이란 표현은 *The American Journal of Medicine* 84: 739–749(1988)에 게재된 S. B. Eaton 등의 논문 제목이다.

196–197쪽

Luigi Cavalli-Sforza 등은 *Science* 259: 639–646(1993)에 게재된 그들의 논문에서 현재 인류 집단의 크기는 석기 시대에 비해 천 배나 된다고 추정했다. 인간 사회의 영아 살해와 그 밖의 다른 동물들의 유사한 행동들의 빈도가 상당히 높다는 사실이 최근 관심을 끌고 있다. G. Hausfater와 S. B. Hrdy의 편저 *Infanticide: Comparative and Evolutionary Perspectives* (New York : Aldine, 1984)를 참조하라.

197–198쪽

원생동물과 편형동물 기생충에 의해 유발되는 질환들은 J. B. Wyngaarden과 L. H. Smith의 편저 *The Cecil Textbook of Medicine* (Philadelphia : Saunders, 1982)의 15부(1714–1778쪽)에 상세히 기술되어 있다. 기생 생물들의 별로 좋지 않은 많은 영향들이 Michael Katz 등의 저서 *Parasitic Diseases*, 2nd ed. (New York : Springer, 1989)에 그림과 함께 기술되어 있다. Richard Alexander의 인용문은 그의 저서 *Darwinism and Human Affairs* (Seattle : University of Washington Press, 1979) 138쪽에서 가져왔다.

201쪽

개의 가축 역사가 15,000년이라는 주장은 John Brockman의 편저 *Ways of Knowing : The Reality Club 3* (New York : Prentice Hall, 1991)의 173–197쪽에 게재된 Vitaly Shevoroshkin과 John Woodward 논문에 소개되었다.

203쪽

동굴 벽화에 관한 인용문은 Melvin Konnor의 저서 *The Tangled Wing: Biological Constraints on the Human Spirit* (New York : Harper Colophon, 1983)의 57쪽에서 가져왔다.

10 문명의 질병

207-208쪽

농사와 낙농의 기원에 관한 더 자세한 내용은 Jared Diamond의 저서 *The Third Chimpanzee* (New York : Harper Collins, 1992)의 10장과 14장에 논의되어 있다.

208-210쪽

괴혈병 치료에 야생 식물을 사용하는 것은 *Natturufraedingurinn* 42: 140-144 (1972)에 게재된 Ingolfur Davidsson의 논문에 기술되어 있다. 1천5백년 된 북미 인디언의 뼈에서 밝혀진 영양 결핍과 그 밖의 관련 문제들은 D. L. Browman의 편저 *Early Native Americans* (The Hague and New York : Moulton, 1980) 213-238쪽에 게재된 J. Lallo 등의 논문에 소개되어 있다.

211쪽

초정상 자극신호 supernormal stimulus의 개념은 John Alcock의 *Animal Behavior : An Evolutionary Approach*, 4th ed. (Sunderland, Mass. : Sinauer, 1989, 27-29쪽)를 비롯한 많은 일반 문헌에 논의되어 있다.

212-213쪽

현대 의학적 문제들에 우리가 섭취하는 지방질이 끼치는 영향에 대한 논의는 *Lipids* 27: 814-820(1992)에 게재된 H. B. Eaton의 논문, H. C. Trowell과 D. P. Burkitt의 편저 *Western Diseases, Their Emergence and Prevention* (Cambridge, Mass. : Harvard University Press, 1981), H. B. Eaton 등의 저서 *The Paleolithic Prescription* (New York : Harper and Row, 1988)에서 찾을 수 있다. Thomas McKeown은 그의 저서 *The Role of Medicine : Dream, Mirage, or Nemesis?* (Princeton, N.J. : Princeton Univ. Press, 1979)에서 환경이 공중 위생에 미치는 중요한 영향과 상대적으로 그리 중요하지 않은 의학의 영향에 대한 의미 있는 논의를 제공한다.

213-214쪽

알뜰 유전자형 thrifty genotypes에 관한 논의는 *Sorono Symposium* 47: 281-293 (1982)에 게재된 J. V. Neel의 논문과 *British Medical Journal* 306: 532-533(1993)에 게재된 Gary Dowse와 Paul Zimmer의 논문을 따랐다. 간헐적인 음식 섭취의 영향에 관한 논의는 *International Journal of Obesity* 12: 547-555(1988)에 게재된 J. O. Hill 등의 논문에 기술되어 있다. 인공 감미료에 대한 연구 결과는 *Preventive Medicine* 15: 195-202(1986)에 게재된 D. Stellman과 L. Garfinkel의 논문에 기재되어 있다. 간헐적인 음식 섭취가 신진대사에 미치는 장기적인 영향은 *American Journal of Clinical Nutrition* 49: 1105-1109(1989)에 게재된 G. L. Blackburn 등의 논문에 논의

되어 있다. 음식과 체중 조절에 대한 우리들의 결론과 추천은 *The New York Times* (November 22–25, 1992)에 게재된 일련의 기사들을 요약한 것이다.

214–215쪽

미국 조지아 주의 선사 시대 충치 발생률은 M. A. Kelley와 C. S. Larsen의 편저 *Advances in Dental Anthropology* (New York : Wiley–Liss, 1991)에 게재된 C. S. Larsen 등의 논문에 기술되어 있다.

216쪽

향정신성 약물 psychotropic drug을 사용하는 부족 사회의 예로 Napoleon Chagnon은 그의 저서 *Yanomamo : The Last Days of Eden* (New York : Harcourt Brace Jovanovich, 1992)에서 Venezuela 원주민들의 에벤ebene 사용을 소개하고 있다.

216–217쪽

약물 남용에 빠지기 쉬운 성향의 유전은 *Archives of General Psychiatry* 38: 961–968(1981)에 게재된 C. R. Cloninger의 논문, *Journal of the American Medical Association* 254: 2614–2617(1985)에 게재된 M. A. Schuckit의 논문, *Journal of Abnormal Psychiatry* 97: 153–157(1988)에 게재된 J. S. Searles의 논문 등에 논의되어 있다. *Ethology and Sociobiology* 15: 339–348(1994)에 게재된 R. M. Nesse의 논문도 참조하라.

218–219쪽

Alan Weder와 Nickolas Schork는 그들의 이론을 *Hypertension* 24: 145–156 (1994)에 발표했다.

220–222쪽

구루병과 피부색의 관계는 *Ecology of Disease* 2: 95–106(1983)에 게재된 W. M. S. Russell의 논문에 논의되어 있다. 동굴 속에 서식하는 동물들에서 진화적으로 색소와 눈이 빠른 속도로 퇴화하는 현상은 *The Museum of Texas Tech University Special Publications* 12: 1–89(1977)에 게재된 R. W. Mitchell과 동료들의 논문 "Mexican Eyeless Fishes, Genus *Astyanax* : Environment, Distribution and Evolution"에 정리되어 있다. 신세계 원주민들이 유럽인들이 가져온 질병들 때문에 얼마나 큰 타격을 입었는가는 *Science* 258: 1739–1740(1992)에 게재된 F. L. Black의 논문에 기술되어 있다. R. M. Anderson과 R. M. May의 저서 *Infectious Diseases of Humans* (New York : Oxford Univ. Press, 1991)도 참조하라.

11 알러지

225-226쪽

N. Mygrind의 저서 *Essential Allergy* (Oxford : Blackwell, 1986)는 꽃가루 알러지(화분증)에 관한 훌륭한 입문서이다. 더 자세한 내용은 R. Patterson의 편저 *Allergic Diseases : Diagnosis and Management* (Philadelphia : J. B. Lippincott, 1993)에서 찾을 수 있다. R. B. Knox의 저서 *Pollen and Allergy* (Baltimore : University Park Press, 1978)는 꽃가루에 관한 유용한 책이다.

226-227쪽

IgE 체계에 대한 자세한 정보는 D. P. Stites, J. D. Stobo, J. V. Wells 등의 편저 *Basic and Clinical Immunology*, 6th ed. (Norwich, Conn. : Appleby and Lange, 1987) 197-227쪽에 게재된 O. L. Frick의 논문과 R. Patterson의 편저 *Allergic Diseases : Diagnosis and Management* (Philadelphia : J. B. Lippincott, 1993)의 33-46쪽에 게재된 C. R. Zeiss와 J. J. Prusansky의 논문에 기술되어 있다. Amos Bouskila와 D. T. Blumstein는 *American Naturalist* 139: 161-176(1992)에 게재된 그들의 논문에서 이른바 화재경보기 원리에 대해 자세하게 논의하고 있다.

228쪽

인용문은 *The New York Times* 1993년 3월 28일 section 6, p. 52에서 가져왔다. 인용된 교재는 E. S. Golub 저 *Immunology : A Synthesis* (Sunderland, Mass. : Sinauer, 1987)이다.

228-229쪽

로렌치니 팽대부의 기능에 대한 역사적인 고찰은 *American Scientist* 71: 522-525(1983)에 게재된 K. S. Thomson의 논문 "The Sense of Discovery and Vice Versa"에 논의되어 있다. 더 최근 연구 결과는 *Progress in Brain Research* 74: 99-107(1988)에 게재된 H. Wissing 등의 논문에 정리되어 있다.

230-231쪽

기생 편형동물 helminth에 의한 감염과 IgE와의 관계는 *Chemical Immunology* 49: 236-244(1990)에 게재된 A. Capron과 J.-P. Dessaint의 논문과 *International Journal of Dermatology* 32: 291-297(1984)에 게재된 K. Q. Nguyen과 O. G. Rodman의 논문에 논의되어 있다.

231-232쪽

Profet의 논문은 *Quarterly Review of Biology* 66: 23-62(1991)에 게재되어 있다.

233-236쪽

알러지의 발병률이 증가하고 있다는 사실은 *New Scientist* 1990년 6월호에 실린 L. Gamlin의 논문과 *Lancet* 340: 1453-1455(1992)에 게재된 Ronald Finn의 논문에 기술되어 있다. 아토피 atopy에 관한 유전학적 분석은 *Journal of the Royal College of Physicians(London)* 24: 159-160(1990)에 게재된 J. M. Hopkins의 논문에 정리되어 있다. 해독 효소의 유전적 결함이 광범위하게 존재한다는 증거는 *Critical Reviews in Toxicology* 18: 1-26에 게재된 M. F. W. Festing의 논문에 논의되어 있다. 그러나 불행하게도 대부분의 연구들은 늘 접하는 독소에 관한 것이 아니라 특정한 약물 해독상의 변이에 관한 것이다.

240쪽

알러지 예방에 관한 연구는 *Lancet* 339: 1493-1497(1992)에 게재된 S. H. Arshad 등의 논문에 소개되어 있다.

241쪽

알러지 발병이 증가하고 있다는 관찰은 *New Scientist* 1990년 6월호에 실린 L. Gamlin의 논문과 *Lancet* 340: 1453-1455(1992)에 게재된 Ronald Finn의 논문에 기술되어 있다. 면역계의 중복성과 복잡성은 *Chemical Immunology* 49: 21-34(1990)에 게재된 S. Ohno의 논문에 잘 정리되어 있다.

12 암

244-247쪽

암에 대한 우리들의 관점은 Leo Buss의 저서 *The Evolution of Individuality* (Princeton, N. J. : Princeton Univ. Press, 1987)를 따른 것이다. Liles의 논문은 *MBL Science* 3: 9-13(1988)에 게재되어 있다.

248-250쪽

암의 세포학적, 내분비학적 및 면역학적 조절 메커니즘에 관한 논의는 *Science* 254: 1131-1173(1991)과 259: 616-638(1993)에 게재된 논문들의 내용을 쉽게 정리한 것이다. p53 유전자에 관한 자료는 *Science* 262: 1958-1961(1993)에 게재된 Elizabeth Culotta와 D. E. Koshland의 논문에 기재되어 있다. 암의 유전적 요인들에 관한 주장의 대부분은 D. M. Prescott와 A. S. Flexner의 저서 *Cancer. The Misguided Cell*, 2nd ed. (Sunderland, Mass. : Sinauer, 1986)의 5장에 근거한다. Cosmides와 Tooby의 관찰 결과는 1994년 Human Behavior and Evolution Society 학회에서 발표되었다.

252-253쪽

햇빛의 발암 요소와 면역계에 미치는 영향은 *New Scientist* 134(1821): 23-28 (1992)에 게재된 David Concar의 논문에 알기 쉽게 잘 정리되어 있다.

253-256쪽

여성 생식 기관의 암에 대한 논의는 *Quarterly Review of Biology* 69: 353-367 (1994)에 게재된 W. B. Eaton 등의 논문을 요약한 것이다. 경구용 피임제의 복용이 자궁암과 난소암의 발병률을 감소시킨다는 사실은 *Science* 259: 633-638(1993)에 게재된 B. E. Henderson 등의 논문에 소개되어 있다.

13 성과 번식

258-259쪽

성의 진화적 기원에 대해 현재 벌어지고 있는 논의는 Matt Ridley의 저서 *The Red Queen* (New York : Macmillan, 1993)에 잘 정리되어 있다. 보다 전문적이고 상세한 논의를 원하면 R. E. Michod와 B. R. Levin의 편저 *The Evolution of Sex* (Sunderland, Mass. : Sinauer, 1988)를 참조하라. 성의 진화에 관한 기생체 이론 parasite theory은 *Proceedings of the National Academy of Sciences* 87: 3566-3573(1990)에 게재된 W. D. Hamilton, R. Axelrod 및 R. Tanese의 논문에 논의되어 있다. 현재 벌어지고 있는 논쟁은 원래 G. C. Williams의 저서 *Sex and Evolution* (Princeton, N. J. : Princeton Univ. Press, 1975)와 John Maynard Smith의 저서 *The Evolution of Sex* (New York : Cambridge Univ. Press, 1978)에서 시작되었다. S. Sarkar는 *BioScience* 42(6): 448-454(1992)에 최근 논의들을 정리해 놓았다. 유전적 다양성의 진화는 *Trends in Ecology and Evolution* 5: 181-187(1990)에 게재된 Wayne K. Potts와 Edward K. Wakeland의 논문에 논의되어 있다.

259-262쪽

난자는 크고 정자는 작은 이유에 대한 논의는 John Maynard Smith의 저서 *The Evolution of Sex* (New York : Cambridge Univ. Press, 1978)의 151-155쪽에 기술되어 있다. 같은 책의 130-139쪽은 왜 어떤 생물들은 자웅동체이며 또 어떤 생물들은 두 개의 성을 갖고 있는가에 대한 최근 이론들을 논의하고 있다. 보다 상세한 내용은 E. L. Charnov의 저서 *The Theory of Sex Allocation* (Princeton, N. J. : Princeton Univ. Press, 1982)에 기술되어 있다.

259-264쪽

암수간의 번식 적응적 차이를 다루는 성선택설의 최근 논쟁은 J. W. Bradbury와

M. B. Andersson의 편저 *Sexual Selection: Testing the Alternatives* (New York: Wiley-Interscience, 1987)에 정리되어 있다. 성선택설의 발전사와 현황은 Helena Cronin의 저서 *The Ant and the Peacock* (New York: Cambridge Univ. Press, 1991)에 잘 기술되어 있다.

263-264쪽

여자가 더 많은 성비에 의해 발생할 수 있는 문제들은 *Personality and Social Psychology Bulletin* 9(4): 525-543(1983)에 게재된 P. Secord의 논문에 논의되어 있다.

264-265쪽

인간의 성간 차이에 대한 성선택설의 적용은 David Buss의 저서 *The Evolution of Desire* (New York: Basic Books, 1994), Donald Symons의 저서 *The Evolution of Human Sexuality* (New York: Oxford Univ. Press, 1979) 및 Sarah B. Hrdy의 저서 *The Woman That Never Evolved* (Cambridge, Mass.: Harvard Univ. Press, 1981)에 논의되어 있다. Martin Daly와 Margo Wilson의 저서 *Sex, Evolution and Behavior* (Boston: Willard Grant Press, 1983)는 동물과 인간의 성에 관하여 흥미롭고 명료하며 권위 있는 논의를 제공한다. 두 학자는 J. Barkow, L. Cosmides 및 J. Tooby의 편저 *The Adapted Mind* (New York: Oxford Univ. Press, 1992)의 289-322쪽에 "The Man who Mistook His Wife for a Chattel"이라는 제목의 짤막하지만 최신의 논의들을 다룬 논문을 발표했다. L. Betzig, M. B. Mulder 및 P. Turke의 편저 *Human Reproductive Behavior: A Darwinian Perspective* (Cambridge: Cambridge Univ. Press, 1988)는 상세한 종합 논문들을 담고 있다.

265쪽

Laura L. Betzig의 저서 *Despotism and Differential Reproduction: A Darwinian View of History* (New York: Aldine, 1986)는 남성들의 독재와 처첩에 관한 권위 있는 보고서이다.

266쪽

David Buss의 인용문은 J. Barkow, L. Cosmides 및 J. Tooby의 편저 *The Adapted Mind* (New York: Oxford Univ. Press, 1992)에 게재된 그의 논문 "Mate Preference Mechanisms" 중 249쪽에서 가져왔다.

266-267쪽

David Buss의 자료는 *Behavioral and Brain Sciences* 12: 1-49(1989)에 게재된 그의 논문에 기술되어 있다. J. Barkow, L. Cosmides 및 J. Tooby의 편저 *The Adapted Mind* (New York: Oxford Univ. Press, 1992)에 게재된 Bruce J. Ellis의 논문 "The

Evolution of Sexual Attraction : Evaluative Mechanisms in Women"도 참고하라.

267-268쪽
결속 시험 아이디어는 *Animal Behaviour* 25: 246-247(1976)에 게재된 Amotz Zahavi의 논문 "The Testing of a Bond"에 소개되었다.

269-271쪽
영장류의 오르가즘에 관한 자료는 Donald Symons의 저서 *The Evolution of Human Sexuality* (New York : Oxford Univ. Press, 1979)에 기술되어 있다. 인간의 배란 은폐에 관한 논의는 *Ethology and Sociobiology* 2: 31-40(1981)에 게재된 Beverly Strassmann의 논문, *Ethology and Sociobiology* 5: 33-44(1984)에 게재된 Paul W. Turke의 논문 및 *The American Naturalist* 114: 835-858(1979)에 게재된 Nancy Burley의 논문 등에서 찾아볼 수 있다.

271-272쪽
고환의 크기에 관한 자료는 C. E. Graham의 편저 *Reproductive Biology of the Great Apes* (New York : Academic, 1984)에 게재된 R. V. Short의 논문에 기술되어 있다. *Nature* 293: 55-57(1981)에 게재된 A. H. Harcourt와 동료들의 논문도 참고하라.

272쪽
Animal Behaviour 46: 861-885(1993)에 게재된 R. R. Baker와 M. A. Bellis의 논문 "Human Sperm Competition : Ejaculate Adjustment by Males and the Function of Masturbation"과 *Animal Behaviour* 46: 887-909(1993)에 게재된 같은 저자들의 논문 "Human Sperm Competition : Ejaculation Manipulation by Females and a Function for the Female Orgasm"을 참조하라. 정자수에 대한 Baker와 Bellis의 연구는 *Animal Behaviour* 37: 867-869(1989)에 게재된 논문 "Number of Sperm in Human Ejaculates Varies as Predicted by Sperm Competition Theory"에 기술되어 있다. 정자 경쟁에 관한 연구는 *Trends in Ecology and Evolution* 8(3): 95-100(1993)에 게재된 M. Gomendio와 E. R. S. Roldan의 논문 "Mechanisms of Sperm Competition : Linking Physiology and Behavioral Ecology"에 논의되어 있다.

273-275쪽
질투에 관한 연구로 *Ethology and Sociobiology* 3: 11-27(1982)에 게재된 Martin Daly와 동료들의 논문과 Martin Daly와 Margo Wilson의 저서 *Homicide* (New York : Aldine, 1989)를 참조하라. 이 책에는 질투로 인해 벌어진 살인에 관한 자료와 논의들이 상세하게 정리되어 있다.

275-276쪽

인간 번식 전략의 성간 차이에 관한 논의는 앞에서 언급한 바 있는 Buss, Ridley, Cronin, Symons 등의 저서를 참고하라.

277-282쪽

David Haig의 논문은 *Quarterly Review of Biology* 68: 495-532(1993)에 게재되었다. 성적으로 서로 상반되는 역할을 하는 유전자들에 대해서는 *Science* 256: 1436-1439(1992)에 게재된 W. R. Rice의 논문에 논의되어 있다. 부모와 자식 간의 갈등에 관한 R. L. Trivers의 유명한 논문은 *American Zoologist* 14: 249-264(1974)에 게재되었다. 또 그의 저서 *Social Evolution* (Menlo Park, Calif. : Benjamin/Cumings, 1985)에도 설명되어 있다. 보다 최근의 분석과 참고문헌은 *Trends in Ecology and Evolution* 7(12): 409-413(1992)에 게재된 D. W. Mock와 L. S. Forbes의 논문에 정리되어 있다.

282-283쪽

인간의 출산에 관한 연구는 1993년 2월 보스턴에서 열린 American Academy of Sciences 학회에서 발표된 Wenda Trevathan의 논문과 그의 저서 *Human Birth : An Evolutionary Perspective* (Hawthorne, N. Y. : Aldine de Gruyter, 1987)에 논의되어 있다.

283쪽

양들간의 결속에 옥시토신이 끼치는 영향에 관한 연구는 *Science* 219: 81-83 (1983)에 게재된 E. B. Keverne 등의 논문에 기술되어 있다.

284쪽

모차르트 가족의 불행한 이야기는 Volkmar Braunbehrens의 저서 *Mozart in Vienna 1781-1791* (New York : Grove Weidenfeld, 1989) 98-102쪽에서 가져온 것이다.

284쪽

신생아 황달에 대해서는 *Medical Anthropology Quarterly* 4: 149-161(1990)에 게재된 John Brett와 Susan Niermeyer의 논문을 참조하라.

285-286쪽

갓 태어난 아이를 늘 밝은 불빛 아래에 노출시키면 색을 구별하는 능력이 저하되거나 그 밖의 다른 시각장애를 일으킨다는 연구 결과는 *Journal of the American Optometry Association* 56: 614-619(1985)에 게재된 I. Abramov 등의 논문에 논의되어 있다.

286-288쪽

갓난아이의 울음에 대해서는 *Human Nature* 1(4): 355-389(1990)에 게재된 R. G. Barr의 논문 "The Early Crying Paradox : A Modest Proposal"를 참조하라.

288-289쪽

유아돌연사증후군(SIDS)에 대해서는 *Medical Anthropology* 10: 9-54(1986)에 게재된 James J. McKenna의 논문 "An Anthropological Perspective on the Sudden Infant Death Syndrome (SIDS) : The Role of Parental Breathing Cues and Speech Breathing Adaptations"을 참조하라.

289-290쪽

부모와 자식 간의 갈등은 *American Zoologist* 14: 249-264(1974)에 게재된 R. L. Trivers의 논문에 논의되어 있다. Martin Daly와 Margo Wilson의 저서 *Sex, Evolution, and Behavior*, 2nd ed. (Boston : Willard Grant Press, 1983) 55-58쪽과 234-235쪽도 참조하라.

14 정신장애는 질병인가

이 장에서 논의한 임상 예들은 환자의 신분을 노출시키지 않으려고 부분적으로 재조합한 것이다.

Robert Wright의 저서 *The Moral Animal* (New York : Pantheon Books, 1994)은 훌륭한 진화심리학 입문서이다.

진화와 정신의학에 관한 연구는 Brant Wenegrat의 저서 *Sociobiological Psychiatry : A New Conceptual Framework* (Lexington, Mass. : Lexington Books, 1990)에 잘 정리되어 있다. Michael McGuire와 Alfonso Troisi의 저서 *Evolutionary Psychiatry*도 곧 출간될 예정이다. 동물행동학 입문서로는 John Alcock의 저서 *Animal Behavior : An Evolutionary Approach* (Sunderland, Mass. : Sinauer, 1993)를 추천한다. 사회생물학 입문서로는 R. D. Alexander의 *Darwinism and Human Affairs* (Seattle : University of Washington Press, 1979), R. Dawkins의 *The Selfish Gene* (New York : Oxford Univ. Press, 1976), E. O. Wilson의 *Sociobiology* (Cambridge, Mass. : Harvard Univ. Press, 1975), E. O. Wilson의 *On Human Nature* (Cambridge, Mass. : Harvard Univ. Press, 1978), R. Trivers의 *Social Evolution* (Menlo Park, Calif. : Benjamin/Cummings, 1985) 등이 가장 좋은 책들이다. 진화심리학의 최근 연구 결과들은 J. Barkow, L. Cosmides 및 J. Tooby의 편저 *The Adapted Mind* (New York : Oxford Univ. Press, 1992)에 잘 정리되어 있다.

292–293쪽

최근 정신의학계의 내과적 성향은 *New England Journal of Medicine* 329: 552–560과 628–638(1993)에 게재된 Robert Michaels와 Peter M. Marzuk의 논문에 강조되어 있다.

293–297쪽

감정에 대한 진화학적인 접근 방식은 *Human Nature* 1: 261–289(1990)에 게재된 R. M. Nesse의 논문 "Evolutionary Explanations of Emotions," R. Plutchik와 H. Kellerman의 저서 *Theories of Emotion*, vol. 1 (Orlando, Fla.: Academic, 1980), *Cognition and Emotion* 6: 169–200(1992)에 게재된 Paul Ekman의 논문 "An Argument for Basic Emotions," E. White의 편저 *Sociobiology and Human Politics* (Toronto: Lexington, 1981)에 게재된 Robert L. Trivers의 논문 "Sociobiology and Politics," *Ethology and Sociobiology* 11: 375–424(1990)에 게재된 John Tooby와 Leda Cosmides의 논문, R. Bell의 편저 *Sociobiology and the Social Sciences* (Lubbock, Tex.: Texas Tech Univ. Press, 1989)에 게재된 R. Thornhill과 N. W. Thornhill의 논문 및 E. O. Wilson의 저서 *Sociobiology* (Cambridge, Mass.: Harvard Univ. Press, 1975)에 잘 정리되어 있다.

297–298쪽

포식을 피하는 것과 다른 이득을 저울질하는 것에 대한 최근 논의는 *American Naturalist* 139: 161–176(1992)에 게재된 A. Bouskila와 D. T. Blumstein의 논문에 기술되어 있다. Walter B. Cannon의 권위 있는 저서는 *Bodily Changes in Pain, Hunger, Fear, and Rage. Researches into Function of Emotional Excitement* (New York: Harper and Row, 1929)이다. I. M. Marks의 저서 *Fears, Phobias, and Rituals* (New York: Oxford Univ. Press, 1987), W. M. Waid의 편저 *Sociopsychology* (New York: Springer, 1984)에 게재된 A. Ohman과 U. Dimberg의 논문, *Neuroscience and Biobehavioral Reviews* 14: 365–384(1990)에 게재된 I. M. Marks와 Adolf Tobena의 논문, D. H. Barlow의 저서 *Anxiety and Its Disorders* (New York: Guilford, 1988), *Journal of Abnormal Psychology* 93: 355–372(1984)에 게재된 Susan Mineka 등의 논문도 참조하라.

298–299쪽

겁내는 거피들 guppies에 대해서는 *Behavioral Ecology* 3: 124–127(1992)에 게재된 A. L. Dugatkin의 논문에 논의되어 있다.

299–300쪽

신호감지 이론 signal detection theory은 D. M. Green과 J. A. Swets의 저서 *Sig-*

nal Detection Theory and Psycho-physics (New York : Wiley, 1966)를 참조하라.

300쪽

R. H. Frank의 견해는 그의 저서 *Passions Within Reason : The Strategic Role of the Emotions* (New York : Norton, 1988)에 기술되어 있다.

302-310쪽

우울증의 증가 현상은 Cross-National Collaborative가 *Journal of the American Medical Association* 268: 3098-3105(1992)에 발표한 논문 "The Changing Rate of Major Depression. Cross-National Comparisons"에 기술되어 있다. 우울증에 대한 일반적인 자료들은 P. C. Whybrow 등의 저서 *Mood Disorders : Toward a New Psychobiology* (New York : Plenum, 1984), Emmy Gut의 저서 *Productive and Unproductive Depression* (New York : Basic Books, 1989), Paul Gilbert의 저서 *Human Nature and Suffering* (Hove, England : Erlbaum, 1989) 및 R. E. Thayer의 저서 *The Biopsychology of Mood and Arousal* (New York : Oxford Univ. Press, 1989)에 정리되어 있다.

306쪽

작가들에 관한 자료는 *The American Journal of Psychiatry* 144: 1288-1292(1987)에 게재된 N. C. Andreasen의 논문에 기술되어 있다.

307쪽

John Price의 논문은 원래 *Lancet* 2: 243-246(1967)에 게재되었다. *The Archives of General Psychiatry* 39: 1436-1441(1982)에 게재된 Russell R. Gardner, Jr.의 논문과 *Ethology and Sociobiology* 8: 85s-98s(1987)에 게재된 J. S. Price와 Leon Sloman의 논문도 참조하라.

307-308쪽

버빗원숭이 vervet monkey의 세로토닌에 관한 자료들은 *Brain Research* 559: 181-190(1991)에 게재된 M. J. Raleigh 등의 논문에 기술되어 있다.

308-309쪽

계절민감성장애 seasonal affective disorder에 관한 자료들은 N. E. Rosenthal과 M. C. Blehar의 저서 *Seasonal Affective Disorders and Phototherapy* (New York : Guilford, 1989), E. S. Paykel의 편저 *Handbook of Affective Disorders* (New York : Churchill Livingstone, 1992)에 게재된 D. A. Oren과 N. E. Rosenthal의 논문, *British Journal of Psychiatry* 163: 322-326(1993)에 게재된 David Schlager, J. E.

Schwartz 및 E. J. Bromet의 논문에 기재되어 있다. 우울증 발병률의 증가를 제안한 연구는 Cross-National Collaborative가 *Journal of the American Medical Association* 268: 3098-3105(1992)에 발표한 논문 "The Changing Rate of Major Depression. Cross-National Comparisons"에 기술되어 있다.

310-311쪽

갓난 원숭이에 대한 연구는 H. F. Harlow의 저서 *Learning to Love* (New York : Aronson, 1974)에 논의되어 있다.

311-312쪽

애정관계 attachment에 관한 자료의 출처로는 *The Atlantic* 1990년 2월호 35-70쪽에 게재된 Robert Karen의 종합 기사 "Becoming Attached," D. D. Hamburg와 H. K. H. Brodie의 편저 *The American Handbook of Psychiatry*, vol. 6 (1969)에 John Bowlby가 그 자신의 연구를 정리하여 발표한 논문, M. D. Ainsworth의 저서 *Patterns of Attachment : A Psychological Study of the Strange Situation* (Hillsdale, N. J. : Erlbaum, 1978) 등이 있다. 애정 관계에 영향을 미칠 수 있는 유전적 요소에 관하여 읽을 만한 종합 논문은 *Galen's Prophecy* (New York : Basic Books, 1994)이다.

313-314쪽

아동 학대에 대해서는 Martin Daly와 Margo Wilson의 저서 *Homicide* (New York : Aldine, 1989), R. D. Alexander와 D. W. Tinkle의 편저 *Natural Selection and Social Behavior : Recent Research and Theory* (New York : Chiron Press, 1981)에 게재된 논문 "Abuse and Neglect of Children in Evolutionary Perspective," *American Scientist* 65: 40-49(1977)에 게재된 S. B. Hrdy의 논문 "Infanticide as a Primate Productive Strategy," R. J. Gelles와 J. B. Lancaster의 편저 *Child Abuse and Neglect* (New York : Aldine, 1987)를 참조하라. Mark Flinn의 논문은 *Ethology and Sociobiology* 9: 335-369(1988)에 게재되었다.

315-316쪽

정신분열증 schizophrenia에 대해서는 *Hereditas* 107: 59-64(1987)에 게재된 J. L. Karlsson의 논문과 *Perspectives in Biology and Medicine* 32: 132-153(1988)에 게재된 J. S. Allen과 V. M. Sarich의 논문을 참조하라. 의심하는 것이 이로울 수 있다는 견해는 M. Hammer, K. Salzinger 및 S. Sutton의 편저 *Psychopathology* (New York : Wiley, 1972)에 게재된 L. F. Jarvik와 S. B. Chadwick의 논문에 기술되어 있다. 정신분열증과 수면 주기가 관련이 있을지도 모른다는 흥미롭고 검증 가능한 생각은 *Medical Hypotheses* 9: 455-479(1982)에 게재된 Jay R. Feierman의 논문에 소개되었다.

317-321쪽

Ray Meddis의 견해는 그의 저서 *The Sleep Instinct* (London : Routledge and Kegan Paul, 1977)에 논의되어 있다. 그는 또 그의 논의를 보다 간략하게 *Animal Behaviour* 23: 676-691(1975)에 발표하기도 했다. 포유류의 수면에 대한 종합 논문으로는 *Animal Behaviour* 40: 991-995(1990)에 게재된 M. Elgar, M. D. Pagel 및 P. H. Harvey의 논문을 들 수 있다. 수면과 수면 연구에 관한 일반적인 논의는 Alexander Borbély의 저서 *Secrets of Sleep* (New York : Basic Books, 1986)와 Jacob Empson의 저서 *Sleep and Dreaming* (London : Faber and Faber, 1989)에 게재되어 있다. 꿈의 생리와 심리 기능과는 어쩌면 아무런 관계가 없을지도 모른다는 견해는 A. Hobson의 저서 *The Dreaming Brain* (New York : Basic Books, 1988), *Nature* 223: 893-897(1969)에 게재된 Ian Oswald의 논문 "Human Brain Proteins, Drugs, and Dreams" 및 *Nature* 304: 111-114(1983)에 게재된 Francis Crick와 Graeme Mitchison의 논문 "The Function of Dream Sleep"에 논의되어 있다.

321-322쪽

꿈을 꿀 때 운동신경의 제한을 받는 것은 *Cognition* 47: 181-217(1993)에 게재된 Donald Symons의 논문 "The Stuff That Dreams Aren't Made Of : Why Wake-State and Dream-State Sensory Experiences Differ"에 논의되어 있다.

15 의학의 진화

327쪽

이 장의 첫머리에 나오는 인용문은 *American Biology Teacher* 35: 125-129(1973)에 게재된 유명한 유전학자 Theodosius Dobzhansky의 논문 제목이다.

327-328쪽

어떤 독자들은 시계 비유가 진화에 관한 훌륭한 입문서인 Richard Dawkins의 저서 *The Blind Watchmaker* (New York : Norton, 1986)에서 가져온 것임을 알아차렸을 것이다. 그는 자주 인용되는 William Paley의 명저 *Natural Theology*(1982)의 내용을 광범위하게 다루었다. Paley의 책은 창조론을 옹호하기 위한 것이었지만 그가 다룬 정교한 디자인의 예들은 다윈을 비롯한 다른 많은 이들에게 자연선택의 힘을 입증하는 훌륭한 자료를 제공했다. 특히 흥미로운 것은 매우 복잡한 구조를 설명하려는 Paley의 시도였는데, 불필요할 정도로 복잡하게 만들고 정해진 원리대로 창조물들을 제한함으로써 조물주가 그 자신의 존재를 밝히려 했다고 설명했다. Paley는 고통의 효용에 관해 상당히 그럴듯한 견해를 발표했으나 죽음, 병마 및 그들의 예측 불가능함이 모두 신이 창조한 완벽한 세상에 반드시 필요한 요소들이라고 주장했다. 바로 이같은 생각 때문에 Voltaire는 그의 소설 *Candide*에서 Dr. Pangloss와 같은 낙천주의자들을 비웃었다.

333-334쪽

항산화제가 노화에 미치는 영향은 *American Journal of Clinical Nutrition* 53: 373s-379s(1991)에 게재된 Richard G. Cutler의 논문 "Antioxidants and Aging"에 논의되어 있다. 비타민 E에 관한 연구 결과들은 *New England Journal of Medicine* 330: 1080-1081(1994)에 게재된 C. H. Hennekens, J. E. Buring 및 R. Peto의 논문 "Antioxidant Vitamins—Benefits Not Yet Proved"에 간략하게 정리되어 있다.

336쪽

인용문은 René Dubos의 저서 *Man Adapting* (New Haven, Conn.: Yale Univ. Press, 1965, 개정판 1980년) 445-446쪽에서 가져왔다.

336-337쪽

Ernst Mayr의 저서는 *The Growth of Biological Thought: Diversity, Evolution, and Inheritance* (Cambridge, Mass.: Belknap Press of Harvard Univ. Press, 1982)이다.

336-339쪽

기능에 관한 질문을 구성하는 데 필요한 논리에 대해 논한 몇 권의 좋은 책들이 있는데, 진화학적 논의가 기본적으로 옳지 않다고 의심하는 이들에게 권하려 한다. 그 같은 단순한 오해가 학문 전체의 발전을 저해하고 있다는 사실은 안타까운 일이다. John Maynard Smith의 저서 *Did Darwin Get It Right?* (New York: Chapman and Hall, 1989), *Boston Studies in the Philosophy of Science* 14: 91-117(1974)에 게재된 E. Mayr의 논문 "Teleological and Teleonomic, A New Analysis," John Alcock의 *Animal Behavior: An Evolutionary Approach*, 4th ed. (Sunderland, Mass.: Sinauer, 1989), Michael Ruse의 저서 *The Darwinian Paradigm* (London: Routledge, 1989), George Williams의 저서 *Natural Selection* (New York: Oxford Univ. Press, 1992), 그의 또 다른 저서 *Adaptation and Natural Selection: A Critique of Some Current Evolutionary Thought* (Princeton, N. J.: Princeton Univ. Press, 1966)를 권한다.

339쪽

Flexner의 보고서는 The Carnegie Foundation for the Advancement of Teaching, Bulletin No. 4(1910)에 *Medical Education in the United States and Canada*란 제목으로 발표되었다.

345-346쪽

현대 의학의 문제점에 관한 잘 알려진 견해는 Melvin Konner의 저서 *The Trouble with Medicine* (London : BBC Books, 1993)에 논의되어 있다.

346쪽

예방적 의료 제도를 제안한 논문은 *The New England Journal of Medicine* 329: 321-325(1993)에 게재된 James F. Fries와 동료들의 논문 "Reducing Health Care Costs by Reducing the Need for Medical Services"이다.

ㄱ

가골(假骨, callus) 64
가르시아, 존 John Garcia 108
간염 57, 61
간염 바이러스 hepatitis virus 73
간헐성하부요통 190
간흡충 fluke 94
감기 53-55, 67, 75, 78, 80, 95, 302, 332, 345
감염성 질환 81, 88, 102, 106, 125, 197
갑상선 65, 125
갑상선종(甲狀腺腫, goiter) 125-126
강박장애 obsessive-compulsive disorder 76
강심배당체 cardiac glycoside 122
개체생물학 336
거스리, 우디 Woody Guthrie 146
거피 guppies 299
견과 nut 123-124
결속의 시험 testing of the bond 267
결장암 250, 251
결절(結節, tubercle) 72
결핵 42, 57, 72, 86, 88, 90, 103
겸상적혈구 148, 150, 233, 331
겸상적혈구증 sickle-cell disease 30, 41, 149, 222, 316
겸상적혈구헤모글로빈 86
계절 민감성 장애 seasonal affective disorder(SAD) 308
고열 86, 302
고지방 음식 154, 212, 301
고초열 237, 239-240
고혈압 218-219, 280
고환 271-272
골리, 스티븐 Stephen Galli 230
골반 189, 282
공수병(恐水病, hydrophobia) 80
공진화 83, 85
공황 295, 302, 324, 325
공황장애 panic disorder 291, 293, 301
과민성 이론 227
과산화돌연변이억제효소 superoxide dismutase(SOD) 175-176, 334
관상동맥질환 coronary artery disease 154
관절염 arthritis 24
광견병 바이러스 rabies virus 75, 79, 80
광동주혈선충(廣東住血線蟲, *Angiostrongylus cantonensis*) 73
광장공포증 agoraphobia 301
괴경(塊莖, tuber) 124
괴저 gangrene 117
괴혈병 209
구루병 rickets 220-221
구토 24, 27, 61, 68, 80, 135-136, 232, 281, 294, 302
국립 알러지 및 전염병 연구소 National Institute of Allergy 240
국립노화연구소 172
군비 경쟁 29, 83, 84-86, 100, 106, 122, 124, 150, 259, 331
군체 246-247
굴드, 스티븐 제이 Stephen Jay Gould 41
궤양 42
균류 78, 88, 226
근막 332-333
근시 21, 23, 30, 38, 139, 140, 142, 153-154, 155, 157, 207, 219, 333
근위축성측삭경화증 amyotrophic lateral sclerosis 175
근육이영양증 148

근접 생물학 proximate biology 336
글루타민 glutamine 150
급성충수염 appendicitis 84
기면(嗜眠, lethargy) 134
기생체 60, 78, 93-95, 230, 259
기생충 230-231, 237-238, 240
기침 28, 45, 67, 80, 94, 182, 232, 293-294, 323-325, 331
기형발생인자 teratogen 133
김의털 fescue 121
꽃가루 24, 225-226, 237
꽃꿀 nectar 123
꿈 319-322

ㄴ

나이아신 niacin 129
나이트로사민 nitrosamine 130, 133
난소암 256
난시 156
남성염색체허약증후군 Fragile-X Syndrome 151
낭포성섬유증 cystic fibrosis 150-151
내과적 모형 medical model 292, 326
내과질환 292
넬슨 D. A. Nelson 126
노쇠 senescence 163-165, 167, 251
노화 7, 15-16, 22, 24, 30, 44, 46, 161-164, 333-334, 337, 342, 345
뇌 기저핵(基底核, basal ganglia) 76
뇌막염 meningitis 84
뇌졸중 167, 212
뉴, 해롤드 Harold Neu 92
니어마이어, 수전 Susan Niermeyer 285-286
니일, 제임스 James Neel 213
니코틴 132, 217, 252, 255

ㄷ

다낭포성난소 polycystic ovaries 153
다면 발현 이론 169
다윈, 찰스 Charles Darwin 5, 16, 82, 184, 329, 336-337
다윈 사회주의 Social Darwinism 32, 33
다윈적 알고리듬 Darwinian algorithm 295
다윈주의 Darwinism 16, 33, 60, 258, 342-343, 347
다이아제팜 diazepam 127
다이어먼드, 제러드 Jared Diamond 151
다이옥신 dioxin 109, 132
다중 안전 장치 249
단백질 분해 효소 억제제 proteinase inhibitor 124
단성생식 parthenogenesis 258
단핵세포증 mononucleosis 75, 103
담배 모자이크 바이러스 tobacco mosaic virus 79
담석증 126
당뇨병 diabetes 24, 148, 212-213, 280
대립 형질 유전자 148
대식세포 macrophages 71, 229
대장균 *Escherichia coli* 89, 77
대적합성복합체 major histocompatibility complex(MHC) 71
대황 rhubarb 126
데니스, 샌디 Sandy Dennis 243
데일리, 마틴 Martin Daly 273, 313
도리아, 안토니오 후스토 Antonio Justo Doria 146
도브잔스키, 테오도시우스 327, 348

도킨스, 리처드 Richard Dawkins 38, 152, 159
독성쇼크증후군 toxic shock syndrome 102
독소 119-122, 231-232, 234-237, 252, 255
돌연변이인자 mutagen 133
동물행동학 15, 211
동상 111-112, 219
동형접합 homozygous 145, 149, 151-152
돼지풀 ragweed 225-226, 229
듀보스, 르네 René Dubos 335
듀퐁 H. L. Dupont 68
드 레옹, 퐁스 Ponce de Leon 162
DNA 손상 176
DDT 131
DR3 유전자 148, 151
디지탈리스 digitalis 126, 232

ㄹ

라돈 가스 109, 120
라이노바이러스 rhinovirus 75, 94
라일즈, 조지 George Liles 246
라임병 Lyme disease 102
락토페린 lactoferrin 58
랑게르한스 세포 Langerhans cell 114, 116
랑구어원숭이 languar monkey 313
래퍼포트 S. I. Rapoport 173
랙, 데이비드 David Lack 49
랠리, 마이클 Michael Raleigh 307
레그랑, 에드먼드 Edmund LeGrand 77
레밍 lemming 37
레지오넬라병 Legionnaires' disease 102
레트로바이러스 retrovirus 92-93
렉틴 lectin 127
로다네이즈 rhodanase 125
로렌츠, 콘라트 Konrad Lorenz 311
로렌치니 팽대부 ampullae of Lorenzini 228
로모틸 Lomotil 68, 69
로우, 바비 Bobbi Low 92
로저스, 앨런 Alan Rogers 170
로즈, 마이클 Michael Rose 173
루게릭병 Lou Gehrig's disease 175
류마티스성관절염 rheumatoid arthritis 99, 297
류마티스열 rheumatic fever 24, 76, 343
리들리, 매트 Matt Ridley 92
린데인 lindane 120
림프절페스트 bubonic plague 102

ㅁ

마사이 족 Masai 57
마약 30, 301
마우키 Mauke 240
마이네카, 수전 Susan Mineka 108
마이어, 에른스트 Ernst Mayr 8, 336
마일드밴 Mildvan 167
막스, 아이작 Issac Marks 300
만손주혈흡충 *Schistosoma mansoni* 76
말라리아 30, 41, 55, 73, 75-76, 78-79, 95, 148, 149-150, 197, 222
말라리아원충 *Plasmodium* 95
망막 139, 156, 185-187
매독 syphilis 55, 88
매키나, 제임스 James McKenna 288
맥과이어, 마이클 Micahel McGuire 307
맥칼리, 로버트 Robert McCarley 320
맹점 185-186

메다워 Peter Medawar 169, 337
메디스, 레이 Ray Meddis 318, 320
메티실린 methicillin 89
멘델 유전학 337
멜라닌 색소 112, 221
면역계 99, 110, 114, 116, 172, 188, 226, 232, 238, 250, 252, 297
면역글로불린 immunoglobulin 229, 239
면역장애 300
모건, 일레인 Elaine Morgan 190
모델 T 43
모유 58, 241, 284
무도병(舞蹈病, Sydenham's chorea) 76
무법자 유전자 outlaw gene 31, 148, 152-153
무성생식 259
무화과 말벌 95
미치슨, 그레엄 Graeme Mitchison 320

ㅂ

바, 로널드 Ronald Barr 287
바그너-야우레그, 율리우스 Julius Wagner-Jauregg 55
바이러스 29, 55, 67, 77, 80, 86
바이스만, 아우구스트 August Weismann 168, 245
박주가리 milkweed 100, 122
발륨 valium 127
발린 valine 150
발바닥근막염 plantar fasciitis 332-333
발생유전학 developmental genetics 144
방광암 252
방사선 112, 114, 252, 255, 301
방사성 동위원소 131
방어용 독소 121, 124
배당체(配糖體, glycoside) 126
배우자 gametes 260
백내장 116-117
백선(白癬, ringworm) 78
백시니아 Vaccinia 77
백혈구 71, 229
백혈구 내생 매개자 leukocyte endogenous mediator(LEM) 59
백혈병 293
버빗원숭이 vervet monkeys 307
버스, 데이비드 David Buss 266, 268
번식 자원 303
번식성공도 reproductive success 38, 41, 45, 48, 85, 94, 147, 151, 174, 176-177, 263, 265-266, 270, 272-273, 276, 303, 305, 313-315
벌리, 낸시 Nancy Burley 270
베어네이즈 소스 증후군 sauce béarnaise syndrome 68
베이커, 로빈 Robin Baker 272
베타캐로틴 beta-carotene 333
벤덱틴 Bendectin 136
벨라도나 belladonna 130
벨로프스키, 개리 Gary Belovsky 47
벨리스, 로버트 Robert Bellis 272
병태심리학 pathopsychology 326
보스톡, 존 John Bostock 239
보울비, 존 John Bowlby 199, 311-312
보조 T 세포 helper T cell 71, 78, 229, 235,
보체계 complement system 72, 77
복구 메커니즘 110, 118
복합경화증 multiple sclerosis 24
볼거리 mumps 86
볼복스 카테리 *Volvox carteri* 246
부비동 sinuses 239

부상 호르몬 wound hormone 119
북미주머니쥐 opposum 176
분자 의태 61, 100
불가능의 공리 postulates of impotence 179
불면증 317, 324
불소 215
불안장애 15, 296-298, 301-302, 323-324, 326
불임 271
불임세포 247
붉은 여왕 원리 Red Queen Principle 83
브라시카 *Brassica* 125
브렛, 존 John Brett 285, 268
비갑개 turbinates 66
비만세포 229-230, 235, 238-239
비버 47
B 세포 229
비소 88
비용편익 분석 cost-benefit analysis 43
비장 238
비타민 128-129
비타민 B 209
비타민 C 188, 208, 333
비타민 D 220
비타민 E 333
빈혈 57, 271
빌리루빈 bilirubin 284-285, 334
빌리버딘 biliverdin 285

ㅅ

사랑니 217-218
사상충(絲狀蟲, filaria worms) 73, 198, 231
사이안발생성 배당체 cyanogenetic glycoside 129
사이안화물 cyanide 122, 125
사이알산 sialic acid 77
사혈(瀉血, bloodletting) 59
산소 라디칼 176
산욕열(産褥熱, childbed fever) 97
산화억제제 334
살모넬라 플렉스네리 *Salmonella flexneri* 89
살충제 120, 130-131, 212-213
살해자 세포 killer cell 71
상피병(象皮病, elephantiasis) 198
상호호혜 이론 reciprocity theory 40
새끼 살해 313
색맹 286
생기론(生氣論, vitalism) 338
생리학 294, 326
생식세포 245-247
생식질 germ plasm 245
서머즈, 앤 Anne Summers 132
서혜허니아 inguinal hernia 190
선스크린 로션 114-115
선천성 결손증 136
설사 61, 68-69, 80, 89, 125, 151, 232, 345
섬망증 delirium 56
섬유소 fibrin 110
성문(聲門, glottis) 184
성별 적대적 유전자 sexually antagonistic gene 30
성병 76
성비 49-50, 263
성세포 260
성장 인자 growth factor 119
성장애 275
세균성이질 shigellosis 94
세로토닌 serotonin 307-308

세멜바이스, 이그나즈 Ignaz Semmelweis 97
세포 분열 245, 249, 320
세포간 유착 분자 intercellular adhesion molecule(ICAM) 75
셀리그먼, 마틴 Martin Seligman 68
소아당뇨병 151
소아마비 103
소아암 251
소칼, 로버트 Robert Sokal 173
솔라니딘 solanidine 130
쇼오크, 니콜라스 Nicholas Schork 218
쇼크 77
수두 55
수막염 meningitis 75
수면 장애 317
수면발작 narcolepsy 317
수면성무호흡 sleep apnea 317
수명 174-175, 192, 334, 342
수분자 pollinator 123
수산염 oxalate 126
수은 132
숙주 내 선택 within-host selection 95, 96
숙주 조작 host manipulation 79
숙주간 선택 between-host selection 95-96
슈타인, 거트루드 Gertrude Stein 52
스미스, 존 메이너드 John Maynard Smith 8, 40
스트라스만, 베벌리 Beverly Strassmann 70
스트렐러 Strehler 167
스티븐스, 데니스 Dennis Stevens 55
스펜서, 허버트 Herbert Spencer 36
스피츠, 르네 Rene Spitz 311
시가이질균 *Shigella dysenteriae* 97
시겔라 *Shigella* 94
시겔라증 94
CD-4 78
시먼즈, 도널드 Donald Symons 321-322
시미안 면역결핍 바이러스 simian immunodeficiency virus(SIV) 98
C4 수용체 75
시프로플럭사신 ciprofloxacin 89
신경과민 298
신경펩타이드neuropeptide 77
신장 280
신장 결석 126
신정설 theodicy 347
실독증 dyslexia 157
심리장애 294, 296
심부전증 191
심장마비 21, 24-25, 38, 154, 212
심장병 30, 206, 291, 333, 344
십이지장충 hookworms 197
싸움과 도망침 반응 297

ㅇ

아데노바이러스 adenovirus 71
아룸 arum 129
아메바 57, 94
아메바성 간염 57
아메바성 이질 amoebic dysentery 72
아목시실린 Amoxicillin 90
아세틸콜린 수용체 acetylcholine receptors 75
아스피린 55, 332, 345
아시안 플루 Asian flu 102
아이슬란드 208
IgA 항체 232
IgE 항체 230
IgG 229

올멕 Olmec 128
옵소닌 opsonins 76
와일, 제니퍼 Jennifer Weil 191
외상(外傷) 105-107, 110
외이 external ear 26
요로 감염 urinary track infection 89
요산 uric acid 175-176, 334, 342-343
요오드 iodine 125
우두 77
우두 바이러스 cowpox virus 75
우생학 eugenics 32-33
우성 유전자 146, 153, 233
우울증 156, 209, 292-293, 296, 302, 304, 306-308, 315
울혈성심부전 congestive heart failure 191, 293
원충류 protozoa 72-73
원후류 prosimians 175
월경 69, 170-171, 254, 255, 271, 281
월귤나무 열매 blueberries 208
월리스 337
웨더, 앨런 Alan Weder 218
위궤양 172
위암 130, 252
윌슨 E. O. Wilson 40, 295
윌슨, 마고 Margo Wilson 273, 313
유기 수은 복합체 131
유방암 30, 250-252, 256
UV-B 114
UV-A 114
유산 151, 281
유성생식 sexual reproduction 145, 246, 259
유아돌연사증후군 Sudden Infant Death Syndrome(SIDS) 288-289
유전병 16, 142, 154
유전자 재조합 259, 260
유전자 풀 gene pool 32, 35, 273, 306
유전자의 빈도 36
유전자형 genotype 145, 207, 247
유전적 각인 genetic imprinting 279
유전적 급변 153, 158, 207, 217, 222, 329
유전적 부동 148
유전적 전사 genetic transmission 144
육아낭 brood pouch 262
음낭 271
음식혐오증 27, 135
의태종 mimic species 100
이 lice 78
『이기적인 유전자 *The Selfish Gene*』 38
이염 ear infections 75
이온화 방사 ionizing radiation 133
이원론 6
이월드, 폴 Paul Ewald 16, 81, 96-98
EEA 199-200, 202-203
이질 94
이질균 Shigella 68, 69
이튼, 보이드 Boyd Eaton 126, 254
이형접합 heterozygous 145-146, 148-149, 172, 329, 150
이형접합자 선택 heterozygote selection 151
이형접합자 이익 heterozygote advantage 171
인간 유전자 프로젝트 Human Genome Project 142, 150
인간 행동과 진화학회 Human Behavior and Evolution Society 15
인간면역결핍바이러스 human immunoderficiency virus(HIV) 78, 92-94, 98-99, 252

테니슨, 알프레드 291
테스토스테론 234
토마티딘 tomatidine 130
통풍 38, 65, 111, 137, 175-176, 293, 326, 334, 341-343
퇴행 regression 290
투비, 존 John Tooby 250, 295
트랜스페린 transferrin 58
트레버선, 웬다 Wenda Trevathan 282
트루도 E. L. Trudeau 32
트리버즈, 로버트 Robert Trivers 40, 279, 289-290
트리파노소마 trypanosoma 61, 73, 75
트웨인, 마크 203
티오사이아네이트 thiocyanate 125
T-좌위 유전자 148, 153

ㅍ

파상풍 tetanus 117
패혈증 쇼크 septic shock 56
패혈증성인후염 strep throat 343
페니실린 *Penicillium* 88-89, 91
페닐알라닌 phenylalanine 152, 159
페닐케톤뇨증 Phenylketonuria(PKU) 152, 159, 171
페닐티오카르바메이트 phenylthiocarbamate(PTC) 125
펠라그라 pellagra 129
펩시노젠 I pepsinogen I 172
편작 7
평생 번식성공도 lifetime reproductive success 48
폐결핵 151, 172
폐경 170, 196, 254, 348
폐기생충 lungworms 197
폐렴 21, 28-29, 43, 76, 88, 179, 238, 293
폐렴구균성 세균 76
폐렴연쇄상구균 *Streptococcus pneumoniae* 89, 239
폐섬유증 239
폐암 250
폐어 lungfish 184
포도상구균 88, 89, 102
포드, 헨리 43
포름알데히드 formaldehyde 133
포모 인디언 129
표현형 phenotype 145, 158, 207
프라이스, 존 John Price 307
프라핏, 마지 Margie Profet 27, 69, 135-136, 231-232, 234-237, 271, 282
프랭크, 로버트 Robert Frank 300
프로잭 Prozac 307
프로제스테론 progesterone 281
플라스미드 plasmid 89-90
플레밍, 알렉산더 Alexander Fleming 88
플렉스너, 에이브러햄 Abraham Flexner 339
플렉스너균 *Shigella flexneri* 97
플린, 마크 Mark Flinn 314
피마 족 인디언 213
피부암 21, 113-116
피셔 R. A. Fisher 50, 337
PCB(polychlorinated bipheny 1, 폴리염화바이페닐) 131
피임제 256
피토후이 pitohui 235
p53 유전자 250

ㅎ

하게만 인자 Hageman's factor 77

하이드록시 라디칼 hydroxyl radical 175
하임리히 응급법 Heimlich maneuver 181
하텅, 존 John Hartung 307
하트, 벤자민 Benjamin Hart 64
할로우, 해리 Harry Harlow 310-311
합목적주의 teleology 338-339
항산화제 333-334
항생물질 43, 58, 87-93, 132, 213, 343
항우울제 307, 308
항원 antigen 61, 71, 77-78, 229, 237, 240
항응고제 232
항체 antibody 65, 71, 72, 76, 86, 229, 239, 241, 284, 343
항히스타민제 225-226, 229, 236
해독 효소 232
해밀튼, 윌리엄 William Hamilton 40, 337
해열제 8, 54, 56
허디, 새라 Sarah Hrdy 313
헉슬리, 올더스 305
헉슬리, 줄리안 Julian Huxley 311
헉슬리, 토머스 Thomas Huxley 238
헌팅턴병 Huntington's disease 146, 147
헤로인 216
헤모글로빈 28, 41, 74, 149-150, 284-285
헤모필루스 인플루엔자 *Haemophilus influenzae* 75, 239
헤이그, 데이비드 David Haig 278-281
헤이그, 윌리엄 William Hague 153
헵번, 캐서린 Katharine Hepburn 243
현기증 190
현대병 30
혈색증 148, 171
혈연계수 39
혈연선택 kin selection 39-40, 170, 286
호닉, 리처드 Richard Hornick 68
호르몬 23
호머 Homer 273
호모 에렉투스 *Homo erectus* 194
호모 하빌리스 *Homo habilis* 194
호염기체 229
호피 족 Hopi 89
홀데인 J. B. S. Haldane 39, 169
홈즈, 올리버 웬델 Oliver Wendell Holmes 167
홉슨, 앨런 Allan Hobson 320, 321
홍관조 cardinal 267
홍반성루푸스 lupus erythematosus 24, 99
홍역 101, 222
화상 111, 113, 116, 221
화재경보기 원리 smoke-detector principle 227, 234-235, 249
화학적 의태 100
환경의학 336
황달 219, 284-285
황색포도상구균 *Staphylococcus aureus* 77, 239
황체형성호르몬 luteinizing hormone 281
후두염 laryngitis 57
후천성면역결핍증후군(AIDS) 78, 90, 92, 98, 101-102
휘태커 E. T. Whittaker 179
휘트먼, 월트 Walt Whitman 181
흑내장가족성백치 Tay-Sachs disease 151
흑사병(黑死病) 102
흑색종(黑色腫, melanoma) 115, 252
히스타민 229
히스테리아 hysteria 269
힐, 킴 Kim Hill 170

인간은 왜 병에 걸리는가

1판 1쇄 펴냄 1999년 8월 8일
1판 32쇄 펴냄 2024년 10월 31일

지은이 랜덜프 네스, 조지 윌리엄즈
옮긴이 최재천
펴낸이 박상준
펴낸곳 (주)사이언스북스

출판등록 1997. 3. 24 (제16-1444호)
(06027) 서울특별시 강남구 도산대로1길 62
대표전화 515-2000 팩시밀리 515-2007
편집부 517-4263 팩시밀리 514-2329
www.sciencebooks.co.kr

ISBN 978-89-8371-032-1 03470